"十二五"职业教育国家规划教材
经全国职业教育教材审定委员会审定

高等职业院校
机电类"十二五"规划教材

交流伺服与变频技术及应用

（第2版）

Applications with AC Servo and Frequency Conversion Technology (2nd Edition)

◎ 龚仲华 编著

人民邮电出版社
北 京

精品系列

图书在版编目（CIP）数据

交流伺服与变频技术及应用 / 龚仲华编著. -- 2版
. -- 北京 : 人民邮电出版社, 2014.10（2021.8重印）
高等职业院校机电类“十二五”规划教材
ISBN 978-7-115-34595-0

Ⅰ. ①交… Ⅱ. ①龚… Ⅲ. ①交流电机－伺服系统－高等职业教育－教材②交流电机－变频调速－高等职业教育－教材 Ⅳ. ①TM921.54②TM340.12

中国版本图书馆CIP数据核字(2014)第191987号

内 容 提 要

本书以较新的视野，全面系统地叙述了交流伺服与变频技术应用所涉及的知识与技能，内容包括交流伺服和变频器工程设计、应用维修所涉及的产品性能、电路设计、运行控制、功能应用、调试维修等技术以及最新的电力电子器件、12 脉冲整流与三电平逆变技术、网络与自适应控制功能等。

书中的案例均来自工程实际，并广泛采用了国际先进标准与设计思想；全书技术先进、知识综合，内容全面、重点突出，选材典型、案例具体。

本书可作为高等职业院校、高等专科学校自动控制、机电一体化、数控维修、设备维护等相关专业的教材，也可供本科院校师生与工程技术人员参考。

◆ 编　　著　龚仲华
责任编辑　李育民
执行编辑　王丽美
责任印制　杨林杰

◆ 人民邮电出版社出版发行　　北京市丰台区成寿寺路 11 号
邮编　100164　　电子邮件　315@ptpress.com.cn
网址　http://www.ptpress.com.cn
北京七彩京通数码快印有限公司印刷

◆ 开本：787×1092　1/16
印张：18.75　　　　2014 年 10 月第 2 版
字数：438 千字　　　　2021 年 8 月北京第 10 次印刷

定价：39.80 元

读者服务热线：(010) 81055256　印装质量热线：(010) 81055316
反盗版热线：(010) 81055315

Forward
第 2 版 前言

本书第1版自2011年8月出版以来，由于内容先进、选材典型、案例具体、实用性强，受到了广大教师和读者的普遍认可。本书在2013年8月，通过了教育部职业教育与成人教育司的“十二五”职业教育国家规划教材选题立项评审，现予以再版。

交流伺服与变频技术的发展迅速，产品的更新较快，原教材编写时所选择的安川最新的ΣV系列交流伺服驱动器，仍是当前的主导产品。但是，在变频器上，安川公司完善了CIMR-1000系列产品，最新推出了CIMR-A1000系列变频器，以替代原CIMR-G7系列。新系列的产品功能更强、技术更先进、用途更广。

鉴于当前安川变频器产品为CIMR-7和CIMR-1000两系列并存，本次修订重点对原教材“学习领域三——变频技术及应用”的内容进行了补充、更新和完善，补充了CIMR-A1000系列变频器的内容，以便使教学能始终紧跟当代科学技术的发展，与工程实际紧密结合。修订过程中还进一步凝练了教材主题、突出了重点，对项目1、项目8等部分的内容进行了修订和精简；此外，也对原教材中的个别错误进行了改正。

书中提到的附录1（安川ΣII / ΣV驱动器参数总表）和附录2（安川CIMR-7/1000系列变频器参数总表）可参见安川公司提供的驱动器使用手册，也可从人民邮电出版社教学服务与资源网（www.ptpedu.com.cn）下载。

本书由龚仲华编著，编写过程中得到了安川公司的大力支持，并参阅了该公司的产品说明书与技术资料，在此表示感谢。

由于编者水平有限，修订过程中难免存在不足与错误，敬请广大读者批评指正。

编 者

2014 年 6 月

Content

目 录

学习领域三　变频技术及应用

导论

一、交流电机控制系统概述

1. 交流传动与交流伺服

交流电机控制系统是以交流电动机为执行元件的位置、速度或转矩控制系统的总称。按照传统的习惯，只进行转速控制的系统称为“传动系统”；而能实现位置控制的系统称为“伺服系统”。

交流传动系统通常用于机械、矿山、冶金、纺织、化工、交通等行业，其使用最为普遍，交流传动系统一般以感应电机[1]为对象，变频器是当前最为常用的控制装置。交流伺服系统主要用于数控机床、机器人、航天航空等需要大范围调速与高精度位置控制的场合，其控制装置为交流伺服驱动器，驱动电机为专门生产的交流伺服电机。

调速是交流传动与交流伺服系统的共同要求。交流电机的调速方法有很多种，常用的有图 0-1 所示的变极调速、调压调速、串级调速、变频调速等。

- 交流电机调速
  - 多速电机变极调速（Y-YY、△-YY等）
  - 改变转差率调速
    - 改变定子电压调速
    - 改变转子电阻调速（绕线式电机）
    - 电磁转差离合器调速（滑差电机调速）
    - 串级调速（绕线式电机）
  - 变频调速 —— 感应电机变频调速

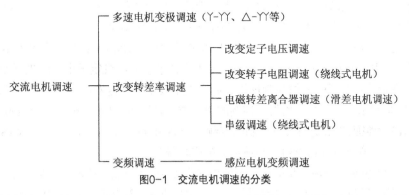

图0-1　交流电机调速的分类

变极调速通过转换感应电机的定子绕组的接线方式（Y-YY、△-YY），变换了电机的磁极数，改变的是电机的同步转速，它只能进行有限级（一般为 2 级）变速，故只能用于简单变速或辅助变速，且需要使用专门的变极电机。

变转差调速系统配套的定子调压、转子变阻、滑差调节、串级调速等装置均为大功率部件，其体积大、效率低、成本高，且调速范围、调速精度、经济性等指标均较低。因此，随着变频器、交流伺服驱动器的应用与普及，变频调速已经成为交流电机调速的技术发展趋势。

[1] 为了从原理上区分各类交流电机，异步电机一词在国外已被感应电机取代，本书采用国际通用名词。

交流伺服系统的速度调节同样采用变频技术，但使用的是中小功率交流永磁同步电机，可实现电机位置（转角）、转速、转矩的综合控制。与感应电机相比，交流伺服电机的调速范围更大、调速精度更高、动态特性更好。但是，由于永磁同步电机的磁场无法改变，因此，原则上只能用于机床的进给驱动、起重机等恒转矩调速的场合，而很少用于诸如机床主轴、卷取控制等恒功率调速的场合。

交流伺服系统具有与直流伺服系统相媲美的优异性能，而且其可靠性更高、高速性能更好、维修成本更低，产品已在数控机床、工业机器人等高速、高精度控制领域全面取代传统的直流伺服系统。

2. 发展概况

与直流电机[1]相比，交流电机具有转速高、功率大、结构简单、运行可靠、体积小、价格低等一系列优点，但从控制的角度看，交流电机是一个多变量、非线性对象，其控制远比直流电机复杂，因此，在一个很长的时期内，直流电机控制系统始终在电气传动、伺服控制领域占据主导地位。

对交流电机控制系统来说，无论速度控制还是位置或转矩控制，都需要调节电机转速，因此变频是所有交流电机控制系统的基础，而电力电子器件、晶体管脉宽调制（Pulse Width Modulated，PWM）技术、矢量控制理论则是实现变频调速的共性关键技术。

利用 PWM 技术实现变频调速所需要的交流逆变（以下简称 PWM 变频），是目前公认的最佳控制方案。20 世纪 70 年代初，随着微电子技术的迅猛发展与第二代“全控型”电力电子器件的实用化，使得高频、低耗的晶体管 PWM 变频成为可能，基于传统电机模型与经典控制理论的方波永磁同步电机（Brushless DC Motor，BLDCM，也称为无刷直流电机）交流伺服驱动系统与 *V/f*[2]控制的变频调速系统被迅速实用化，交流伺服与变频器从此进入了工业自动化的各领域。

早期的交流伺服与变频器都是基于传统的电机模型与控制理论、从电机的静态特性出发所进行的控制，它较好地解决了交流电机的平滑调速问题，为交流控制系统的快速发展奠定了基础，同时由于其结构简单、控制容易、生产成本低，至今仍有所应用，但是，BLDCM 伺服采用的是方波供电，由于感性负载（电机绕组）电流不能突变，存在功率管的不对称通断与高速剩余转矩脉动等问题，严重时可能导致机械谐振。*V/f* 变频的缺点是无法实现电机转矩的控制，特别在电机低速工作时的转矩输出较小，因而不能用于高精度、大范围调速、恒转矩调速。

随着对电机控制理论研究的深入，20 世纪 70 年代德国 F.Blaschke 等人提出了感应电机的磁场定向控制理论、美国 P.C.Custman 和 A.A.Clark 等人申请了感应电机定子电压的坐标变换控制专利，交流电机控制开始采用全新的矢量控制理论，而微电子技术的迅速发展，则为矢量控制理论的实现提供了可能。20 世纪 80 年代初，采用矢量控制的正弦波永磁同步电机（Permanent Magnet Synchronous Motor，PMSM）伺服驱动系统与矢量控制的变频器产品相继在 SIEMENS（德）、YASKAWA（日）、ROCKWELL（美）等公司研制成功，并被迅速推广与普及。

经过 30 多年的发展，交流电机的控制理论与技术已经日臻成熟，各种高精度、高性能的交流电机控制系统不断涌现，特别是交流伺服驱动系统已经在数控机床、机器人上全面取代直流伺服驱动系统。

3. 共性技术

“变流”与“控制”是交流调速的两大共性关键技术，前者主要涉及电力电子器件应用与电路拓扑结构问题；后者是感应电机控制理论研究与控制技术实用化问题。以变频器为例，其技术的应用

[1] 电机包括“电动机”与“发电机”两类，本书中的电机专指“电动机”。

[2] *V/f* 为英文电压/频率（Voltage/frequency）首字母的缩写，在国外无一例外地以 *V/f* 表示，但在国内常被表示为 *U/f*，本书所采用的是国际通用表示法。

与发展过程如图 0-2 所示。

在控制理论方面，当代变频器已从最初的 V/f 控制发展到了今天的矢量控制、直接转矩控制；在控制技术上，则从模拟量控制发展到了全数字控制与网络控制。交流电机的速度控制范围与精度得到大幅度提高，转矩控制与位置控制功能进一步完善，并开始大范围替代直流电机控制系统。

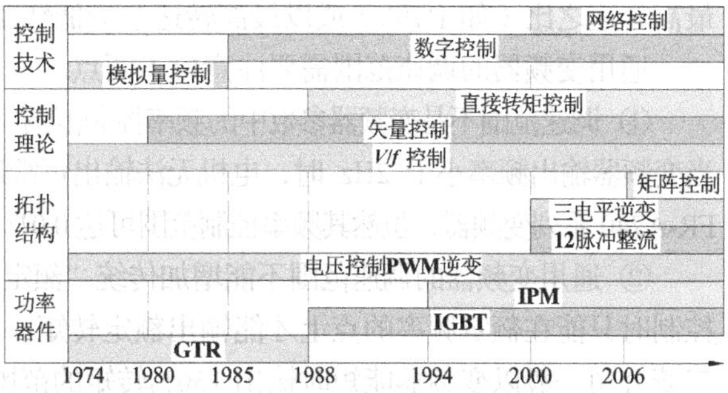

图0-2 变频技术的应用与发展简图

在电力电子器件的应用上，交流伺服与变频器主要经历了第二代“全控型”器件（主要为 GTR）、第三代“复合型”器件（主要为 IGBT）与第四代功率集成电路（主要为 IPM）3 个阶段，IGBT 与 IPM 为当代交流伺服与变频器的主流器件。在电路拓扑结构（主电路的结构形式）上，中小容量的交流伺服与变频器目前仍以“交-直-交”PWM 控制型逆变为主；但 12 脉冲整流、双 PWM 变频、三电平逆变等技术已在大容量变频器上应用；新一代“交-交”逆变、矩阵控制的变频器（Matrix Converter）已经被实用化。

4. 变频器与伺服驱动

在以交流电机作为控制对象的速度控制系统中，尽管有多种多样的控制方式，但通过改变供电频率来改变电机转速，仍是目前绝大多数交流电机控制系统的最佳选择，从这一意义上说，当前所使用的交流调速装置都可以称为变频器。但是，由于交流伺服的主要目的是实现位置控制，速度、转矩控制只是控制系统中的一部分，因此，习惯上将其控制器称为伺服驱动器；而变频器则多指用于感应电机变频调速的控制器。

交流伺服驱动器与变频器的界线较为清晰，前者的控制对象为永磁同步电机；而后者的控制对象为交流感应电机。

变频器作为一种通用控制装置，其控制对象是来自不同厂家生产、不同参数的感应电机。从后述的交流电机调速原理可知，建立电机的数学模型是实现精确控制的前提，它直接决定了调速系统的性能，依靠当前的技术还不能做到用一个通用控制装置来精确控制任意控制对象，因此变频器被分为通用型与专用型两类。

通用型变频器就是人们平时常说的“变频器”，它可以用于不同厂家生产、不同参数的感应电机控制。通用变频器在设计时由于无法预知控制对象的各种参数，电机模型需要进行大量的简化与近似处理，因此其调速范围一般较小，调速性能也较差。矢量控制变频器一般可通过“自动调整（自学习）”操作来自动测试一些简单的电机参数，在有限范围内提高模型的准确性，改善控制性能。

为了实现大范围、高精度变频调速控制，就必须预知控制对象（电机）的精确参数，因此，只能通过配套专用感应电机的专用变频器才能实现。专用变频器所配套的感应电机由变频器生产厂家专门设计，并经过严格的测试与试验，其数学模型十分精确，采用闭环矢量控制后的调速性能大大优于通用变频器，且能够实现较为准确的转矩与位置控制，此类变频器的价格高、性能好，通常用于数控机床主轴的大范围、精确调速，故称“交流主轴驱动器”。

二、交流调速系统的性能与比较

1. 主要技术指标

变频器与交流伺服是新型的交流电机速度调节装置，传统意义上的“调速指标”已经不能全面反映调速系统的性能，需要从静、动态两方面来重新定义技术指标。调速系统不但要满足工作机械稳态运行时对转速调节与速度精度的要求，而且还应具有快速、稳定的动态响应特性。因此，除功率因数、效率等经济指标外，衡量交流调速系统技术性能的主要指标有调速范围、调速精度与速度响应性能 3 方面。

（1）调速范围

调速范围是衡量系统变速能力的指标，一般以系统在一定的负载下实际可以达到的最低转速与最高转速之比（如 1:100）或以最高转速与最低转速的比值（如 $D=100$）来表示。

通用变频器的调速范围需要注意以下两点。

① 调速范围不是变频器参数中的频率控制范围。变频器的调速范围要远远小于频率控制范围，因为当变频器输出频率小于 2Hz 时，电机无法输出正常运行所需的转矩。因此，即使像三菱公司最先进的 FR-A740 系列变频器，虽然其频率控制范围可达 0.01～400Hz（1:40000），但有效的调速范围只有 1:200。

② 通用变频器的调速范围不能增加传统“额定负载”的转矩约束条件。因为，当变频器采用 V/f 控制时只能在额定频率的点上才能输出额定转矩。定义通用变频器调速范围的转矩条件有所不同，三菱公司一般以变频器能短时输出 150%转矩的范围定义为调速范围；安川等公司则以连续输出转矩大于规定值的范围定义为调速范围。

（2）调速精度

交流调速系统的调速精度在开环与闭环控制系统中有不同的含义。开环系统的调速精度是指调速装置控制 4 极标准电机、在额定负载下所产生的转速降与电机额定转速之比，其性质与传统的静差率类似，计算式如下。

$$\delta=\frac{\text{空载转速}-\text{满载转速}}{\text{额定转速}}\times 100\%$$

对于闭环控制的调速系统或交流伺服系统，计算式中的“额定转速”应为系统的最高转速。调速精度与调速系统的结构密切相关，一般而言，对于同样的控制方式，采用闭环控制后的调速精度可比开环提高 10 倍。

（3）速度响应

速度响应是交流调速系统新增的技术指标，它是指系统在负载惯量与电机惯量相等的前提下，速度指令以正弦波形式给定时，输出可以完全跟踪给定变化的正弦波频率值。“速度响应”有时也称“频率响应”，分别用 rad/s 或 Hz 两种不同的单位表示，转换关系为 $1\text{Hz}=2\pi\text{rad/s}$。

速度响应是衡量交流调速系统的动态跟随性能的重要指标，也是各种交流调速系统的主要差距（见表 0-1）。

表 0-1 通用变频器、交流主轴驱动器与交流伺服驱动器的速度响应比较表

控制装置		速度响应（rad/s）	频率响应（Hz）
通用变频器	开环 V/f 控制	10～20	1.5～3
	闭环 V/f 控制	10～20	1.5～3
	开环矢量控制	20～30	3～5
	闭环矢量控制	200～300	30～50
交流主轴驱动器		300～500	50～80
交流伺服驱动器		3000～4500	500～700

2. 性能比较

通用变频器、交流主轴驱动器、交流伺服驱动器三大类调速系统的性能有很大的差别，具体如下。

（1）输出特性

图 0-3 所示为国外某著名公司对通用变频器控制 60Hz/4 极标准感应电机（V/f 控制）、交流主轴

驱动器控制专用感应电机、交流伺服驱动器控制伺服电机时的输出特性实测结果。

由图 0-3 可见，通用变频器控制感应电机时，只能在额定频率的点上才能输出 100%转矩；使用专用感应电机的交流主轴驱动可在额定转速以下区域均输出 100%转矩；而交流伺服驱动则可以在全范围输出 100%转矩。因此，通用变频器控制恒转矩负载时必须“降额”使用。

引起通用变频器低速输出转矩下降的一个重要原因是通用电机只能依靠转子轴上的风机进行“自通风”冷却，无独立的冷却风机，随着转速的下降，其冷却能力将显著下降，导致了电机工作电流的下降。为此，在通用感应电机上安装独立的冷却风机是提高通用变频器低速输出转矩的有效措施。

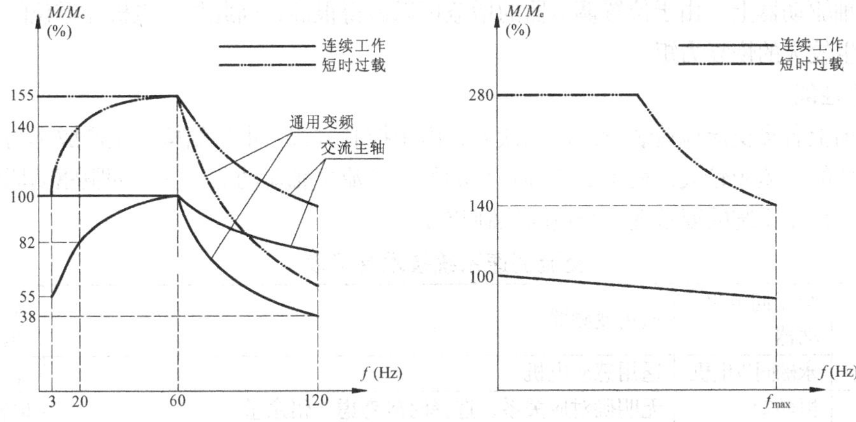

（a）通用变频与交流主轴驱动　　（b）交流伺服驱动

图0-3　交流电机控制系统的输出特性

（2）控制对象

交流伺服电机的转子磁场（永久磁铁）不能调节，它是一种全范围恒转矩调速的驱动器，特别适合于恒转矩负载调速，如机床进给驱动等，但不适合于金属切削机床的主轴等恒功率调速。

交流主轴驱动的控制对象是专用感应电机，它可通过定子磁链的控制进行弱磁升速，这是一种额定转速以下具有恒转矩调速特性、额定转速以上具有恒功率特性的调速系统，较适合于机床主轴的变速控制。

变频器的输出特性无规律，在整个调速范围内，电机实际可保证的输出转矩只有额定转矩的 50%左右。因此，无论对于恒转矩负载还是恒功率负载，在选用时都必须留有足够的余量。当用于恒转矩调速时，宜按照负载转矩的 2 倍来选择电机与变频器。

（3）功率范围

通用变频器适用范围广，可控制的电机功率在 3 类产品中为最大，目前已可达 1000kW 左右；交流主轴驱动多用于数控机床的主轴控制，根据实际需要，功率范围一般在 100kW 以下；而交流伺服则是用于高速、高精度位置控制的驱动器，电机的功率范围一般在 15 kW 以下。

此外，由于交流主轴与交流伺服是针对特定电机的专用控制器，驱动器与电机原则上需要一一对应；而变频器是一种通用产品，对电机的参数无太多要求，因此，只要变频器容量允许，它可以用于不同功率电机的控制，如利用 7.5kW 的变频器控制 3.7kW 或 5.5 kW 的电机不但可行而且还经常使用；在需要时还可以通过电路切换利用同一变频器来控制多台电机（称 1:n 控制）。

（4）过载特性

通用变频器、交流主轴驱动器、交流伺服驱动器的过载性能有较大差别，通常而言，三者可以承受的短时过载能力依次为 100%～150%、150%～200%、200%～350%。

（5）制动性能

交流伺服电机的转子安装有永久磁铁，停电时可以通过感应电势的作用在定子绕组中产生短路电流，输出动力制动转矩；而交流主轴与变频器控制的是感应电机，一旦停电旋转磁场即消失，故在停电制动要求较高的场合应使用机械制动器。

此外，由于交流伺服电机的转子永久磁铁具有固定的磁场，只要定子绕组加入电流，即使在转速为零时仍能输出转矩，即具有所谓“零速锁定”功能。而感应电机的输出转矩需要通过定子旋转磁场与转子间的转差产生，故交流主轴驱动器与变频器在电机停止时无转矩输出。但在闭环位置控制的交流主轴驱动器上，由于位置调节器的增益可以做得很高，因此如果电机在零位附近产生位置偏移，可产生较大的恢复力矩。

3. 技术性能

目前市场上各类交流调速装置的产品众多，由于控制方式、电机结构、生产成本与使用要求的不同，调速性能的差距较大，表 0-2 为通用变频器、交流主轴驱动器、交流伺服驱动器的技术性能表，使用时应根据系统的要求选择合适的控制装置。

表 0-2 交流调速系统技术性能表

项　目	交流伺服驱动器	通用变频器				交流主轴驱动器
电机类型	永磁同步电机	通用感应电机				专用感应电机
适用负载	恒转矩	无明确对应关系，选择时应考虑 2 倍余量				恒转矩/恒功率
控制方式	矢量控制	开环 V/f 控制	闭环 V/f 控制	开环矢量控制	闭环矢量控制	闭环矢量控制
主要用途	高精度、大范围速度/位置/转矩控制	低精度、小范围变速；1:n 控制	小范围、中等精度变速控制	小范围、中等精度变速控制	中范围、中高精度变速控制	恒功率变速；简单位置/转矩控制
调速范围	≥1:5000	≈1:20	≈1:20	≤1:200	≥1:1000	≥1:1500
调速精度	≤±0.01%	±（2%～3%）	±0.3%	±0.2%	±0.02%	≤±0.02%
最高输出频率	—	400～650Hz	400～650Hz	400～650Hz	400～650Hz	200～400Hz
最大启动转矩/最低频率（转速）	200%～350%/0r/min	150%/3Hz	150%/3Hz	150%/0.3～1Hz	150%/0r/min	150%～200%/0r/min
频率响应	500～700Hz	1.5～3Hz	1.5～3Hz	3～5Hz	30～50Hz	50～80Hz
转矩控制	可	不可	不可	不可	可	可
位置控制	可	不可	不可	不可	简单控制	简单控制
前馈、前瞻控制等	可	不可	不可	不可	可	可

思考与练习

1. 什么叫交流传动系统？它与交流伺服系统有何不同？
2. 简述变频器、交流主轴驱动器、交流伺服驱动器在结构与用途上的主要区别。
3. 什么叫交流调速系统的调速范围？定义变频器调速范围需要注意哪些问题？
4. 交流调速系统的速度响应是怎样定义的？它与频率响应间存在怎样的转换关系？
5. 试比较变频器、交流主轴驱动器、交流伺服驱动器在主要技术指标上的区别。

学习领域一
交流调速基础

电机是进行电能与机械能转换的机器，其能量变换通过电磁场实现，电磁感应定律与电磁力定律是实现交流电机控制的理论基础；伺服电机与感应电机的结构与运行原理的区别是导致交流伺服与变频调速系统性能差异的根本原因；而电力电子器件、交流逆变技术等则是交流伺服与变频器的共性关键技术。本学习领域将完成以上内容的系统学习。

Chapter 1

项目1 交流调速原理

交流伺服系统与变频调速系统的基本控制理论相同，但由于其控制对象——伺服电机与感应电机的结构与运行原理存在较大的区别，使得两者在控制方法与性能上存在较大差别。了解交流电机控制的基本理论、熟悉伺服电机与感应电机的运行原理是交流调速系统选型、使用、操作、维修的基础，本项目的学习将围绕以上问题展开。

任务1 掌握电机控制的基本理论

能力目标

1. 复习法拉第电磁感应定律。
2. 掌握电流-磁链转换公式、电动机的机-电能量转换计算式。
3. 掌握电机的转矩平衡方程与电机功率-转矩转换公式。
4. 熟悉各类负载。
5. 了解电力拖动系统稳定运行的条件。

工作内容

学习后面的内容，并完成以下练习。

1. 用电磁感应定律与电磁力定律证明电动机的机-电能量转换式 $P = M \cdot \omega$。

2. 用牛顿第二定律 $F = F_f + ma$ 证明电力拖动系统的转矩平衡方程 $M = M_f + J\frac{d\omega}{dt}$。

3. 已知Y180M-4型感应电机的铭牌数据为 $P_e = 18.5kW$，$n_e = 1470r/min$，$I_e = 35.9A$，问：该电机的额定输出转矩是多少？

相关知识

一、电磁感应定律与电磁力定律

1. 法拉第电磁感应定律

法拉第电磁感应定律的基本内容为：当通过某个线圈中的磁通量 Φ 发生变化时，在该线圈中就会产生与磁通量对时间的变化率成正比的感应电势，其值为

$$e = -\frac{d\Phi}{dt}$$

式中的负号表示感应电势的方向总是试图阻止磁通量的变化。磁通量 Φ 为磁场强度 B 与线圈与磁场正交部分面积 S 的乘积。当线圈的匝数为 N 时，感应电势的值也将增加 N 倍，为了便于表示与分析，习惯上将 N 与 Φ 以乘积的形式表示为 $\psi = N\Phi$，并将 ψ 称为磁链，这样，对于多匝线圈，上式可以表示为

$$e = -\frac{d\psi}{dt} \tag{1-1}$$

如果从电路原理上考虑，通电线圈可以视为电感量为 L 的感性负载，因此，当电感的电流随着时间变化时，电感中的感应电势为

$$e = -L\frac{di}{dt}$$

负号表示感应电势的方向与电流方向相反，与式（1-1）进行比较，可以得到：

$$\psi = Li \tag{1-2}$$

这就是电流-磁链转换公式。

作为法拉第电磁感应定律的应用，可以推出当闭合导体（线圈）在磁场内作切割磁力线运动时，电磁感应定律的表示形式为

$$e = Blv \tag{1-3}$$

式中：B 为磁感应强度（Wb/m^2）；l 为导体长度（m）；v 为导体在垂直于磁力线方向的运动速度（m/s）；e 为导体的感应电势（V）。

导体中的感应电势的方向可以通过右手定则决定。

在交流电机（见图1-1）中，由于励磁绕组中通入的是交流电流，故磁链将随时间变化；此外，由于线圈与磁场还存在相对角位移，也将引起线圈磁链的变化，因此式（1-1）可展开为

$$e = \frac{d\psi}{dt} = \frac{\partial\psi}{\partial t} + \frac{\partial\psi}{\partial\theta}\cdot\frac{d\theta}{dt} \tag{1-4}$$

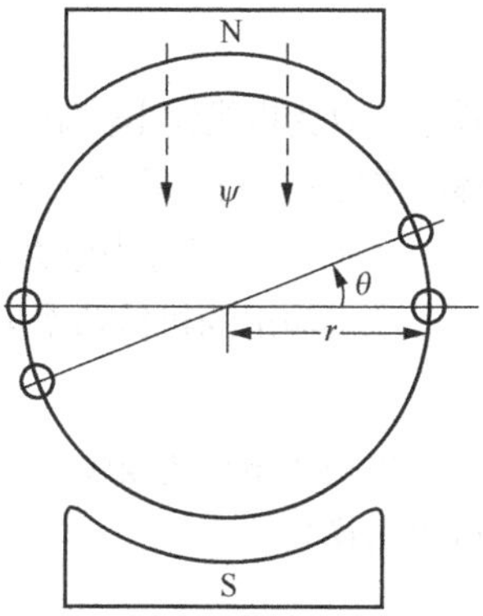

图1-1　交流电机的磁链

式（1-4）中的第一部分 $\frac{\partial\psi}{\partial t}$ 为不考虑线圈与磁场相对角位移时由磁链本身随时间变化所产生的感应电势，变压器就是这一原理的典型应用，因此，在部分场合 $\frac{\partial\psi}{\partial t}$ 被称为“感应电势”或“变压器电势”。

式（1-4）中的第二部分$\frac{\partial\psi}{\partial\theta}\cdot\frac{d\theta}{dt}$为不考虑磁链本身变化，由线圈与磁场相对角位移（线圈切割磁力线）产生的电势，称为"切割电势"或"速度电势"，对于磁场均匀分布的旋转运动，容易证明$\frac{\partial\psi}{\partial\theta}\cdot\frac{d\theta}{dt}=\psi\omega$，$\omega$为线圈旋转角速度（rad/s）。

2. 电磁力定律

通电导体在磁场中将受到电磁力的作用，根据电磁力定律，作用力的大小为

$$f = Bli \tag{1-5}$$

式中：B为磁感应强度（Wb/m^2）；l为导体长度（m）；i为导体的电流（A）；f为导体所受到的电磁力（N）。力的方向可以通过左手定则决定。

由式（1-3）与式（1-5）可见，当通电导体为闭合线圈，通过的电流强度为i，并假设线圈导体的运动方向始终垂直于磁力线，则机-电功率转换式可以表示为

$$P = e\cdot i = Blv\cdot i = Bli\cdot v = f\cdot v$$

对于旋转电机，假设线圈的半径为r（见图 1-1），旋转角速度为ω，则线圈的转矩$M = f\cdot r$，线圈的线速度为$v = \omega\cdot r$，所以

$$P = e\cdot I = f\cdot v = M\cdot\omega \tag{1-6}$$

即：导体所消耗的电能与导体所具有的机械能相等，这便是电动机的机-电能量转换原理与计算式。

二、电机运行的力学基础

使用电机的根本目的是通过电机所产生的电磁力带动机械装置（负载）进行旋转或直线运动，因此，习惯上称之为"电力拖动系统"。

研究电机控制系统不但需要考虑电机的电磁问题，而且还涉及诸多的机械运动问题，因此，需要熟悉电机传动系统所涉及的力学问题与计算公式。

1. 转矩平衡方程

电力拖动系统是建立于牛顿运动定律基础上的机电系统，对于转动惯量固定不变的旋转运动，牛顿第二定律的表示形式为

$$M = M_f + J\frac{d\omega}{dt} \tag{1-7}$$

式中：M为电机输出转矩（N · m）；M_f为负载转矩（N · m）；J为转动惯量（kgm^2），当质量为m的物体绕半径r进行回转时，$J = mr^2$；ω为电机角速度（rad/s），当以电机转速n（r/min）表示时，$\omega = 2\pi n/60$。

式（1-7）又称为电力拖动系统的转矩平衡方程。

电机输出的机械功率可以通过下式进行计算。

$$P = M\cdot\omega \tag{1-8}$$

当功率单位为 kW、转矩单位为 N · m、角速度用电机转速n（r/min）进行表示时，式（1-8）可以转换为

$$P = M\cdot\frac{2\pi}{60}n\cdot\frac{1}{1000}\approx\frac{1}{9550}Mn\ \text{(kW)} \tag{1-9}$$

这就是电机输出功率-转矩转换公式。

2. 机械特性

图 1-2（a）所示的电机输出转矩（或功率）与转速之间的相互关系称为电机的机械特性，即$M = f(n)$

或 $P=f(n)$。对于感应电机，为了方便分析，机械特性也可以用图 1-2（b）所示的 $n=f(M)$的形式进行表示。

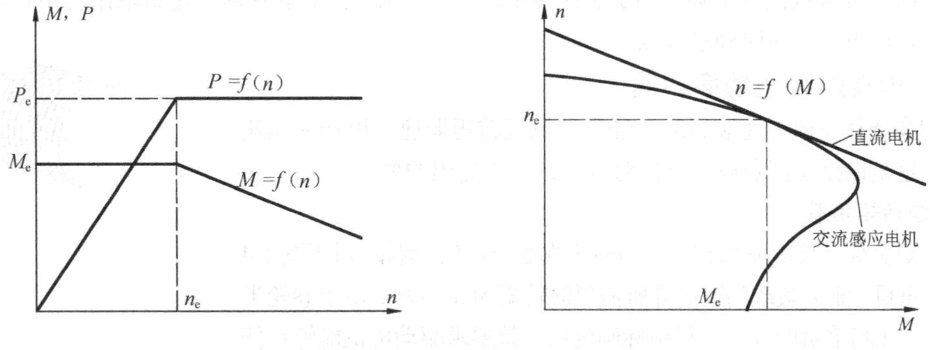

（a）$M=f(n)$ 或 $P=f(n)$　　　（b）$n=f(M)$

图1-2　电机的机械特性

在图 1-2 中转速 n_e 所对应的点上，电机输出转矩与功率均达到最大值，它是电机的最佳运行点，该点对应的转速 n_e、转矩 M_e、功率 P_e 称为电机的额定转速、额定转矩、额定功率。

3. 电力拖动系统稳定运行条件

电力拖动系统的稳定运行与电机的机械特性及负载特性有关。

对于图 1-3 所示的机械特性，在恒转矩负载下，特性段 C-C'为稳定工作区，而特性段 C'-C''为不稳定工作区。

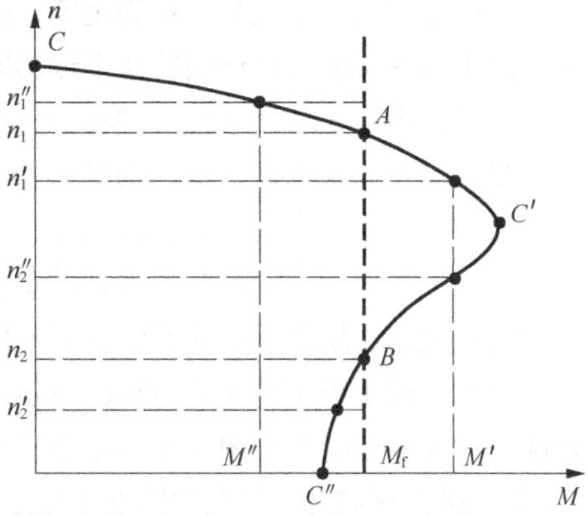

图1-3　电力拖动系统的稳定运行

例如，当电机工作于稳定工作区的 A 点时，电机的输出转矩与负载转矩相等（同为 M_f），由转矩平衡方程 $M-M_f=J\dfrac{d\omega}{dt}$ 可知，这时的加速转矩 $M'-M_f=0$，电机转速将保持 n_1 不变。如果运行过程中由于某种原因，使电机转速由 n_1 下降到了 n_1'，从机械特性可见，此时的电机输出转矩将由 M_f 增加到 M'，转矩平衡方程中的 $M'-M_f>0$，故 $\dfrac{d\omega}{dt}>0$，电机随之加速，输出转速随之上升；直到电机转速回到 n_1、$M-M_f=0$ 时才停止加速，重新获得平衡。反之，当由于某种原因使电机转速由 n_1 上升到 n_1'' 时，电机输出转矩 M'' 将小于 M_f，因此，$M''-M_f<0$，$\dfrac{d\omega}{dt}<0$，电机随即减速，输出转速下降，直到回到 n_1 点后 $M-M_f=0$，重新获得平衡。

但是，电机工作在不稳定区的 B 点时，虽然电机输出转矩等于负载转矩也同为 M_f，加速转矩 $M'-M_f=0$，电机转速可暂时保持 n_2 不变。但是，当由于某种原因，使电机转速由 n_2 下降到 n_2' 时，从机械特性上可见，此时，电机输出转矩反而小于 M_f，故 $M-M_f<0$，$\dfrac{d\omega}{dt}<0$，电机将减速，转速进一步下降，如此不断循环，直到停止转动。同样，当由于某种原因，使电机转速由 n_2 上升到 n_2'' 时，电机输出转矩反而由 M_f 增加到 M'，导致 $M'-M_f>0$，$\dfrac{d\omega}{dt}>0$，电机将加速，转速进一步上升，如此不断循环，最终远离 n_2 点。

由此可见，电力拖动系统稳定运行的条件是电机必须运行在这样的机械特性段上：当转速高于运行转速时，电机输出转矩必须小于负载转矩；当转速低于运行转速时，电机输出转矩必须大于负载转矩，以便电机加速回到平衡点。

三、恒转矩和恒功率调速

人们在选择交流调速装置时，经常涉及恒转矩调速、恒功率调速等概念，这是根据不同负载的特性对调速系统所提出的要求。

1. 恒转矩负载

恒转矩负载是要求驱动转矩不随转速改变的负载。例如，对于图 1-4 所示的起重机，驱动负载匀速提升所需要的转矩为 $M = Fr$，由于卷轮半径 r 不变，在起重机的提升重量指标确定后，就要求驱动电机能够在任何转速下都能够输出同样的转矩，这就是恒转矩负载。

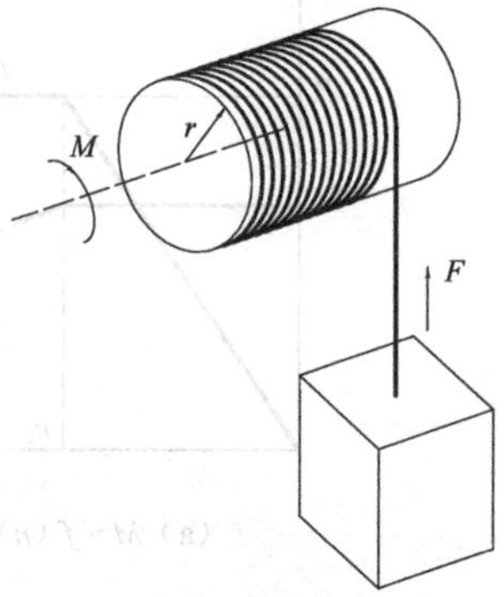

图1-4 起重机负载

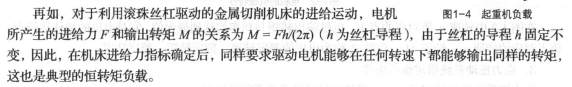

再如，对于利用滚珠丝杠驱动的金属切削机床的进给运动，电机所产生的进给力 F 和输出转矩 M 的关系为 $M = Fh/(2\pi)$（h 为丝杠导程），由于丝杠的导程 h 固定不变，因此，在机床进给力指标确定后，同样要求驱动电机能够在任何转速下都能够输出同样的转矩，这也是典型的恒转矩负载。

2. 恒功率负载

恒功率负载是要求驱动功率不随转速改变的负载。例如，对于金属切削机床，刀具在单位时间内能切削的金属材料体积 Q 直接代表了机床的加工效率，而 $Q = kP$（k 为单位功率的切削体积），在刀具、零件材料确定后，k 为定值，因此，当机床加工效率指标确定后，就要求带动刀具或工件旋转的主轴电机能够在任何转速下输出同样的功率，这就是典型的恒功率负载。

但是，由电机功率-转矩转换式（1-9）可知，电机的功率与输出转矩和转速的乘积成正比，当转速很小时，如果要保证输出功率不变，就必须有极大的输出转矩，这是任何调速系统都无法做到的。目前，即使在交流主轴驱动系统上，电气调速只能够保证额定转速以上区域实现恒功率调速。为此，对于需要大范围恒功率调速的负载，如机床主轴等，为了扩大其恒功率调速范围，往往需要通过变极调速、增加机械减速装置等辅助手段，来扩大电机的恒功率输出区域。

例如，对于额定转速为 1500 r/min、最高转速为 6000r/min 的主电机，其实际恒功率调速区为 1500～6000 r/min，电机和主轴 1:1 连接时的恒功率调速范围为 1:4；但如增加图 1-5 所示的传动比为 4:1 的一级机械减速，并在主轴低于额定转速 1500 r/min 时自动切换到低速挡，就可将主轴的恒功率输出区扩大至 375～6000 r/min，主轴的恒功率调速范围成为 1:6。

3. 风机负载

除以上两类负载外，风机、水泵等也是经常需要进行调速的负载，此类负载的特点是转速越高、所产生的阻力越大，负载转矩和转速的关系为 $M = kn^2$，它要求电机在启动阶段的输出转矩较小，但随着转速的升高，电机的输出转矩需要以速度的平方关系递增，此类负载称为风机负载。

以上三类负载的特性如图 1-6 所示。但实际负载往往比较复杂，多数情况是各种负载特性的组合，如对于恒功率负载，它总是有机械摩擦阻力等非恒功率负载成分，因此，工程上所谓的恒转矩、恒功率和风机负载，只是指负载的主要特性。

综上所述，所谓恒转矩调速，就是要求电机的输出转矩不随转速变化的调速方式，而恒功率调速则是要求电机输出功率不随转速变化的调速方式。

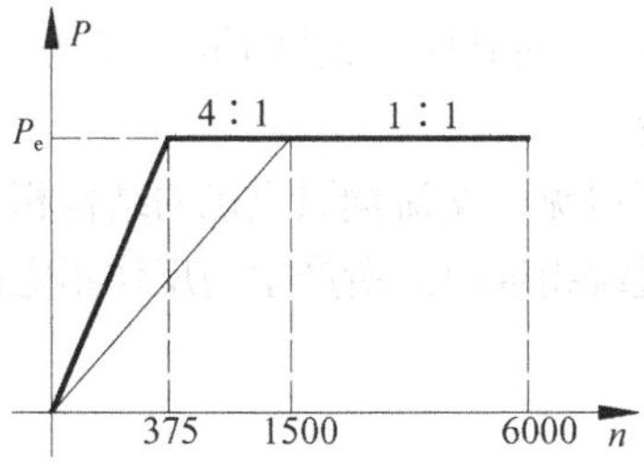

图1-5 机械变速增加恒功率范围

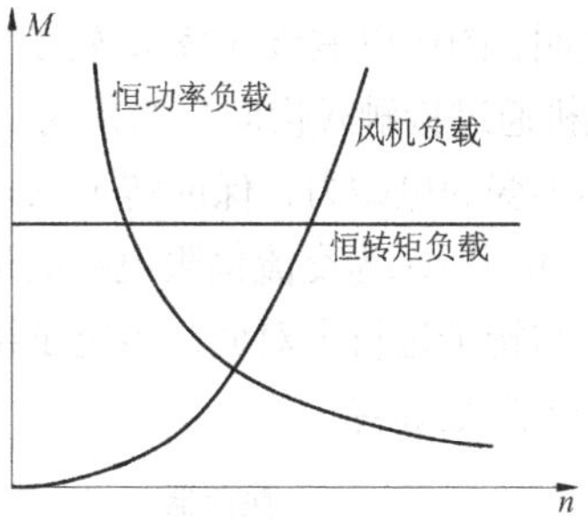

图1-6 负载特性图

任务2 了解伺服电机的运行原理

能力目标

1. 了解 BLDCM 的运行原理。
2. 了解 PMSM 的运行原理。
3. 掌握交流伺服电机的输出特性。

工作内容

学习后面的内容，并完成以下练习。

1. BLDCM 为什么称为“无刷直流电机”？其转子位置检测装置的作用是什么？
2. PMSM 与 BLDCM 的主要区别是什么？它有什么优点？
3. 交流伺服电机的机械特性具有什么性质？其额定输出转矩为什么略低于静态转矩？
4. 交流伺服电机的过载特性具有什么性质？启动转矩为什么可大于额定输出转矩？

相关知识

一、伺服电机的运行原理

1. BLDCM 运行原理

作为交流伺服驱动系统控制对象的伺服电机，本质上是一种交流永磁同步电机，它的转子安装有高性能的永磁材料，可产生固定的磁场；定子布置有三相对称绕组，其结构在不同方式运行时并无太大的区别。

交流电机可以像直流电机一样控制其运行，而且其性能与直流电机类似。图 1-7 所示为交流伺服电机运行和直流电机运行的原理比较图。

图 1-7（a）所示为直流电机运行原理图，在直流电机中，定子为磁极（一般由励磁绕组产生，

为了便于说明，图中以磁极代替），转子上布置有绕组；电机依靠转子线圈通电后所产生的电磁力转动。直流电机通过接触式换向器的换向，保证了任意一匝线圈转到同一磁极下的电流方向总是相同，以产生方向不变的电磁力，保证转子以固定方向连续旋转。

图 1-7（b）所示为交流伺服电机的运行原理图，由图可见，交流伺服电机的结构相当于将直流电机的定子与转子进行了对调，当定子绕组通电后，通过绕组通电后所产生的反作用电磁力，使得磁极（转子）产生旋转。

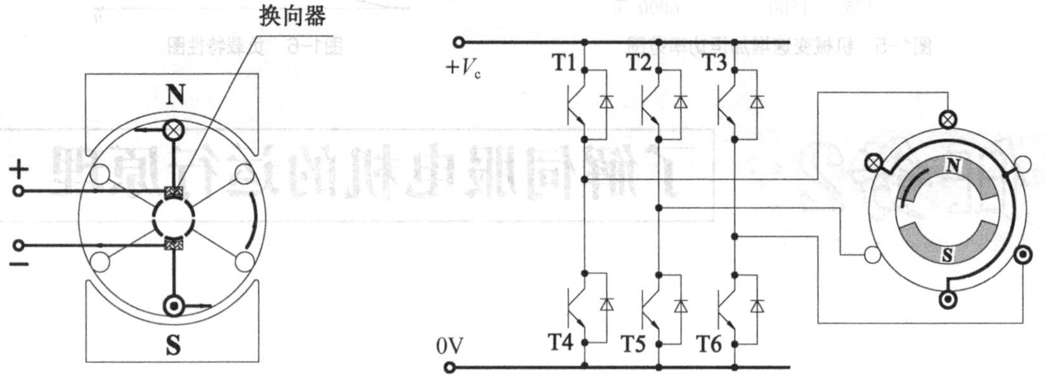

（a）直流电机运行原理　　（b）交流伺服电机运行原理

图1−7　交流伺服电机与直流电机运行原理比较

定子中的绕组可以通过功率晶体管（MOSFET、IGBT、IPM 等）的控制按照规定的顺序轮流导通，例如，图 1-7（b）中依次为 T1/T6→T6/T2→T2/T4→T4/T3→T3/T5→T5/T1→T1/T6，以保证定子绕组产生方向不变的电磁力，带动转子向固定方向旋转。如果改变功率管的通/断次序，将图 1-7（b）中的通/断次序改为 T4/T2→T2/T6→T6/T1→T1/T5→T5/T3→T3/T4→T4/T2，即可改变电机的转向；而改变功率管的切换频率则可调节电机转速。

这样的交流伺服电机只是以功率管的电子换向取代了直流电机的整流子与换向器，其性能特点与直流电机完全相同，由于取消了直流电机的换向器，故称为“无刷直流电机”（Brushless DC Motor，BLDCM）。

BLDCM 运行的关键是需要根据转子磁极的不同位置，控制对应功率管的通/断，为此，必须在转子上安装用于位置检测的编码器或霍尔元件，以保证功率管通/断的有序进行。

BLDCM 兼有直流电机与交流电机两者的优点，同时避免了换向器带来的高速换向与制造维修等问题，大幅度提高了最高转速，其使用寿命长、维修方便、可靠性高。BLDCM 只需要在直流电机的基础上增加电子换向控制，其控制非常容易，可以通过简单的电子线路、利用模拟量控制实现，因此在 20 世纪 80 年代就被实用化与普及，在数控机床、机器人等控制领域得到了广泛应用。

2. PMSM 运行原理

BLDCM 的定子绕组电流为图 1-8（a）所示的方波，它直接利用电磁力带动转子旋转，其定子中不存在空间旋转的磁场。

BLDCM 虽然具有控制简单、可靠性高等一系列优点，但所存在的问题是：由于定子绕组是电感负载，其电流不能突变；而且在同样的电压下，定子绕组的反电势与电流变化率相关，因此，在不同转速下的反电势将随着切换频率的变化而改变，它将带来功率管的不对称通/断与高速剩余转矩脉动，严重时可能导致机械谐振的产生，故难以满足高速数控机床等大范围高速、高精度控制的要求，目前已较少使用。

随着微处理器、电力电子器件与矢量控制理论、PWM 变频技术的快速发展，人们借鉴了感应电机的运行原理（见本项目任务 3），将 BLDCM 中的定子电流由图 1-8（a）所示的方波改成了图 1-8（b）所示的三相对称正弦波，这样便可以在定子中产生平稳的空间旋转磁场，带动转子同步、平稳旋转，这种电机称为“交流永磁同步电机”（Permanent Magnet Synchronous Motor，PMSM）。

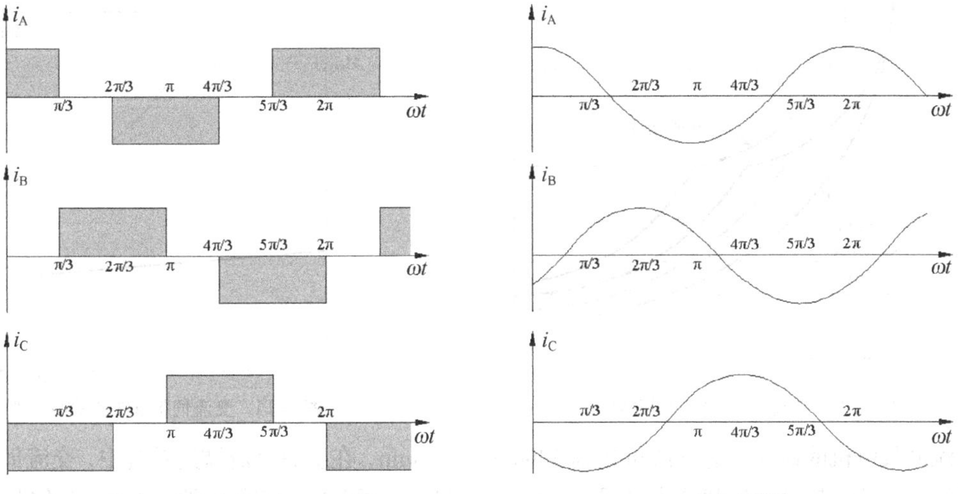

（a）方波　　（b）正弦波

图1-8　交流伺服电机定子绕组的电流形式

PMSM 利用了平稳的空间旋转磁场带动转子同步旋转，它解决了 BLDCM 的不对称通/断与高速剩余转矩脉动问题，其运行更平稳，动、静态特性更好，它是当代交流伺服驱动的主要形式。

PMSM 是一种交流同步电机，其输出转速只与定子的三相电流的频率、电机结构（磁极对数）有关，因此，其调速原理与普通变频器完全一致。

二、伺服电机的输出特性

交流伺服电机的运行原理与直流电机类似，它具有与直流电机类似的优异的调速性能。交流伺服电机的转子有强度不变的永久磁场，只要在绕组中通入固定的电流，便可以产生恒定的转矩，它是一种具有“恒转矩”输出特性的驱动电机。伺服电机不能像直流电机那样通过“弱磁”升速进行恒功率运行，故不适合于金属切削机床的主轴控制等“恒功率负载”。伺服电机的“转速-转矩”特性如图 1-9 所示。

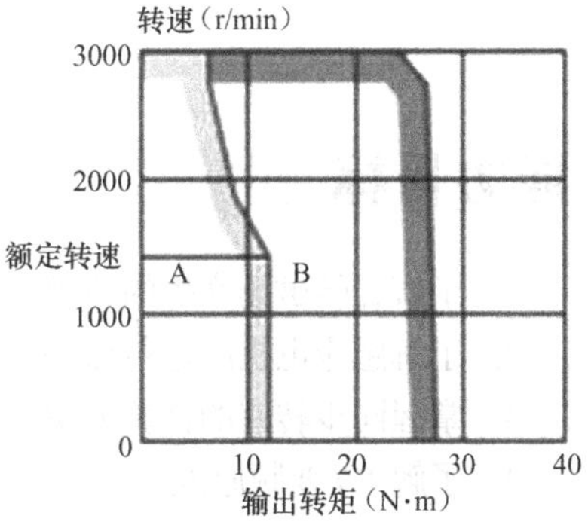

图1-9　交流伺服电机的输出特性

伺服电机静止时的输出转矩称为“静态转矩”。由于电机静止时无摩擦热量等因素的影响，绕组允许的最大电流可略大于运行时的电流；随着电机转速的升高，摩擦热量逐步增加，最大电流与输出转矩均有所下降。然而，在高性能的伺服电机上输出转矩的下降并不明显，因此，对额定转速以下的区域，通常可用静态转矩近似代替输出转矩；但在额定转速以上区域则需要考虑转矩的下降。

交流伺服驱动系统具有优异的加减速与过载性能。由于永久磁铁具有固定不变的磁场，短时大电流也不会立即产生温升，静态加速时其加/减速转矩可达额定转矩的 300%以上。伺服电机运行时，如果负载出现短时的过载，电机也能产生短时的过载转矩，以克服负载转矩，保持速度或位置的不变。

交流伺服电机的过载特性是一条与时间成反比的“反时限”曲线（见图 1-10），过载时间越短，过载电流就越大；但是，由于最大电流还受驱动器逆变功率管的限制，在实际驱动系统中，一般将额定转速以下区域统一限制在某一最大值，为了方便计算与选择，交流伺服系统的输出特性通常以图 1-11 所示的形式综合表示。

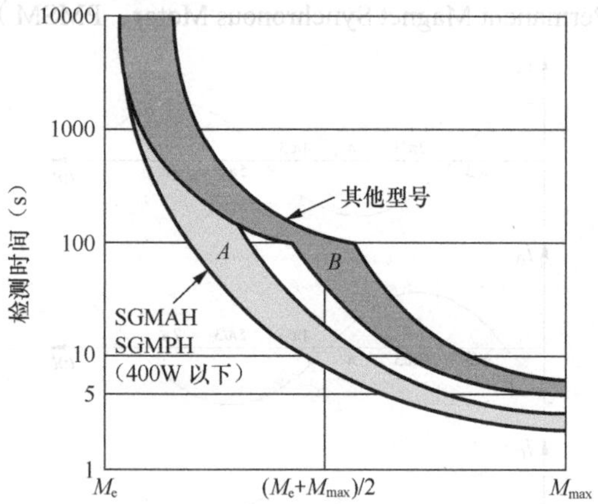

图1-10　交流伺服电机的过载特性

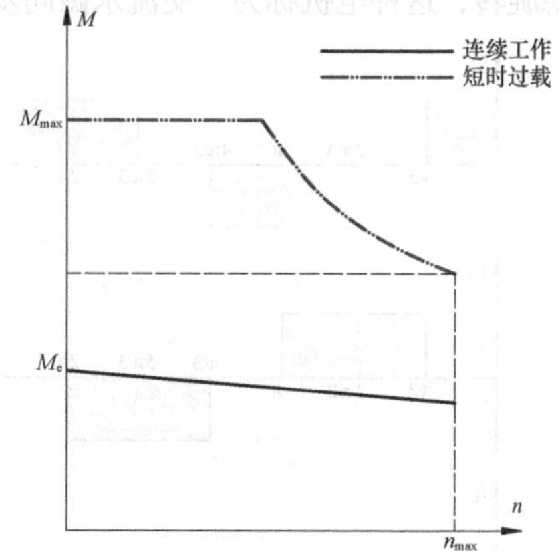

图1-11　交流伺服系统的输出特性

交流伺服电机的最高转速一般可达到 3000～6000r/min，在所有交流调速系统中，交流伺服的调速范围最大、精度最高、过载能力最强、速度响应最快，故可用于高速、高精度速度与位置控制。

任务3　了解感应电机的运行原理

能力目标

1. 了解旋转磁场产生的原理。
2. 了解感应电机的运行原理。
3. 掌握同步转速的计算方法。
4. 了解 *V/f* 变频原理。

工作内容

学习后面的内容，并完成以下练习。

1. 某 PMSM 交流伺服电机的铭牌上标明 n_0 = 2000r/min，f_e = 133Hz，问该电机的磁极对数 *p* 为多少？

2. 某感应电机的铭牌上标明 n_e = 1470r/min，f_e = 50Hz，问该电机的同步转速 n_0 与磁极对数 *p* 各为多少？

3. 感应电机 *V/f* 变频属于什么调速？简述其调速原理。

相关知识

一、旋转磁场的产生

变频器与交流伺服驱动器的控制对象有所不同，它是一种用于通用感应电机调速控制的装置，为此需要了解感应电机的运行原理。

三相交流感应电机运行原理是：通过三相交流电在定子中产生旋转磁场，并通过这一磁场的电磁感应作用在转子中产生感应电流，依靠定子旋转磁场与转子感应电流之间的相互作用，使得转子跟随旋转磁场旋转。

旋转磁场是一种强度不变并以一定的速度在空间旋转的磁场。理论与实践证明，只要在对称的三相绕组中通入对称的三相交流电，就会产生旋转磁场。

以图 1-12 所示的单绕组线圈为例，假设三相绕组 A-X、B-Y、C-Z 互隔 120° 对称分布在定子的圆周上，当在三相绕组中分别通入如下电流。

$$i_A=I_m\cos\omega t$$

$$i_B=I_m\cos(\omega t-2\pi/3)$$

$$i_C=I_m\cos(\omega t-4\pi/3)$$

在不同时刻三个线圈所产生的磁场变化过程如图 1-12 所示。图中，假设当电流的瞬时值为正时，电流方向从绕组的首端（A、B、C）流入（用⊗表示）、末端（X、Y、Z）流出（用⊙表示）。

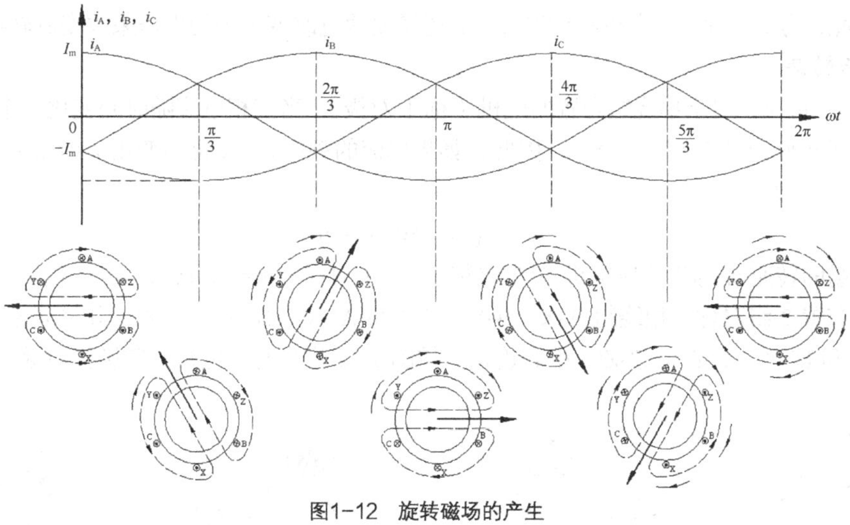

图1-12 旋转磁场的产生

在 $\omega t=0$ 时刻，$i_A=I_m$，$i_B=-I_m/2$，$i_C=-I_m/2$，因此 A 相电流为正（从 A 端流入、X 端流出）；而 B、C 相为负（从 Y、Z 端流入，B、C 端流出）。由图 1-12 可见，Y、A、Z 三个线圈相邻边的电流都为流入，而 B、X、C 三个线圈相邻边的电流都为流出，根据右手定则可画出其磁力线分布为图 1-12 左侧第 1 图，方向为自右向左。

到了 $\omega t=\pi/3$ 时刻，$i_A=i_B=I_m/2$，$i_C=-I_m$，因此 A、B 相电流为正（从 A、B 端流入，X、Y 端流出）；而 C 相为负（从 Z 端流入、C 端流出）。由图 1-12 可见，A、Z、B 三个线圈相邻边的电流都为流入，而 X、C、Y 三个线圈相邻边的电流都为流出，根据右手定则可画出其磁力线分布为图 1-12 左侧第 2 图，磁场方向在第 1 图的基础上顺时针旋转了 60°。

同理可得到 $\omega t=2\pi/3$、π、$4\pi/3$、$5\pi/3$、2π 时刻的磁场分布图。

由图 1-12 可见，如果在对称的三相绕组通入对称三相电流后，就可以得到一个磁场强度不变，但磁极在空间旋转的旋转磁场。这一旋转磁场通过电磁感应的作用就可以带动转子的旋转，感应电机就是依据这一原理所制造。

二、感应电机的运行原理

1. 运行原理

当交流电机的定子通过三相交流电产生旋转磁场后，如果转子处于静止状态，则旋转磁场与转子导条之间将产生切割磁力线的相对运动，导条中将产生感应电势与感应电流，而这一感应电流又将在导条上产生电磁力。由电磁感应原理可知，这一电磁力的方向总是在使得转子跟随旋转磁场旋转的方向上。通俗地理解，旋转磁场将“吸引”转子同方向旋转，这就是感应电机的运行原理。

由于在转子中产生电磁力的前提是转子导条与旋转磁场之间必须存在切割磁力线的相对运动，也就是说，转子的转速必须小于旋转磁场的转速，否则，两者将相对静止而无电磁力的产生，因此这是一种转子转速与旋转磁场转速不同步的电机，俗称“异步电机”。

在感应电机中，旋转磁场的转速称为“同步转速”，而转子的转速称为“输出转速”或直接称“电机转速”，两者之间的转速差称为“转差率”。转子与旋转磁场的速度差越大，所产生的感应电流也就越大，电磁力也就越大，因此，在同步转速不变的情况下，如果电机的负载越重，为了产生相应的输出转矩，转差率就越大，电机转速也就越低。

电机的输出转矩还与旋转磁场的强度有关，磁场强度越大，同样转速差下所产生的电磁转矩也就越大，因此，为了控制感应电机的输出转矩，还需要通过改变定子的电压来改变旋转磁场的强度。

2. 同步转速

从图 1-12 可见，对于单绕组布置的电机（称 1 对极），当三相电流随时间变化一个周期（2π）时，旋转磁场正好转过 360°（一转），因此，如果电流的频率为 f（每秒变化 f 周期），旋转磁场的转速将为 f(r/s)，即

$$n_0 = f\text{(r/s)}=60f\text{(r/min)}$$

旋转磁场的转速 n_0 称为感应电机的同步转速，在 1 对极的电机上它只与电流频率有关。但是，如果圆周上布置 2 组对称三相绕组 A-X、B-Y、C-Z 与 A′-X′、B′-Y′、C′-Z′，并将同相绕组 A-X 与 A′-X′（B-Y 与 B′-Y′、C-Z 与 C′-Z′）串联连接、按图 1-13 排列时，电机的磁场极对数变为 2。

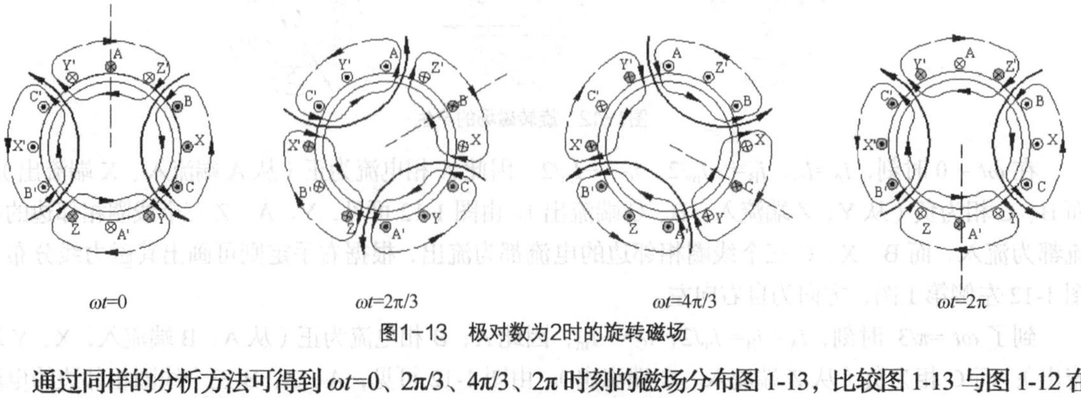

图1-13 极对数为2时的旋转磁场

通过同样的分析方法可得到 $\omega t=0$、$2\pi/3$、$4\pi/3$、2π 时刻的磁场分布图 1-13，比较图 1-13 与图 1-12 在同一时刻下的磁场分布图可知：极对数为 2 时所产生的空间旋转磁场在电流变化一周期时仅转过 180°。

同理可得，当圆周上布置有 p 组对称三相绕组（极对数为 p）时，其同步转速一般计算式为

$$n_0 = f/p(\text{r/s}) = 60f/p(\text{r/min}) \tag{1-10}$$

由式（1-10）可见，交流电机的同步转速只与电机的极对数 p、输入交流电的频率 f 有关，如果需要调节电机同步转速，则只需要改变电机的极对数与频率。

由于电机极对数与结构相关，且改变 p 只能成倍改变同步转速，而不能做到无级调速，因此，变极调速只能作为辅助变速手段；也就是说，通过改变同步转速实现的无级调速只能利用“变频”控制实现，这一结论同样适用于 PMSM。

综上所述，无论是交流伺服电机还是感应电机，都可以通过改变电压与频率实现电机的平滑调速；变频器、交流主轴驱动器、交流伺服驱动器都是为了实现这一功能而制造的不同类型控制器。

三、V/f 变频控制原理

感应电机的变频调速控制可分为保持定子电压与频率的比例为恒定的控制（简称 V/f 控制）与矢量控制两大类。V/f 控制是基于感应电机传统的等效电路，从交流电机的静态特性分析出发，对感应电机所进行的变频调速控制，其原理可以通过感应电机传统的等效电路与静态运行特性进行分析。

由电磁感应原理可知，当定子线圈中通入了频率为 f_1 的交流电后，在定子线圈中的感应电势为

$$E_1 = \sqrt{2}\pi f_1 k_1 W_1 \Phi \tag{1-11}$$

式中：E_1 为定子感应电势；f_1 为定子电流频率；k_1 为定子绕组系数；W_1 为定子绕组匝数；Φ 为磁通量。

从电磁学的角度分析，感应电机转子中产生的电磁转矩为

$$M = K_m \Phi I_2 \cos\varphi \tag{1-12}$$

式中：K_m 为电机转矩常数；I_2 为转子感应电流；$\cos\varphi$ 为转子电路的功率因数。

对于结构固定的感应电机，K_m、$\cos\varphi$ 基本不变，输出转矩与转子感应电流 I_2 及磁通量 Φ 有关。由式（1-12）可见，为了实现感应电机的恒转矩调速，需要在同样的转子感应电流 I_2 下，电机能够输出同样的转矩，则磁通量 Φ 必须保持恒定。而从式（1-11）可知，对于电机结构一定的电机，其定子绕组匝数 W_1、绕组系数 k_1 不变，为此只要保持 E_1/f_1 恒定，就能保证磁通量 Φ 不变。由于电机的定子绕组电阻与感抗均很小，在要求不高的场合可认为 $E_1 \approx U_1$（定子电压），也就是说，只要保持变频调速时的 U_1/f_1 不变，就可近似实现感应电机的恒转矩调速。这样的变频调速控制称为“V/f 控制”方式。

拓展学习

一、感应电机的等效电路

通过对感应电机运行原理的分析可知，感应电机旋转磁场的转速与电流频率成正比，只要能够改变电流频率便可实现调速。但是，实际控制并没有这么简单，因为定子电流频率的改变将影响电机绕组的感抗、感应电势、输出特性等诸多参数，因此，需要对电机的特性进行深入分析。

感应电机的转子绕组实质上是一组短路的导条，绕组通过电磁感应从定子旋转磁场上获得能量。在电磁感应原理上说，它可视为一种旋转着的变压器，电机的定子绕组相当于变压器的初级线圈，而转子则相当于次级线圈。

当感应电机转子静止、而磁场以 f_1 的频率旋转时，假设转子绕组中的感应电势为 E_{20}，则转子中的感应电流为

$$I_{20} = \frac{E_{20}}{R_2 + jX_2} \tag{1-13}$$

式中：R_2 为转子绕组电阻；X_2 为转子绕组感抗，$X_2 = 2\pi f_1 L_2$。

根据变压器原理，如果将转子的感应电势与电流统一归算到定子边，则有

$$I'_{20}=\frac{W_2}{W_1}\bullet I_{20}=\frac{W_2}{W_1}\bullet\frac{\frac{W_2}{W^1}\bullet E_1}{R_2+\mathrm{j}X_2}=\frac{E_1}{R'_2+\mathrm{j}X'_2} \tag{1-14}$$

式中：$R'_2=\left(\frac{W_1}{W_2}\right)^2\bullet R_2$；$X'_2=\left(\frac{W_1}{W_2}\right)^2\bullet X_2$；$W_1$、$W_2$为定子、转子绕组匝数；$E_1$为定子感应电势。

以上为转子静止时的等效式。

如果转子以转速 n 旋转，并定义转差率 $S=\frac{n_0-n}{n_0}$（n_0为同步转速），则转子与旋转磁场的相对转速将为 $S\,n_0$，式（1-14）中与频率相关的转子感应电势、电抗亦将随着转速的改变而改变，这时，归算到定子边的转子电流将变为

$$I'_2=\frac{SE_1}{R'_2+\mathrm{j}SX'_2}=\frac{E_1}{R'_2+\mathrm{j}X'_2+\frac{1-S}{S}\bullet R'_2} \tag{1-15}$$

由式（1-14）与式（1-15）可见，与转子静止时相比，电机转动后相当于在转子等效电路上增加了一项 $\frac{1-S}{S}\bullet R'_2$ 的等效电阻，而根据能量转换原理，此电阻所消耗的功率就是电机旋转时的输出功率。

在考虑定子绕组的阻抗 R_1+jX_1 和激磁阻抗 Z_m 后，根据式（1-15）可以得到感应电机的单相等效电路如图1-14所示。

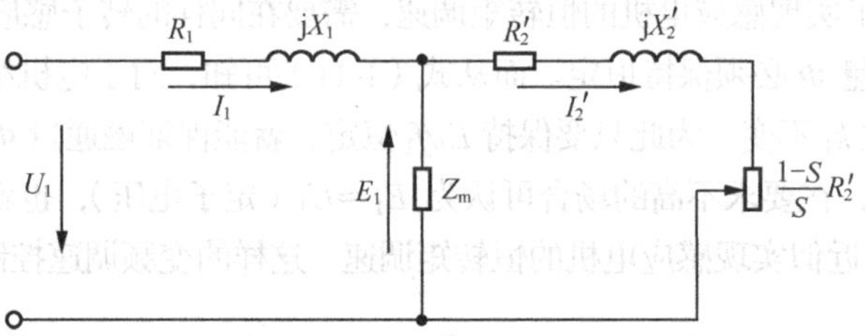

图1-14 感应电机等效电路

二、感应电机的机械特性

根据力学方程，角速度为 ω、输出转矩为 M 的回转体所对应的机械功率为 $P_\mathrm{j}=M\cdot\omega$；按照能量守衡定律，三相感应电机的这一功率应与等效电路中三相绕组的等效电阻 $\frac{1-S}{S}\bullet R'_2$ 所消耗的功率相等，故可得

$$M=\frac{3I'^2_2}{\omega}\bullet\left(\frac{1-S}{S}\bullet R'_2\right) \tag{1-16}$$

考虑到 $\omega=2\pi n$ 及 $n/(1-S)=n_1$、$n_1=f_1/p$（n 为转子输出转速，n_0 为同步转速，f_1 为定子电流频率，p 为电机极对数），代入式（1-16）整理后得

$$M=\frac{3}{2\pi n_0}\bullet\frac{I'^2_2R'_2}{S}=\frac{3p}{2\pi f_1}\bullet\frac{I'^2_2R'_2}{S} \tag{1-17}$$

由于感应电机的定子绕组的电阻 R_1 与感抗 X_1 的压降与定子感应电势 E_1 相比很小，在工程计算时可以图1-15所示的等效电路来近似代替图1-14，因此：

$$I_2' = \frac{SE_1}{\sqrt{R_2'^2 + (SX_2')^2}} \approx \frac{U_1}{\sqrt{(R_1 + R_2'/S)^2 + (X_1 + X_2')^2}} \tag{1-18}$$

将式（1-18）代入式（1-17），便可以得到以下的感应电机机械特性方程式。

$$M = \frac{3p}{2\pi f_1} \cdot \frac{U_1^2}{(R_1 + R_2'/S)^2 + (X_1 + X_2')^2} \cdot \frac{R_2'}{S} \tag{1-19}$$

式中：p 为电机极对数；f_1 为定子电流频率（Hz）；U_1 为定子电压；R_1 为定子绕组电阻；X_1 为定子绕组感抗；R_2' 为折算到定子侧的转子绕组电阻；X_2' 为折算到定子侧的转子绕组感抗；S 为转差率，$S = \frac{n_0 - n}{n_0}$，n_0 为同步转速，n 为电机转速。

由于电机在高速时的转差率 S 很小，可认为 $(R_1 + R_2'/S)^2 + (X_1 + X_2')^2 \approx (R_2'/S)^2$，则

$$M \approx M_a = \frac{3p}{2\pi f_1} \cdot \frac{SU_1^2}{R_2'} \propto S$$

而在低速时的 S 接近于 1，且 $R_1 \gg R_2'$，可认为 $(R_1 + R_2'/S)^2 \approx R_1^2$，则

$$M \approx M_b = \frac{3p}{2\pi f_1} \cdot \frac{U_1^2}{R_1^2 + (X_1 + X_2')^2} \cdot \frac{R_2'}{S} \propto \frac{1}{S}$$

按此画出的感应电机机械特性如图 1-16 所示。图中的 S_k 称为“临界转差率”，在该转差率上，感应电机输出的转矩为最大值 M_m，临界转差率与最大转矩可以通过对机械特性方程式的求导得到，其值为

$$S_k = \frac{R_2'}{\sqrt{R_1^2 + (X_1 + X_2')^2}}$$

$$M_m = \frac{3p}{4\pi f_1} \cdot \frac{U_1^2}{R_1 + \sqrt{R_1^2 + (X_1 + X_2')^2}}$$

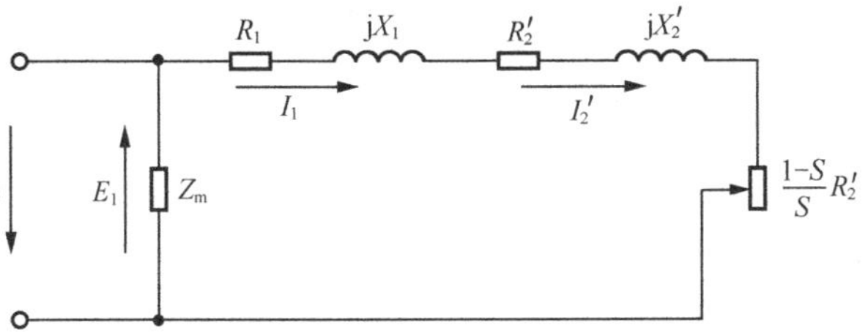

图1-15 感应电机等效电路简化图

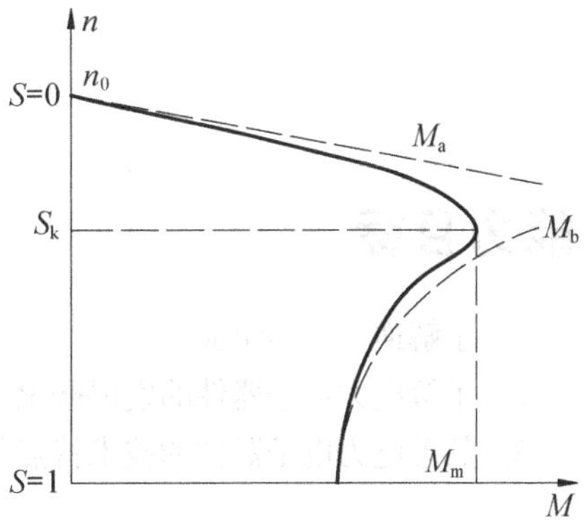

图1-16 感应电机的机械特性

Chapter 2

项目2 | 交流逆变技术 |

交流逆变是将工频交流电转换为频率、电压、相位可调交流电的控制技术，它是变频器、交流伺服驱动器等新型运动控制装置产生与发展的技术基础，是以交流电机为执行元件的位置、速度、转矩控制系统的共性关键技术之一。

交流逆变需要涉及电力电子器件、整流、逆变、脉宽调制（Pulse Width Modulated，PWM）等基础技术，本项目将对此进行专门学习。

任务1 熟悉电力电子器件

能力目标

1. 了解逆变器的组成。
2. 了解电力电子器件的发展概况。
3. 熟悉电力电子器件的技术特点与用途。

工作内容

学习后面的内容，回答以下问题。

1. “交-直-交”变流装置由哪3部分组成？各有何作用？
2. 交流逆变对所使用的电力电子器件有何要求？目前变频器与交流伺服驱动器所使用的主流器

件是什么？

3. 什么叫“半控器件”与“全控器件”？

4. 与IGBT比较，IPM具有哪些优点？

相关知识

一、交流逆变概述

1. 交流逆变技术

在以交流电机为执行元件的机电一体化控制系统中，为了实现位置、速度或转矩的控制，都需要改变电机的转速。根据电机运行原理，交流电机的转速决定于输入的三相交流电在定子中产生旋转磁场的转速，这一转速称为“同步转速”，其值为

$$n_0 = 60f/p \tag{2-1}$$

式中：n_0为同步转速（r/min）；f为输入交流电的频率（Hz）；p为电机磁极对数。

由此可知，要改变交流电机的同步转速就必须改变电机磁极对数或输入交流电的频率。由于电机磁极对数与电机的结构相关，且只能成对产生，即改变p只能成倍改变同步转速，因此，“变极调速”只能作为一种大范围变速的辅助调速手段，而不能做到连续无级变速。这就是说，为了改变交流电机的同步转速就必须改变输入交流电的频率。这种将来自电网的工频交流电转换为频率、幅值、相位可调的交流电的技术称为“交流逆变技术”。

2. “交-直-交”逆变

实现交流逆变需要一整套控制装置，这一装置称为变换器（Inverter，有时直接称为逆变器），俗称变频器。机电一体化设备中常用的变频器、交流伺服驱动器、交流主轴驱动器广义上都属于变频器的范畴，只是它们的控制对象（电机类型）有所不同而已。

交流逆变可采用多种方式，但是为了能够对电压的频率、幅值、相位进行有效控制，绝大多数变频器都采用了图2-1所示的将电网交流输入转换为直流、然后再将直流转换为所需要的交流的逆变方式，并称之为“交-直-交”逆变或“交-直-交”变流。

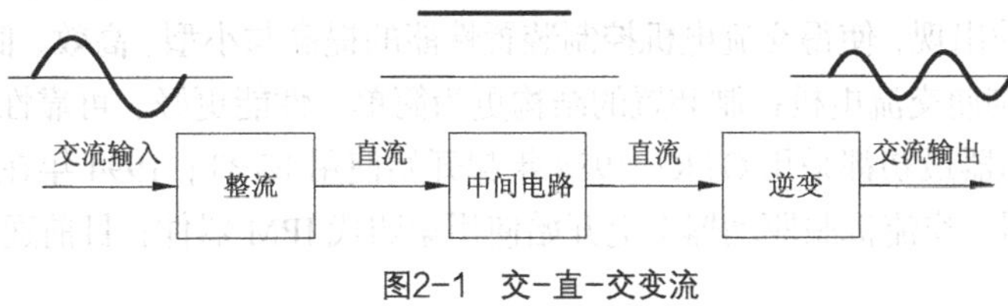

图2-1　交-直-交变流

在交-直-交逆变装置中，将交流输入转换为直流的过程称为“整流”，而将直流转换为交流的过程称为“逆变”。

由图2-1可见，变频器的主回路由整流、中间电路（称为直流母线控制电路）与逆变三部分组成。整流电路用来产生逆变所需的直流电流或电压；中间电路可以实现直流母线的电压的控制；而逆变电路则通过对输出功率管的通/断控制，将直流转变为幅值、频率、相位可变的交流。

整流电路的作用只是将交流输入转换为直流输出，由于电网输入的交流电频率通常为50Hz或60Hz，它对控制器件的工作频率要求不高，为此，在小功率变频器上一般都采用二极管作为整流器件。但是，在大功率变频器上，出于直流母线电压调节需要或为了将电机制动时所产生的能量返回到电网实现节能，其整流器件需要使用晶闸管或大功率晶体管。

中间电路的主要作用是保持直流母线电压的不变，在以二极管为整流器件的变频器中，由于整流电路的输出电流无法调节，当逆变电路的输出电流（负载）发生变化或由于电机制动产生能量回馈时，都会引起直流母线电压的波动，因此，需要通过动态调整电阻的能量消耗来维持其电压的不变，故必须采用通/断可控的大功率器件。

逆变电路是通过对大功率器件的通/断控制，通过PWM技术将直流转换为幅值、频率、相位可控的交流输出的电路，其输出波形将直接决定交流逆变的质量，它是交流逆变的关键。逆变器件必须采用能够高频通/断的器件。

二、电力电子器件

1. 基本要求

交流逆变需要使用专门的、用弱电控制强电的半导体器件，这些器件必须在高压、大电流的状态下工作，因此称为电力电子器件（Power Electronics Devices）。

电力电子器件是用于高压、大电流电路通/断控制的器件，其理想的性能有如下三方面。

① 载流密度大、导通压降小，即器件在导通时可以承受大电流，且本身所产生的功耗较小。

② 耐压高、控制容易，即器件在截止时能够承受高压，且能够方便地进行通/断控制。

③ 工作频率高、开关速度快，即器件在通/断瞬间能够承受的电流、电压变化率大。

电力电子器件是实现交流逆变的基础元件，正是由于它们的快速发展，带来了PWM技术的进步，使得变频器、交流伺服驱动器、交流主轴驱动器等新型交流调速装置的诞生与实用化成为了可能。

2. 发展简况

一般认为，晶闸管的出现标志着电力电子器件的诞生，其发展经历了以晶闸管为代表的第一代“半控型”器件，以GTO、GTR与功率MOSFET为代表的第二代“全控型”器件，以IGBT为代表的第三代“复合型”器件及以IPM为代表的第四代功率集成器件（PIC）的发展历程。提高器件的容量和工作频率、降低通态压降、减小驱动功率、改善动态性能以及进行器件的复合化、智能化与模块化，如开发适合于三电平逆变、矩阵控制所需要的复合器件与双向控制器件等是当前电力电子器件的发展方向。

第一代电力电子器件由于存在关断不可控与工作频率低两大主要问题，实际上并没有为交流调速装置的实用化带来太大的帮助；交流调速装置的快速发展始于第二代“全控型”器件；而第三代“复合型”器件IGBT的出现，使得交流电机控制装置性能的提高与小型、高效、低噪声成为了现实；第四代IPM的实用化则使交流电机控制装置的结构更为简单、性能更好、可靠性更高。

变频器、伺服驱动器最初都采用GTR；1988年起开始使用IGBT；1994年在高性能、专用变频器（如交流主轴驱动器、交流伺服驱动器）上开始使用第四代IPM器件；目前通用变频器的主流器件仍然是IGBT。

从应用的角度看，第一代器件中的高压、大电流晶闸管将在电力系统的直流高压输电和无功功率补偿装置中得到延续；第二代器件中的GTO将继续在超高压、大功率领域发挥作用；功率MOSFET在高频、低压、小功率领域仍具竞争优势；第三代器件中的IGBT在中高压、中小功率控制场合将保持良好的市场；而第一代器件中的普通晶闸管和第二代器件中的GTR则将逐步被功率MOSFET和IGBT所代替。

3. 关断不可控器件

在交流电机控制系统中，关断不可控器件主要用于整流主回路，表2-1为典型产品二极管与晶闸管的技术特点与用途表。

表 2-1　　关断不可控型电力电子器件简表

名　称	功率二极管	晶　闸　管
符号	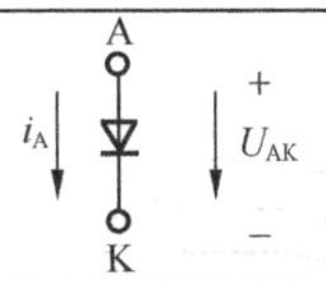	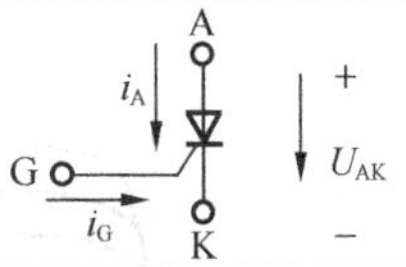
输出特性	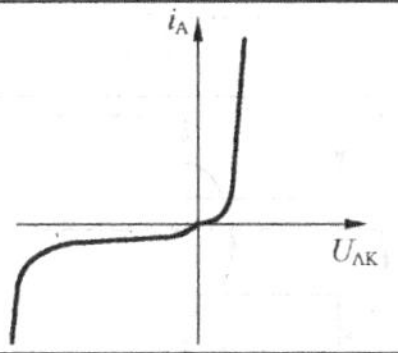	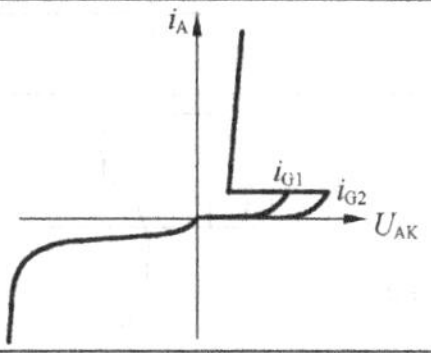
电压、电流波形	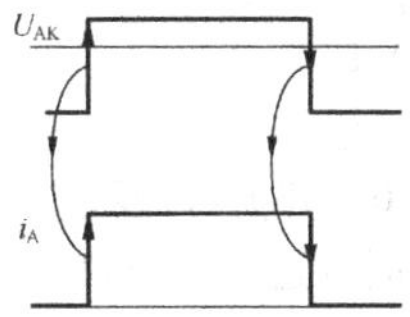	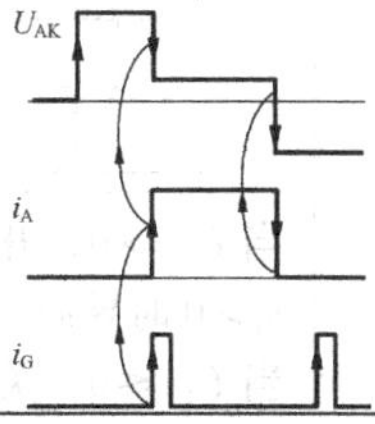
功能说明	不可控整流；$U_{AK}\geqslant0.5V$ 时，二极管导通；$U_{AK}<0.5V$ 时断开	可控制导通，但不能控制关断；$U_{AK}\geqslant0.5V$ 且 $i_G\geqslant0$ 时导通；导通后，只要 i_A 大于维持电流，仍然可以保持导通状态
用途	高压、大电流不可控整流电路	高压、大电流可控整流电路；带有换流控制的逆变回路

其中，功率二极管的工作原理与普通二极管相同，只要正向电压 $U_{AK}\geqslant0.5V$，便可以正向导通；如工作电流保持在允许范围，正向压降可保持 0.5V 基本不变；当正向电压 U_{AK} 小于 0.5V 或反向加压时，如反向电压在允许范围，可认为反向漏电流为 0。这是一种通/断决定于正向电压控制的“不可控”器件。

晶闸管具有控制导通的“门极”G，当正向电压 $U_{AK}\geqslant0.5V$，且在“门极”加入触发电流 i_G 后导通；晶闸管一旦导通，“门极”即失去控制作用，只要正向电流大于“维持电流”就可以保持导通（即使 U_{AK} 小于 0.5V），但是，关断晶闸管必须使得正向电流小于维持电流，因此，称为“半控型”器件。

功率二极管与晶闸管的共同特点是工作电流大、可承受的电压高，但缺点是关断不可控与开关频率低，故可以用于高压、大电流低频控制的场合。此外，功率二极管与晶闸管的关断控制必须通过改变电压或电流的极性实现，在“交-直-交”变流系统中，由于直流母线电压与电流的方向通常不可改变，因此，它们只能用于整流回路。

4. 全控器件

在交流电机控制系统中，全控型器件主要用于逆变主回路，表 2-2 为变频器与交流伺服常用的“全控型”电力电子器件的技术特点与用途表。

表 2-2　　全控型电力电子器件简表

名　称	电力晶体管	功率 MOSFET	IGBT
符号	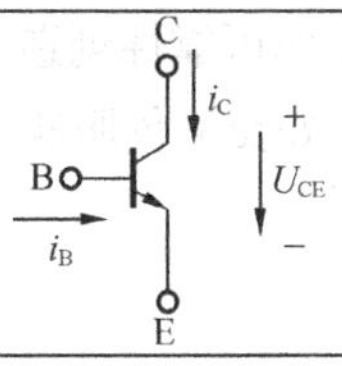	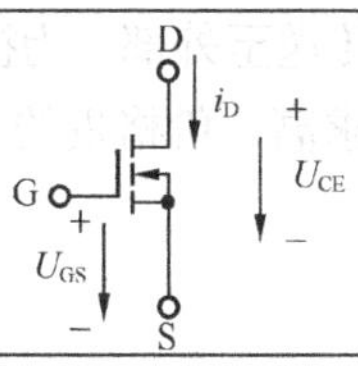	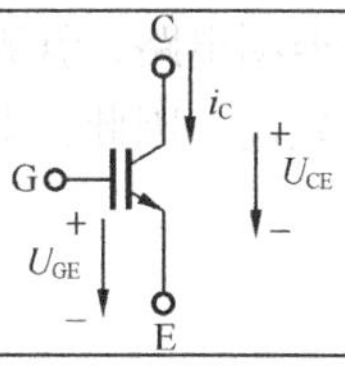

续表

名　称	电力晶体管	功率 MOSFET	IGBT
输出特性	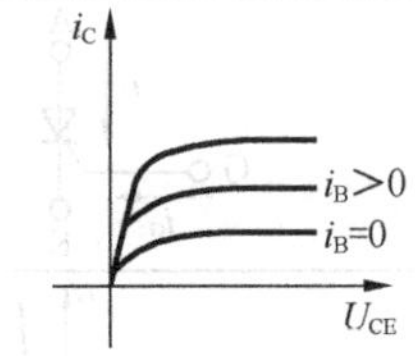	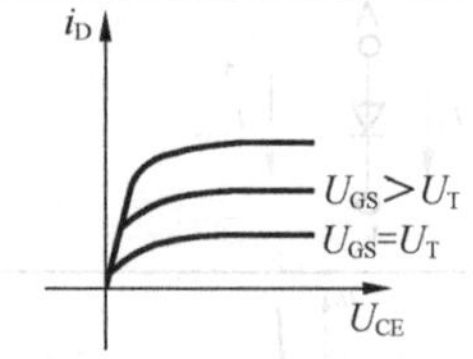	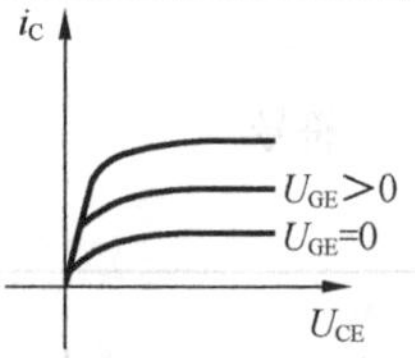
电压、电流波形	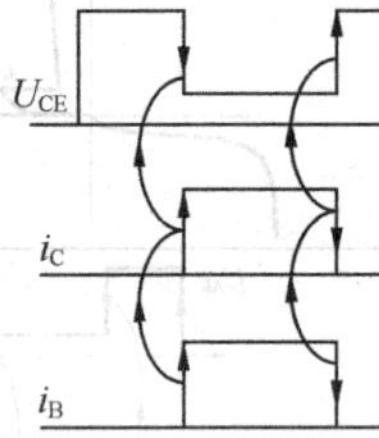	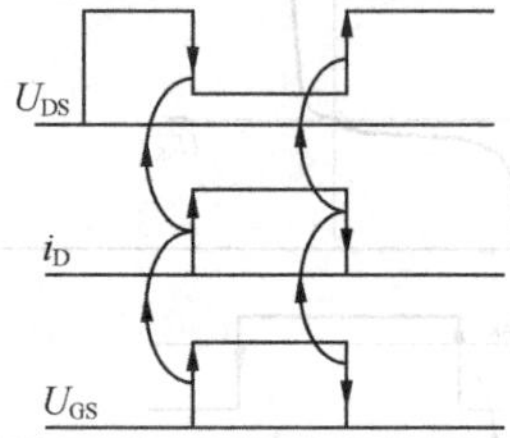	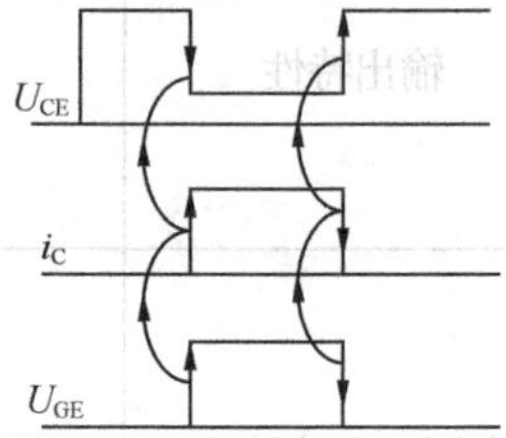
功能说明	当 $U_{CE}>0$，开关可控状态：$i_B>0$ 时导通；$i_B\leqslant 0$ 时关断。当 $U_{CE}\leqslant 0$，关断	当 $U_{DS}>0$，开关可控状态：$U_{GS}>U_T$ 时导通；$U_{GS}\leqslant U_T$ 时关断。当 $U_{DS}\leqslant 0$，关断	当 $U_{CE}>0$，开关可控状态：$U_{GE}>U_{GET}$ 时导通；$U_{GE}\leqslant U_{GET}$ 关断。当 $U_{GE}\leqslant 0$，关断
用途	中电压、中电流逆变与斩波	中低电压、中小电流高速逆变	中低电压、中小电流高速逆变

电力晶体管是一种利用基极电流 i_B 控制开/关的电力电子器件。以 NPN 型电力晶体管为例，当晶体管的集电极 C 与发射极 E 之间加入正向电压时，集电极电流 i_C 受基极电流 i_B 的控制：当 $i_B>0$ 时，晶体管导通；当 i_B 为 0 时，晶体管关断。电力晶体管具有通态压降低、阻断电压高、电流容量大的优点，其最大工作电流与最高工作电压可以达到 1000A 与 1000V 以上；但其开关频率较低（通常在 5kHz 以下）。

功率 MOSFET 是一种利用栅极电压 U_{GS} 控制开/关的电力电子器件。以 N 沟道功率 MOSFET 为例，当功率 MOSFET 的源极 D 与漏极 S 之间加入正向电压时，源极电流 i_D 受栅极电压 U_{GS} 的控制：当 $U_{GS}>U_T$ 时（U_T 为开启电压），功率 MOSFET 导通；当 $U_{GS}\leqslant U_T$ 时，功率 MOSFET 关断。功率 MOSFET 具有开关速度快（最高开关频率可以达到 500kHz 以上），输入阻抗高，控制简单的优点，但其电流容量小，导通压降较高。

IGBT 是一种从功率 MOSFET 基础上发展起来的、利用栅极电压 U_{GE} 控制开/关的电力电子器件。以 N 沟道 IGBT 为例，当 IGBT 的集电极 C 与发射极 E 之间加入正向电压时，集电极电流 i_C 受栅极电压 U_{GE} 的控制：当 $U_{GE}>U_{GET}$ 时（U_{GET} 为开启电压），IGBT 导通；当 $U_{GE}\leqslant U_{GET}$ 时，IGBT 关断。IGBT 兼有电力晶体管与功率 MOSFET 的优点，目前，其最大工作电流与最高工作电压可以达到 1600A 与 3330V 以上；最高开关频率可以达到 50kHz 以上；因此，在变频器与交流伺服驱动器中使用最为广泛。

IPM 内部的功率器件一般为 IGBT，故其功率性能与 IGBT 相似。与 IGBT 相比，IPM 不但具有体积小、可靠性高、使用方便等优点，而且内部还集成了功率器件和驱动电路与过压、过流、过热等故障监测电路，监测信号可直接传送至外部，为提高 IPM 的工作可靠性创造了条件；但目前的价格相对较高，因此，多用于性能要求高、价格贵的专用变频器，如交流伺服驱动器、交流主轴驱动器等。

任务2 熟悉 PWM 逆变原理

能力目标

1. 了解逆变的基本控制形式。
2. 熟悉 PWM 逆变原理及其特点。
3. 了解交流逆变的前沿技术。

工作内容

学习后面的内容，回答以下问题。

1. 交流逆变电路有哪几种形式？它们对直流电压各有什么要求？
2. 电流控制型逆变与电压控制型逆变的主要区别是什么？它们的输出电压、电流波形与制动过程有何不同？
3. PWM 逆变有什么特点？简述 PWM 逆变原理。
4. 什么叫双 PWM 变频？它有何优点？
5. 什么叫 12 脉冲整流？它与三相全桥整流比较有何优点？
6. 什么叫三电平逆变？它有何作用？
7. 什么叫矩阵控制变频？它有何优缺点？

相关知识

一、逆变的基本形式

“交-直-交”逆变需要将电网输入的交流电先整流成直流，然后将直流逆变为频率、幅值、相位可调的交流电，为此需要有相应的电路，且其结构形式有所不同。

目前常用的“交-直-交”逆变有表 2-3 所示的“电流控制”、“电压控制”与“PWM 控制”三种基本形式，变频器、交流主轴驱动器、交流伺服驱动器等一般都采用 PWM 控制型逆变。

电流控制、电压控制与 PWM 控制逆变的主要特点见表 2-3。

表 2-3 逆变电路的基本形式与特点

控制形式	电流控制型	电压控制型	PWM 控制型
主回路形式	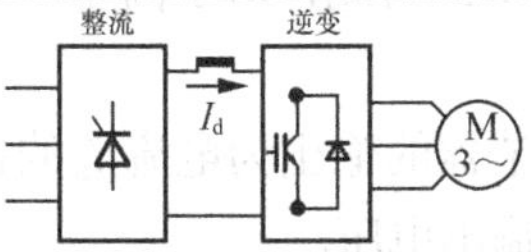	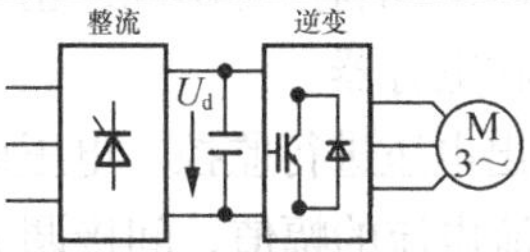	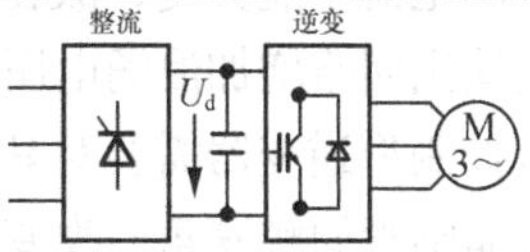

续表

控 制 形 式	电流控制型	电压控制型	PWM 控制型
输出电压	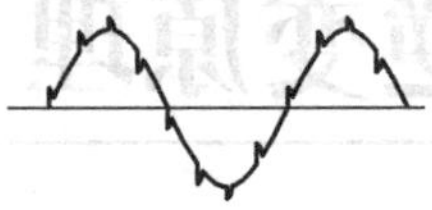	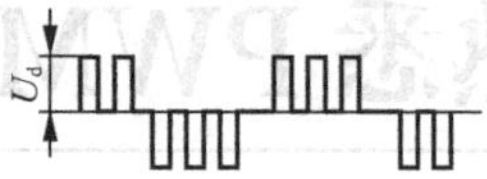	
输出电流	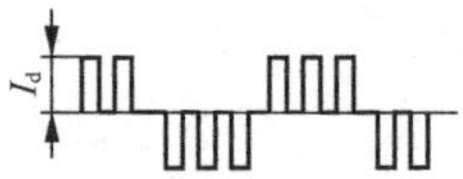	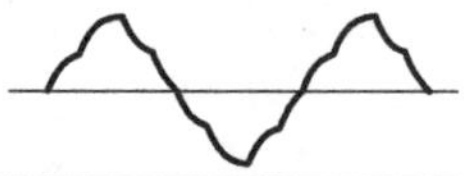	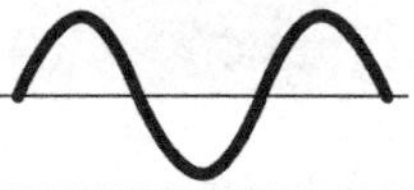
整流要求	需要控制直流电流 I_d	需要控制直流电压 U_d	要求直流电压 U_d 恒定
直流母线	需要加滤波电抗器	需要加稳压电容	需要加稳压电容
逆变回路	频率控制	频率控制	频率、电压控制
制动形式	回馈制动	能耗制动	能耗制动
用途	无刷直流电机控制		永磁同步电机、感应电机控制

1. 电流控制型逆变器

电流控制型逆变的原理如图 2-2 所示。

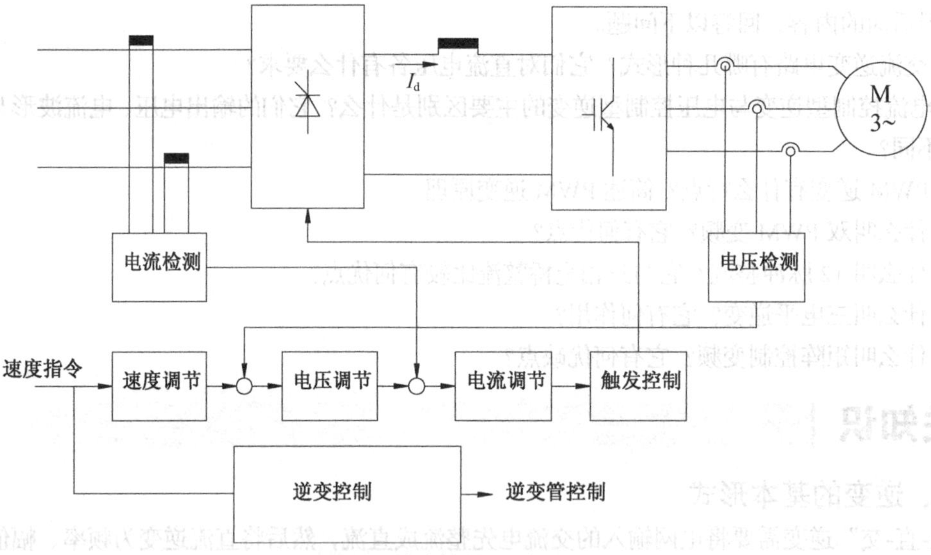

图2-2 电流控制型逆变原理图

此类逆变器的直流母线上串联有电感量很大的平波电抗器，其整流部分可看成是输出电流幅值保持 I_d 不变的电流源；通过逆变功率管的开关作用，可以以恒流、方波的形式向电机供电，故常用于大型交流同步电机（如电力机车）的控制。

逆变器的输出电流幅值 I_d 可通过整流回路晶闸管触发角调节的改变，以达到控制电机输出转矩的目的。因为电机绕组为感性负载，当电流为方波时，其电枢的电压波形将为近似的正弦波。由于感性负载的电流不能突变，故在换流瞬间将产生瞬间冲击电压；为此，对于高压、大电流控制，需要在逆变输出回路增加浪涌电压吸收电容器。

电流控制型逆变器需要对其输出电压进行监控，电压调节器的输出为电流 I_d 的控制量，可用来改变整流晶闸管的触发角、改变整流电流的幅值，间接调节输出电压。

电流控制型逆变器的最大优点是电机制动的能量可返回电网，实现回馈制动（见图 2-3）。

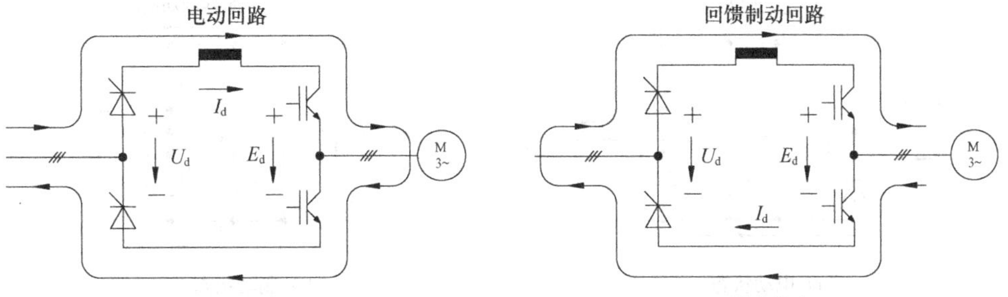

（a）电动状态　　（b）制动状态

图2-3　电流控制型逆变器的回馈制动

图 2-3（a）所示为系统正常的“电动”工作状态，此时 $U_d > E_d$，电能从电网输入电机。图 2-3（b）所示为制动状态，电机制动时由于大电抗器的作用，其电流方向将保持不变，因此，只要控制晶闸管触发角，使得 $|-U_d| < |-E_d|$，电能将从电机回馈到电网。

由此可见，电流控制型逆变器无论在电动或制动工作时的电流方向都不会改变，故逆变功率管不需要并联续流二极管。电流控制型逆变器虽然控制较复杂，但节能效果明显，通常用于大功率的逆变器。

2. 电压控制型逆变器

电压控制型逆变的原理如图 2-4 所示。

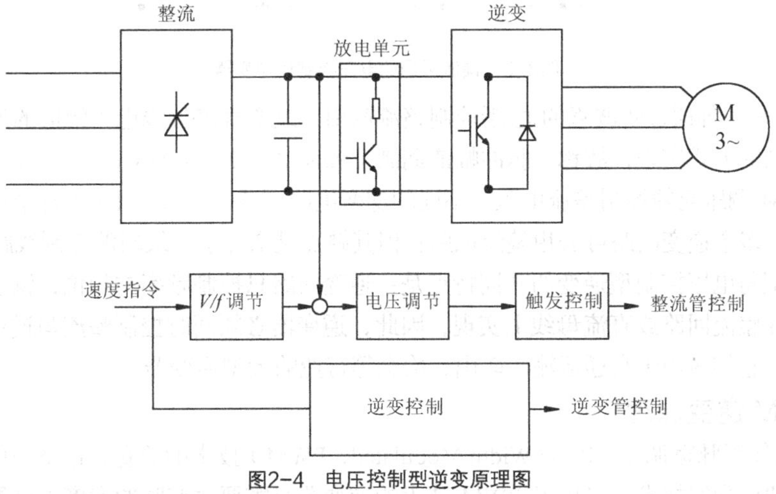

图2-4　电压控制型逆变原理图

此类逆变器通过直流母线上所并联的大容量电容器维持直流电压的不变，其整流部分可视为电压保持不变的恒压源。直流母线上的电压通过逆变部分功率管的通/断，以方波的形式输出到电机，由于电机绕组为感性负载，其电机电流波形为近似的正弦波。

电压控制型逆变器的母线电压 U_d 调节需要在整流电路上实现，它可通过调节晶闸管触发角改变。由于直流母线电容不允许反向充电，因此，电压控制型逆变器不能用于回馈制动。为此，电机制动时的能量只能返回到直流母线上，故逆变功率管必须并联续流二极管为电机能量返回提供通道（见图 2-5）。

制动能量的返回将导致直流母线电压的显著提高，为了保持直流母线电压的恒定，必须在直流母线上增加图 2-5 所示的电阻放电（能耗制动）回路，为直流母线提供放电通道。由于不需要进行回馈制动控制，电压控制型逆变的线路较简单，且直流母线不需要大容量的电感，其体积与成本均比电流控制型逆变低。

电流控制型逆变器可实现回馈制动，电压控制型逆变器只能进行能耗制动，这是两者的重要区别。

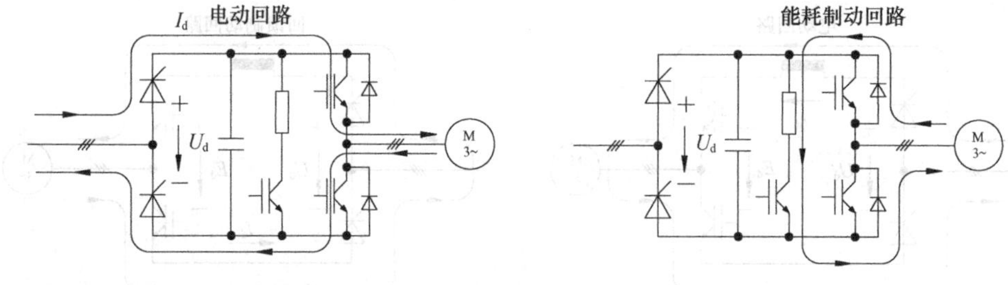

（a）电动状态　（b）制动状态

图2-5 电压控制型逆变器的制动

以上电压控制型逆变的直流母线电压调节通过可控整流实现，控制相对较复杂，为此实际使用时经常采用图 2-6 所示的 PAM 调压方式。

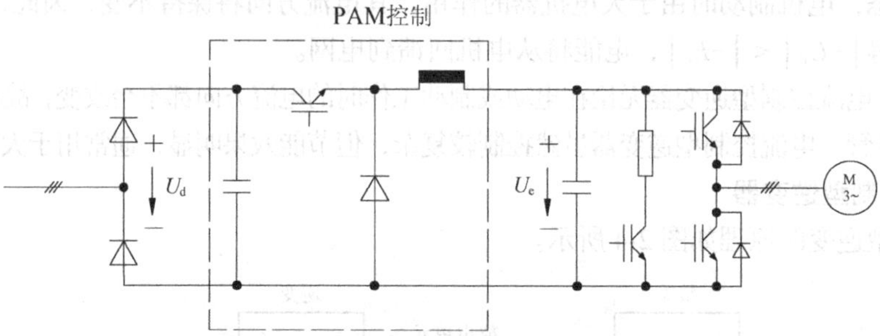

图2-6 幅值可调的电压控制型逆变器

PAM 调压是一种通过斩波管的通/断控制整流输出，改变直流母线电压幅值的调压方式，电压调节以脉冲调制的方式实现，故称“脉冲幅值调制（Pulse Amplitude Modulation，PAM）”电压控制型逆变器。PAM 调压无须控制整流电压，不同的逆变电路可通过各自的 PAM 环节得到所需要的整流电压，因此，多个逆变回路可公用整流电路；但其缺点是增加了一级斩波控制线路。

电流控制型与电压控制型逆变的共同特点是：逆变回路只控制频率与相位，输出电流、电压的幅值调节需要在整流回路或直流母线上实现，因此，逆变器必须同时控制整流与逆变回路，其系统结构相对复杂，它们多用于交通运输、矿山、冶金等行业的大型逆变器。

二、PWM 逆变原理

PWM 是晶体管脉宽调制（Pulse Width Modulated，PWM）技术的简称，这是一种将直流转换为宽度可变的脉冲序列的技术。采用了 PWM 技术的逆变器只需要改变脉冲宽度与分配方式，便可同时改变电压、电流与频率，它是中小功率逆变器最为常用的逆变控制形式，机电一体化设备常用的变频器、交流伺服驱动器一般都采用 PWM 逆变技术。

PWM 控制逆变具有开关频率高、功率损耗小、动态响应快等优点，它是交流电机控制系统发展与进步的基础技术，在交、直流电机控制系统与其他工业控制领域得到了极为广泛的应用。

1. PWM 原理

PWM 逆变的目的是将幅值不变的直流电压转换为交流电机控制所需的正弦波。

根据采样理论，如果将面积（冲量）相等、形状不同的窄脉冲，加到一个具有惯性的环节上（如 RL 或 RC 电路），则所产生的效果基本相同。根据这一原理，矩形波便可用 N 个面积相等的窄脉冲进行等效，当脉冲的幅值不变时，可通过改变脉冲的宽度来改变矩形波输出的幅值，这就是直流 PWM

调压的基本原理（见图 2-7）。

依据这一原理，图 2-8 所示的正弦波同样可以用幅值相等、宽度不同的矩形脉冲串来等效代替，并通过改变脉冲的宽度与数量，改变正弦波的幅值、相位，这就是正弦波 PWM 调制的基本原理，所产生的波形称为 SPWM 波。

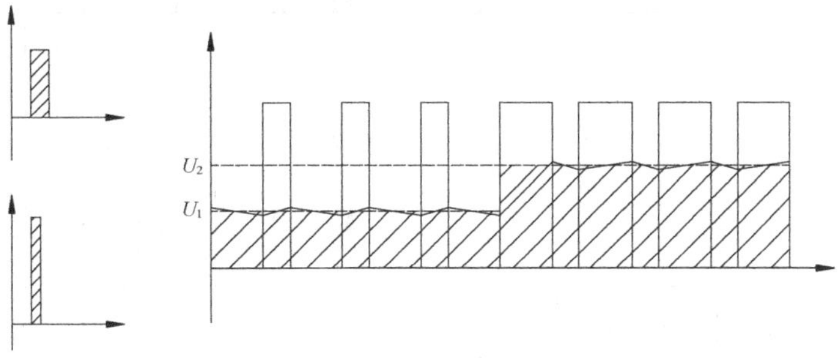

（a）等效脉冲　　（b）直流调制波形

图2-7　直流调压原理

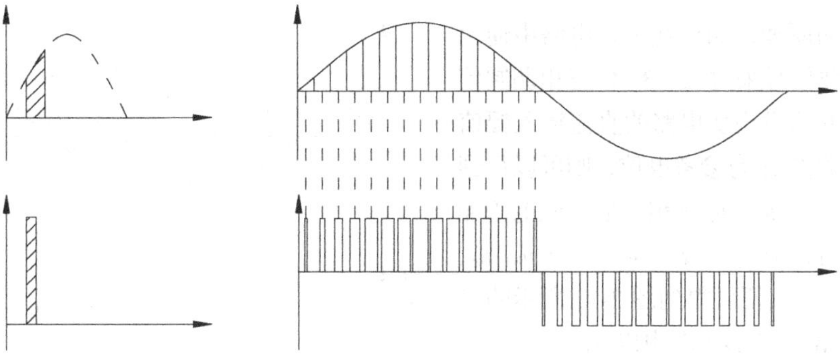

（a）等效窄脉冲　　（b）正弦波调制波形

图2-8　SPWM调制原理

2. PWM 波形的产生

PWM 逆变的关键问题是产生 PWM 的波形。虽然，从理论上说可以根据交流输出的频率、幅值要求来划分脉冲的区域，并通过计算得到脉冲宽度数据，但这样的计算与控制通常比较复杂，其实现难度较大，因此实际控制系统大都采用了载波调制技术来生成 SPWM 波。

载波调制技术源于通信技术，20 世纪 60 年代中期被应用到电机调速控制上。载波调制产生 SPWM 波的方法很多，直到目前，它仍然是人们研究的热点。

图 2-9 所示为一种最简单、最早应用的单相交流载波调制方法。它直接利用了比较电路，将三角波与要求调制的波形进行比较，在调制电压幅值大于三角波电压时其输出为“1”，因此，可获得图示的 PWM 波形。当调制信号为图 2-9（a）所示的直流（或方波）时，所产生的 PWM 波形为等宽脉冲直流调制波；当调制信号为图 2-9（b）所示的正弦波时，所产生的 PWM 波形即为 SPWM 波。

在载波调制中，接受调制的基波（图 2-9 中的三角波）称“载波”；希望得到的波形称为“调制波”或调制信号。显然，为了进行调制，载波的频率应远远高于调制信号的频率，因为载波频率越高，所产生的 PWM 脉冲就越密，由脉冲组成的输出波形也就越接近调制信号；因此载波频率（亦称 PWM 频率）是决定逆变输出波形质量的重要技术指标，目前变频器与伺服驱动器的载波频率通常都可达 2～15kHz。

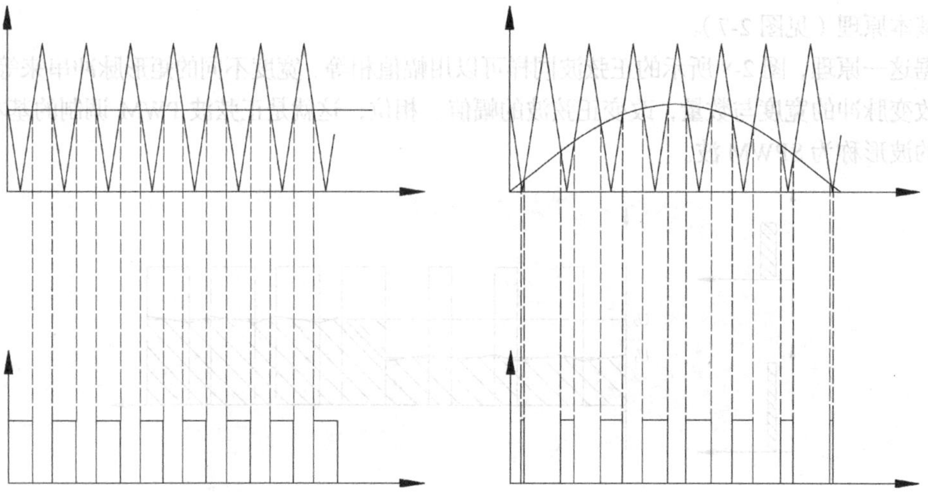

（a）直流调制波　　（b）SPWM 波

图2–9　单相PWM的载波调制原理

利用同样的原理，如果在三相电路中使用一个公共的载波信号来对 A、B、C 三相调制信号进行调制，并假设逆变电路的直流输入幅值为 E_d，并选择 $E_d/2$ 作为参考电位，则可以得到图 2-10 所示的 u_a、u_b、u_c 三相波形。此电压加入到三相电机后，按 $u_{ab}=u_a-u_b$、$u_{bc}=u_b-u_c$、$u_{ca}=u_c-u_a$ 的关系，便可得到图 2-10 所示的三相线电压的 SPWM 波形（图中以 u_{ab} 为例）。

交流伺服驱动器、交流主轴驱动器、变频器就是根据这一原理控制电压与频率的交流调速装置。

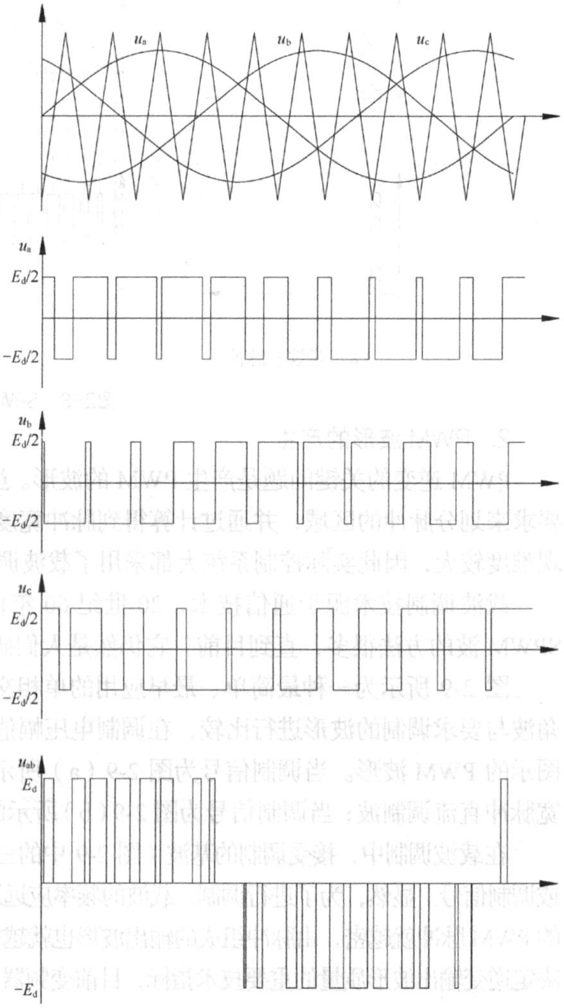

图2–10　三相PWM的载波调制原理

3. PWM 逆变的优点

从 PWM 逆变原理可见，采用 PWM 技术的逆变器具有如下特点。

① 简化系统结构。电流、电压控制型逆变的逆变回路只能进行频率与相位的控制，加入到负载的电流、电压幅值需要在整流回路调节，因此，逆变器需要同时控制整流、逆变回路，系统结构复杂；而 PWM 逆变无须对整流电路进行控制，故可直接采用二极管不可控整流，以避免可控整流所引起的功率因数降低与谐波影响，改善了用电质量。

② 提高响应速度。电流与电压控制型逆变的电流与电压幅值调节，需要通过大电感、大电容的延时才能反映到逆变回路上，而 PWM

逆变则可以直接控制逆变回路的输出脉冲宽度、幅值与频率，其响应速度快。

③ 改善调速性能。电流与电压控制型逆变的输出为低频宽脉冲，波形中的谐波分量将引起电机的发热并影响调速性能；而PWM逆变的输出是远高于电机运行频率的高频窄脉冲，可大大降低输出中的谐波分量，改善了电机的低速性能，扩大了调速范围。

④ 降低制造成本。从系统结构上看，为了准确控制逆变输出，电流与电压控制型逆变的每一逆变回路都需要有独立的整流与中间电路，而PWM控制型逆变器可通过脉宽调制同时实现频率、幅值、相位的控制，只要容量足够、电压合适，用于逆变的直流电源完全可以共用或直接由外部提供，逆变器可采用模块化的结构形式，以提高整流回路的效率、降低生产制造成本、减小体积，它特别适合于中小功率、多电机调速的生产设备与自动化生产线的控制。

拓展学习

变频器的整流与逆变将在电网上产生高次谐波，它将影响到电网环境，导致能耗增加与功率因数的下降，为此，人们正在研究新颖的变频方式，以满足变频器的“环保化”要求，其中代表性的技术有双PWM变频、矩阵控制变频、12脉冲整流、三电平逆变等，且已有了实用化的产品（如安川Varispeed G7系列与Varispeed AC系列等）。

一、双PWM变频与12脉冲整流

双PWM变频、12脉冲整流是对“交-直-交”PWM控制逆变整流侧电路（称为网侧）的改进，是变频器降低高次谐波、提高功率因数、节能降耗的新颖控制方案。

1. 双PWM变频

双PWM变频是一种新颖的“交-直-交”PWM逆变电路。为了简化系统结构、降低成本，目前所使用的中小功率变频器，其整流部分大都采用二极管不可控整流方式，它存在固有的功率因数低、谐波严重、无法实现能量回馈制动等方面的问题，为此，往往需要通过专门的功率因数补偿器、回馈制动单元等配套附件来改善电网环境、提高功率因数与节能降耗。

双PWM变频是整流与逆变同时采用PWM控制的拓扑结构。双PWM变频具有本征四象限工作能力，因此，它可解决变频器能量的双向流动问题，无须增加附加设备就能实现变频器的回馈制动。

双PWM变频还可通过对整流电路的高频正弦波PWM控制，使得整流输入的电流波形近似为相位与输入电源相同的正弦波，因此，变频器的功率因数可以接近于1。

2. 12脉冲整流

12脉冲整流是对传统“交-直-交”变频器整流电路所做的改进，安川Varispeed G7系列等变频器已设计有该功能。

传统的三相桥式整流电路由于整流时的断续通/断，必然会导致输入电流谐波的产生，通过傅立叶级数展开后的分析，可知其谐波电流的幅值与谐波次数成反比，因此，对于三相桥式整流电路来说5次、7次谐波对电网的影响最大，其谐波分量分别为20%与14.3%。

12脉冲整流主回路采用了交流输入独立、直流输出并联的两组整流桥（见图2-11），输入

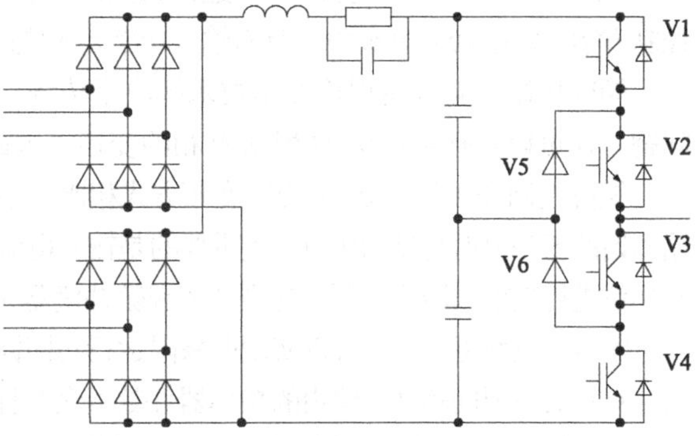

图2-11 12脉冲整流与三电平逆变主回路

端的电压幅值相同，但相位相差30°（可直接通过△/Y变压得到），这样就可在直流输出侧得到电压叠加的12个整流脉冲波形，故称“12脉冲整流”。

这种整流方式虽然只对整流电路进行了简单的改进，但带来的优点是两组整流桥输入电流傅立叶级数展开式中的5，7，17，19…次谐波正好相互抵消，从而对于电网来说只存在可以通过简单滤波消除的$12k \pm 1$（k为正整数）次谐波。

消除谐波不仅可减轻变频器对电网的危害，而且还可降低变频器对断路器、电缆等附件的容量与耐压要求，在改善电网质量的同时减少投资费用。12脉冲整流的另一优点是整流侧输出的直流电压纹波只有6脉冲整流的50%，因而可以降低变频器内部对平波器件的要求，简化系统结构。

二、三电平逆变与矩阵控制变频

1. 三电平逆变

三电平逆变在1980年由日本学者A.Nabae首先提出，其本来的目的是解决中低压器件对中高电压的控制问题，但由于它具有可靠性高、输出电流波形好、电机侧的电磁干扰与谐波小的优点，目前已推广到中小容量的通用变频器（如安川Varispeed G7系列）。

三电平逆变的逆变电路（见图2-11）每个桥臂上使用了两只串联（V1/V2与V3/V4）的IGBT以代替传统的单个IGBT，并利用二极管V5与V6的1/2电压钳位控制，使每个IGBT所承受的最大电压降低到了$E/2$，从而实现了中低压器件对中高电压的控制。

三电平逆变时电机的每相输出将由普通逆变的两种状态（$-E$、E）变为3种状态，即V3/V4导通（输出电压为$-E/2$）、V2/V3导通（输出电压为0）、V1/V2导通（输出电压为$E/2$），IGBT所承受的最大电压被降低到$E/2$。中小容量的通用变频器采用三电平逆变可以降低IGBT的电压、提高可靠性、缩小体积，同时有改善输出电流波形、降低电机侧的电磁干扰与谐波的作用。

2. 矩阵控制变频

矩阵控制变频是一种借鉴了传统“交-交”变频方式，融合现代控制技术的新型控制技术，矩阵控制完全脱离了“交-直-交”的结构，可直接将输入的M相交流转换为幅值与频率可变、相位可调的N相交流输出，目前小容量的矩阵控制变频器产品已经问世（如安川Varispeed AC系列等），其研究与应用正在日益引起人们的关注。

矩阵控制变频电路的拓扑方案由L•Gyllgli在1976年首先提出，当初设想的是一种从M相输入变换到N相输出的通用结构，因此，曾一度被称为通用变换器。1979年，M• Venturini和A• Alesina首先提出了由9个功率开关组成的从三相到三相的矩阵式“交-交”变换器结构，为矩阵控制变频提供了雏形，同时还证明了矩阵变换器的输入相位角的可调性，但由于种种原因，研究工作的进展较慢。直到20世纪90年代初，通过多人的研究，矩阵变换理论和控制技术才渐趋成熟，并提出了一种基于空间矢量的PWM控制方案，并在1994年研制了具有输入功率因数校正功能的三相到三相的矩阵式“交-交”变换器。

矩阵控制变频利用现代控制技术解决了传统“交-交”变频存在的输出频率只能低于输入频率的问题，还可以直接实现从M相到N相的变换，因此，是一种有着广阔应用前景的新型结构。

矩阵控制变频与“交-直-交”变频方式相比，不仅具有无中间直流储能环节、能量可以双向流动、输入谐波低等显而易见的优点，更重要的是输入电流的相位灵活可调，理论功率因数在0.99以上，并可对相位进行超前与滞后控制，起到功率因数补偿器的作用。由于无直流中间环节，矩阵控制的变频器结构更紧凑、效率更高，且可以实现四象限运行与回馈制动，人们对其发展前景普遍看好。矩阵控制变频当前存在的主要问题是：使用的功率器件数量众多且需要采用双向器件，变换控制的难度较大，电压的传输比较低等，其变换控制方案、PWM调制策略等还有待于人们进一步深入研究解决。

学习领域二
交流伺服及应用

交流伺服驱动系统（简称交流伺服）是20世纪70年代初随晶体管脉宽调制（PWM）技术与矢量控制理论发展起来的一种新型控制系统，它与直流伺服驱动系统相比，具有转速高、功率大、运行可靠、几乎不需要维修等一系列优点，在数控机床等上已全面替代直流伺服驱动系统。

本学习领域所介绍的PMSM交流伺服驱动系统是实现位置指令脉冲的功率放大并将其转换为刀具或工作台运动的通用型伺服驱动系统，它在经济型数控机床、自动生产线、纺织机械、包装机械等的机电一体化产品上得到了广泛的应用。

日本安川（YASKAWA）公司是国际上最早研发、生产交流伺服的厂家之一，其产品规格齐全、性能领先、市场占有率高、产品代表性强。本学习领域将以该公司的典型产品为载体，介绍通用型伺服驱动系统工程所涉及的硬件组成与电路设计、功能应用与参数设定及操作维修技能。

Chapter

3

项目3

交流伺服产品与性能

从系统结构与控制方式上，交流伺服有通用型伺服与专用型伺服、模拟伺服与数字伺服、半闭环系统与全闭环系统之分；安川（YASKAWA）、三菱（MITSUBISHI）、松下（Panasonic）产品是国内市场常用的通用型伺服产品，安川公司最新推出的Σ V系列交流伺服基本代表了当前通用伺服的发展方向与性能水平；而直线电机作为一种新颖的伺服电机，已经日益引起人们的重视。本项目将对以上内容进行系统学习。

任务1 了解交流伺服驱动产品

能力目标

1. 区分专用型伺服与通用型伺服。
2. 区分数字伺服与模拟伺服。
3. 了解半闭环伺服系统与全闭环伺服系统。

工作内容

学习后面的内容，并回答以下问题。

1. 专用型伺服与通用型伺服的主要区别是什么？参照图 3-1 画出采用专用伺服的半闭环 CNC 机床的伺服系统结构框图，并标明各环节的实际位置。

2. 采用通用伺服的CNC机床如实际定位位置与CNC指令位置间的误差较大，能否引起CNC的报警？为什么？试从伺服系统结构的角度，说明采用专用伺服的CNC机床其轮廓加工精度高于采用通用伺服的CNC机床的原因。

3. 简述数字伺服与模拟伺服的主要特点与区别。

4. 简述半闭环伺服系统与全闭环伺服系统的主要特点与区别。

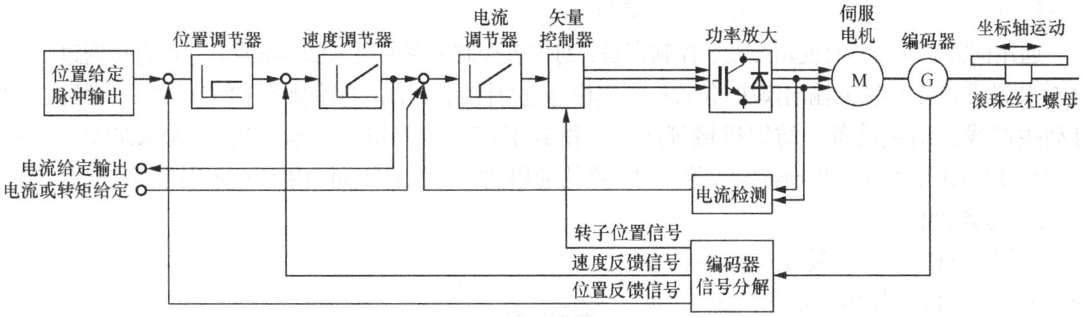

图3-1 半闭环伺服系统的结构

相关知识

一、交流伺服的分类

交流伺服是用于交流电机位置（角位移）控制的驱动系统，它在实现高精度位置控制的同时，还需要进行大范围的“恒转矩”调速与精确的转矩控制，其调速性能要求比变频器、交流主轴驱动器等以感应电机为对象的交流调速系统更高，因此，必须使用驱动器生产厂家专门设计、配套提供的专用PMSM电机。

根据不同的用途，交流伺服可分为利用外部脉冲给定位置的通用型伺服与通过专用总线控制的专用型伺服两类。

1. 通用型伺服

通用型伺服的驱动器本身带有闭环位置控制功能，可以直接通过外部的脉冲信号控制伺服电机的位置与速度（见图3-2），只要改变指令脉冲的频率与数量，即可改变电机的速度与位置。

通用型伺服的驱动器一般可接收线驱动输出、集电极开路输出的正/反转脉冲信号或“脉冲+方向”信号，以及相位差为90°的A、B两相差分脉冲。先进的伺服驱动器还可采用网络总线控制技术，但为保证其通用性，通用伺服驱动器的总线通信协议必须是CC-Link、PROFIBUS、Device-NET、CANopen等通用与开放的现场总线。

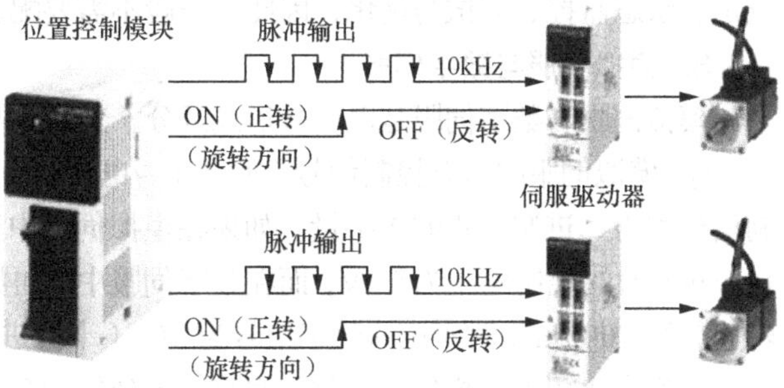

图3-2 通用型伺服

通用型伺服可以构成独立的位置控制系统，它对指令脉冲的提供者（上级位置控制器）无规定要求。一般而言，与通用型伺服配套的位置控制器不需要进行位置的调节与控制，驱动系统的位置与速度检测信号也无须反馈到上级位置控制器，但在某些场合（如与数控机床配套使用时），为了实现回参考点等动作，电机的零脉冲需要输出到上级位置控制器上。此外，为了进行驱动系统的参数设定、调试与优化，通用型交流伺服的驱动器必须配套用于数据设定、显示的操作面板。

由于通用型伺服不需要通过上级位置控制器来实现闭环位置控制，因此，对上级位置控制器（如 CNC）来说，其位置控制是开环的，从这一意义上说，通用型伺服的作用类似于步进驱动器，只是伺服电机可在任意角度定位、也不会产生“失步”而已。正因为如此，上级位置控制器也无法监控到系统的实际位置与速度，因而不能根据实际位置的变化来协调不同坐标轴的运动，故其轮廓控制（插补）精度与专用型伺服比较存在一定差距。

通用伺服驱动器具有使用方便、控制容易、对位置控制装置的要求低等优点，它可直接通过简单的 CNC 装置或 PLC 的脉冲输出模块、位置控制模块等进行控制，因此在配套国产 CNC 的经济型数控机床、自动生产线、冶金设备、纺织机械等产品上得到了广泛的应用。日本安川（YASKAWA）、三菱（MITSUBICHI）、松下（Panasonic）等公司生产的通用型驱动器是目前国内市场使用较多的产品。

2. 专用型伺服

专用型伺服必须与特定的位置控制器（如 CNC）配套使用，多用于数控机床等需要高精度轮廓控制（插补）的场合（见图 3-3）。FANUC 公司αi、βi 系列交流伺服及 SIEMENS 公司的 611U 系列交流伺服等都是典型的专用型伺服产品。

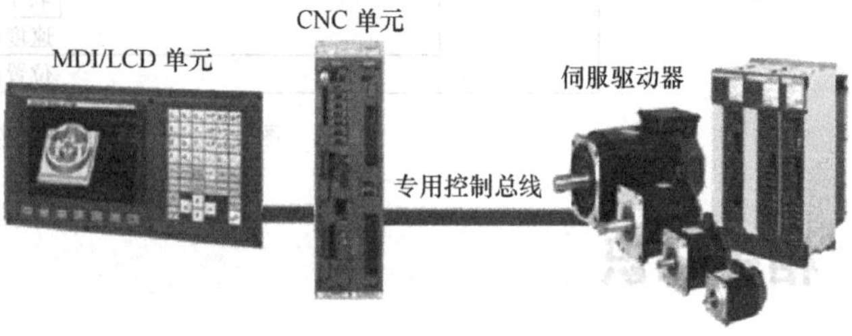

图3-3 专用型伺服

专用型伺服驱动器与 CNC 之间一般都需要通过专用的现场总线进行连接（如 FANUC 的 FSSB 总线等），并以通信的形式实现驱动器与位置控制器间的数据传输，所使用的通信协议对外不开放，故驱动器必须与 CNC 配套使用。

专用型伺服驱动的位置控制设计在 CNC 上，CNC 不但能实时监控坐标轴的位置，而且还能根据实际位置调整加工轨迹、协调不同坐标轴的运动，实现了真正的闭环位置控制。在先进的 CNC 上，还可通过“插补前加减速”、“AI 先行控制（Advanced Preview Control）”等前瞻控制功能进一步提高轮廓加工精度，因此系统的定位精度、轮廓加工精度大大高于使用通用伺服的经济型 CNC 系统。

专用型伺服的缺点是不能脱离 CNC 单独使用，因此，其使用范围仅限于数控机床等需要高精度轮廓控制的场合。专用型伺服还可利用 CNC 的 MDI/LCD 操作与显示单元，来进行驱动系统的参数设定、状态监控、调试与优化，因此，一般不需要配套数据设定、显示的操作面板。

3. 模拟伺服与数字伺服

模拟伺服与数字伺服是以信号形式区分，其区别如下。

① 模拟伺服的所有控制信号（如电压、电流等）均为连续变化的模拟量；而数字伺服的所有控制信号均为二进制形式的数字量。如果在模拟伺服中当 10V 控制电压对应 2000 r/min 转速时，则 100r/min 时的控制电压为 0.5V；而在数字伺服中，如数字信号 2000（十六进制 7D0）对应 2000r/min 转速，则 100r/min 时对应的数字信号为 100（十六进制 64）。因此，在模拟伺服中，元器件特性或环境温度变化引起的模拟量偏移，将直接导致输出量的改变；而在数字伺服中，这样的变化一般不可能导致内部二进制状态（数值）的改变，故其控制精度与稳定性要高于模拟伺服。

② 模拟伺服所使用的运算与调节器件以集成运算放大器、电位器、电阻、电容等器件为主，只可实现简单的 PID 调节，故只能用于早期的 BLDCM 控制；而数字伺服一般以微处理器作为基本控制器件，它不但可通过软件进行 PID 调节，还可实现现代控制理论中的状态观察器、坐标变换、矢量控制、模糊控制等功能，故可用于 PMSM 的控制。

③ 模拟伺服的参数调整可通过电位器调节等方法进行，不需要专门的仪器；数字伺服的调整需要改变微处理器的运算参数，故必须有数据输入/显示面板或通信接口。此外，由于数字伺服具有数据交换功能，其网络控制、故障诊断、参数设定与调试直观方便。

④ 模拟伺服无法进行数字运算，其位置控制需要由上一级的位置控制器（如 CNC）实现；换言之，模拟伺服只是一个带有速度、电流双闭环调节功能的速度调节器，故又称“速度控制单元”。数字伺服带有微处理器，具备数字量处理功能，位置、速度与电流控制集成一体，驱动器可独立用于位置控制。

二、伺服系统的结构

交流伺服系统必须采用闭环控制，根据位置检测装置的不同类型，又有半闭环与全闭环之分。

1. 半闭环系统

半闭环伺服系统的结构如图 3-1 所示，使用的位置检测装置为角位移检测元件（如光电编码器等），编码器一般直接安装在伺服电机上，反馈信号可分解为转子位置检测、速度反馈与位置反馈等信号。

半闭环系统实际上只能控制电机的转角，但由于伺服电机和丝杠直接或间接相连，故可间接控制直线位移。半闭环系统具有结构简单、设计方便、制造成本低等优点，其电气控制与机械传动有明显的分界，机械部件的间隙、摩擦死区、刚度等非线性环节都在闭环以外，因此，系统调试方便、稳定性好，它是数控机床等设备的常用结构。

2. 全闭环伺服系统

全闭环伺服系统的结构如图 3-4 所示，系统可通过伺服电机或直线电机驱动，并需要配备直线位移检测光栅或回转轴角度检测编码器。

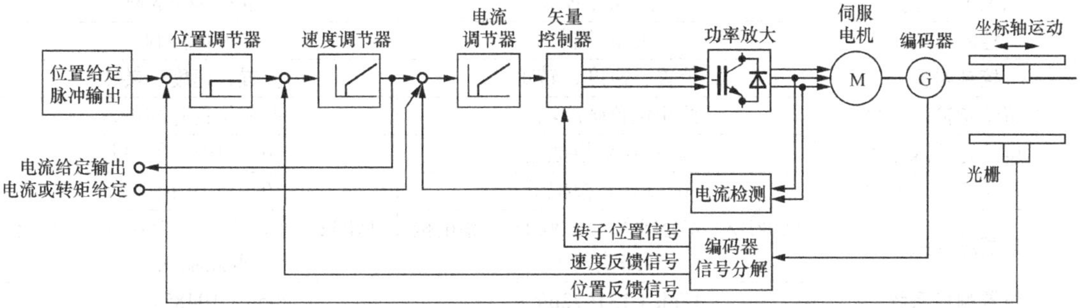

图3-4　全闭环伺服系统的结构

全闭环伺服系统可检测控制对象的实际速度与位置，对机械传动系统的全部间隙、磨损进行自动补偿，其定位精度理论上仅取决于检测装置的精度。但这样的系统对机械传动系统的刚度、间隙、导轨的要求甚高，为此，在先进的设备上已经开始采用直线电机代替伺服电机，以取消旋转变为直线运动的环节，实现所谓的“零传动”，以获得比伺服电机驱动系统更高的定位精度、快进速度和加速度。

实践指导

出于性价比等方面的考虑，目前国内市场上常用的通用型伺服以日本生产的产品为主，其中以安川（YASKAWA）、三菱（MITSUBISHI）、松下（Panasonic）等公司的产品为常用，我国厂家近年来也相继开发了部分交流伺服产品，但其性能与日本产品还有较大的差距，目前尚没有得到大范围普及。

一、安川产品简介

安川（YASKAWA）公司是日本最早研发交流伺服的公司之一，产品技术性能居领先水平。该公司产品在原来Σ系列的基础上逐步发展到了ΣⅡ系列、使用总线控制的ΣⅢ系列与最新的ΣV系列（见图3-5）。其中，ΣV系列产品的速度响应达到了1600Hz，并使用了20bit（1048576p/r）的脉冲编码器，其处理速度、位置控制精度均达到了当今世界最高水平，网络控制功能也得到大大加强。

(a) ΣⅡ系列

(b) ΣV系列

图3-5 安川伺服驱动产品

表3-1为安川（YASKAWA）公司目前常用的伺服驱动产品技术性能一览表，由于产品在不断更新中，表中的性能参数为目前的最新技术数据，它与前期及今后推出的产品性能可能有少量的差异。

表3-1 安川通用伺服驱动常用规格与性能表

产品系列	ΣⅡ	ΣV（新产品）
控制电机功率	30W～15kW	50W～15kW
PWM形式	正弦波PWM	正弦波PWM
控制方式	矢量控制	矢量控制
控制类型	位置、速度、转矩	位置、速度、转矩
位置给定输入形式	两相位置脉冲输入	两相位置脉冲输入
速度给定输入形式	0～±10V模拟量	0～±10V模拟量
转矩给定输入形式	0～±10V模拟量	0～±10V模拟量
最高脉冲频率	500kHz（差分输入）；200kHz（集电极开路输入）	4MHz（差分输入）；200kHz（集电极开路输入）
位置测量系统	17bit（131072p/r）	20bit（1048576p/r）
调速范围	1:5000	1:15000
位置控制的调速精度	≤±0.01%	≤±0.01%
模拟量控制的调速精度	≤±0.2%	≤±0.2%
速度（频率）响应(Hz)	400	1600
伺服电机最高转速(r/min)	5000	6000
最大负载惯量比	10	30

二、三菱产品简介

三菱（MITSUBISHI）公司同样是日本研发、生产交流伺服驱动器最早的企业之一，在20世纪70年代已经开始通用变频器产品的研发与生产，是目前世界上能够生产15kW以上大容量交流伺服驱动的少数厂家之一。

三菱公司不仅伺服驱动产品技术先进、可靠性好、转速高、容量大，而且还是世界著名的PLC生产厂家，驱动器可以与该公司生产的PLC轴控模块配套使用，因此，在专用加工设备、自动生产线、纺织机械、印刷机械、包装机械等行业应用较广。

该公司前期的产品为 MR-J2/MR-E 系列，其中 MR-J2 系列交流伺服的位置检测采用了 17bit（131072 p/r）的高精度位置编码器，适用于高精度位置控制；而 MR-E 为小功率、经济型伺服驱动，位置检测采用的是 2500 p/r 的增量编码器。

三菱公司当前的最新产品为 MR-J3/MR-ES 系列（见图 3-6），其性能和用途与 MR-J2/MR-E 系列基本类似，但其技术更先进、处理速度更快、位置控制精度更高，特别是在网络控制功能上得到大大加强。

表 3-2 为三菱公司目前常用的伺服驱动产品技术性能一览表，由于产品在不断更新中，表中的性能参数为目前的最新技术数据，它与前期及今后推出的产品性能可能有少量的差异。

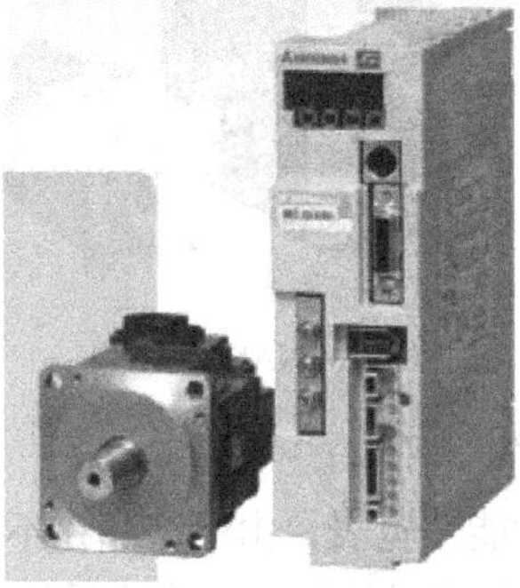

（a）MR-ES 系列

（b）MR-J3 系列

图3-6 三菱伺服驱动产品

表 3-2 三菱通用伺服驱动常用规格与性能表

产品系列	MR-J2S	MR-E	MR-J3	MR-ES
控制电机功率	50W～7kW	100W～2kW	50W～55kW	100W～2kW
PWM 形式	正弦波 PWM	正弦波 PWM	正弦波 PWM	正弦波 PWM
控制方式	矢量控制	矢量控制	矢量控制	矢量控制
控制类型	位置、速度、转矩	位置、速度、转矩	位置、速度、转矩	位置、速度、转矩
位置给定输入形式	两相脉冲输入	两相脉冲输入	SSCNET 高速总线（光缆）或两相脉冲输入	两相脉冲输入
速度给定输入形式	0～±10V 模拟量	0～±10V 模拟量	0～±10V 模拟量	0～±10V 模拟量
转矩给定输入形式	0～±8V 模拟量	0～±8V 模拟量	0～±8V 模拟量	0～±8V 模拟量
最高脉冲频率	500kHz（差分脉冲输入） 200kHz（集电极开路输入）	500kHz（差分脉冲输入） 200kHz（集电极开路输入）	1MHz（差分脉冲输入） 200kHz（集电极开路输入）	1MHz（差分脉冲输入） 200kHz（集电极开路输入）
位置测量系统	17bit（131072p/r）	2500 p/r	18bit（262144p/r）	17bit（131072p/r）
调速范围	1:5000	1:5000	1:5000	1:5000
位置控制的调速精度	≤±0.01%	≤±0.01%	≤±0.01%	≤±0.01%
模拟量控制的调速精度	≤±0.2%	≤±0.2%	≤±0.2%	≤±0.2%
速度（频率）响应（Hz）	550	300	900	500
伺服电机最高转速（r/min）	4500	4500	6000	4500
最大负载惯量比	15	15	30	15

三、松下产品简介

松下（Panasonic）公司的伺服驱动产品性能价格比较高，使用调试简便，在普及型数控设备、机器人等上有一定的市场占有率，但其产品规格较少，伺服电机的最大功率目前只能达到 5kW。松下公司目前的产品主要有 MINAS-A4 系列与最新的 MINAS-A5 系列（见图 3-7）。

（a）MINAS-A4 系列　　（b）MINAS-A5 系列

图3-7　松下伺服驱动产品

表 3-3 为松下公司目前常用的伺服驱动产品技术性能一览表，由于产品在不断更新中，表中的性能参数为目前的最新技术数据，它与前期及今后推出的产品性能可能有少量的差异。

表 3-3　　松下通用伺服驱动常用规格与性能表

产品系列	MINAS-A4	MINAS-A5
控制电机功率	30W～5kW	30W～5kW
PWM 形式	正弦波 PWM	正弦波 PWM
控制方式	矢量控制	矢量控制
控制类型	位置、速度、转矩	位置、速度、转矩
位置给定输入形式	两相脉冲输入	两相脉冲输入
速度给定输入形式	0～±10V 模拟量	0～±10V 模拟量
转矩给定输入形式	0～±10V 模拟量	0～±10V 模拟量
最高脉冲频率	2MHz /500kHz（线驱动/差分输入） 200kHz（集电极开路输入）	4MHz/500kHz（线驱动/差分输入） 200kHz（集电极开路输入）
位置测量系统	17bit（131072p/r）	20bit（1048576p/r）
调速范围	1:5000	1:5000
位置控制的调速精度	≤±0.01%	≤±0.01%
模拟量控制的调速精度	≤±0.2%	≤±0.2%
速度（频率）响应（Hz）	500	2000
伺服电机最高转速（r/min）	3000	6000
最大负载惯量比	10	10

拓展学习

一、PMSM 伺服系统的原理

PMSM 交流伺服驱动器是采用现代控制理论与矢量控制技术，利用微处理器数字化控制的装置，图 3-8 为某通用型 PMSM 数字伺服驱动器的原理框图。

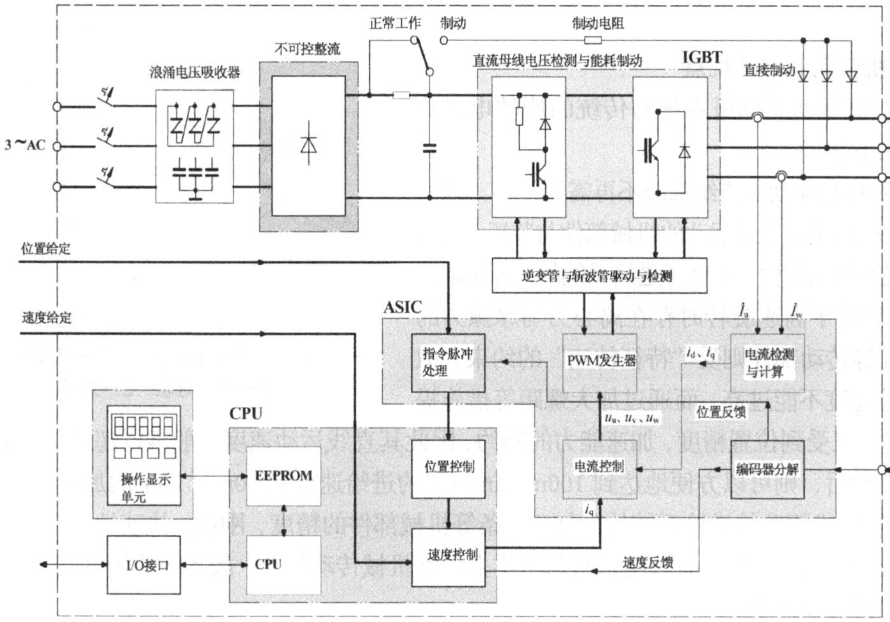

图3-8　通用型PMSM数字伺服驱动器原理图

驱动器主回路采用了三相桥式不可控整流电路，输入回路安装有短路保护与浪涌电压吸收装置，输入电压为三相 200V（线电压），整流、平波后的直流母线电压约为 DC320V。

驱动器直流母线上安装有制动电阻单元，可释放电机制动能量。驱动器的逆变回路采用了 IGBT 驱动的 PWM 逆变，IGBT 并联有为电机制动提供能量反馈通道的续流二极管。

为了加快电机的制动过程，该驱动器还设计有将母线直流电压直接加入到电机三相绕组的直接制动电路，它可在逆变管关闭时为电机提供制动力矩。

驱动器带有 CPU，位置与速度控制通过软件实现，它可直接接收外部位置指令脉冲，构成位置闭环控制系统。如需要，驱动器还可以接收来自外部速度/转矩给定电压，成为大范围、恒转矩调速的速度/转矩控制系统。

驱动器的参数设定、状态显示可通过本身的操作/显示单元或通信总线接口进行，参数保存在 EEPROM 中。

为了提高运算与处理速度，驱动器的电流检测与计算、电流控制、编码器信号分解、PWM 信号产生及位置给定指令脉冲信号的处理均使用了专用集成电路（ASIC）。

三相正弦交流电始终有 $i_u+i_v+i_w=0$；只要检测两相电流，便可在 ASIC 的电流检测与计算环节计算得到第 3 相的实际电流值。电流反馈信号通过合成可转换为幅值为电枢电流 3/2 倍的合成电流 i_s，并转换为矢量控制所需的 d-q 坐标中的 i_d、i_q 电流。电流控制环节根据转矩电流给定与 i_d、i_q 的反馈值，计算出定子电压 u_d、u_q，并变换到参考坐标系 a-b 上得到了三相定子电压的合成矢量，然后分解为三相定子电压，完成电压矢量的 2/3 转换。

定子电压可利用 PWM 电路转换为三相正弦波（SPWM 波），控制电机的运行。因此，通用型 PMSM 交流伺服实质上是一种具有位置、速度、电流三环控制的闭环调节系统。

二、直线电机驱动系统

1. 直线电机的结构

直线电机是一种新颖的伺服电机，其结构如图 3-9 所示，从原理上说，直线电机相当于旋转电机沿直线方向的展开。

2. 直线电机驱动系统的优点

采用直线电机驱动的伺服系统与传统的旋转电机驱动相比，具有以下优点。

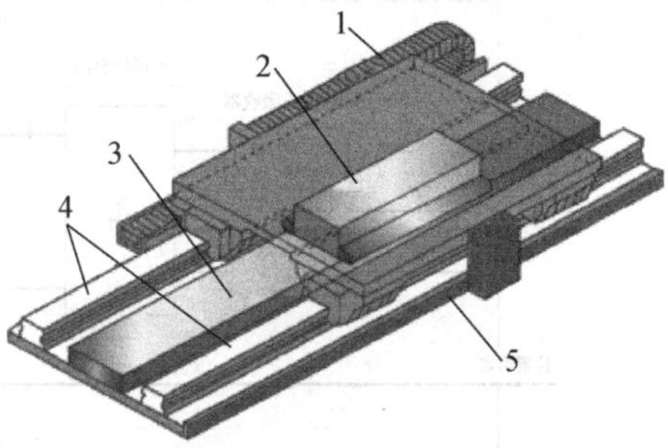

图3-9 直线电机的结构
1—拖链 2—直线电机定子 3—直线电机转子 4—直线导轨 5—光栅

① 采用直线电机驱动的进给系统不再需要丝杠、齿轮、齿条等将旋转运动转换为直线运动的机械部件与装置，大大简化了进给系统的机械结构，实现了进给系统的“零传动”。

② 旋转电机转子高速旋转时存在离心力与摩擦力的作用，滚珠丝杠等传动部件则受“特征转速”的约束，故机械部件的旋转速度不能过高，而通过加大螺距等措施提高直线移动速度，又受到位置精度、加速能力的制约，因此其直线运动速度一般难以超过100m/min。采用直线电机驱动后，则可以方便地达到100m/min以上的进给速度和$10m/s^2$以上的加速度。

③ 采用旋转电机驱动的进给系统的丝杠、齿条等机械部件的精度、刚度、快速性、稳定性、噪声都将影响系统的性能，而采用直线电机可从根本上消除机械传动环节，故系统的精度高、刚度大、快速性与稳定性好、噪声小。

3. 直线电机驱动系统的不足

直线电机驱动系统的大范围应用还存在以下不足，目前的使用范围暂时只限于高速加工数控机床等高速、高精度设备。

① 与同容量旋转电机相比，直线电机的价格高，但效率、功率因数均较低（低速时更为明显），系统的性价比较差。

② 直线电机（特别是直线感应电机）的推力较小、制动能力有限，且受电源电压的影响较大，故对驱动器的要求较高。

③ 旋转电机的磁场封闭在电动机的内部，不会对外界造成任何影响，而直线电机则直接和导轨、工作台做成一体，必须采取相应的措施防止磁力的影响。

④ 直线电机直接安装在工作台和导轨之间，其散热十分困难，它不仅影响系统的位置控制精度，而且还制约了电机的进给力，故必须附加复杂的强制冷却系统进行散热，系统结构较为复杂。

任务2 熟悉ΣV系列伺服驱动

能力目标

1. 能够识读ΣV系列伺服驱动器型号。

2. 了解 ΣⅤ系列伺服驱动器的技术特点。

3. 了解 ΣⅤ系列伺服电机。

工作内容

学习后面的内容，并回答以下问题。

1. 已知 ΣⅤ系列伺服驱动器的型号为 SGDV-180A01(A)，问：该驱动器的额定输出电流、最大输出电流为多大？要求的输入电压、输入容量是多少？驱动器采用什么接口？可控制的伺服电机功率为多大？

2. 已知 ΣⅤ系列伺服电机的型号为 SGMSV-20ADA6C，问：该电机属于什么类型？其额定转速、最高转速、额定输出转矩、最大输出转矩为多大？电机有哪些内置器件（注明规格）?电机应选配的驱动器型号是什么?

相关知识

一、ΣⅤ驱动器

ΣⅤ系列伺服驱动是安川公司最新推出、用于替代 ΣⅡ的产品，驱动规格还在不断补充与完善中，产品主要包括通用驱动器与各种用途的电机。

1. 驱动器型号

ΣⅤ系列伺服驱动可控制的电机功率为 0.05～15kW，驱动器的输入电源有单相 AC100V、单相 AC200V 与三相 AC200V、三相 AC400V 四种规格，其中，1.5kW 及以下规格可采用单相供电；三相 AC200V 可以用于所有规格；0.5kW 及以上规格可选择三相 AC400V 供电。

ΣⅤ系列驱动器的规格以额定输出电流表示，驱动器的额定输出电流必须大于等于电机额定电流（不论电机的类型），额定电流的代表方法如下。

10A 以下：单位为 A，R 代表小数点，如 2R8 代表 2.8A 等。

10A 以上：单位为 0.1A，如 120 代表 12A 等。

ΣⅤ系列驱动器的型号组成以及代表的意义如下。

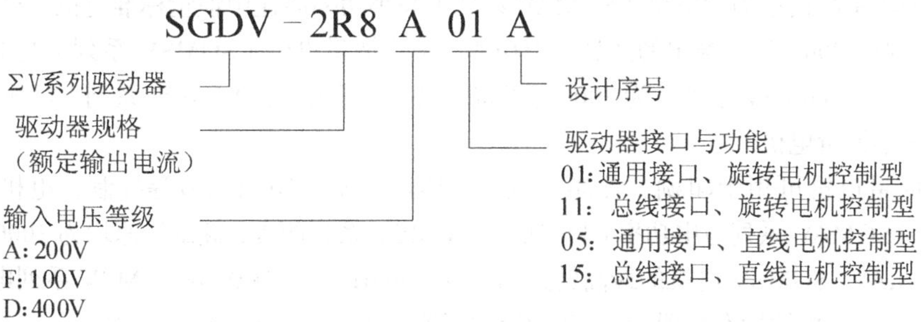

2. 技术特点

ΣⅤ系列驱动器可用于安川公司全部伺服电机（包括直线电机、回转台直接驱动电机）的控制，产品的技术特点如下。

① 高速。ΣⅤ系列驱动采用了最新的高速 CPU 与现代控制理论，高速性能居世界领先水平，驱动器定位时间只有普通驱动器的 1/12；位置输入脉冲频率可达 4MHz；速度响应高达 1600Hz；伺服电机的转速最高为 6000r/min；最大过载转矩可以达到 350%M_e（不同系列略有区别，M_e 为额定输出

转矩）；可用于高速控制。

② 高精度。ΣV系列驱动可采用伺服电机内置的 20bit（即 2^{20}，1048576p/r）增量/绝对型串行接口编码器作为位置检测元件，或通过光栅构成全闭环控制系统；驱动系统的调速范围可以达到 1:15000，其位置、速度、转矩控制精度均居世界领先水平。

③ 网络化。ΣV系列驱动器配备了 USB 接口，可直接通过 Sigma Win+调试软件用计算机进行在线调试，在线调整的内容涵盖前馈控制、振动抑制陷波器、转矩滤波器等。

ΣV系列交流伺服驱动器的主要技术指标见表 3-4。

表 3-4　　ΣV系列驱动器的主要技术指标

项　目		技 术 参 数
逆变控制		正弦波 PWM 控制
速度调节范围/控制精度		调速范围 1:15000；速度误差≤±0.01%
频率响应		1600Hz
位置反馈输入		13bit 增量、17bit/20bit 绝对或增量编码器；可以采用全闭环控制
定位精度		误差 0～250 脉冲
速度/转矩给定输入		输入电压 DC−12～12V（max）；输入阻抗 14kΩ；输入滤波时间 30/16μs
位置给定输入	输入方式	脉冲+方向，90° 差分脉冲，正转+反转脉冲；电子齿轮比 0～100
	信号类型	DC5V 线驱动输入，DC5～12V 集电极开路输入
	最高脉冲频率	线驱动输入：4MHz；集电极开路输入：200kHz
位置反馈输出		任意分频，A/B/C 三相线驱动输出
DI/DO 信号		7/7 点
其他功能	动态制动	伺服 OFF、报警、超程时动态制动（5kW 以下制动电阻为内置）
	保护功能	超程、过电流、过载、过电压、欠电压、缺相、制动、过热、编码器断线等
	通信接口	RS422A、USB1.1；网络连接 1:15

二、伺服电机

1. 电机系列

ΣV系列驱动器可用于安川全部伺服电机（包括转台直接驱动电机与直线电机，见图 3-10）控制。其中，小功率高速小惯量电机（SGMAV 系列）与小功率高速中惯量标准电机（SGMJV 系列）是 ΣV系列最先（2008 年）推出的产品；中功率高速小惯量电机（SGMSV 系列）与中功率中低速中惯量标准电机（SGMGV 系列）为 2009 年产品；特殊扁平电机（SGMPS 系列）目前尚在研发中。

（1）高速小惯量电机

高速小惯量电机可用于印刷、食品、包装、传送设备、纺织机械等控制，电机分为小功率（50～1000W）SGMAV 系列与中功率（1～7kW）SGMSV 系列两类，额定转速均为 3000 r/min。1kW 及以下的 SGMAV、SGMSV 电机的最高转速为 6000 r/min；1.5～7kW 的 SGMSV 系列电机的最高转速为 5000 r/min。电机的标准配置为 20bit 增量编码器，可选配 20bit 绝对编码器。

（2）中惯量标准电机

中惯量标准电机是数控机床、机器人、自动生产线控制的常用产品，电机分高速小功率的 SGMJV 系列与中低速中功率 SGMGV 系列两类。SGMJV 系列高速小功率电机的输出功率范围为 50～750W，额定转速为 3000 r/min，最高转速为 6000 r/min，电机的标准配置为 20bit 增量编码器，可选配 20bit 绝对编码器或 13bit（8192p/r）增量编码器。SGMGV 系列中低速中功率电机的输出功率范围为 0.3～15kW，额定转速为 1500 r/min；7.5kW 以下规格的最高转速为 3000 r/min，11～15kW 电机的最高转速为 2000 r/min；电机的标准配置为 20bit 增量编码器，可选配 20bit 绝对编码器。

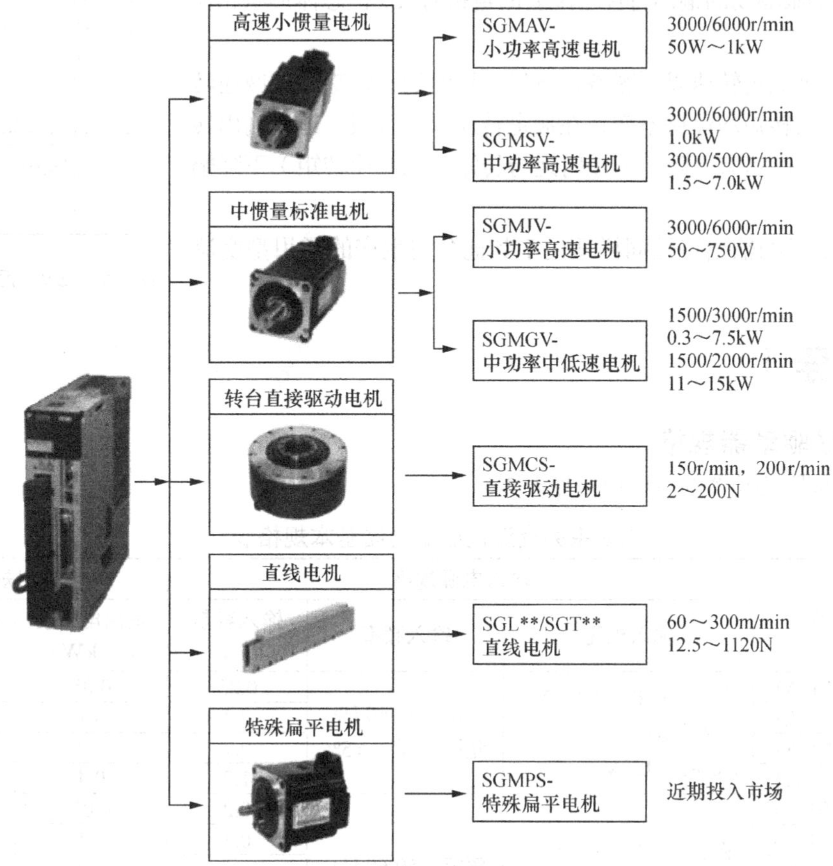

图3-10 ΣV 系列伺服电机

SGMCS 系列转台直接驱动电机与安川 SGL**或 SGT**系列直线电机是按照高速、高精度要求开发的新产品；特殊扁平电机的长度只有同规格标准电机的 2/3 左右，可用于安装受到限制的特殊场合，但由于价格、应用范围等原因，这些电机的实际使用较少，故不再介绍。

2. 电机型号

ΣV 系列常用的 SGMAV、SGMJV、SGMSV、SGMGV 系列电机型号如下。

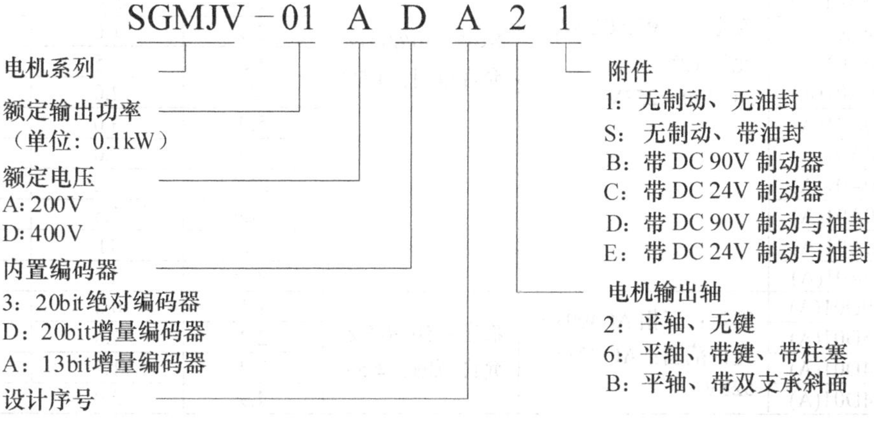

3. 输出特性

ΣV 系列伺服驱动的输出特性与配套的电机有关，但总体形状相似（见图 3-11）。

在伺服电机额定转速以下区域，电机的短时运行转矩（加减速转矩）与连续输出转矩均保持不变；在额定转速以上区域，连续输出转矩随着转速的升高略有下降，但短时运行转矩（加减速转矩）下降幅度更明显。

图 3-11 所示的输出特性同样适用于其他公司生产的通用型交流伺服。

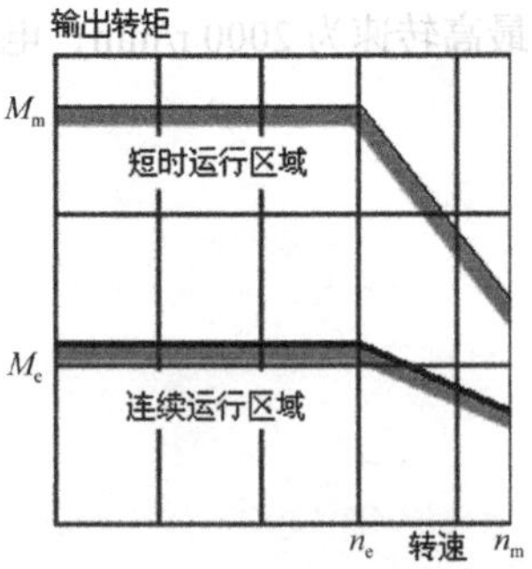

图3-11 ΣV 伺服电机输出特性

实践指导

一、ΣV 驱动器规格

ΣV 系列伺服驱动器的主要规格见表 3-5。

表 3-5 ΣV 系列交流伺服驱动器基本规格表

驱动器型号	输入电源规格			输出规格	
	输入电压	输入频率	输入容量（kVA）	适用电机功率（kW）	额定/最大电流（A）
SGDV-R70F01(A)	额定：单相 AC100V；允许范围：AC 85～127V	额定：50/60 Hz 允许范围：± 5%	0.25	0.05	0.66/2.1
SGDV-R90F01(A)			0.4	0.1	0.95/2.9
SGDV-2R1F01(A)			0.7	0.2	2.1/6.5
SGDV-2R8F01(A)			1.2	0.4	2.8/9.3
SGDV-R70A01(A)	额定：单相 AC200V；允许范围：AC 170～253V	额定：50/60 Hz 允许范围：± 5%	0.2	0.05	0.66/2.1
SGDV-R90A01(A)			0.3	0.1	0.91/2.9
SGDV-1R6A01(A)			0.7	0.2	1.6/5.8
SGDV-2R8A01(A)			1.2	0.4	2.8/9.3
SGDV-5R5A01(A)			1.9	0.75	5.5/16.9
SGDV-120A01(A)			4	1.5	11.6/28
SGDV-R70A01(A)	额定：三相 AC200V；允许范围：AC 170～253V	额定：50/60 Hz 允许范围：± 5%	0.2	0.05	0.66/2.1
SGDV-R90A01(A)			0.3	0.1	0.91/2.9
SGDV-1R6A01(A)			0.6	0.2	1.6/5.8
SGDV-2R8A01(A)			1	0.4	2.8/9.3
SGDV-3R8A01(A)			1.4	0.5	3.8/11
SGDV-5R5A01(A)			1.6	0.75	5.5/16.9
SGDV-7R6A01(A)			2.3	1.0	7.6/17
SGDV-120A01(A)			3.2	1.5	11.6/28
SGDV-180A01(A)			4	2.0	18.5/42
SGDV-200A01(A)			5.9	3.0	19.6/56
SGDV-330A01(A)			7.5	5.0	32.9/84
SGDV-470A01(A)			10.7	6.0	46.9/110
SGDV-550A01(A)			14.6	7.5	54.7/130
SGDV-590A01(A)			21.7	11	58.6/140
SGDV-780A01(A)			29.6	15	78/170
SGDV-1R9D01(A)	额定：三相 AC400V；允许范围：AC 323～528V	额定：50/60 Hz 允许范围：± 5%	1.1	0.5	1.9/5.5
SGDV-3R5D01(A)			2.3	1.0	3.5/8.5
SGDV-5R4D01(A)			3.2	1.5	5.4/14
SGDV-8R4D01(A)			4.9	2.0	8.4/20

续表

驱动器型号	输入电源规格			输出规格	
	输入电压	输入频率	输入容量（kVA）	适用电机功率（kW）	额定/最大电流（A）
SGDV-120D01(A)	额定：三相 AC400V；允许范围：AC 323～528V	额定：50/60 Hz 允许范围：± 5%	6.7	3.0	11.9/28
SGDV-170D01(A)			10.3	5.0	16.5/42
SGDV-210D01(A)			12.4	6.0	20.8/55
SGDV-260D01(A)			14.4	7.5	25.7/65
SGDV-280D01(A)			21.9	11	28.1/70
SGDV-370D01(A)			30.6	15	37.2/85

二、ΣV 系列电机规格

1. 高速小惯量电机

SGMAV 系列高速小功率与 SGMSV 系列中功率高速小惯量电机的主要技术参数分别见表 3-6、表 3-7。

表 3-6　SGMAV 系列电机主要技术参数表

电压		200V							
伺服电机型号 SGMAV-□□□		A5A	01A	C2A	02A	04A	06A	08A	10A
额定输出功率	W	50	100	150	200	400	550	750	1 000
额定转矩	N • m	0.159	0.318	0.477	0.637	1.27	1.75	2.39	3.18
瞬时最大转矩	N • m	0.477	0.955	1.43	1.91	3.82	5.25	7.16	9.55
额定电流	A	0.66	0.91	1.3	1.5	2.6	3.8	5.3	7.4
瞬时最大电流	A	2.1	2.8	4.2	5.3	8.5	12.2	16.6	23.9
额定转速	r/min	3000							
最高转速	r/min	6000							
转矩常数	Nm/A	0.265	0.375	0.381	0.450	0.539	0.496	0.487	0.467
电机惯量（带制动）	$10^{-4}kgm^2$	0.0242 (0.0389)	0.0380 (0.0527)	0.0531 (0.0678)	0.116 (0.180)	0.190 (0.254)	0.326 (0.403)	0.769 (0.940)	1.20 (1.41)
额定功率响应	kW/s	10.4	26.6	42.8	35.0	84.9	93.9	74.1	84.3
额定角加速度	rad/s^2	65800	83800	89900	54900	67000	53700	31000	26500
配套驱动器	SGDV-	R70□	R90□	1R6A, 2R1F		2R8□	5R5A	5R5A	120A

表 3-7　SGMSV 系列 200V 电机主要技术参数表

伺服电机型号 SGMSV-□□□		10A	15A	20A	25A	30A	40A	50A	70A
额定输出功率	kW	1.0	1.5	2.0	2.5	3.0	4.0	5.0	7.0
额定转矩	N • m	3.18	4.90	6.36	7.96	9.80	12.6	15.8	22.3
瞬时最大转矩	N • m	9.54	14.7	19.1	23.9	29.4	37.8	47.6	54
额定电流	A	5.7	9.3	12.1	13.8	17.9	25.4	27.6	38.3
瞬时最大电流	A	17	28	42	44.5	56	77	84	105
额定转速	r/min	3000							
最高转速	r/min	6000	5000						
转矩常数	Nm/A	0.636	0.590	0.561	0.610	0.582	0.519	0.604	0.604
电机惯量（带制动）	$10^{-4}kgm^2$	1.74 (1.99)	2.00 (2.25)	2.47 (2.72)	3.19 (3.44)	7.00 (9.2)	9.60 (11.8)	12.3 (14.5)	12.3
额定功率响应（带制动）	kW/s	58 (51)	120 (107)	164 (149)	199 (184)	137 (104)	165 (135)	203 (172)	404

续表

额定角加速度（带制动）	rad/s²	18300 (16000)	24500 (21800)	25700 (23400)	25000 (23100)	14000 (10700)	13100 (10700)	12800 (10900)	18 100
配套驱动器	SGDV-	7R6A	120A	180A	200A	200A	330A	330A	550A

2. 标准中惯量电机

SGMJV 系列高速小功率与 SGMGV 系列中功率中惯量电机的主要技术参数见表 3-8、表 3-9。

表 3-8　　SGMJV 系列电机主要技术参数表

电压		200V				
伺服电机型号 SGMJV-□□□		A5A	01A	02A	04A	08A
额定输出功率	W	50	100	200	400	750
额定转矩	N • m	0.159	0.318	0.637	1.27	2.39
瞬时最大转矩	N • m	0.557	1.11	2.23	4.46	8.36
额定电流	A	0.61	0.84	1.6	2.7	4.7
瞬时最大电流	A	2.1	2.9	5.8	9.3	16.9
额定转速	r/min	3000				
最高转速	r/min	6000				
转矩常数	Nm/A	0.285	0.413	0.435	0.512	0.544
电机惯量（带制动）	10^{-4}kgm²	0.0414（0.0561）	0.0665（0.0812）	0.259（0.323）	0.442（0.506）	1.57（1.74）
额定功率响应	kW/s	6.11	15.2	15.7	36.5	36.3
额定角加速度	rad/s²	38400	47800	24600	28800	15200
配套驱动器	SGDV-	R70□	R90□	1R6A, 2R1F	2R8□	5R5A

表 3-9　　SGMGV 系列 200V 电机主要技术参数表

伺服电机型号 SGMGV-□□□		03A	05A	09A	13A	20A	30A	44A	55A	75A	1AA	1EA
额定输出功率	kW	0.3	0.45	0.85	1.3	1.8	2.9	4.4	5.5	7.5	11	15
额定转矩	N • m	1.96	2.86	5.39	8.34	11.5	18.6	28.4	35.0	48.0	70.0	95.4
瞬时最大转矩	N • m	5.88	8.92	13.8	23.3	28.7	45.1	71.1	87.6	119	175	224
额定电流	A	2.8	3.8	6.9	10.7	16.7	23.8	32.8	42.1	54.7	58.6	78
瞬时最大电流	A	8	11	17	28	42	56	84	110	130	140	170
额定转速	r/min	1500										
最高转速	r/min	3 000						2 000				
转矩常数	Nm/A	0.776	0.854	0.859	0.891	0.748	0.848	0.934	0.871	0.957	1.32	1.37
电机惯量（带制动）	10^{-4}kgm²	3.48 (2.73)	2.33 (3.58)	13.9 (16)	19.9 (22)	26 (28.1)	46 (54.5)	67.5 (76.0)	89.0 (97.5)	125 (134)	242 (261)	303 (322)
额定功率响应（带制动）	kW/s	15.5 (14.1)	24.6 (22.8)	20.9 (18.2)	35.0 (31.6)	50.9 (47.1)	75.2 (63.5)	119 (106)	138 (126)	184 (172)	202 (188)	300 (283)
额定角加速度（带制动）	rad/s²	7900 (7180)	8590 (7990)	3880 (3370)	4190 (3790)	4420 (4090)	4040 (3410)	4210 (3740)	3930 (3590)	3840 (3580)	2890 (2680)	3150 (2960)
配套驱动器	SGDV-	3R8A	3R8A	7R6A	120A	180A	220A	330A	470A	550A	590A	780A

Chapter 4

项目4 交流伺服的连接技术

交流伺服驱动系统包括了硬件与软件两部分内容，硬件主要涉及伺服系统的组成部件及其相互间的连接技术，软件主要包括驱动器的参数设定与功能调试等。

伺服系统的连接技术是交流伺服应用、调试、维修的重要内容。设计正确、合理地连接电路不仅是实现驱动器功能的前提，而且也是控制系统各部件间动作协调的要求，它还直接关系到驱动系统长期运行的稳定性与可靠性。本项目将对此进行专门学习。

任务1 掌握主回路连接技术

能力目标

1. 熟悉交流伺服驱动系统的硬件。
2. 能够连接驱动器主回路。
3. 能够选择驱动器主回路器件。

工作内容

学习后面的内容，并回答以下问题。

1. 简述交流伺服驱动器的硬件组成与作用。
2. 伺服驱动器的主回路连接需要注意哪些基本问题？

3. 试确定例4-2所示机床的伺服变压器、主接触器、断路器的主要参数。

相关知识

一、伺服系统组成

交流伺服驱动系统的硬件组成一般如图4-1所示。

部分硬件（如DC电抗器、滤波器、制动电阻等）可以根据实际需要选用，部件可以由驱动器生产厂家配套提供也可选择其他符合要求的产品，部件的作用如下。

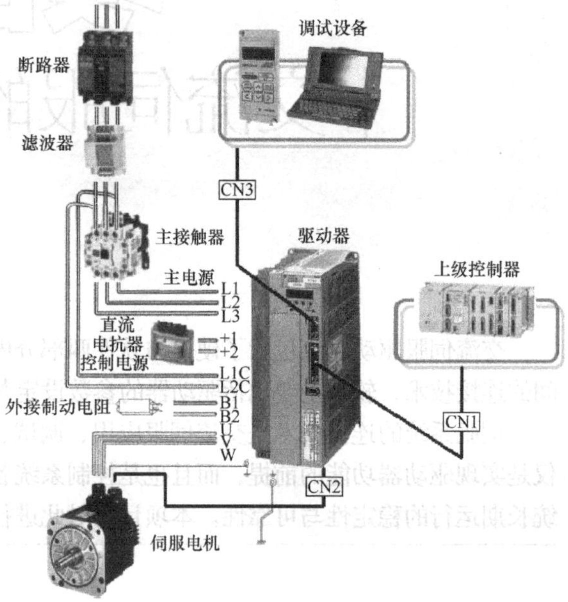

图4-1 交流伺服驱动系统的硬件组成

1. 调试设备

交流伺服驱动器一般带有简易操作/显示面板，但对于需要振动抑制与滤波器参数自适应调整的驱动器，应选用功能更强的外部操作单元选件。

2. 断路器

断路器用于驱动器短路保护，必须予以安装，断路器的额定电流应与驱动器容量相匹配。

3. 主接触器

伺服驱动器不允许通过主接触器的通断来频繁控制电机的启/停，电机的运行与停止应由控制信号进行控制。安装主接触器的目的是使主电源与控制电源独立，以防止驱动器内部故障时的主电源加入，驱动器的准备好（故障）触点应作为主电源接通的条件。当驱动器配有外接制动电阻时，必须在制动电阻单元上安装温度检测器件，当温度超过时应立即通过主接触器切断输入电源。

4. 滤波器

进线滤波器与零相电抗器用于抑制线路的电磁干扰。此外，保持动力线与控制线之间的距离、采用屏蔽电缆、进行符合要求的接地系统设计也是消除干扰的有效措施。

5. 直流电抗器

直流电抗器用来抑制直流母线上的高次谐波与浪涌电流，减小整流、逆变功率管的冲击电流，提高驱动器功率因数。驱动器在安装直流电抗器后，对输入电源容量的要求可以相应减少20%～30%。驱动器的直流电抗器一般已在内部安装。

6. 外接制动电阻

当电机需要频繁启/停或是在负载产生的制动能量很大（如受重力作用的升降负载控制）的场合，应选配制动电阻。制动电阻单元上必须安装有断开主接触器的温度检测器件。

二、主回路连接技术

1. 基本要求

三相输入的驱动器主回路原理如图4-2所示，不同驱动器的外形、连接端子号可能略有区别，但原理基本相同。

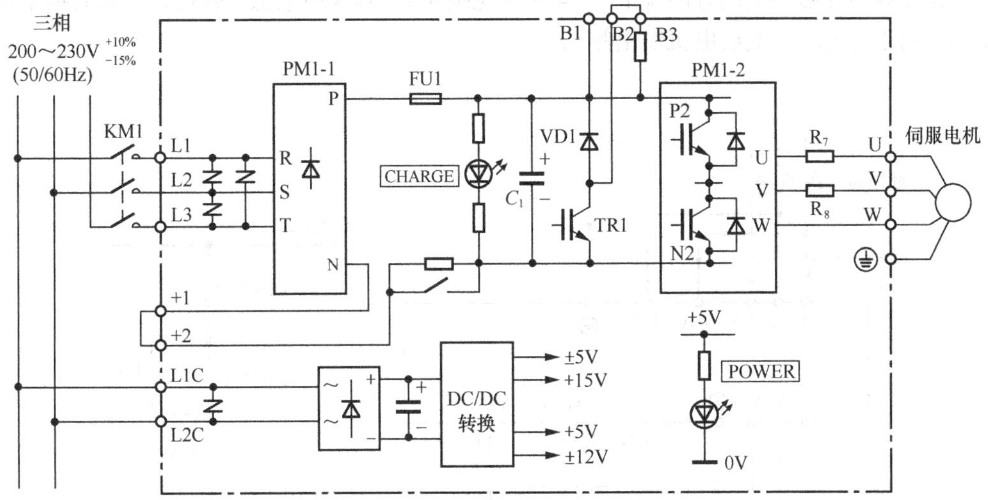

图4-2　三相输入驱动器的主回路原理框图

驱动器主回路连接要点如下。

① 主电源输入切不可错误地连接到电机输出（见图 4-2 中的 U/V/W）端上！

② 当驱动器使用直流电抗器时，应断开直流母线短接端（图 4-2 中为+1、+2），将电抗器串联连接到直流母线上；如不使用则必须保留直流母线短接端。

③ 对于使用内置式制动电阻的驱动器，必须保留外部制动电阻短接端（图 4-2 中为 B2、B3）；使用外部制动电阻，则应断开短接端，连接外部制动电阻。

④ 驱动器存在高频漏电流，进线侧如安装驱动器专用漏电保护断路器，感度电流应大于 30mA；如果采用普通工业用漏电保护断路器，感度电流应大于 200mA。

⑤ 驱动器与电机之间如安装了接触器（不推荐使用），接触器的开、关必须在驱动器停止时进行。

2. 主接触器的控制

为了对驱动器的主电源进行控制，需要在主回路上安装主接触器，驱动器的主接触器控制一般使用图 4-3 所示的典型电路。

主回路的频繁通/断将产生浪涌冲击，影响驱动器使用寿命，因此，主接触器不能用于驱动器正常工作时的电机启动/停止控制，通断频率原则上不能超过 30min 一次。应将驱动器的故障输出触点串联到主接触器的控制线路中，以防止驱动器故障时的主电源加入。

当多台驱动器的输入电源需要同一主接触器控制通断时，必须将各驱动器的故障输出触点串联后控制主接触器。

当驱动器配有外接制动单元或制动电阻时，电机制动所引起的电阻发热无法通过驱动器监视，为防止引发事故，必须用过热触点断开主接触器。

3. 滤波器连接

伺服驱动器由于采用了 PWM 调制方式，部分电流、电压中的高次谐波已在射频范围，可能引起其他电磁敏感设备的误动作，为此，需要通过电磁滤波器来消除这些干扰。零相电抗器与进线滤波器为驱动器常用的电磁干扰抑制装置。

（1）零相电抗器

10MHz 以下频段的电磁干扰一般可用零相电抗器消除。零相电抗器实质上是一只磁性环，使用时只须将连接导线在磁环上同方向绕上 3～4 匝（见图 4-4）制成小电感，就可以抑制共模干扰。零相电抗器可用于电源输入侧或电机输出侧。

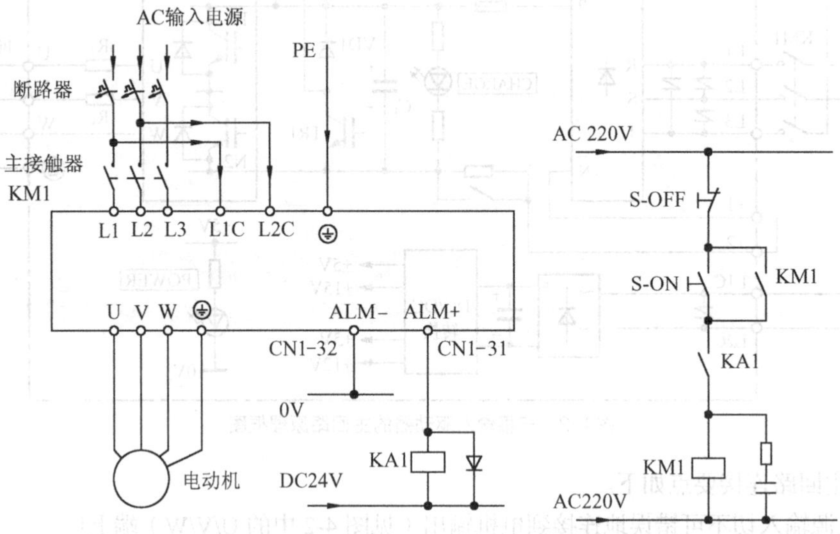

（a）驱动器主回路　（b）主接触器控制

图4−3　典型的主回路控制

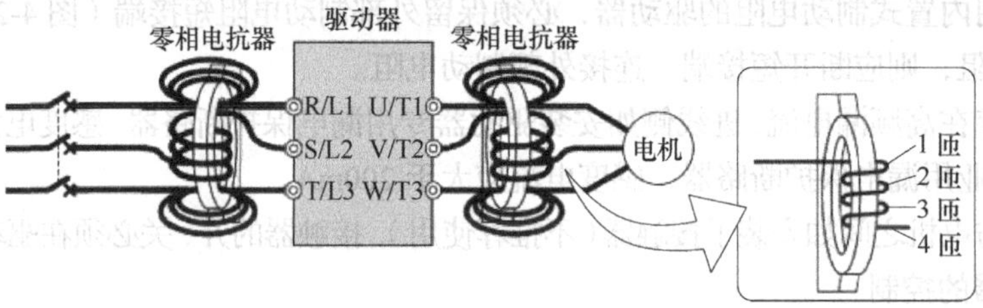

图4−4　零相电抗器的连接图

（2）进线滤波器

进线滤波器用来抑制电源的高次谐波，滤波器连接时只要将电源进线与对应的连接端一一连接即可。滤波器宜选用驱动器生产厂配套的产品，市售的 LC、RC 型滤波器可能会产生过热与损坏，既不可以在驱动器上使用，也不能在连接有驱动器的电源上使用（如无法避免，应在驱动器的输入侧增加交流电抗器）。

除以上部分外，主回路还包括伺服电机、制动器的连接电路，由于电机结构与连接器的不同，连接应根据生产厂家的说明书进行，但是，必须保证驱动器与电机连接端的一一对应，决不可改变电机绕组的相序。

实践指导

一、ΣV 驱动器连接总图

ΣV 系列驱动器的连接总图如图 4-5 所示。

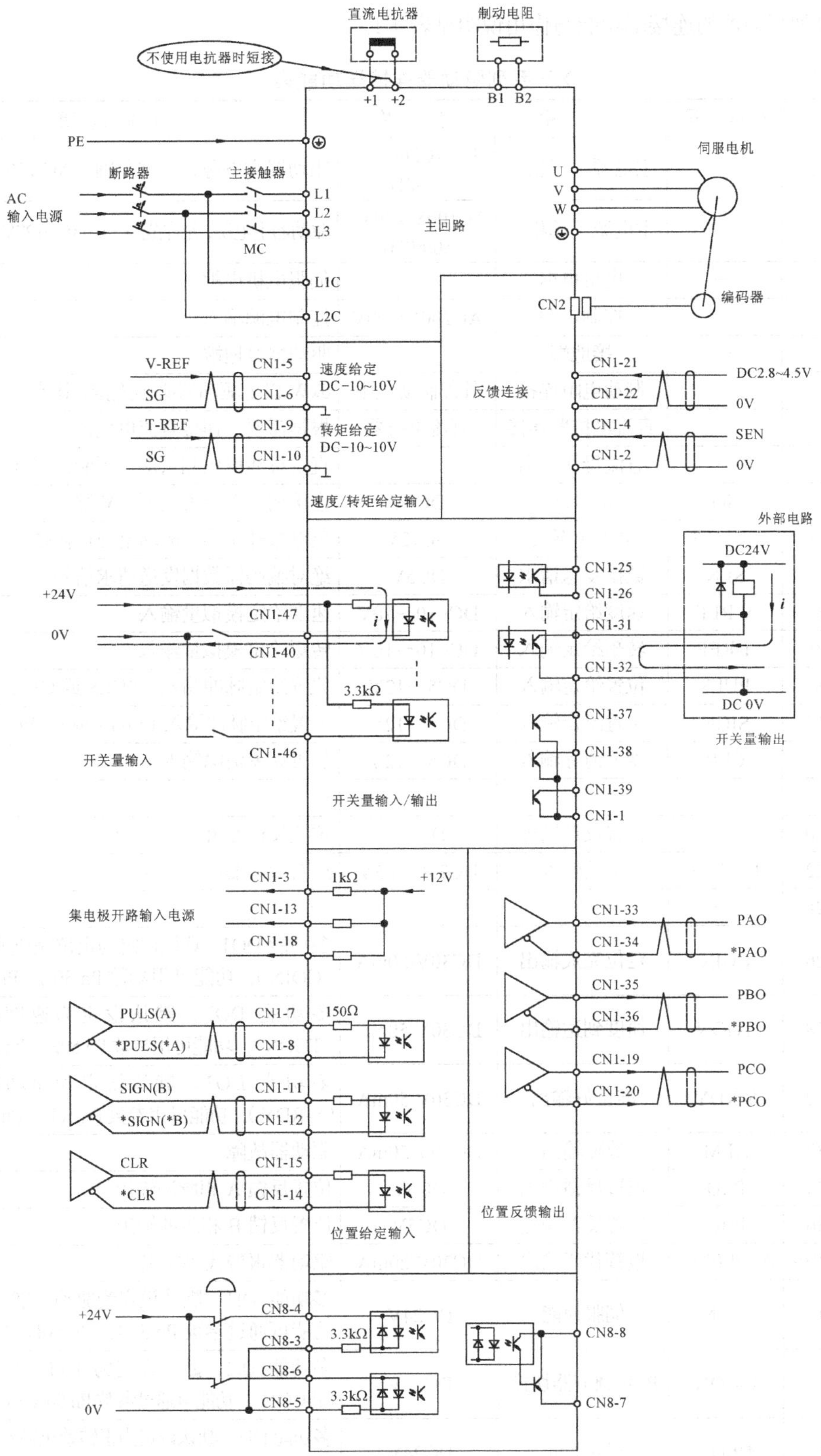

图4-5　ΣV系列驱动器连接总图

ΣV系列驱动器的连接端功能与作用说明见表4-1。

表4-1 ΣV系列驱动器连接端功能表

端子号	信号代号	作　用	规　格	功能说明
L1/L2/L3 或L1/L2	—	主电源（三相）	3～AC200V，50/60Hz	驱动器主电源，允许范围：AC 170～253V
		主电源（单相）	AC100V/200V，50/60Hz	驱动器主电源，允许范围：AC 85～127V/ 170～253V
U/V/W	—	电机电枢	—	伺服电机电枢
L1C/L2C	—	控制电源	AC200V/100V	控制电源输入
PE	—	接地端	—	驱动器接地端
B1/B2	—	制动电阻连接	外部制动电阻	6kW以上驱动器必须连接，其他规格可以短接
+1/+2	—	直流电抗器连接	直流电抗器	根据需要，连接直流电抗器
+/−	—	直流母线输出	—	直流母线电压测量端，不能连接其他装置
CN1-1/2	SG	信号地	DC0V	连接输入/输出信号的0V端
CN1-3/13/18	PL1/2/3	DC12V输出	DC12V	集电极开路输入驱动电源连接端
CN1-4	SEN	数据发送请求	DC5V	绝对编码器数据发送请求信号
CN1-5/6	V-REF	速度给定输入	DC−10～10V	速度给定模拟量输入
CN1-9/10	T-REF	转矩给定输入	DC−10～10V	转矩给定模拟量输入
CN1-7/8	PULS	位置给定输入	DC5～12V	位置给定脉冲输入（PULS或CW、A相信号）
CN1-11/12	SIGN	位置给定输入	DC5～12V	位置给定脉冲输入（SIGN或CCW、B相信号）
CN1-15/14	CLR	误差清除输入	DC5～12V	位置误差清除输入
CN1-16/17	—	—	—	—
CN1-19/20	PCO	位置反馈输出	DC5V	位置反馈C相脉冲输出
CN1-21/22	BAT+/−	电池输入	DC2.8～4.5V	绝对编码器电源输入
CN1-23/24	—	—	—	—
CN1-25/26	COIN	定位完成输出	DC30V/50mA	多功能DO1，默认设定为定位完成或速度一致（COIN），功能可用参数Pn 50E～Pn 510改变
CN1-27/28	TGON	速度到达输出	DC30V/50mA	多功能DO2，默认设定为速度达到信号（TGON），功能可用参数Pn 50E～Pn 510改变
CN1-29/30	S-RDY	准备好输出	DC30V/50mA	多功能DO3，默认设定为驱动器准备好（S-RDY），功能可用参数Pn 50E～Pn 510改变
CN1-31/32	ALM	故障输出	DC30V/50mA	驱动器故障
CN1-33/34	PAO	位置反馈输出	DC5V	位置反馈A相脉冲输出
CN1-35/36	PBO	位置反馈输出	DC5V	位置反馈B相脉冲输出
CN1-37/38/39	AL01/02/03	报警代码输出	DC30V/20mA	驱动器报警代码输出
CN1-40	S-ON	伺服使能	DC24V	多功能DI1，默认设定为驱动使能（S-ON），功能可通过参数Pn 50A～Pn 50D改变
CN1-41	P-CON	PI/P调节器切换	DC24V	多功能DI2，默认设定为P/PI调节切换信号（P-CON），功能可通过参数Pn 50A～Pn 50D改变
CN1-42	*P-OT	正转禁止	DC24V	多功能DI3，默认设定为正转禁止输入（*P-OT），功能可通过参数Pn 50A～Pn 50D改变

续表

端子号	信号代号	作　　用	规　　格	功 能 说 明
CN1-43	*N-OT	反转禁止	DC24V	多功能 DI4，默认设定为反转禁止输入（*N-OT），功能可通过参数 Pn 50A～Pn 50D 改变
CN1-44	ALM-RST	报警清除	DC24V	多功能 DI5，默认设定为故障复位（ALM-RST），功能可通过参数 Pn 50A～Pn 50D 改变
CN1-45	P-CL	正向电流限制	DC24V	多功能 DI6，默认设定为正向电流限制信号（P-CL），功能可通过参数 Pn 50A～Pn 50D 改变
CN1-46	N-CL	反向电流限制	DC24V	多功能 DI7，默认设定为反向电流限制信号（N-CL），功能可通过参数 Pn 50A～Pn 50D 改变
CN1-47	24V IN	输入电源	DC24V	DI 信号驱动电源
CN1-48/49	PSO	位置反馈输出	DC5V	绝对编码器的转速输出信号（串行输出）

二、主回路连接要求

1. 电源主回路

ΣV 系列伺服驱动器的主回路连接在遵循一般连接原则的基础上，还需要注意如下特殊问题。

① 驱动器使用直流电抗器时，应断开短接端+1 与+2，并将直流电抗器连接到+1 与+2 上；如不使用直流电抗器则必须保留+1 与+2 间的短接端。

② 三相 AC400V 输入的 ΣV 系列驱动器的控制电源为 DC24V，不能与主电源并联。

③ 对于带有内置式制动电阻的驱动器，如果不使用外部制动电阻，则必须保留 B2 与 B3 间的短接端；如果仅使用外部制动电阻，应断开 B2 与 B3 的连接，并将外部制动电阻接入到 B1 与 B2 上；如果同时使用外部与内部制动电阻，则保留 B2 与 B3 的连接端，并将外部制动电阻连接到 B1 与 B2，这时内部与外部的制动电阻并联连接（不推荐采用本方式）。

④ ΣV 系列驱动器可采用直流供电，此时必须设定驱动器参数 Pn 002.1 = “1”，生效直流电源输入功能（特殊连接）。

⑤ ΣV 系列三相 AC200V 输入的小规格驱动器（SGDV-R70A～SGDV-5R5A）允许直接连接单相 AC200V 电源，此时必须设定驱动器参数 Pn 00B.2 = “1”，生效三相驱动器的单相主电源输入功能。

2. 电枢与制动器

ΣV 系列伺服电机的电枢与制动器连接与电机容量、型号有关，小功率电机的电枢与制动器共用连接器（不使用制动器时无须连接 BK1/BK2）；大规格电机的制动器有独立的连接器；7kW 以上电机还需要连接风机。ΣV 系列不同型号、不同规格伺服电机的连接要求如图 4-6 所示。电机的 U、V、W 端必须与驱动器的 U、V、W 端一一对应。

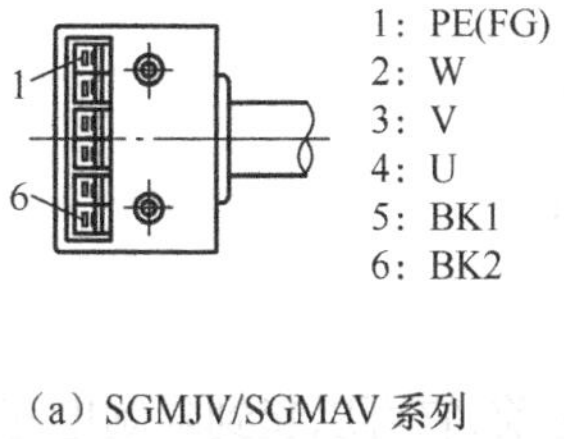

（a）SGMJV/SGMAV 系列

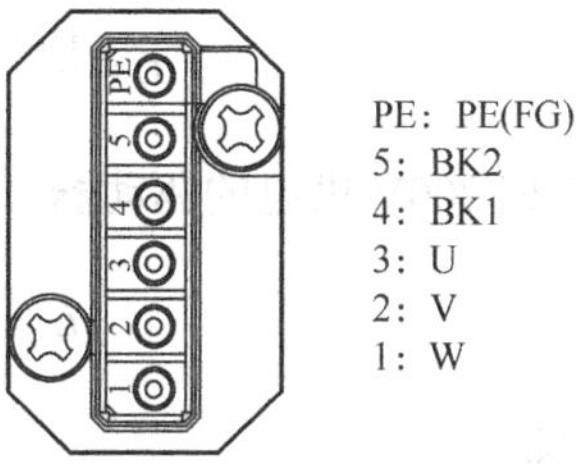

（b）SGMGV 系列（450W 以下）

图4-6　ΣV 系列伺服电机连接

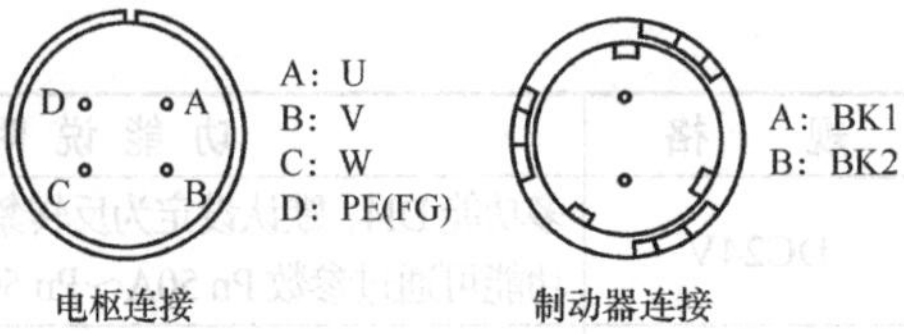

（c）SGMGV 系列 850W 以上

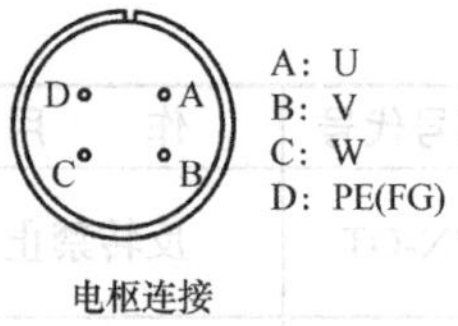

（d）SGMSV 系列 1kW 以上无制动

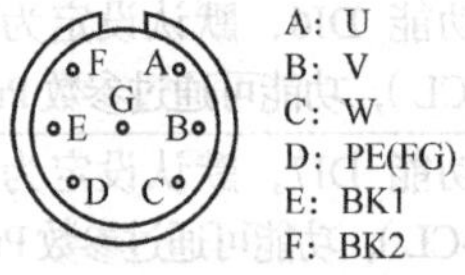

（e）SGMSV 系列 1kW 以上带制动

（f）SGMSV 系列 7kW 以上的风机连接

图4-6 ΣV 系列伺服电机连接（续）

拓展学习

一、主回路器件选择

驱动器主回路的接触器、断路器的选择可以根据驱动器容量计算后确定，选择方法参见后述的设计实例，其他器件的选择方法简介如下。

1. 交流电抗器

交流电抗器的作用是消除电网中的电流尖峰脉冲与谐波干扰。严格地说，交流电抗器的选用应根据所在国对电网谐波干扰指标的要求，通过计算后决定，但对于如下情况，应考虑使用交流电抗器。

① 当驱动器主回路未安装伺服变压器时。

② 向驱动器的主电源上并联有容量较大的晶闸管变流设备或功率因数补偿设备时。

③ 向驱动器供电的电源三相不平衡度可能超过 3%时。

④ 向驱动器供电的电源对下属的用电设备有其他特殊的谐波指标要求时。

当交流电抗器用于谐波抑制时，如电抗器所产生的压降能够达到供电电压（相电压）的 3%，就可以使得谐波电流分量降低到原来的 44%，因此，交流电抗器的电感量一般按照所产生的压降为供电电压的 2%～4%进行选择，其计算式为

$$L = (0.02 \sim 0.04)\frac{U_1}{\sqrt{3}} \cdot \frac{1}{2\pi f I} \qquad (4\text{-}1)$$

式中：U_1 为电源线电压（V）；I 为驱动器的输入电流（A）；L 为电抗器电感（H）。

当驱动器输入容量为 S（kVA）时，根据三相容量计算式 $S = \sqrt{3}U_1 I$ 可得到：

$$L = \frac{(0.02 \sim 0.04)}{2\pi f} \cdot \frac{U_1^2}{S}(\text{mH}) \qquad (4\text{-}2)$$

对于常用的三相 200V 供电的驱动器，上式可简化为

$$L = (2.5 \sim 5)\frac{1}{S}(\text{mH}) \qquad (4\text{-}3)$$

2. 直流电抗器

直流电抗器应安装于驱动器直流母线的滤波电容器之前，它可以起到限制电容器充电电流峰值、降低电流脉动、改善驱动器功率因数等作用，在加入了直流母线电抗器后，驱动器对电源容量要求

可降低 20%～30%。

直流电抗器的电感量计算方法与交流电抗器类似，由于三相整流、电容平波后的直流电压为输入线电压的 1.35 倍，因此，电感量也可以按照同容量交流电抗器的 1.35 倍左右进行选择。即：

$$L_d = \frac{(0.027 \sim 0.054)}{2\pi f}\frac{U_1^2}{S}(\text{mH}) \tag{4-4}$$

电抗器可由驱动器生产厂家配套提供，但其规格较少，因此，实际电感量可能与计算值有较大的差异。

3. 制动电阻

驱动器在制动时，电机侧的机械能将通过续流二极管返回到直流母线上，导致直流母线电压的升高，为此需要安装消耗制动能量（也称再生能量）的制动单元与电阻。交流伺服驱动器的制动电阻配置要求一般如下。

① 常用的中等规格驱动器（0.5～5.5kW）一般都配置有标准“内置式”制动电阻，可以适用于大多数常规控制要求，但在需要频繁制动或制动能量较大（如有重力作用的垂直轴）时，需要增加外部制动电阻。

② 小功率（400W 以下）的驱动器一般无内置电阻，制动能量需要通过直流母线的电容器存储与吸收，当频繁制动或制动能量较大时，可能导致驱动器的直流母线“过电压”报警，需要增加外部制动电阻。

③ 大功率（6kW 以上）的伺服驱动器通常无内置制动电阻，故必须使用外部制动电阻。

制动电阻需要根据系统的制动能量、负载惯量、加减速时间、电机绕组平均消耗功率等参数计算后确定，阻值过大将达不到所需的制动效果，阻值过小则容易造成制动管的损坏。由于制动电阻的计算涉及较多的参数，在此不再进行介绍，实际使用时尽可能选择驱动器生产厂家配套提供的制动电阻。

二、主回路设计实例

【例 4-1】如果某设备配套有安川 ΣV 系列 SGDV-7R6A01A 驱动器，试参照连接总图与主回路设计要求，设计利用主接触器控制主电源通断的驱动器主回路，并选择断路器与主接触器。

根据要求设计的线路如图 4-7 所示。线路中的驱动器控制电源可在断路器合上后直接加入，主接触器需要在驱动器无故障（触点 ALM+/ALM−接通）时，通过按钮 S-ON 启动。

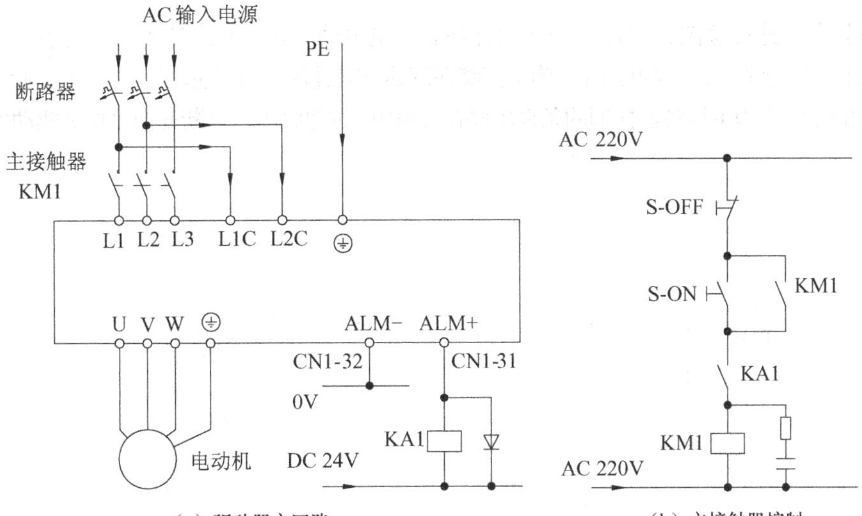

（a）驱动器主回路　　（b）主接触器控制

图4-7　例4-1的主回路设计

根据驱动器型号，从表 3-5 可查得 SGDV-7R6A01A 驱动器的输入容量为 2.3kVA，断路器的额定电流可计算如下。

$$I_e = (1.5 \sim 2)\frac{S_e}{\sqrt{3}U_e} = 9.96 \sim 13.28(\text{A})$$

根据断路器额定电流系列，可选择 10A ~ 25A 标准规格，如 DZ47-63/3P-25A 等。主接触器的额定电流与断路器相同，可选择 12A 标准规格，如 CJX1-12/22 等。

【例 4-2】如果某三轴经济型数控机床使用了 2 台 SGDV-120A01A、1 台 SGDV-180A01A 驱动器，驱动器主回路需要同时通断，试设计驱动器主回路。

根据要求，当多台驱动器的输入电源需要通过同一主接触器控制通断时，必须将各驱动器的故障输出触点串联后控制主接触器，设计的线路如图 4-8 所示，主接触器控制回路同例 4-1 图 4-7（b）。

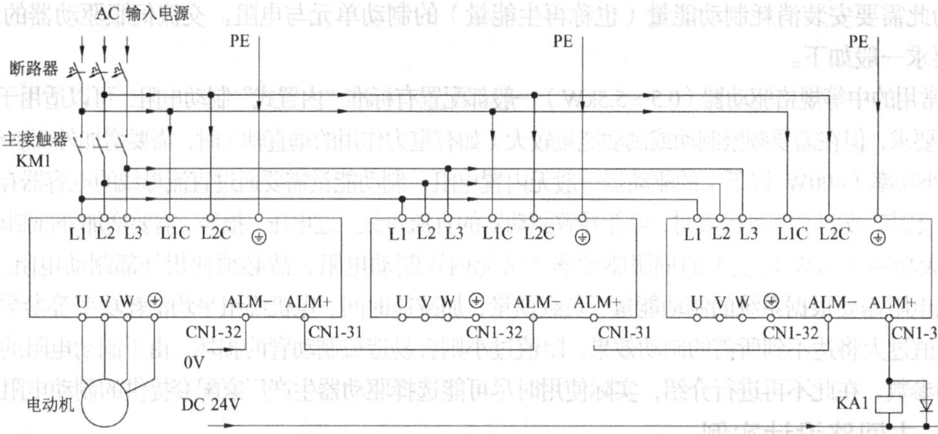

图4-8 例4-2的驱动器主回路设计

图 4-8 线路中，第 1 台驱动器的 ALM−端连接继电器控制电源的 0V 端、ALM+端与第 2 台驱动器的 ALM−端连接；第 2 台驱动器的 ALM+端连接第 3 台驱动器的 ALM−端；第 3 台驱动器的 ALM+端连接故障检测中间继电器的线圈。线路只有在三台驱动器都无故障（故障触点输出接通）的情况下，KA1 才能接通。

【例 4-3】参照连接总图，设计一个使用外部制动电阻的安川 ΣV 系列驱动器的主回路。

根据要求设计的线路如图 4-9 所示。为了能够在制动电阻过热时切断驱动器主电源，制动电阻的过热触点（正常时闭合）作为主接触器接通的条件串联在线路中，过热触点一旦断开便可切断驱动器的主电源。

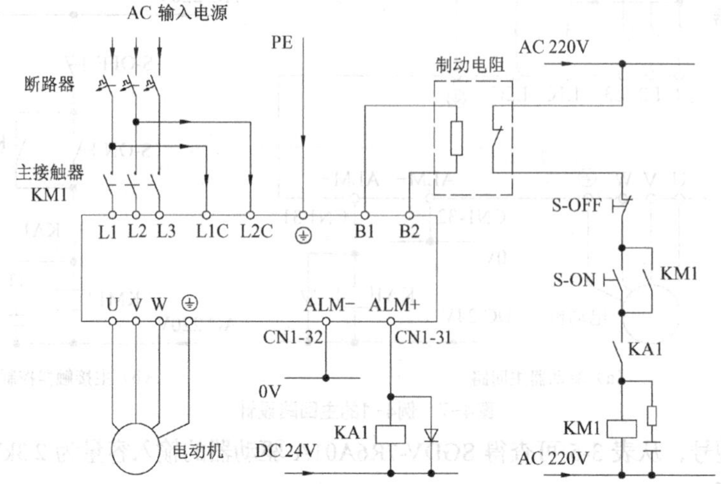

图4-9 例4-3的驱动器主回路

任务2 掌握控制回路连接技术

能力目标

1. 能够连接驱动器的 DI/DO 信号。
2. 能够连接驱动器给定与反馈信号。
3. 了解绝对编码器的连接要求。

工作内容

学习后面的内容，并回答以下问题。

1. 简述驱动器的急停、伺服 ON、复位信号的功能。
2. 简述驱动器准备好、报警、定位完成信号的功能。
3. 简述硬件基极封锁输入功能与信号连接要求。

相关知识

交流伺服驱动器的控制电路包括控制驱动器运行的开关量输入（简称 DI）与工作状态开关量输出（简称 DO）、位置脉冲输入、速度/转矩模拟量输入等，其连接要求如下。

一、DI/DO 信号与连接

1. DI 信号与连接

DI 信号用于驱动器的运行控制，其点数通常在 10 点以内，信号的功能由驱动器生产厂家规定，用户可以在规定的范围内选择，输入连接端可通过驱动器的参数设定改变。

DI 信号通常为 DC24V 输入，驱动器内部带有光耦。日本生产的驱动器输入多采用汇点输入连接（Sink，也称漏形输入或负端共用输入），当驱动器输入端经过输入触点与 0V 端构成回路、且输入电流达到一定值（一般为 3.5mA 以上）时，状态为“1”。DI 信号的 DC24V 输入驱动电源通常需要外部统一提供，有关内容可参见后述的电路设计实例。

不同驱动器的 DI 信号与功能基本相同，常用的 DI 信号如下。

① 急停：驱动器紧急停止信号，一般以“*EMG”等符号表示，通常使用“常闭”输入。急停输入 OFF（输入断开，下同）时，驱动器将紧急制动，然后关闭逆变管，切断伺服电机绕组电流。紧急制动是一种强力制动动作，一般不能用于正常的驱动器停止控制。

② 伺服 ON：驱动器使能信号，一般以“S-ON”、“SRV-ON”等符号表示，输入 ON（输入接通，下同）时，逆变管开放，伺服电机绕组加入电流。

③ 复位：输入 ON，将复位驱动器并清除驱动器报警，信号一般以“ALM-RST”、“RES”等符

号表示。

④ 正/反转禁止：一般作“超程保护”用，可以禁止某一方向上的运动。信号一般以“*P-OT/*N-OT”“*LSP/*LSN”“*CWL/*CCWL”等符号表示，通常使用常闭输入，输入 OFF，指定方向运动禁止。

⑤ 切换控制：多用途切换信号。当驱动器选择位置/速度/转矩等切换控制方式时，该信号可进行位置控制、速度控制、转矩控制方式的切换，控制方式切换信号一般以“C-SEL”“LOP”“C-MODE”等符号表示；当驱动器选择位置或速度控制方式时，信号用于速度调节器的 P/PI 切换，此时以“P-CON”“PC”“GAIN”等符号表示。

⑥ 转矩限制：用来生效电机的输出转矩限制功能，一般以“P-CL/N-CL”“TL”等符号表示。

⑦ 内部速度选择：驱动器选择 3 级变速速度控制方式时，信号用来选择固定运行速度（速度由驱动器参数设定），信号一般以“SPD-A/B”“SP1/2”“INTSPD1/2”等符号表示。

2. DO 信号与连接

DO 信号是驱动器的工作状态输出，其点数通常在 10 点以内，信号的功能由驱动器生产厂家规定，用户可以在规定的范围内选择，输出连接端可通过驱动器的参数设定改变。不同驱动器的 DO 信号与功能基本相同，常用的 DO 信号与功能如下。

① 驱动器准备好：当驱动器的主电源与控制电源全部 ON、驱动器无报警时，输出 ON。信号通常以“S-RDY”“RD”等符号表示。

② 驱动器报警：当驱动器发生故障报警时输出该信号，输出一般为一对继电器常开/常闭触点；信号通常以“*ALM”等符号表示。

③ 定位完成：在位置控制方式下，如驱动器的位置跟随误差已经小于到位允差范围，信号输出 ON，代表定位完成；信号通常以“COIN”“INP”等符号表示。

④ 速度一致：在速度控制方式下，如果实际电机转速到达了指令给定速度的速度允差范围，信号输出 ON，代表速度到达；信号通常以“V-CMP”“SA”“AT-SPEED”等符号表示。

驱动器的 DO 信号一般有达林顿光耦输出与集电极开路输出两类，通常为 NPN 型输出。负载驱动电源需外部提供，规格决定于负载要求。DO 信号用来驱动感性负载时，应在负载两端加过电压抑制二极管。

达林顿光耦输出一般为独立输出，允许的负载电压为 DC5～30V，最大驱动电流为 50mA 左右，其典型连接如图 4-10 所示。

集电极开路输出一般带公共 0V 端；允许的负载电压为 DC5～30V，驱动能力在 20mA 左右，其典型连接如图 4-11 所示。

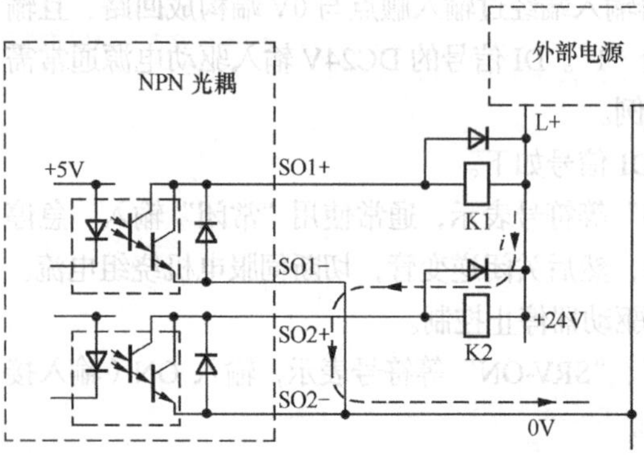

图4-10 光耦输出与外部的连接

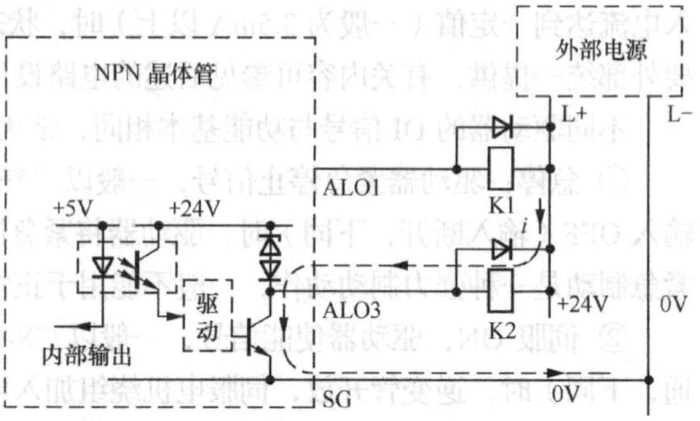

图4-11 集电极开路输出与外部的连接

二、给定与反馈连接

伺服驱动器的给定输入包括位置给定脉冲输入、速度/转矩给定模拟电压输入两类，模拟电压输入端的功能与驱动器的控制方式有关，并可以通过驱动器的参数设定选择。

1. 位置给定脉冲输入

位置给定只有在位置控制方式时才使用，输入为来自上级控制器（如 CNC、PLC 等）的 2 通道位置指令脉冲（PULS、SIGN）与 1 通道误差清除（CLR）信号，信号类型可以为线驱动差分输出或集电极开路脉冲输出，其典型连接电路如图 4-12 所示。

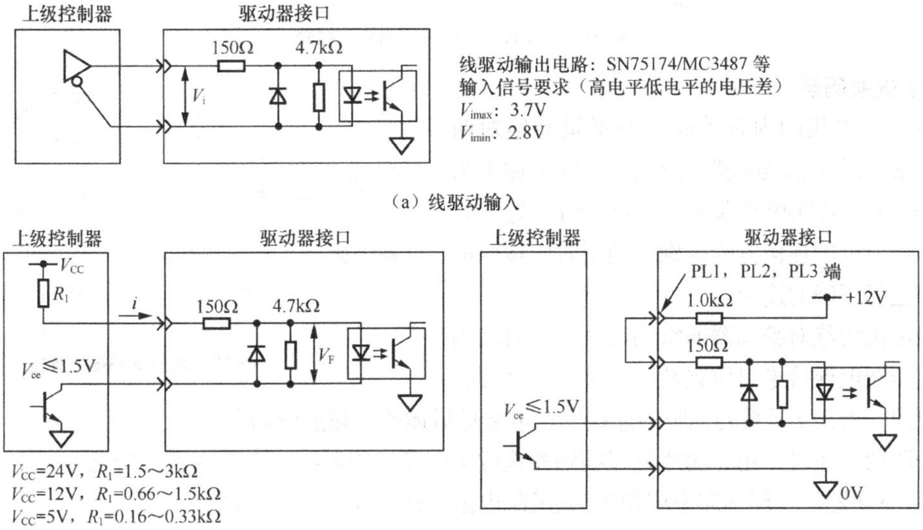

(b) 有源集电极开路输入　　(c) 无源集电极开路输入

图4-12　位置给定脉冲连接电路

2. 速度/转矩给定输入

伺服驱动器的速度/转矩给定输入一般为 DC-10～10V 模拟电压，可以是 D/A 转换器输出或直接通过电位器调节所得到的电压，驱动器内部的输入阻抗一般为 10～20kΩ，其典型连接电路如图 4-13 所示。

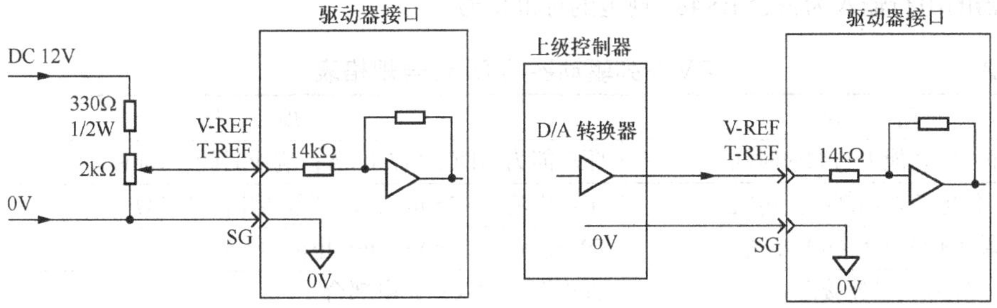

(a) 与电位器的连接　　(b) 与 D/A 转换器的连接

图4-13　速度/转矩给定连接电路

3. 位置反馈脉冲输出

如果伺服驱动系统的位置控制通过 CNC、PLC 等上级控制器实现，或系统的其他控制装置需要使用位置反馈脉冲时，可以利用驱动器的位置反馈脉冲输出功能，将电机内置编码器的位置反馈脉冲同步输出到驱动器外部。

驱动器的位置反馈脉冲输出一般是符合 RS422 规范的线驱动差分输出信号（MC3487 同等规

格），外部接收电路以使用 MC3486 等标准线驱动接收器为宜；如输出需要与光耦接收电路连接，接收侧的输入限流电阻一般应在 150Ω 左右，其典型连接电路如图 4-14 所示。

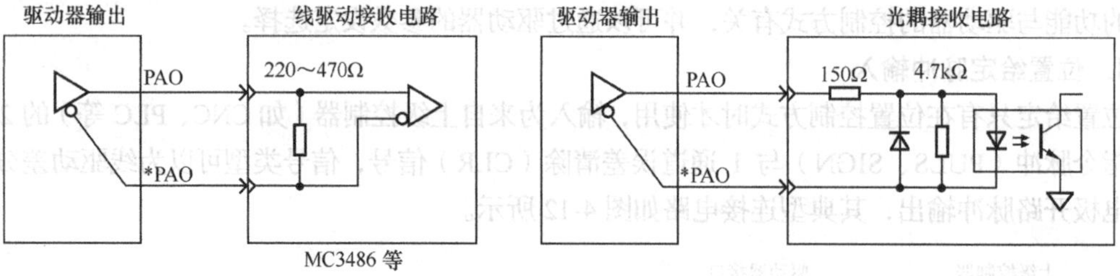

图4-14 位置反馈脉冲输出连接线路

4. 增量编码器

交流伺服电机的内置编码器有增量与绝对两类，增量编码器为标准配置。编码器的测量输出为串行数据信号，其连接要求如图 4-15 所示。连接时应注意不同电机的连接器的区别，使用时应按照电机说明书进行正确的连接。

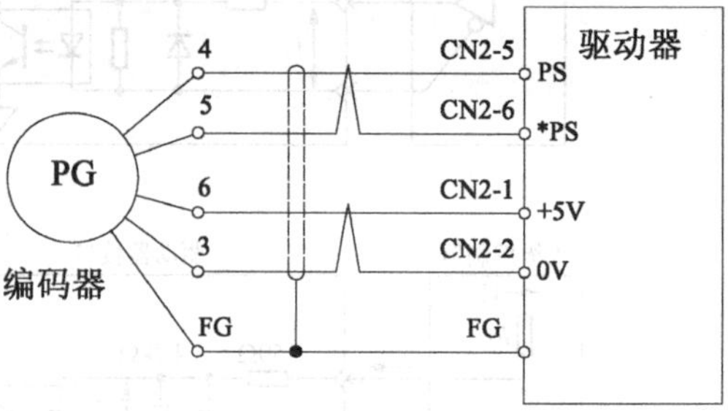

图4-15 增量编码器的连接

伺服电机的绝对编码器通常为选件，绝对编码器需要连接断电保持绝对位置数据（称 ABS 数据）的后备电池，安川 ΣV 系列伺服的连接要求可参见后述的“拓展学习”。

部分驱动器还可使用光栅或外置编码器构成全闭环控制系统，有关内容可参见本书作者编写的《交流伺服驱动器从原理到完全应用》（人民邮电出版社，2010.1）一书。

实践指导

一、ΣV 驱动器信号规格

ΣV 系列驱动器的 DI/DO 信号的规格见表 4-2、表 4-3，位置给定脉冲输入信号的要求见表 4-4；增量编码器的串行输入为符合 RS485 规范的标准信号。

表 4-2 ΣV 系列驱动器的 DI 信号规格表

项 目	规 格
输入驱动能力与响应时间	驱动能力≥DC24V/50mA；响应时间≈10ms
工作电流与内部限流电阻	工作电流 7～15 mA；内部限流电阻 3.3kΩ
输入信号 ON/OFF 电流	ON 电流≥3.5mA；OFF 电流≤1.5mA
输入信号连接形式	直流汇点输入；光电耦合

表 4-3 ΣV 系列驱动器的输出规格表

项 目	集电极开路输出	光 耦 输 出
最大输出电压	DC30V	DC30V
最大输出电流	20mA	50mA
最小输出负载	8mA/DC5V	2mA/DC5V
输出响应时间	≤20ms	≤20ms

表 4-4　　ΣV 系列驱动器的位置给定输入规格表

项　目	规　格
输入信号类型	线驱动输入、集电极开路输入
输入电压/电流	输入电压：2.8～3.7V；输入电流：7～15mA
输入 ON/OFF 电流	ON 电流≥3.5mA；OFF 电流≤1.5mA
最高输入频率	差分输入：500kHz（ΣⅡ）/4MHz（ΣV）；集电极开路输入：200kHz
输入接口电路	光电耦合；内部限流电阻 150Ω

二、控制回路设计实例

【例 4-4】参照连接总图，试根据 ΣV 系列驱动器的 DI 输入要求，设计一个驱动器与接近开关连接的输入电路，并确定接近开关的类型与输出驱动电流。

根据连接总图，ΣV 系列驱动器的 DI 接口电路原理如图 4-16 所示。

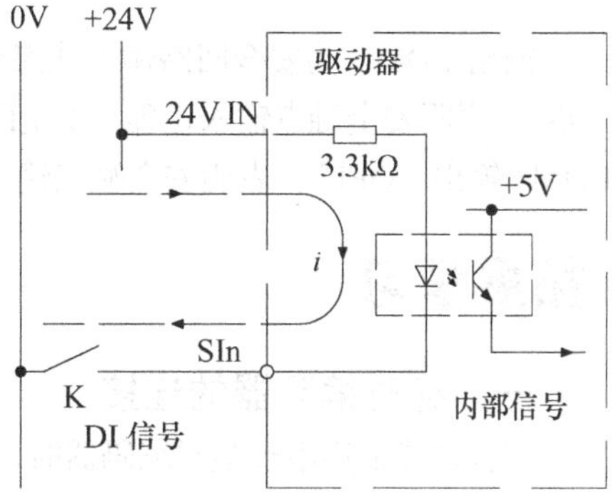

图4-16　DI接口电路原理

接近开关有NPN集电极开路输出与PNP集电极开路输出两类，根据汇点输入的特点，为了使得接近开关发信时在驱动器得到“1”信号输入，应优先选择 NPN 集电极开路输出开关。

NPN 集电极开路输出开关发信时，输出与 0V 间的电阻接近为“0”，其连接电路如图 4-17 所示，接近开关电源由外部提供。

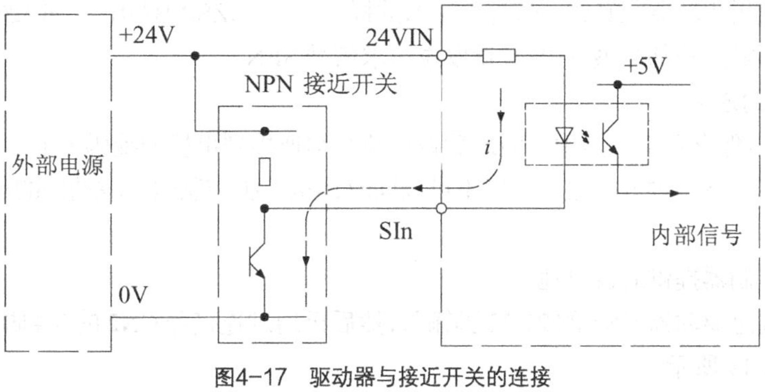

图4-17　驱动器与接近开关的连接

根据图 4-16 的接口电路原理，由于光耦正向导通时的压降为 0.5V 左右，接近开关发信时 CE 极间的压降为 0.3V 左右，故开关发信时的驱动电流为

$$I = \frac{24-(0.5+0.3)}{3.3} \approx 7(\text{mA})$$

因此，可选择 DC24V/20mA（标准规格）、NPN 集电极开路输出接近开关。

【例 4-5】参照连接总图，试根据 ΣV 系列驱动器的硬件基极封锁电路的要求，设计一个采用“并联双常闭”急停输入冗余控制的安全电路。

ΣV 系列驱动器新增了硬件基极封锁（Hardware Base Blocking，HWBB）安全控制回路，该回路带有 2 点双向光耦输入（HWBB1、HWBB2）与 1 点光耦输出（EDM1），输入规格与 DI 相同（DC24V/7mA）；输出信号的驱动能力与 NPN 光耦输出相同（DC30V/50mA）。

根据要求设计的安全控制回路如图 4-18 所示，电路可以通过安全触点来控制逆变管的基极，实现硬件基极封锁功能。根据安全电路的“冗余”设计要求，HWBB1 与 HWBB2 采用了“并联双常闭”输入，触点断开时逆变管基极被控制电路强制封锁，驱动器输出关闭，电机处于自由运行状态。

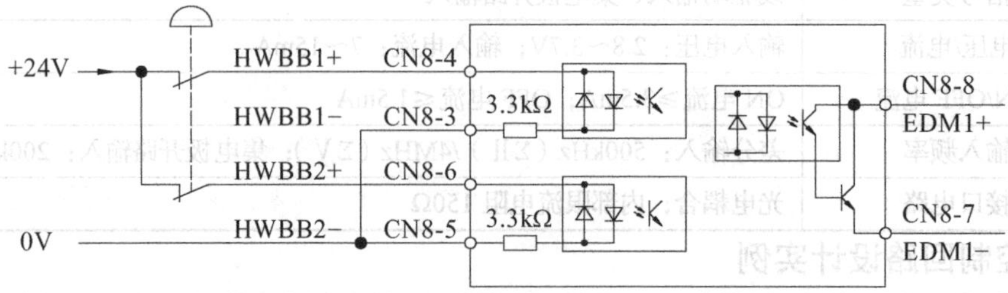

图4-18 安全控制回路的设计

输出 EDM1 为安全回路输入状态检测信号，当 HWBB1 与 HWBB2 同时断开时，EDM1 输出“ON”，表明安全触点输入正确，安全回路已动作；当 HWBB1、HWBB2 有一个接通或同时接通时，EDM1 输出“OFF”，表明安全触点输入不正确或安全回路未动作。

拓展学习

一、绝对编码器的连接

伺服系统采用串行绝对编码器时，需要连接用于 ABS 数据断电保持的后备电池。后备电池以带充电功能的锂电池为宜，电压应为 3.6V，容量应在 200mAh 以上。为了便于电池安装，ΣV 系列伺服驱动器宜直接使用驱动器配套的、带有连接器的标准电池（JZSP-BA01）。如果绝对位置信号需要向外部发送，则还需要外部提供 ABS 数据发送请求信号 SEN。

1. 后备电池的连接

ABS 数据直接保存在编码器中，因此后备电池必须连接到电机的编码器上；ΣV 系列驱动器的电池安装可以选择如下两种方式之一，但不可以同时连接上级控制器与驱动器的电池，否则将引起短路而引发事故。

（1）由上级控制器提供后备电池

后备电池应通过驱动器 CN1 的 21/22 脚输入，然后再通过连接器 CN2 的 3/4 脚输出到编码器上，其连接要求如图 4-19 所示。

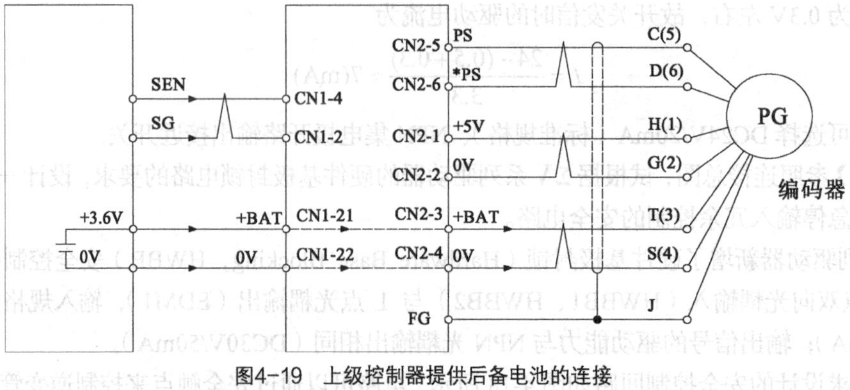

图4-19 上级控制器提供后备电池的连接

（2）在驱动器侧安装电池

电池直接通过连接器 CN2 的 3/4 脚连接到电机编码器上，其连接要求如图 4-20 所示。

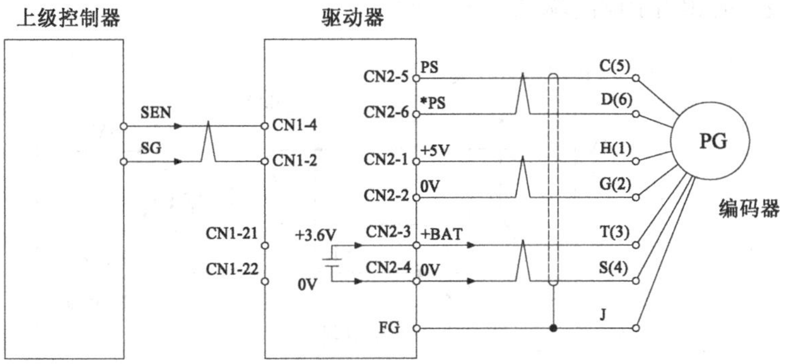

图4-20　电池在驱动器侧的连接

2. 电池的安装

当驱动器侧安装电池时，由于ΣV系列驱动器无后备电池安装位置与连接器，电池应按照图 4-21 所示的方法，直接安装于驱动器 CN2 的编码器连接电缆上。

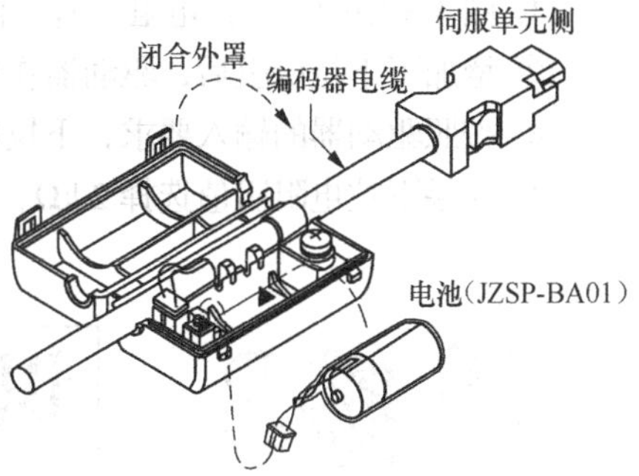

图4-21　后备电池的安装

ΣV系列伺服驱动还可以与外部光栅或编码器直接连接，构成位置全闭环控制系统。全闭环系统需要选配串行接口转换单元（JZDP-D003/D005）、全闭环控制选件模块（SGDV-0FA01AV）与安川提供的标准连接电缆。

全闭环模块直接安装在驱动器上，接口转换单元为外置；接口转换单元的型号、转换单元与驱动器的连接要求与所使用的光栅类型有关，有关内容可以参见相关书籍。

3. SEN 信号的连接

当 ABS 数据需要向外部发送时，外部控制装置应提供 ABS 数据发送请求信号 SEN。ΣV系列伺服驱动器对 SEN 信号输入的要求较高，“1”信号输入的电压范围应为 DC4～5V，驱动电流为 1mA；“0”信号的输入电压应小于 0.8V；因此，一般要在上位机的输出端增加 DC5V 的 PNP 集电极开路输出转换接口，其典型的连接电路如图 4-22 所示。

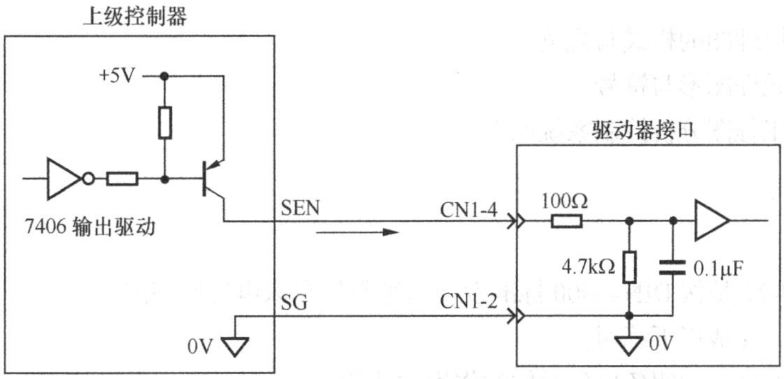

图4-22　SEN信号的连接

绝对编码器的 ABS 数据通过位置反馈连接端 PAO/PBO 以串行数据的形式输出，且驱动器只能在驱动器停止时传送，一旦驱动器进入运行状态，PAO/PBO 即转换为正常的两相增量脉冲输出。

二、拓展练习

图 4-23 所示为安川驱动器与 PNP 集电极开路输出的接近开关连接图，开关发信时 DC24V 与输出端接通，在不发信时相当于输出端“悬空”，问：

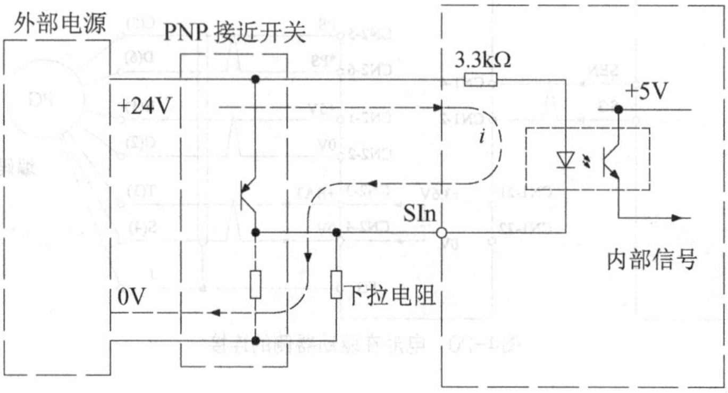

图4-23　PNP接近开关的输入连接

① 图 4-3 中的“下拉电阻”有何作用？

② 增加了下拉电阻后，驱动器在什么情况下可以输入“0”信号与“1”信号？为什么？

③ 按照驱动器的输入要求，下拉电阻的阻值范围为多少？

④ 如果下拉电阻阻值选择 2 kΩ，这时接近开关的输出电流应如何选择？

任务3　识读伺服驱动系统工程图

能力目标

1. 熟悉电气原理图的格式与规范。
2. 熟悉电气元件图形与符号。
3. 能够根据工程图分析控制系统原理。

工作内容

图 4-24～图 4-27 是按 DIN40900 标准设计的某数控车床电气原理图（部分，已进行局部简化处理），识读工程图，完成以下练习。

1. 分析电路原理，说明各电气元件的作用与功能。
2. 通过计算，验证图 4-24～图 4-27 主要电气元件参数。
3. 完成电气元件明细表的编制。

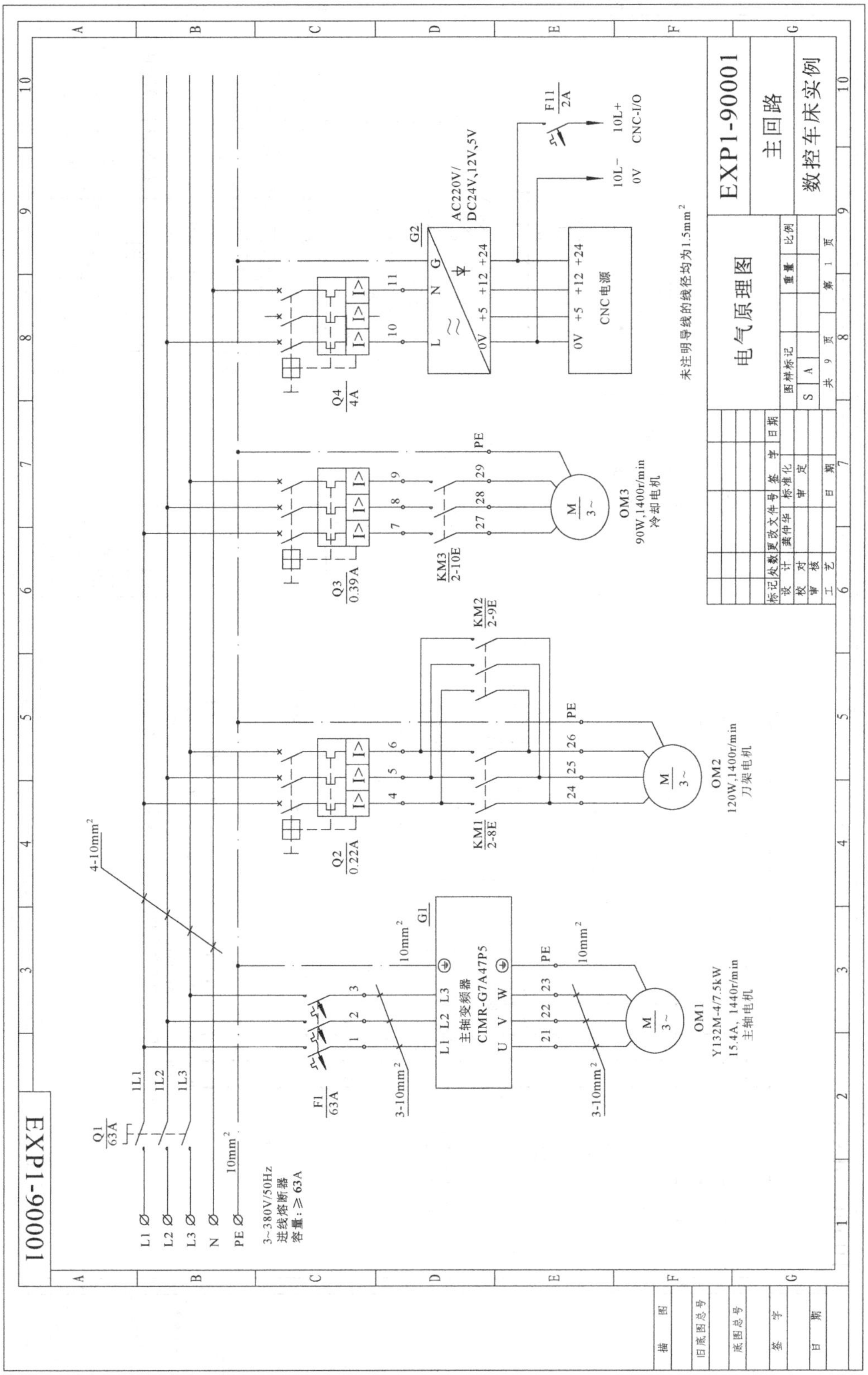

图4-24　数控车床主回路示例

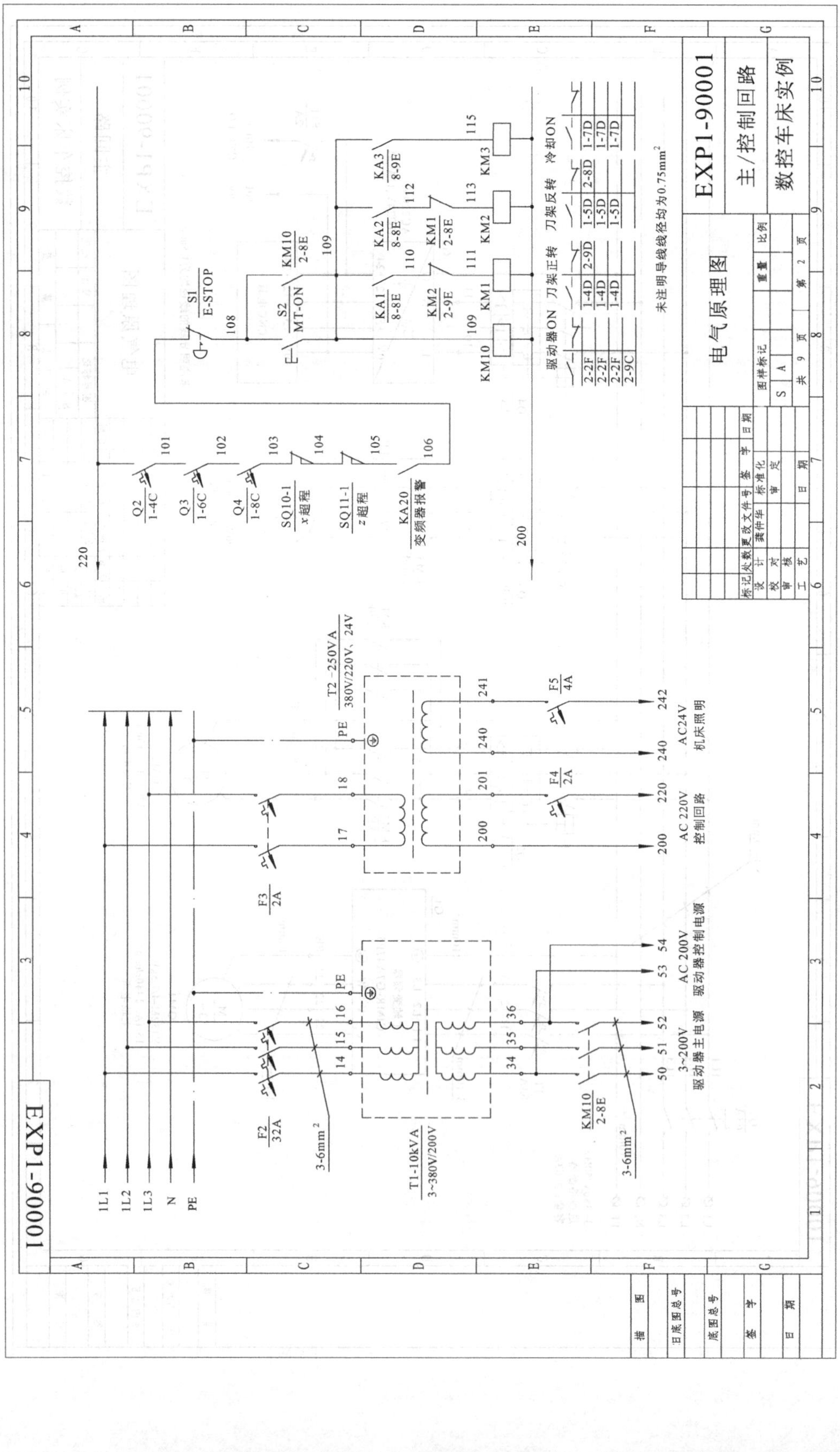

图4-25 数控车床控制回路示例

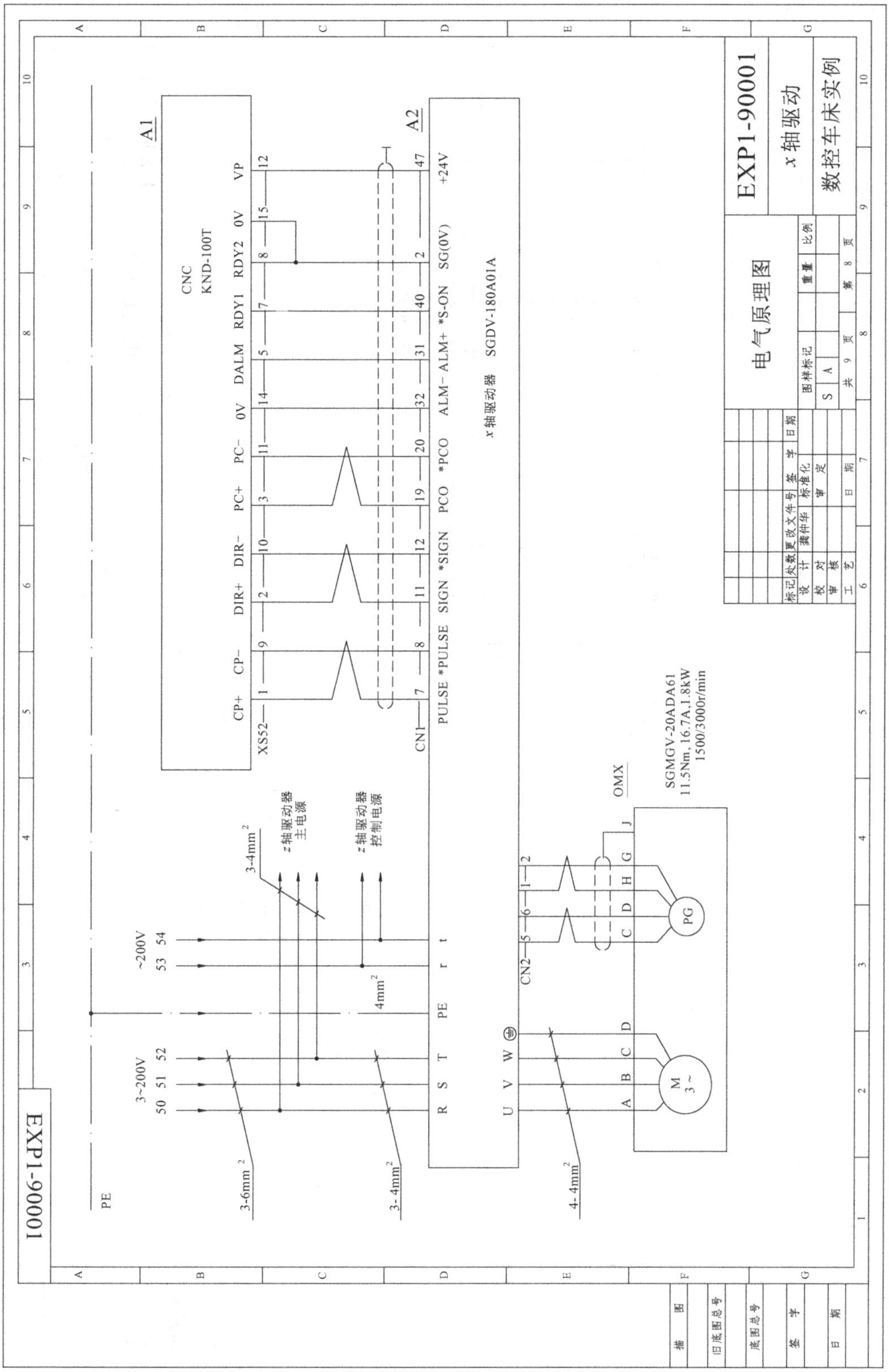

图4-26　数控车床x轴驱动回路示例

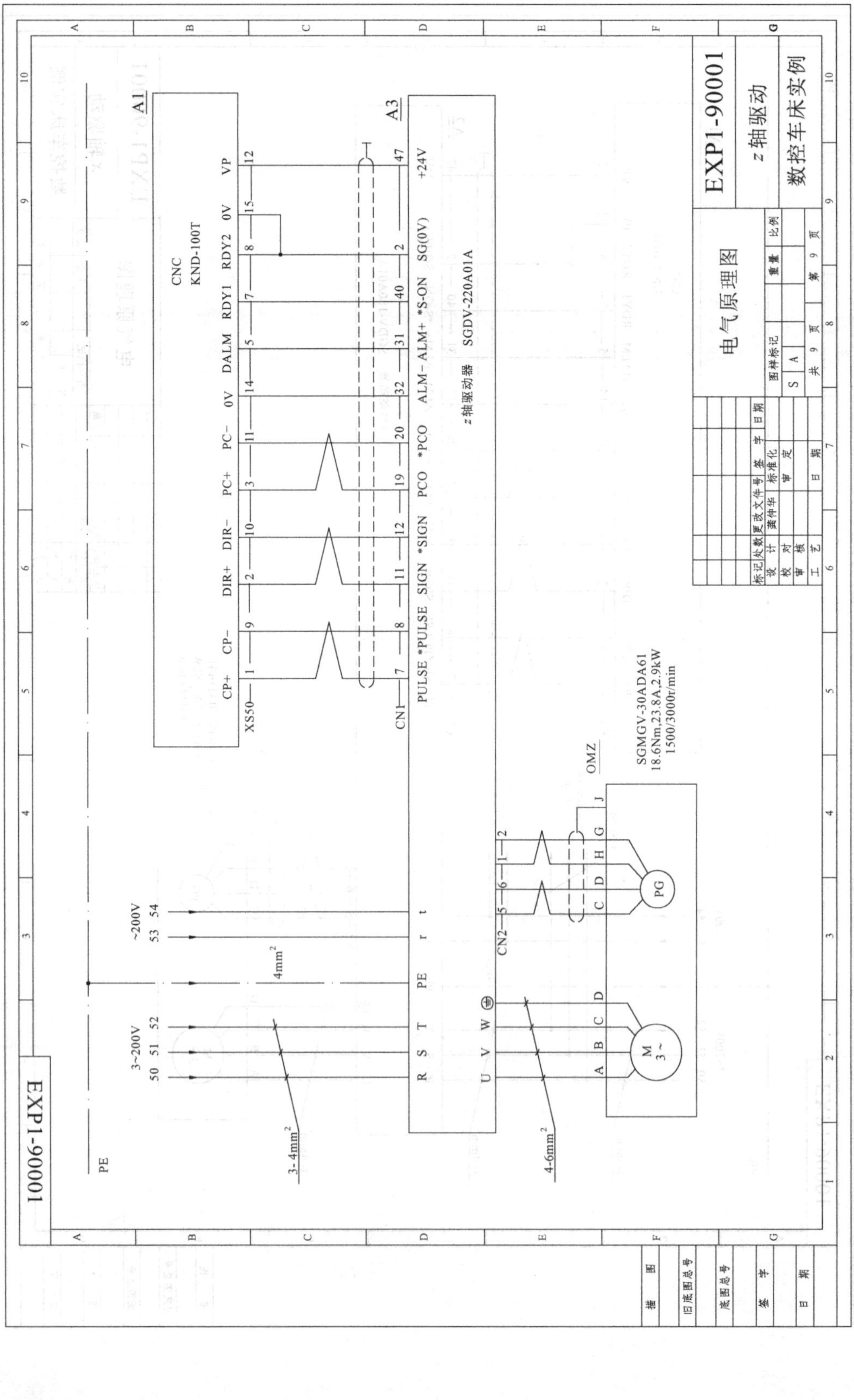

图4-27 数控车床z轴驱动回路示例

相关知识

一、工程图识读

1. 基本说明

① 工程图一般有多页，为了便于阅读，每页都需要有图区，垂直边框用 A，B，C…，水平边框用 1，2，3…进行表示。

② 标题栏上的“图样标记”上需要注明图样的性质，如 S、A 代表试制等。

③ 图中的连接导线需要注明线径，如 4～10mm^2 等，线径相同的导线可一次性注明，如电机 OM2/OM3 的连接线线径均为 1.5 mm^2 等；导线颜色应按照标准的要求使用。

④ 工程图上的图形与文字符号可采用国标或 DIN40900（德国标准）等国际通用的先进标准。DIN40900 是 IEC、ANSI、BS 及国标的范本，国标与之相比尚有待完善，因此，部分图形、文字符号与国标有所不同，但这样的图样才能达到产品国际化的要求。

⑤ 图 4-25 包括左侧的伺服变压器、控制变压器主回路和右侧的强电控制线路两部分内容，为了压缩图面篇幅，在简单设备上可采用这样的布置。图中 5A 区 1L1/1L2/1L3/N 连接线后面的垂直线段代表主回路的结束（DIN40900 标准）。

⑥ 图 4-26、图 4-27 是机床 x 轴与 z 轴的伺服驱动回路，为了便于阅读，允许将驱动器相关的电路集中于一页上。

2. 主回路识读

图 4-24 所示的机床主回路包括了电机主回路、电源主回路两部分，其要求如下。

① 主回路的进线处要标明设备对输入总电源的电源电压、频率与容量要求以及输入电源为供电方式。

② DIN40900 规定的接地线以点画线表示，采用国标时可使用实线，接地连接线应采用黄绿双色线。

③ 图中的 F1、Q1、KM1 等为 DIN40900 标准的断路器、电机保护断路器、接触器符号，其图形与国标有所不同。F1、Q3 下面的 63A、0.39A 等分别代表断路器的额定电流与电机保护断路器的整定电流；KM1 下的 2-8E 代表该接触器线圈所在的图区。

④ 图中的 G2 是 DIN40900 标准的交流稳压源符号，稳压源的技术参数应在符号旁标出。图中的稳压源为单相进线，但可使用三相电机保护断路器 Q4 进行短路与过载保护，此时其中的一相可不连接或将其中的两相串联后使用（国外常用的方法）。

3. 强电回路识读

图 4-25 包括左侧的伺服变压器、控制变压器主回路和右侧的强电控制线路两部分，说明如下。

① 图 4-25 中的 T1、T2 代表变压器，其技术参数应在旁边注明。

② 在图 4-25 的强电控制电路中，驱动器主接触器的接通条件为：断路器 Q2/Q3/Q4 正常闭合、x/z 轴超程保护开关 SQ10-1/SQ11-1 未动作、主轴变频器无报警（KA20 接通）、急停按钮 S1 已复位等。

③ KM1 与 KM2 是车床刀架电机的正反转接触器，即使 CNC（或 PLC 等）的输出信号 KA1/KA2 已互锁，但仍必须相互串联常闭触点，这是 CE 安全标准的要求。

④ 为了便于检查，接触器、中间继电器的线圈下方应标出常开/常闭触点所在的图区。

4. 驱动回路识读

图4-26、图4-27是机床x轴与z轴的伺服驱动回路，说明如下。

① 驱动器本身带有电子过流保护功能，故伺服电机不再需要安装过载保护的断路器。

② 图4-26、图4-27中驱动器所有DI/DO信号均直接与CNC连接，其说明见后述。

③ 图中连接线上的交叉与虚线框分别代表使用的是双绞、屏蔽电缆。

二、原理分析

1. 主回路分析

① 经济型数控车床的控制要求不高，如果驱动器主回路已经使用了伺服变压器，可以不加交流电抗器。对于简单控制，驱动器的AC200V控制电源可以在机床主电源接通后直接加入，但驱动器的主电源原则上不能直接接通。

② 刀架正反转控制信号KA1/KA2、冷却控制信号KA3的线圈控制直接来自CNC的输出（图中未画出），在机床启动、CNC正常后，便可以通过CNC的换刀指令T与冷却控制指令M08/M09或点动换刀、点动冷却键控制电机的启动/停止。

③ 在KND（北京凯恩蒂公司）/GSK（广州数控设备厂）等国产CNC上，驱动器的报警输出触点ALM经常直接作为CNC的“驱动器报警”信号使用，在这种情况下，为了简化线路，主接触器一般不再使用驱动器的ALM输出控制。

2. 驱动器与CNC连接分析

① 图4-26与图4-27的x轴、z轴驱动器报警输出触点ALM与CNC的“驱动器准备好”信号的内部连接如图4-28所示，信号直接使用了CNC提供的DC12V电源。

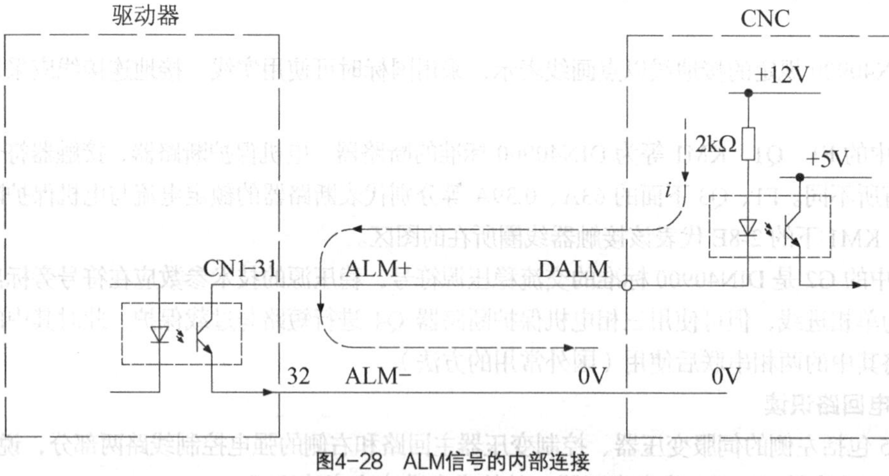

图4-28 ALM信号的内部连接

x轴、z轴驱动器的伺服ON（S-ON）信号来自CNC的“准备好”信号输出（RDY1/RDY2触点），信号的内部连接如图4-29所示。

② KND/GSK等CNC的位置给定脉冲输出一般采用脉冲（CP）+方向（DIR）信号的形式，如需要，也可以通过CNC的设定开关选择正/反转脉冲输出，脉冲输出使用的是AM26LS31线驱动，可直接与安川驱动器连接。

③ 经济型CNC的位置控制直接由驱动器实现，故而驱动器的A、B相计数脉冲不需要返回到CNC。CNC无驱动器位置跟随误差信号（CLR）输出，驱动器在输出关闭时自动清除位置跟

随误差；坐标轴的行程通过 CNC 的软件限位与硬件超极限开关控制（不使用驱动器的行程限位控制信号）。

④ 经济型 CNC 的坐标轴“回参考点”动作需要由 CNC 提供减速与定位信号，因此，驱动器的零脉冲信号 PCO 需要返回到 CNC，其内部连接如图 4-30 所示。CNC 侧的短接端 SA3 用于调整零脉冲输入的信号电压，如输入为 DC24V 信号，应断开 SA3。

三、电气元件明细表

作为技术文件，工程设计时需要编制电气元件明细表，其格式如图 4-31 所示。表中应将图 4-24～图 4-27 上的全部电气元件进行汇总，并注明图上代号、名称、规格、数量等基本技术参数，主要部件还需注明生产厂。

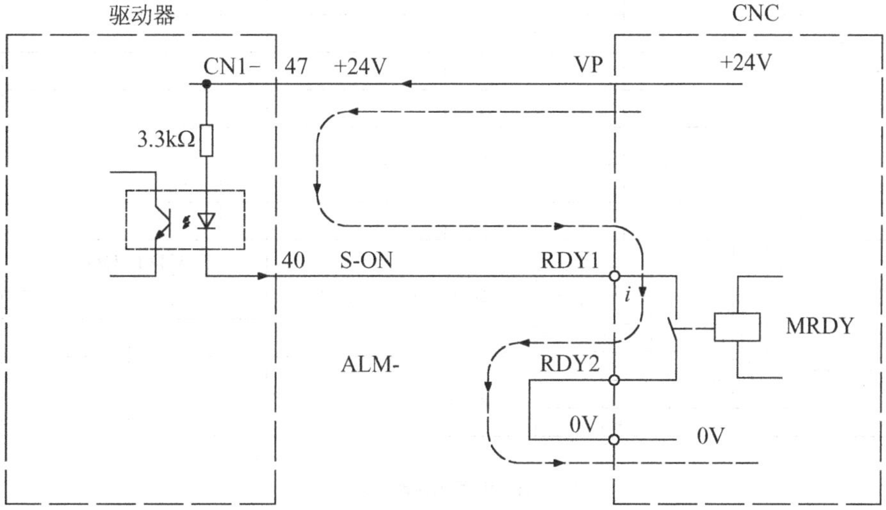

图4-29　S-ON信号的内部连接

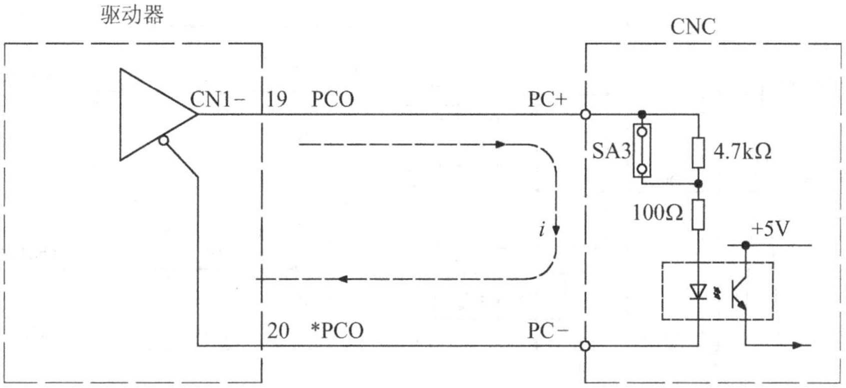

图4-30　零脉冲信号的连接

技能训练

在专机、生产线、传送带等不需要进行轮廓控制（插补）的场合，常采用 PLC 的定位模块来实现定位控制。三菱 FX 系列 PLC 的 FX2N-1PG 定位模块的输入控制信号与输出信号的连接要求与内部接口电路原理如图 4-32 所示；输入/输出信号的要求见表 4-5。

序号	图　号	名　称	规　格	数量	备　注
1	A1	数控装置	KND-100T	1	2轴控制，车床用
2	G1	变频器	CIMR-G7A47P5	1	安川公司生产
3	G2	稳压电源	250W	1	AC220V/DC24V、12V、5V
4	OM1	主轴电机	Y132M-4	1	7.5kW，1440r/min
5	……	……	……		……

描表	描图	旧底图总号	底图总号	签字	日期

标记	处数	更改文件号	签字	日期		
编制	龚仲华				数控车床实例	EXP1-90组
校对					外购件明细表	图样标记 　共 2 页 　第 1 页
		日期				

图4-31　电气元件明细表样式

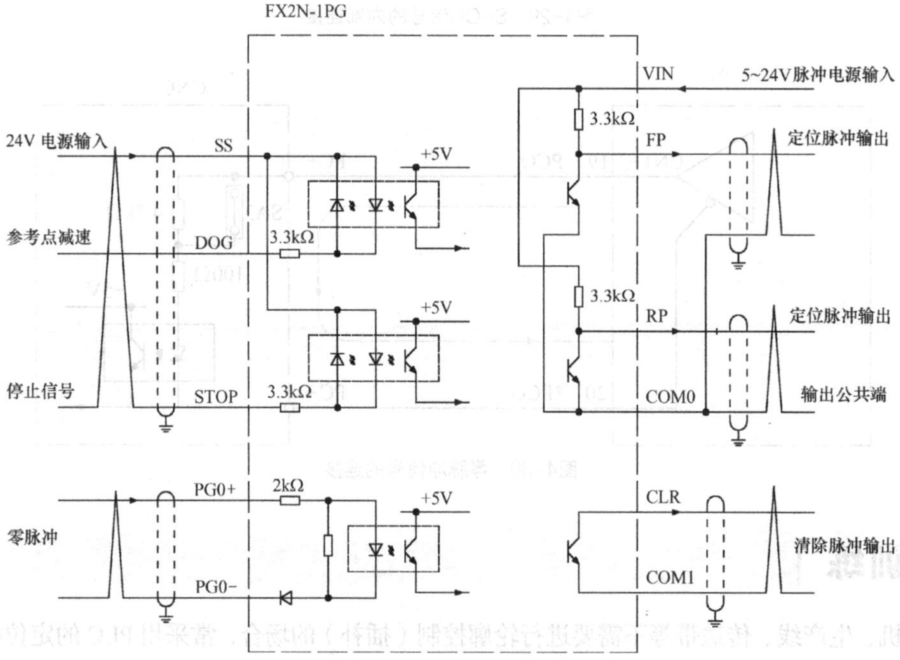

图4-32　FX2N-1PG连接图

表 4-5　　FX2N-1PG 输入/输出信号要求

代　号		信 号 名 称	规　　格	功　　能
输入	SS	输入驱动电源	DC5～24V	需要外部提供
	STOP	外部停止	DC24V/7 mA；输入 ON 电流≥4.5 mA；输入 OFF 电流≤1.5 mA	脉冲输出停止控制
	DOG	参考点减速		参考点减速信号
	PG0+/PG0−	零脉冲输入	DC5～24V；输入 ON 电流≥1.5 mA；输入 OFF 电流≤0.5 mA	编码器零脉冲信号
输出	FP	定位脉冲输出	10Hz～100kHz DC5～24V/20 mA	正向脉冲或定位脉冲输出
	RP	定位脉冲输出		反向脉冲或方向输出
	COM0	脉冲输出公共端	—	FP/RP 输出公共端
	CLR/ COM1	误差清除脉冲输出	DC5～24V/20mA；脉冲宽度：20 ms	清除驱动器剩余定位脉冲

1. 试根据以上要求，参照驱动器连接总图，设计利用 FX2N-1PG 定位模块控制 ΣV 系列驱动器的单轴位置控制系统的原理草图。

2. 参照图 4-24～图 4-27，将电气原理草图制作成工程用 CAD 图。

Chapter 5

项目5

交流伺服的调试与维修

交流伺服驱动系统的安装调试主要包括驱动器的试运行、快速调试、在线调整以及与功能相关的参数设定、调整等内容。

安装调试既是实现驱动器功能的需要与设备维修的基本技能，也是保证伺服驱动系统具有良好的动静态性能的前提，它同样直接关系到驱动系统长期运行的稳定性与可靠性。本项目将对此进行专门学习。

任务1 熟悉驱动器的功能与参数

能力目标

1. 熟悉伺服驱动器的基本功能。
2. 熟悉驱动器的位置指令输入形式。
3. 能够进行位置测量系统的匹配。

工作内容

学习后面的内容，并回答以下问题。

1. 交流伺服驱动器有哪些基本控制方式？增益与偏移调整各有什么作用？
2. 驱动器的电子齿轮比参数有什么作用？应如何确定？

3. 计算并确定项目 4 任务 3 的伺服驱动器基本参数。

相关知识

一、驱动器结构与控制方式

1. 驱动器结构

通用交流伺服是一种可用于位置、速度、转矩控制的多用途控制器，从闭环调节原理上分析，交流伺服驱动器一般都具有图 5-1 所示的结构，驱动器由位置、速度、转矩 3 个闭环调节回路所组成（本项目的参数、信号均与安川ΣⅡ/ΣV系列驱动器对应，下同）。

驱动器的位置、速度、转矩调节器不但有比例增益、积分时间、微分时间等基本功能，而且还可以选择前馈控制、滤波器、陷波器及自适应控制、摩擦补偿等多种功能。调节参数通常利用驱动器的自动调整功能进行自动设定。

2. 基本控制方式

驱动器的控制对象（位置、速度或转矩）可通过驱动器参数设定选择，并称为驱动器的“控制方式”。总体而言，驱动控制分对象固定的基本控制方式与对象可变的切换控制方式两类，前者用于固定的位置（或速度、转矩）控制场合；后者则可以根据需要进行位置与速度、位置与转矩、速度与转矩控制间的切换。

（1）位置控制

闭环位置控制是驱动器最为常用的控制方式。当驱动器选择位置控制时，来自外部脉冲输入的位置指令与来自编码器的位置反馈信号通过位置比较环节的计算，得到位置跟随误差信号，位置误差经过位置调节器（通常为比例调节）的处理，生成内部速度给定指令。

速度给定指令与速度反馈信号通过速度比较环节的计算，得到速度误差信号。误差经过速度调节器（通常为比例/积分调节）的处理，生成内部转矩给定指令。转矩给定与转矩反馈信号通过转矩比较环节得到转矩误差信号，误差经过转矩调节器（通常为比例调节）的处理与矢量变换后，生成 PWM 控制信号，控制伺服电机的定子电压、电流与相位速度。因此，位置控制方式实际上也具有速度、转矩控制功能，只不过它们服务于位置控制而已。

（2）速度控制

驱动器的速度控制是以电机转速为控制对象的控制方式。速度给定输入有外部模拟量输入控制与内部参数指定两种方式，前者的速度指令来自模拟量输入端，运行过程中可以随时通过改变模拟量输入调节速度；后者的速度被固定设置于驱动器参数中，外部控制器可通过控制输入（DI）信号选择其中之一进行运行。驱动器在速度控制时的速度反馈可从位置反馈的微分中得到。

（3）转矩控制

驱动器的转矩控制是以电机电流作为控制对象的控制方式，一般用于张力控制或作为主从控制的从动轴控制。转矩指令来自外部模拟量输入端 T-REF，运行过程中可以随时通过改变模拟量输入调节电机输出转矩。转矩控制需要进行电压、电流、相位等参数的复杂计算，在部分驱动器上，如电机停止时的振动与噪声过大，还可通过参数的设定选择纯电流调节方式，以改善运行性能。

3. 附加控制方式

为了适应不同的控制要求，通用驱动器在以上基本控制方式的基础上，往往还附加有“伺服锁定”、“指令脉冲禁止”等特殊控制方式。

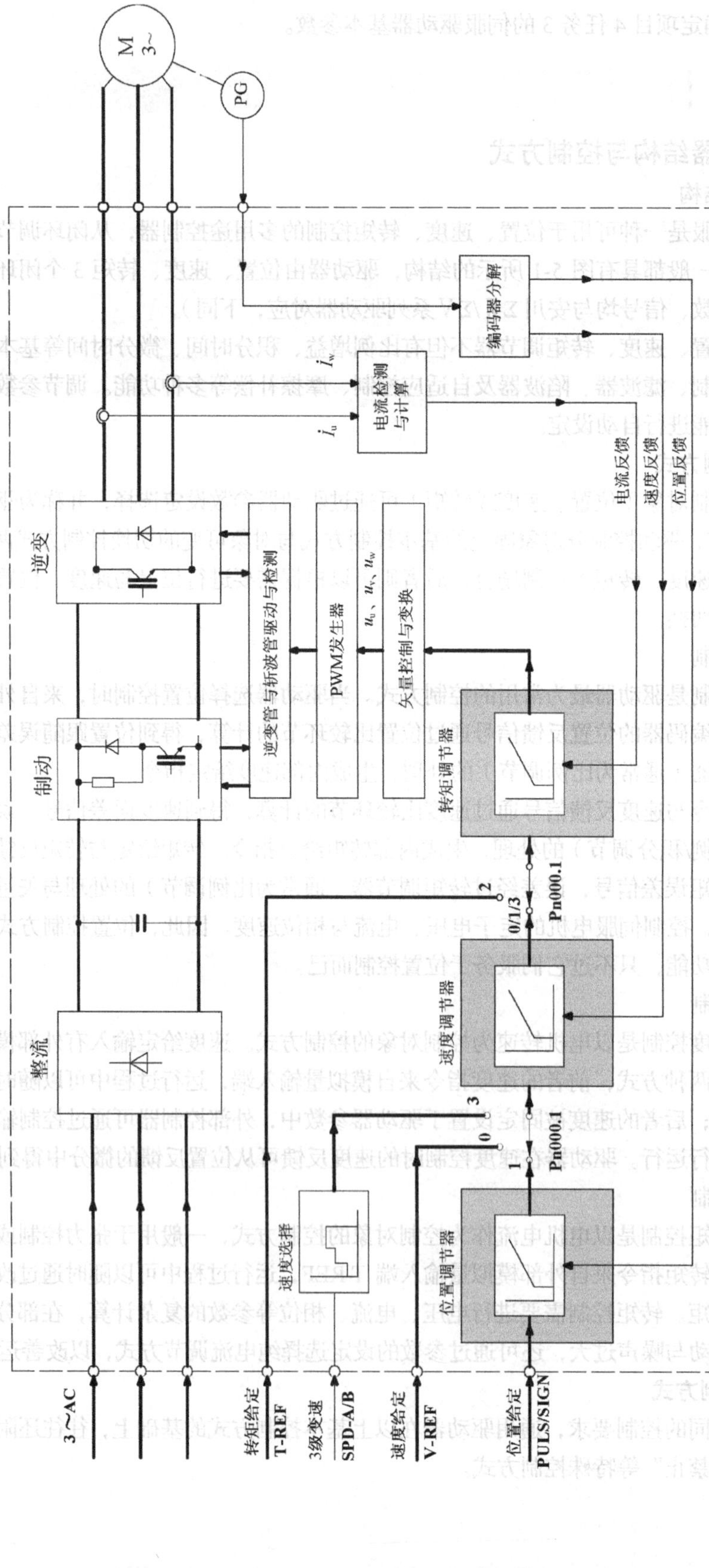

图 5-1 通用驱动器的结构框图

伺服锁定实质上是一种驱动器的制动方式。当驱动器用于速度控制时，因位置无法进行闭环控制，其停止位置是随机的，停止后也无保持力矩，如果负载存在外力（如重力）作用，就可能导致电机在停止时的位置偏离。采用伺服锁定控制后，驱动器可通过外部输入（DI）信号，在内部建立临时的位置闭环，使电机保持在固定的位置上，这一控制亦称“零速钳位”或“零钳位”功能。

指令脉冲禁止控制是利用外部输入（DI）信号阻止位置给定输入，强迫电机锁定在当前位置的控制方式，此时驱动器将切断外部指令脉冲输入，使电机保持在当前定位点上，定位完成后仍然具有保持力矩。

二、位置指令输入与匹配

1. 位置指令形式

通用驱动器用于位置控制时，位置指令一般以脉冲的形式输入，脉冲的类型与极性均可以通过驱动器的参数选择，图 5-2 所示为常用的位置脉冲输入形式。

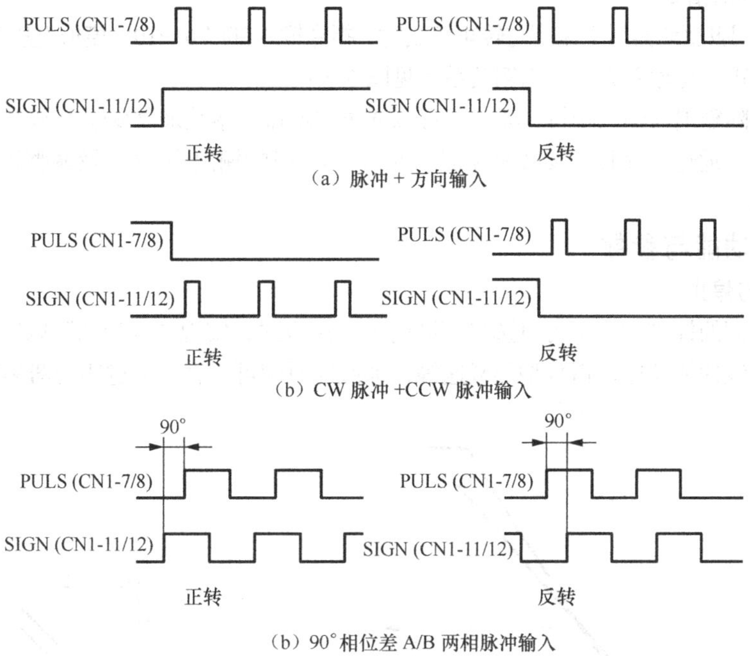

图5-2 常用的位置脉冲输入形式

2. 位置测量系统的匹配

（1）脉冲当量匹配

当驱动器用于位置控制时，指令的位置必须与实际运动的位置一致，即位置指令脉冲与来自电机编码器的测量反馈脉冲当量必须匹配。在伺服驱动器上这两者可通过“电子齿轮比”参数进行匹配，电子齿轮比的分子 N 与分母 M 一般可以设定为任意正整数，参数的计算方法参照图 5-3。

由图 5-3 可见，对位置给定指令来说，如电机每转所产生的机械移动量为 h、指令脉冲当量为 δ_s，则电机每转所对应的、经过电子齿轮比修正后的指令脉冲数 P_s 为

$$P_s = (h/\delta_s) \times N/M$$

由于编码器与电机为同轴安装，因此，电机一转所对应的位置反馈脉冲数 P_f 就是编码器的每转脉冲数 P。令 $P_f = P_s$ 可得电子齿轮比的计算式为

$$N/M = P \times \delta_s / h$$

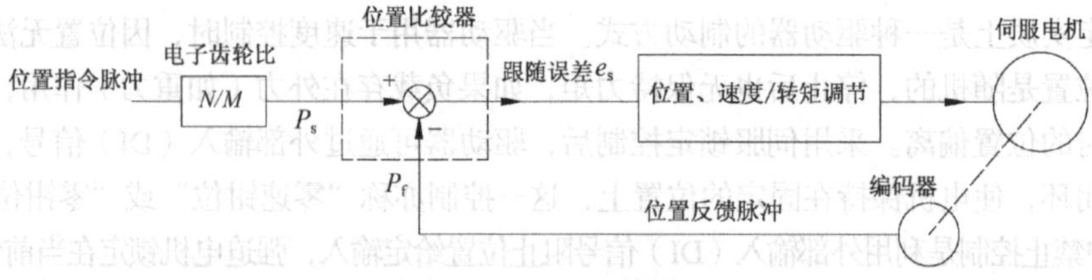

图5-3 电子齿轮比的计算

（2）位置反馈匹配

在速度控制方式下，如系统需要通过上级控制器来实现闭环位置控制，或在位置、速度、转矩控制方式下，需要将位置反馈脉冲从驱动器上输出到其他控制或显示器上，则需要通过驱动器参数的设定来确定驱动器的电机每转输出脉冲数。驱动器的输出脉冲数一般可以通过参数直接指定，无须进行匹配计算。

3. 速度与转矩指令

一般而言，伺服驱动器用于速度与转矩控制时，指令输入都以0～10V模拟电压输入的形式给定，输出（速度或转矩）与输入成线性比例关系（见图5-4）。

为了使得实际输出与输入相符，驱动器可以通过“增益”参数来改变输入/输出特性的斜率，如图5-4（a）所示；通过“偏移”参数来保证输入为“0”时的输出为“0”及调整正反向速度差，如图5-4（b）所示。

三、基本功能与参数

1. 加减速与停止

驱动器在不同的控制方式下可以选择不同的加减速方式，实现“软启动”以减小机械冲击，加减速方式一般有线性加减速、指数型加减速等，加减速时间可以直接通过驱动器参数进行设定。

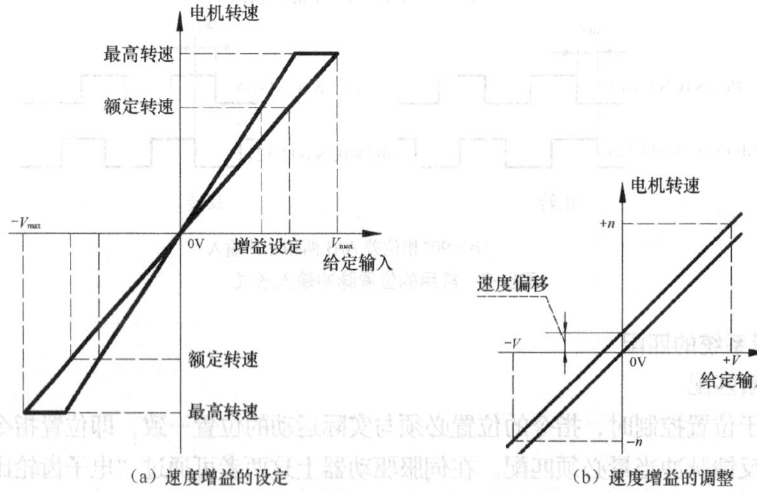

图5-4 模拟量输入增益与偏移的调整

在正常情况下，伺服电机可以通过加减速的控制实现启动与停止，但是，如果在运行过程中出现了伺服OFF、驱动故障、主电源关闭等特殊情况，则需要进行快速、强力制动，其制动方式有“驱动器停止”与“动态制动”两种（见图5-5）。

驱动器停止与动态制动是“受控”的制动过程，即使在主电源切断时，驱动器仍然可以利用直流母线电容器所储存的能量完成制动过程，其制动时间、制动力矩均可以通过驱动器参数进行设定。动态制动（Dynamic Braking，DB）是一种通过对逆变管的控制，使电机绕组直接短路的制动方式，它可以用于紧急情况的强力制动。动态制动原理以及它与正常停止的区别如图 5-5 所示。

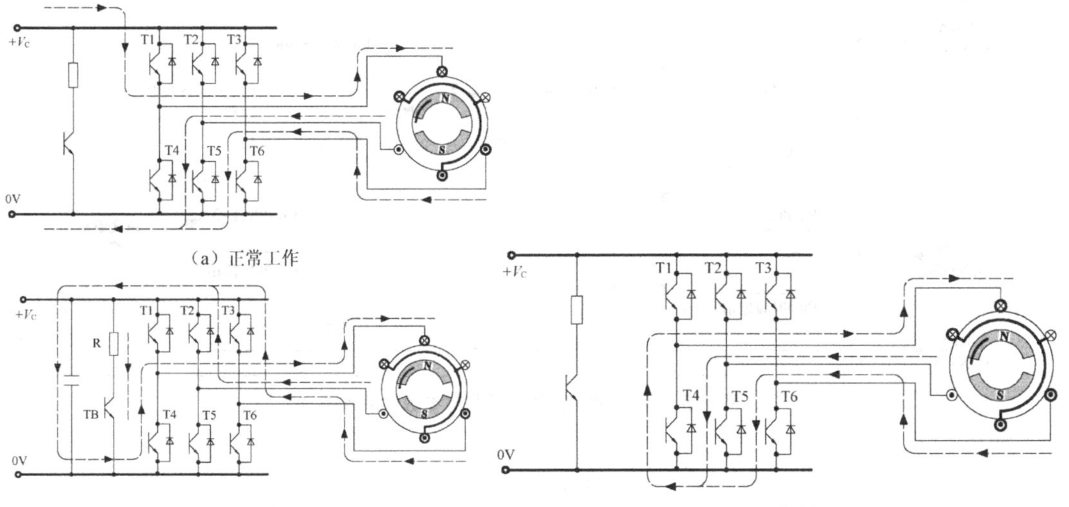

（a）正常工作

（b）驱动器停止

（c）动态制动

图5–5　驱动器的制动原理

图 5-5（a）所示为电机正常运行时的情况，假设正常运行时逆变管 T1、T5、T6 为同时导通状态，电机处于“电动状态”，其电枢绕组的电流方向如图 5-5（a）所示。

图 5-5（b）所示为正常停止的情况，驱动器正常停止时，逆变管 T1、T5、T6 将全部关闭，电机绕组中的电流可通过逆变管 T4、T2、T3 所并联的续流二极管返回到直流母线，将制动能量存储到电容上；当制动能量较大时，为避免直流母线的过电压，制动能量可以通过制动电阻以能耗制动的形式予以消耗。

图 5-5（c）所示为动态制动的情况，驱动器在动态制动时逆变管 T1 直接关闭，但 T5、T6 继续处于导通状态，电机绕组的制动电流将通过逆变管 T4 所并联的续流二极管、逆变管 T5 与 T6 形成回路，电机的三相绕组将被直接“短路”，从而可产生非常强烈的制动转矩。

驱动器选择了动态制动功能后，不宜频繁地通/断伺服 ON 信号 S-ON。因为动态制动将在逆变管与电机绕组中出现很大的短路电流，它会导致电机与逆变管的发热，因此一般只能用于紧急情况下的快速制动。

2. 多级变速控制方式

多级变速控制方式是一种通过外部 DI 信号选择速度的有级变速控制方式，可以用于定速定位控制，图 5-6 为 3 级变速控制方式 DI 信号与参数的关系图。

如驱动器的 3 级变速控制方式有效、且 DI 功能已被定义，伺服电机的转向可通过输入控制信号 SPD 进行选择，伺服电机的转速可通过输入 SPA/SPB 选择，速度值设定在驱动器参数中。

3. 机械制动器控制

如果被控制的轴存在外力作用（如垂直轴的重力作用），为防止驱动器关闭后的位置移动，应使用带有制动器的伺服电机或安装外部机械制动器。机械制动器只能用于驱动器关闭情况下的位置保持，而不能用于驱动器工作时的减速停止或伺服锁定。

为了协调驱动器与机械制动器的动作，制动器一般应使用驱动器的“制动器松开”输出信号 BK 进行控制，制动电路如图 5-7 所示。制动器对电源电压的纹波要求较低但所需的电流较大，因此，习惯上是直接使用 AC27V 经单相全桥整流后的输出。制动电源的直流侧无需平波电容，但为了抑制通/断时的浪涌电压，一般应安装 RC 抑制器（47Ω/0.1μF 左右）与压敏电阻（82V 左右）进行保护，制动器的通断控制宜在直流侧进行。

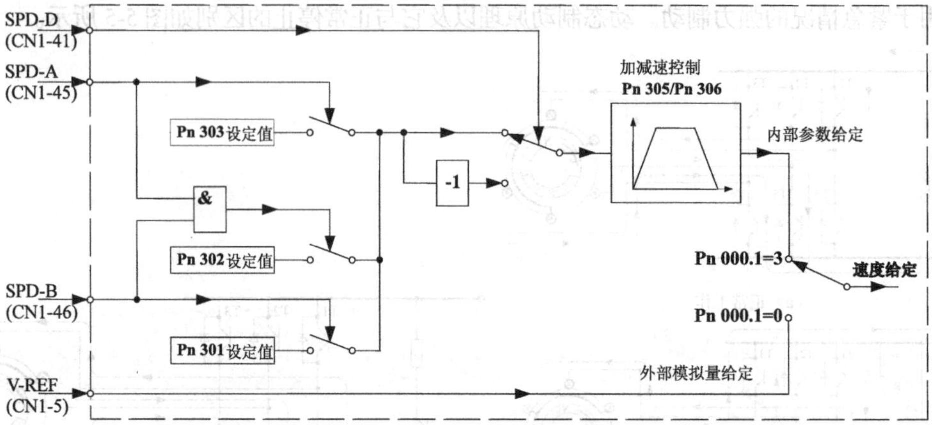

图5-6　3级变速控制输入信号与参数的关系图

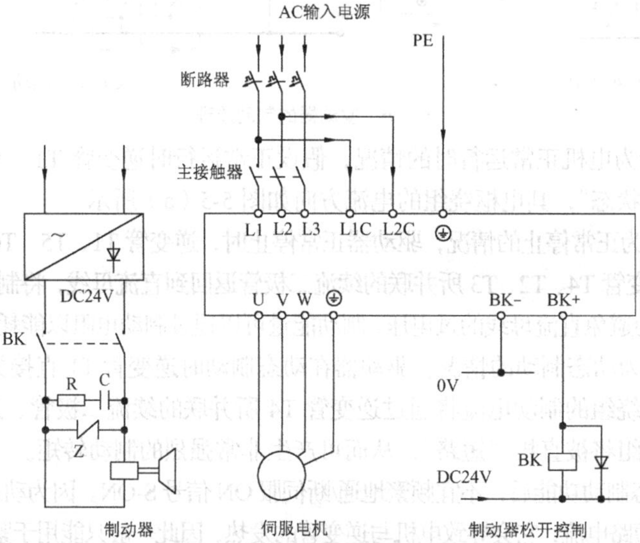

图5-7　BK信号控制的制动器电路

机械制动器的夹紧/松开控制的一般要求如图 5-8 所示。

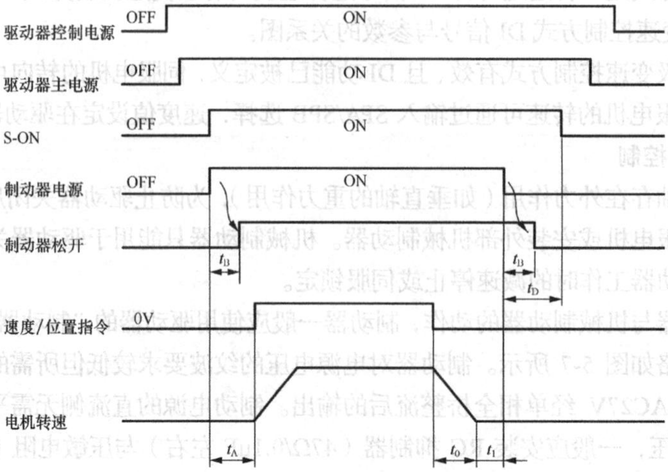

图5-8　机械制动器夹紧/松开控制要求

图 5-8 中各时间参数的含义与要求如下。

t_B：制动器动作延时，即从制动器电源接通或断开到实际制动器松开/夹紧的时间，延时因制动器而异，制动力矩越大动作延时越长，安川伺服电机内置式制动器的延时为 60～170ms。

t_A：从制动器松开信号输出（制动器电源接通）到位置/速度给定输入的延时，此延时应大于制动器动作延时 t_B，安川伺服驱动器通常为 200ms。

t_0：由驱动器参数设定的减速停止时间，与负载惯量、制动转矩等因素有关，一般应控制在 200ms 以内。

t_1：制动器制动延时，从电机完全停止到驱动器输出制动器夹紧信号的延时，延时时间一般控制在 200ms 以内。

t_D：从制动器夹紧信号输出到伺服 OFF 的延时，此延时应大于制动器动作延时 t_B，一般取 200ms～1s。

实践指导

一、ΣV 驱动器基本参数

安川 ΣV 系列伺服驱动器的基本设定参数见表 5-1。

表 5-1　ΣII 系列伺服驱动器控制方式设定参数表

参数号	参数名称	单位	设定范围	功能与说明
Pn 000.0	转向设定	—	0/1	通过 0/1 的转换，改变电机转向
Pn 000.1	控制方式选择	—	0～B	见下述
Pn 200.0	位置指令脉冲类型选择	—	0～6	选择位置脉冲的输入形式
Pn 212	电机每转位置反馈输出	p/r	$16～2^{14}$	电机每转所对应的输出脉冲数
Pn 202	电子齿轮比分子	—	$0～2^{17}$	指令脉冲与反馈脉冲的当量匹配参数
Pn 203	电子齿轮比分母	—	$0～2^{17}$	指令脉冲与反馈脉冲的当量匹配参数
Pn 300	速度给定增益	0.01V	150～3000	设定额定转速所对应的模拟量输入电压
Pn 301	内部速度设定 1	r/min	0～10000	内部速度设定 1，输入 SPD-B = 1 时有效
Pn 302	内部速度设定 2	r/min	0～10000	内部速度设定 2，输入 SPD-B/SPD-A 同时为 1 时有效
Pn 303	内部速度设定 3	r/min	0～10000	内部速度设定 3，输入 SPD-A = 1 时有效
Pn 305	速度指令加速时间	ms	0～10000	从 0 加速到最高转速的时间
Pn 306	速度指令减速时间	ms	0～10000	从最高转速减速到 0 的时间
Pn 506	驱动器输出关闭延时	10ms	0～50	设定机械制动器夹紧到逆变管关闭的延时
Pn 507	BK 信号输出转速	r/min	0～10000	设定制动器夹紧（BK 信号 OFF）信号输出的电机转速
Pn 508	BK 信号输出延时	10ms	10～100	设定从伺服 ON 信号撤销到制动器夹紧的延迟时间

1. 控制方式选择

参数 Pn 000.1 用来选择驱动器的控制方式，设定值的意义如下。

0：利用模拟量输入指令速度的速度控制方式（基本控制，下称速度控制）。

1：利用脉冲输入指令位置的位置控制方式（基本控制，下称位置控制）。

2：利用模拟量输入指令转矩的转矩控制方式（基本控制，下称转矩控制）。

3：通过开关量输入选择速度的 3 级变速控制方式（基本控制，简称 3 级变速控制）。

4：3 级变速/速度控制切换方式。

5：3 级变速/位置控制切换方式。

6：3 级变速/转矩控制切换方式。

7：位置控制/速度控制切换方式。

8：位置控制/转矩控制切换方式。

9：转矩控制/速度控制切换方式。

A：带伺服锁定的速度控制方式。

B：带指令脉冲禁止的位置控制方式。

2. 多级变速参数

多级变速控制方式是一种通过外部 DI 信号选择速度的有级变速方式，可以用于定速定位控制，它在设定 Pn 000.1 = 3 时生效。表 5-1 的速度参数与控制信号 SPA/SPB/SPD 的关系如图 5-9 所示。信号 SPD-A、SPD-B 兼有启动/停止控制功能，输入 ON 时可同时启动电机。3 级变速的加减速时间可通过参数 Pn 305/Pn 306 设定，参数的设定值是指从 0 到最高转速的时间；Pn 305/Pn 306 只用于 3 级变速控制，在选择其他控制方式时应将其设定为“0”。

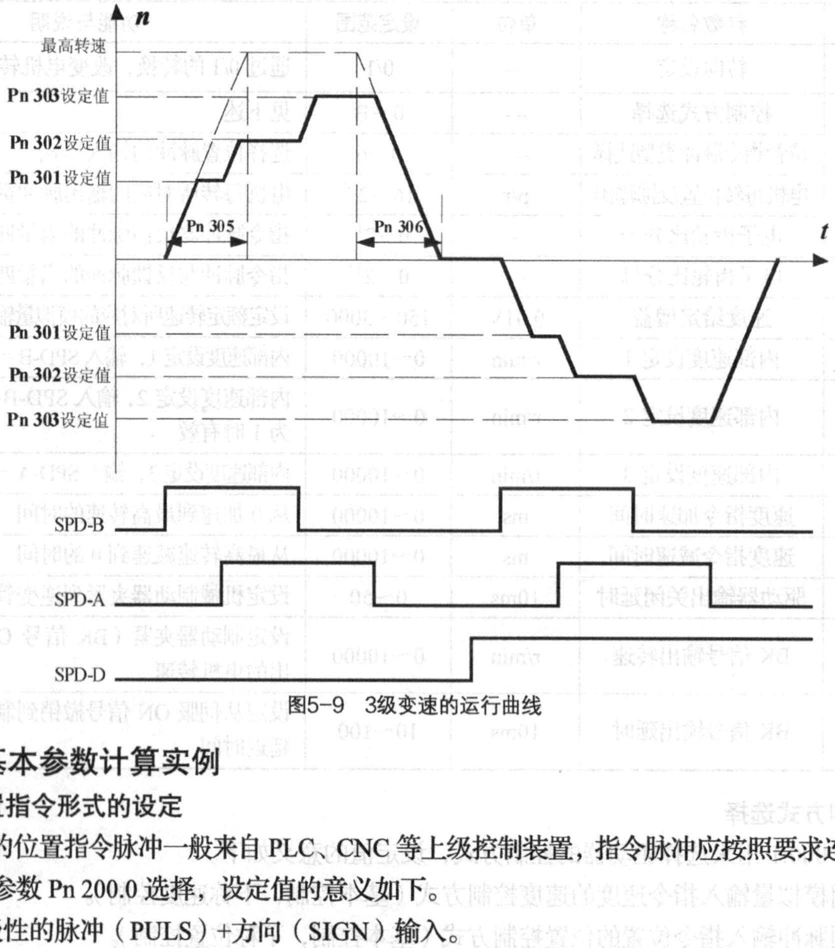

图5-9 3级变速的运行曲线

二、基本参数计算实例

1. 位置指令形式的设定

驱动器的位置指令脉冲一般来自 PLC、CNC 等上级控制装置，指令脉冲应按照要求连接；脉冲类型可以通过参数 Pn 200.0 选择，设定值的意义如下。

0：正极性的脉冲（PULS）+方向（SIGN）输入。

1：正极性的 CW 脉冲（SIGN）+CCW 脉冲（PULS）输入。

2：正极性的 90°相位差 A/B 两相脉冲输入。

3/4：2/4 倍频的正极性 90°相位差 A/B 两相脉冲输入，输入信号在驱动器内部进行 2/4 倍频。

5：负极性的脉冲（PULS）+符号（SIGN）输入。

6：负极性 CW 脉冲（SIGN）+CCW 脉冲（PULS）输入。

电机的转向可用参数 Pn 000.0（由“0”改为“1”或反之）调整；电机实际转速通过速度指令输入增益参数 Pn 300（单位 0.01V）调整。

2. 脉冲当量匹配

ΣV 系列驱动器的电子齿轮比的分子 N 与分母 M 分别通过参数 Pn 20E 与 Pn 210 设定。由于参数 Pn 20E 的出厂默认设定为编码器每转脉冲数 P（如 2^{20} 编码器 Pn 20E 的默认设定为 1048576），因此，作为简单的设定方法，可以不改变参数 Pn 20E 的值，只要将参数 Pn 210 设定为电机每转指令脉冲数即可。

【例 5-1】 假设某设备直线进给轴的电机每转移动量为 h =10mm，电机内置编码器为 $P = 2^{20}$ 增量编码器，如外部指令脉冲当量 $\delta_s = 0.001$mm，则电子齿轮比应为

$$N/M=0.001\times2^{20}/10 = 1048576/10000$$

如参数 Pn 20E 采用出厂默认值 1048576，则 Pn 210 应设定为电机每转指令脉冲数 10000，即 Pn 210 = 10000。

【例 5-2】 假设某设备回转轴的电机每转移动量 $h = 2°$，电机编码器为 $P = 2^{17}$ 增量编码器，如果外部指令脉冲当量 $\delta_s = 0.001°$，则电子齿轮比应为

$$N/M=0.001\times2^{17}/2 = 131072/2000$$

当参数 Pn 20E 采用出厂默认值 131072，Pn 210 应设定为 2000（电机每转指令脉冲数）。

3. 位置反馈脉冲数设定

如果驱动器需要通过上级控制装置（如 PLC、CNC 等）进行闭环位置控制，且以电机内置编码器作为位置反馈装置时，应将驱动器的位置反馈脉冲输出信号 PAO/*PAO、PBO/*PBO、PCO/*PCO 连接到上级位置控制器并设定驱动器的电机每转输出脉冲数参数 Pn 212，ΣV 系列驱动器可以直接指定电机每转输出脉冲数，设定非常简单。

【例 5-3】 假设位置控制系统采用 PLC 的轴控模块控制定位，PLC 的位置给定脉冲当量为 0.001mm（每脉冲运动 0.001mm）、轴控模块的位置反馈接口带硬件 4 分频电路；电机每转对应的机械移动量为 6mm；因此，电机每转反馈到 PLC 的脉冲数应为

$$P_f = 6/0.001 = 6000 \text{ (p/r)}$$

考虑到轴控模块内部的 4 分频，驱动器的电机每转输出脉冲数应设定为

$$Pn\ 212 = 6000/4 = 1500 \text{ (p/r)}$$

4. 速度控制参数计算

当驱动器用于速度控制时，电机转速与速度给定模拟电压呈线性关系，速度给定模拟量输入增益可以通过参数 Pn 300 调节。改变 Pn 300 相当于改变了“转速-电压”曲线的斜率（见图 5-4）；参数 Pn 300 设定的是电机额定转速所对应的速度给定电压值，驱动器允许的最大模拟量输入为±12V，故 Pn 300 的设定值不能超过 1200。

【例 5-4】 如驱动系统要求的机械部件最大移动速度为 12m/min；伺服电机的额定转速为 1500 r/min、最高转速为 3000 r/min；电机每转移动量为 6mm；最大移动速度所对应的速度给定电压

为 10V，参数 Pn 300 可通过如下方式确定。

最大移动速度 12m/min 对应的电机转速：n_m = 12000/6 = 2000 r/min。

电机额定转速 1500 r/min 对应的给定电压：V = 10×1500/2000 = 7.5V。

增益设定：Pn 300 = 7.5/0.01 = 750。

在伺服驱动系统中，由于温度、元器件特性变化等多方面因素的影响，可能出现速度给定为 0V 时电机仍低速旋转的现象，这一现象称为“速度偏移”或“零点漂移”（见图 5-4）。速度偏移不仅造成了给定为零时电机不能正常停止，而且还会使得同样给定电压下电机正反转的转速不同；在闭环位置控制系统中，速度偏移还将导致电机停止时的位置跟随误差增加。因此，无论速度控制或位置控制，均应尽可能减小速度偏移。

速度偏移只能通过参数调整减小，但不可能完全消除。ΣV 系列驱动器的速度偏移调整可采用自动与手动两种方法，两者都可以通过操作单元的操作实施。

三、DI/DO 功能及定义

伺服驱动器的 DI/DO 信号一般较少，但为使驱动器能适应各种不同控制要求，DI/DO 信号的作用与意义可通过参数改变，故称“多功能输入/输出”。在控制系统的设计时，应事先规划、确定所需要的 DI/DO 信号，然后通过参数定义相应的功能与连接端；在与 PLC 等上级控制装置连接的场合，如对驱动器的功能尚不完全清楚，建议将全部 DI/DO 均连接到 PLC 的 I/O 模块上。

1. DI 信号

ΣV 系列驱动器可使用的 DI 信号及功能已由驱动器规定，用户可通过驱动器参数 Pn 50A～Pn 50D 选择是否使用该信号及确定信号的输入连接端与信号极性。

DI 信号的定义只有在参数 Pn 50A.0 设定为“1”时才生效；如 Pn 50A.0 设定为“0”，则自动选择出厂默认的信号与极性。ΣV 系列驱动器的 DI 功能定义参数与出厂默认设定见表 5-2。

表 5-2　　DI 信号与功能定义参数表

参数号	参 数 名 称	设定范围	默认设定	默认功能说明
Pn 50A.0	DI 信号功能定义方式	0/1	0	使用出厂默认的功能设定
Pn 50A.1	伺服 ON 信号 S-ON 的输入端与极性	0～F	0	常开接点，从 CN1-40 脚输入
Pn 50A.2	切换信号 P-CON 的输入端与极性	0～F	1①	常开接点，从 CN1-41 脚输入
Pn 50A.3	正转禁止信号*P-OT 的输入端与极性	0～F	2②	常闭接点，从 CN1-42 脚输入
Pn 50B.0	反转禁止信号*N-OT 的输入端与极性	0～F	3②	常闭接点，从 CN1-43 脚输入
Pn 50B.1	报警清除信号 ALM-RST 的输入端与极性	0～F	4	常开接点，从 CN1-44 脚输入
Pn 50B.2	正向转矩限制信号 P-CL 的输入端与极性	0～F	5①	常开接点，从 CN1-45 脚输入
Pn 50B.3	反向转矩限制信号 N-CL 的输入端与极性	0～F	6①	常开接点，从 CN1-46 脚输入
Pn 50C.0	使用内部速度时，转向信号 SPD-D 的输入端与极性	0～F	8①	当驱动器选择 3 级变速控制时，自动成为 1（SPD-D 信号从 CN1-41 脚输入）
Pn 50C.1	内部速度选择信号 SPD-A 的输入端与极性	0～F	8①	当驱动器选择 3 级变速控制时，自动成为 5（SPD-D 信号从 CN1-45 脚输入）

续表

参数号	参 数 名 称	设定范围	默认设定	默认功能说明
Pn 50C.2	内部速度选择信号 SPD-B 的输入端与极性	0～F	8①	当驱动器选择 3 级变速控制时，自动成为 6（SPD-D 信号从 CN1-46 脚输入）
Pn 50C.3	控制方式切换信号 C-SEL 的输入端与极性	0～F	8	不使用
Pn 50D.0	伺服锁定控制信号 ZCLAMP 的输入端与极性	0～F	8	不使用
Pn 50D.1	伺服锁定信号INHIBIT的输入端与极性	0～F	8	不使用
Pn 50D.2	增益切换信号 G-SEL 的输入端与极性	0～F	8	不使用

注：① 默认的 DI 信号功能与驱动器控制方式选择（参数 Pn 000.1 设定）有关；
② 默认的正/反转禁止信号*P-OT/ *N-OT 的极性为常闭输入。

参数 Pn 50A～Pn 50D 的设定值与 DI 信号的输入端选择、信号极性的对应关系见表 5-3；如果需要将对应的控制信号始终保持“有效”状态，应设定为“7”；如果不使用对应的控制信号，应设定为“8”。

表 5-3 输入功能定义参数设定值的意义

设定值	意义	设定值	意义
0	常开接点（接点 ON 有效），从 CN1-40 脚输入	8	信号固定为“OFF”，不受外部输入控制
1	常开接点（接点 ON 有效），从 CN1-41 脚输入	9	常闭接点（接点 OFF 有效），从 CN1-40 脚输入
2	常开接点（接点 ON 有效），从 CN1-42 脚输入	A	常闭接点（接点 OFF 有效），从 CN1-41 脚输入
3	常开接点（接点 ON 有效），从 CN1-43 脚输入	B	常闭接点（接点 OFF 有效），从 CN1-42 脚输入
4	常开接点（接点 ON 有效），从 CN1-44 脚输入	C	常闭接点（接点 OFF 有效），从 CN1-43 脚输入
5	常开接点（接点 ON 有效），从 CN1-45 脚输入	D	常闭接点（接点 OFF 有效），从 CN1-44 脚输入
6	常开接点（接点 ON 有效），从 CN1-46 脚输入	E	常闭接点（接点 OFF 有效），从 CN1-45 脚输入
7	信号固定为“ON”，不受外部输入控制	F	常闭接点（接点 OFF 有效），从 CN1-46 脚输入

2. DO 信号

驱动器可使用的 DO 信号及功能已规定，但除报警输出 ALM 与 AL01～AL03 外的其余 3 点输出可通过参数 Pn 50E～Pn 512 选择是否需要使用、信号输出连接端与信号极性。ΣV 系列驱动器的 DO 功能定义参数与出厂默认的功能见表 5-4。

表 5-4 DO 信号与功能定义参数表

参 数 号	参 数 名 称	设 定 范 围	默 认 设 定	默 认 功 能
Pn 50E.0	定位完成信号 COIN 的输出端选择	0～3	1*	从 CN1-25/26 脚输出
Pn 50E.1	速度到达信号 V-CMP 的输出端选择	0～3	1*	从 CN1-25/26 脚输出

续表

参数号	参数名称	设定范围	默认设定	默认功能
Pn 50E.2	电机旋转信号 TGON 的输出端选择	0~3	2	从 CN1-27/28 脚输出
Pn 50E.3	驱动器准备好信号 S-RDY 的输出端选择	0~3	3	从 CN1-29/30 脚输出
Pn 50F.0	转矩限制有效信号 CLT 的输出端选择	0~3	0	不使用
Pn 50F.1	速度限制有效信号 VLT 的输出端选择	0~3	0	不使用
Pn 50F.2	制动器制动信号 BK 的输出端选择	0~3	0	不使用
Pn 50F.3	驱动器警示 WARN 的输出端选择	0~3	0	不使用
Pn 510.0	NEAR 信号输出端选择	0~3	0	不使用
Pn 512.0	CN1-25/26 脚输出信号极性选择	0/1	0	常开输出
Pn 512.1	CN1-27/28 脚输出信号极性选择	0/1	0	常开输出
Pn 512.2	CN1-29/30 脚输出信号极性选择	0/1	0	常开输出

注：*表示决定于驱动器的控制方式选择（参数 Pn 000.1 设定），速度控制时 CN1-25/26 的输出为 V-CMP 信号，位置控制时输出为 COIN 信号。

参数 Pn 50E～Pn 510 的不同设定值可以改变信号的输出连接端，设定值代表的意义见表 5-5。

表 5-5　　输出功能定义参数设定值的意义

设定值	意义	设定值	意义
0	信号无效（不输出）	2	从 CN1-27/28 脚输出
1	从 CN1-25/26 脚输出	3	从 CN1-29/30 脚输出

参数 Pn 512.0～Pn 512.2 可以改变输出信号的极性，设定“0”代表对应的输出端为“正极性”（常开触点）输出；设定“1”代表对应的输出端为“负极性”（常闭触点）输出。当驱动器的输出点功能被重复定义时，原则上只要有一个输出条件满足，便可以成为“ON”状态（建议不要重复定义）。当驱动器工作时不存在所定义的信号时，输出将自动成为“无效”状态（相当于设定 0）。

技能训练

根据项目 4 任务 3 的工程图，参照附录 1 中的 ΣV 系列驱动器参数总表，完成如下练习。

1. 确定该数控车床的伺服驱动系统的基本结构，并完成表 5-6。

表 5-6　　数控车床驱动系统结构

项目	控制要求	
	x 轴	*z* 轴
驱动器型号		
伺服电机型号		
驱动器控制方式		
位置指令脉冲形式		
*P-OT/*N-OT 信号		
S-ON 信号		

2. 如该数控车床的伺服电机与丝杠直接连接，x 轴丝杠螺距 6mm、要求的快进速度 9m/min；z 轴的丝杠螺距 10mm、要求的快进速度 15m/min；KND-100T 的 CNC 脉冲当量为 0.001mm；x/z 伺服电机的内置编码器为 2^{20} 增量编码器；试确定该机床 x/z 轴驱动器的主要参数，并完成表 5-7。

表 5-7 数控车床驱动器参数设定表

参 数 号	参 数 功 能	x 轴设定	z 轴设定
Pn 000.1			
Pn 200.0			
Pn 212			
Pn 202			
Pn 203			
Pn 50A.3			
Pn 50B.0			

任务2 掌握驱动器的操作技能

能力目标

1. 熟悉 ΣV 驱动器操作单元。
2. 能够进行驱动器参数的设定与状态的监视。
3. 能够通过驱动器的试运行检查驱动器。

工作内容

1. 利用操作单元检查驱动器工作状态。
2. 利用操作单元完成任务 1 表 5-7 的数控车床参数设定。

实践指导

一、操作单元说明

为了对驱动器进行调试与监控，驱动器都配套有状态监控、参数设定与调试的简易操作单元，ΣV 操作单元外形如图 5-10 所示，操作单元分为“数码显示器”与“操作按键”两个区域。

1. 数码显示器

数码显示器为 5 只 8 段数码管，可显示驱动器的运行状态、参数、报警号等基本信息，常见的显示与意义如下。

[= bb]：基本工作状态显示。

[Fn000]：辅助设定与调整模式。

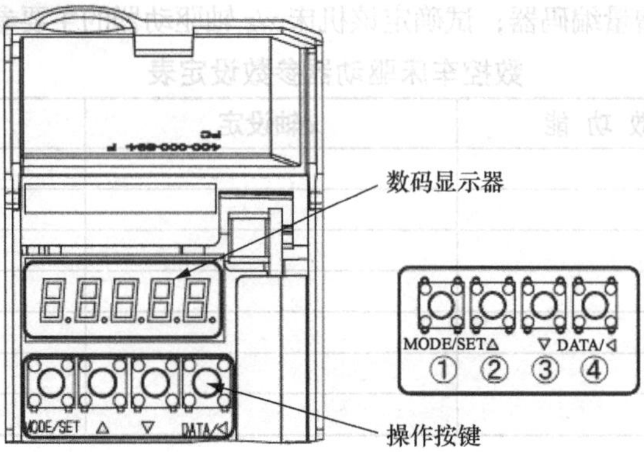

图5-10　操作单元外形

[Pn000]：参数显示与设定模式。

[Un000]：状态监视模式。

[run]：驱动器运行中（基本工作状态显示）。

[Pot]：正转禁止（基本工作状态显示）。

[not]：反转禁止（基本工作状态显示）。

[A020]：驱动器报警（基本工作状态显示）。

除以上显示外，在不同操作模式下还有更多的显示内容。

2. 操作按键

[MODE/SET键]：操作、显示模式转换键（以下用【MODE/SET】表示）。

[DATA键]：参数显示、设定键（以下用【DATA/SHIFT】表示）。

[▲键]与[▼键]：数值增加/减少键（以下用【D-UP】、【D-DOWN】表示），同时按可清除驱动器报警。

3. 显示模式转换

操作单元有“工作状态显示”、“辅助设定与调整”、“参数设定”、“状态监视”4种基本显示模式，模式可用【MODE/SET】键转换（见图5-11）。

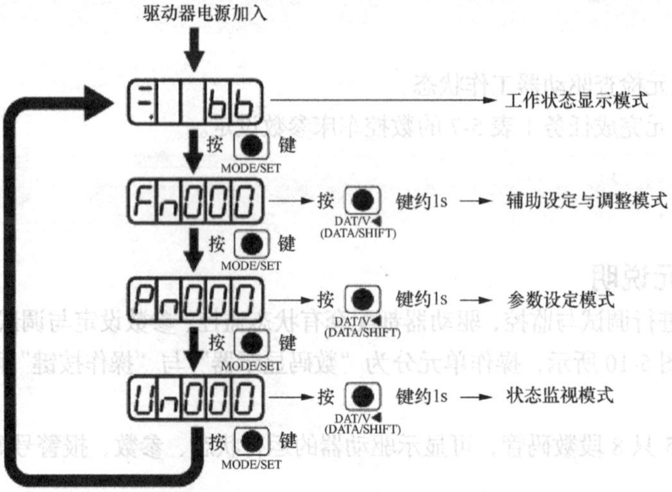

图5-11　显示与模式转换

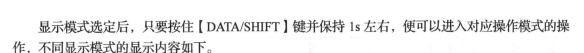

显示模式选定后，只要按住【DATA/SHIFT】键并保持 1s 左右，便可以进入对应操作模式的操作，不同显示模式的显示内容如下。

① 工作状态显示：驱动器电源接通时自动选择，该模式可以显示驱动器当前的工作状态信息，如运行准备（bb）、驱动器运行（run）、正/反转禁止（Pot/not）等。

② 辅助设定与调整模式：该模式可进行驱动器的初始化检查、参数初始化、增益偏移调整、调节器参数自适应调整等操作。

③ 参数显示与设定模式：该模式可显示与修改驱动器参数。

④ 状态监视模式：可对驱动器的运行状态、内部参数、DI/DO 信号进行显示与监控。

4. 参数的显示

安川驱动器的参数按照功能与显示形式分“数值型参数”与“功能型参数”两类。数值型参数是以 4～12 位十进制数字表示的参数，如 Pn 100 = 40 等，其显示如图 5-12 所示，参数超过 4 位时需要分次设定。功能型参数以二进制位的形式表示，长度一般为 2 字节，参数按图 5-13 的形式每 4 位以 1 位十六进制数 0～F 代表，并以带小数点的后缀来表示不同位。

图5-12　数值型参数的显示

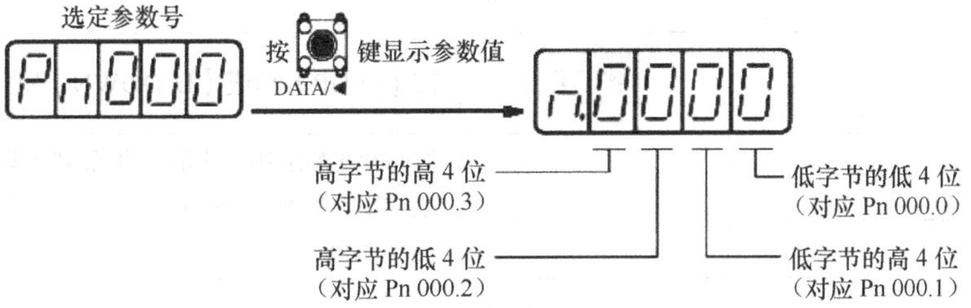

图5-13　功能型参数的显示

二、参数的设定与修改

1. 参数保护的取消

通过表 5-8 所示的操作，取消参数写入保护。

表 5-8　　参数写入禁止/使能的操作步骤

步　骤	操作单元显示	操作按键	操作说明
1	Fn000	MODE/SET	选择辅助设定与调整模式
2	Fn010	▲ ▼	选择辅助调整参数 Fn 010
3	P.0000	DATA/◀	按【DATA/SHIFT】键并保持 1s，显示参数 Fn 010 的值
4	P.0001	▲ ▼	按【D-UP】键，参数值置“1”，参数写入禁止；按【D-DOWN】键，参数值置“0”，参数写入允许
5	donE（闪烁）	MODE/SET	按【MODE/SET】键输入参数值，“donw”闪烁 1s

续表

步　　骤	操作单元显示	操 作 按 键	操 作 说 明
6	P.0001		自动返回参数值显示状态
7	Fn010	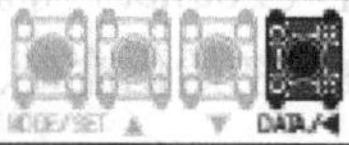	按【DATA/SHIFT】键并保持 1s，返回辅助设定与调理模式显示
8	切断驱动器电源，并重新启动，生效参数		

2. 数值型参数的设定

通过表 5-9 所示的操作，可将数值型参数 Pn 000 从“40”修改为“100”；通过表 5-10 所示的操作，可将超过 5 位的数值型参数 Pn 522 从 00 000 0007 修改为 01 2345 6789。

表 5-9　　数值型参数的设定操作

步　　骤	操作单元显示	操 作 按 键	操 作 说 明
1	Pn000		选择参数显示与设定模式
2	Pn100	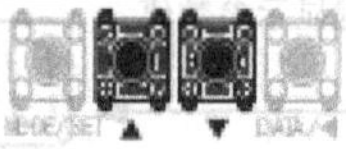	按【D-UP】键或【D-DOWN】键选定参数号
3	0040.0	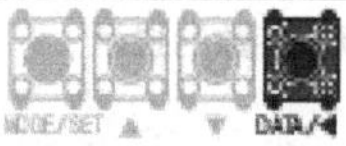	按【DATA/SHIFT】键并保持 1s，显示参数值
4	0100.0	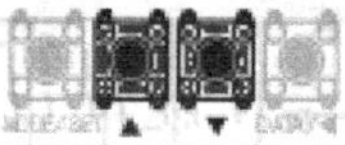	按【D-UP】键或【D-DOWN】键修改参数值
5	0100.0（闪烁显示）	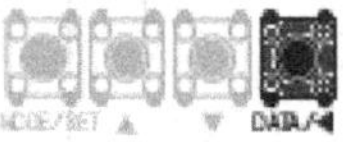	按【DATA/SHIFT】键（ΣⅡ系列）或按【MODE/SET】键（ΣⅤ系列）并保持 1s，输入参数值，参数显示出现闪烁
6	Pn100	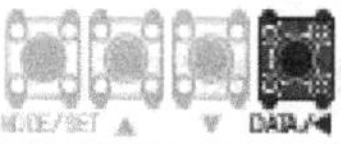	按【DATA/SHIFT】键返回参数显示

表 5-10　　多位数值型参数的设定操作

步　　骤	操作单元显示	操 作 按 键	操 作 说 明
1	Pn000	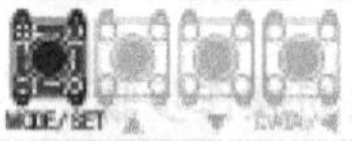	选择参数显示与设定模式
2	Pn522		按【D-UP】键或【D-DOWN】键选定参数号
3	0007		按【DATA/SHIFT】键并保持 1s，显示参数值的低 4 位
4	变更后 6789	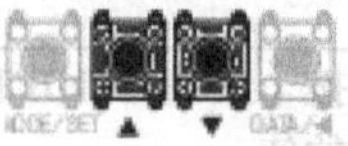	按【D-UP】键或【D-DOWN】键修改参数值的低 4 位
5	0000		按【DATA/SHIFT】键并保持 1s，显示参数中间 4 位数值
6	变更后 2345		按【D-UP】键或【D-DOWN】键修改参数值的中间 4 位

续表

步　骤	操作单元显示	操 作 按 键	操 作 说 明
7	00	DATA/◄	按【DATA/SHIFT】键并保持1s，显示参数值的高2位数值
8	变更后 01	▲ ▼	按【D-UP】键或【D-DOWN】键修改参数值的高2位数值
9	01（闪烁显示）	MODE/SET	按【DATA/SHIFT】键（ΣⅡ系列）或按【MODE/SET】键（ΣV系列）并保持1s，输入参数值，参数显示出现闪烁
10	Pn522	DATA/◄	按【DATA/SHIFT】键并保持1s，返回参数显示与设定模式

操作单元一次显示最多为5位，参数值超过5位时必须分次设定，显示如图5-14所示。

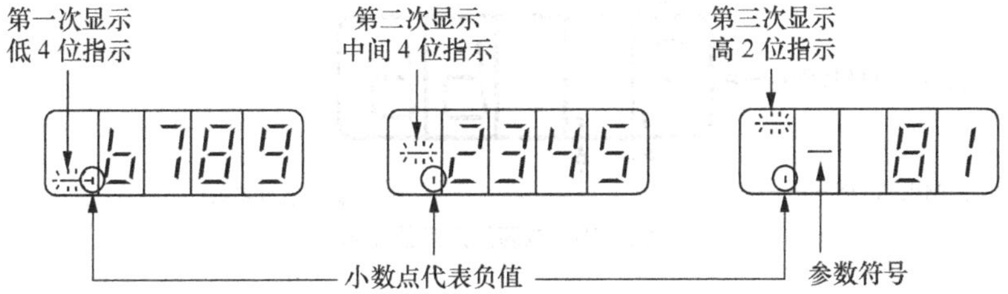

图5-14　大于4位的数值型参数的多次显示

为了加快参数设定，在设定参数时可用【DATA/SHIFT】键先移动光标，将光标直接定位到需要改变的数据位上，然后逐位进行数据的设定操作。

3. 功能型参数的设定

按照表5-11，将功能型参数Pn 000.1从“0”修改为“1”，Pn 000.1与显示n****的第2位对应，当被选定的位出现闪烁时，通过【D-UP】或【D-DOWN】键改变该位的数值。

功能参数设定完成后，必须通过驱动器电源的重新启动生效参数。

表5-11　功能型参数的设定操作

步　骤	操作单元显示	操 作 按 键	操 作 说 明
1	Pn000	MODE/SET	选择参数显示与设定模式
2	Pn000	▲ ▼	按【D-UP】键或【D-DOWN】键选定参数号
3	n.0000	DATA/◄	按【DATA/SHIFT】键并保持1s，显示参数值
4	n.0000	DATA/◄	按【DATA/SHIFT】键移动数据位，被选定的数据位闪烁
5	n.0010	▲ ▼	按【D-UP】键或【D-DOWN】键修改参数值

续表

步 骤	操作单元显示	操 作 按 键	操 作 说 明
6	 （闪烁显示）	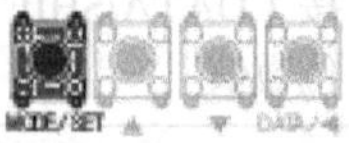	按【DATA/SHIFT】键（ΣⅡ系列）或按【MODE/SET】键（ΣV系列）并保持 1s，输入参数值，参数显示出现闪烁
7		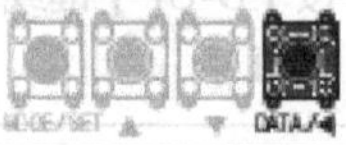	按【DATA/SHIFT】键并保持 1s，返回参数显示与设定模式显示

三、驱动器状态的检查

1. 开机显示

ΣV 系列驱动器的运行状态、内部参数、输入/输出信号等均可通过操作单元显示、模拟量输出等方式进行监控。正常情况下，驱动器在控制电源加入后的开机显示及意义如图 5-15 所示。

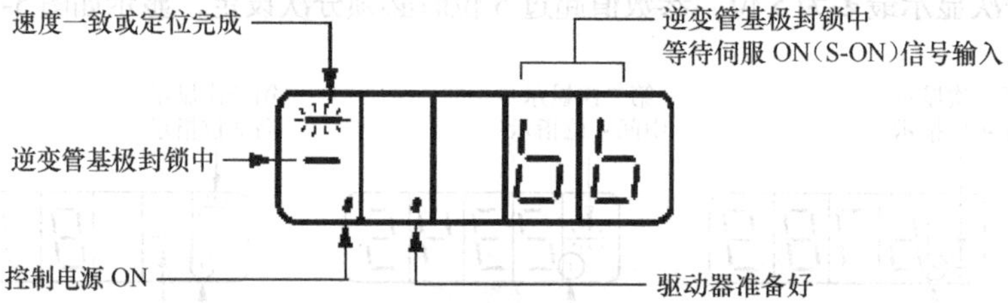

图5-15 电源加入后的显示

驱动器的伺服 ON 信号 S-ON 输入后，正常时显示将变为图 5-16 所示。

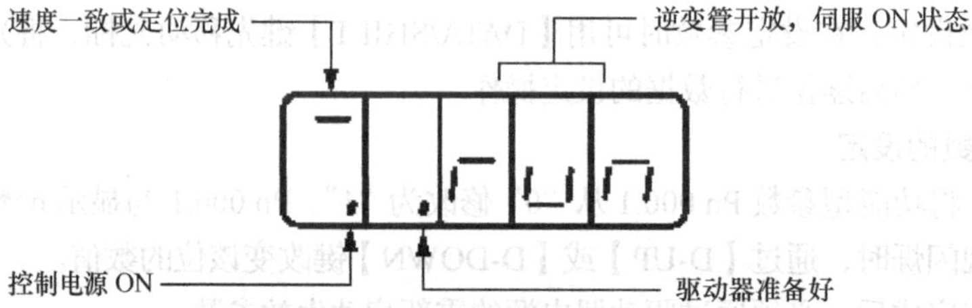

图5-16 伺服启动后的显示

2. 工作状态显示

ΣV 系列驱动器的工作状态可通过监视参数 Un 显示，参数的意义见表 5-12。

表 5-12 驱动器状态监视参数一览表

参 数 号	显 示 内 容	显示值代表的意义
Un 000	实际转速	显示电机当前的转速，单位 r/min
Un 001	转速给定	显示电机当前的转速给定值，单位 r/min
Un 002	转矩给定	显示电机当前的转矩给定值，以额定转矩的百分率显示
Un 003	电机角位移	显示距离原点的脉冲数
Un 004	电机角位移	显示距离原点的电气角度，单位 deg
Un 005	开关量输入状态	显示驱动器开关量输入信号的实际状态
Un 006	开关量输出状态	显示驱动器开关量输出信号的实际状态

续表

参 数 号	显 示 内 容	显示值代表的意义
Un 007	指令脉冲速度	显示位置控制方式下，位置给定脉冲频率所对应的速度值，单位 r/min（仅在位置控制方式显示）
Un 008	位置跟随误差	显示位置跟随误差，单位为脉冲（仅在位置控制方式显示）
Un 009	负载率	显示 10s 内的输出转矩的平均值，以额定转矩的百分率显示
Un 00A	制动率	显示 10s 内的制动转矩的平均值，以额定转矩的百分率显示
Un 00B	制动电阻负载率	显示 10s 内的制动电阻所消耗的功率平均值，以制动电阻额定功率的百分率显示
Un 00C	指令脉冲计数器	显示位置指令脉冲的输入数量，ΣⅡ：十六进制显示；ΣV：十进制显示，单位为脉冲（仅在位置控制方式显示）
Un 00D	反馈脉冲计数器（4 倍频后值）	显示位置反馈脉冲的输入数量，ΣⅡ：十六进制显示；ΣV：十进制显示，单位为脉冲（仅在位置控制方式显示）
Un 00E	全闭环系统反馈脉冲计数器	显示位置全闭环系统反馈脉冲的输入数量，32 位十进制显示，单位为脉冲（仅在位置控制方式显示）
Un 012	累计运行时间	显示驱动器的累计运行时间
Un 013	反馈脉冲计数器	显示位置反馈脉冲的输入数量，32 位十进制显示，单位为脉冲（仅在位置控制方式显示）
Un 014	增益切换监视	在增益切换功能有效时，显示驱动器当前生效的增益参数组
Un 015	安全回路监视	显示安全回路的状态
Un 020	额定转速	显示电机的额定转速
Un 021	最高转速	显示电机最高转速

驱动器工作状态显示的操作方法与步骤基本相同，在操作单元上选择状态监视模式（显示 Un 组参数）后，通过改变状态监视参数号便可显示参数值，以实际转速显示为例，状态显示的操作步骤见表 5-13。

表 5-13　驱动器工作状态显示操作

步　骤	操作单元显示	操 作 按 键	操 作 说 明
1	Un00d		选择驱动器状态监视模式
2	Un000	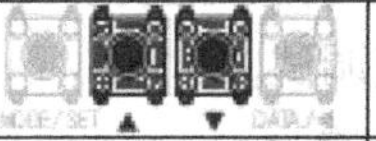	选择需要的状态监视参数
3	1500		按【DATA/SHIFT】键并保持 1s，显示参状态临视内容
4	Un000		按【DATA/SHIFT】键并保持 1s，返回驱动器状态临视模式

在状态监视参数中，DI/DO 信号的状态（参数 Un 005/ Un 006）以“字符段”来表示信号的 ON/OFF，显示如图 5-17 所示，数码管的上下两段代表同一 DI/DO 信号，上段亮表示信号 OFF，下段亮代表信号 ON。

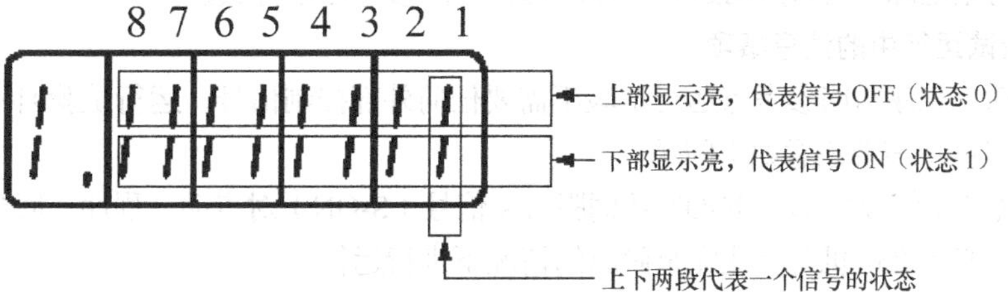

图5-17　DI/DO的状态显示

DI/DO 信号的显示段与信号功能的对应关系见表 5-14。

表 5-14　　　　　　　　　　显示位置与信号的对应关系

位置	1	2	3	4	5	6	7	8
输入端	CN1-40	CN1-41	CN1-42	CN1-43	CN1-44	CN1-45	CN1-46	CN1-4
默认信号	S-ON	P-CON	P-OT	N-OT	ALM-RST	P-CL	N-CL	SEN
输出端	CN1-31/32	CN1-25/26	CN1-27/28	CN1-29/30	CN1-37	CN1-38	CN1-39	—
默认信号	ALM	COIN	TGON	S-RDY	AL01	AL02	AL03	—

任务3　掌握驱动器的调试技能

能力目标

1. 能够进行驱动器点动、程序、回参考点试运行。
2. 能够进行驱动器的速度、位置控制快速调试。
3. 能够进行驱动器的在线自动调整。

工作内容

1. 利用操作单元进行驱动器点动、程序、回参考点试运行。
2. 完成任务 1 表 5-7 的数控车床的驱动器快速调试。
3. 完成任务 1 表 5-7 的数控车床的在线自动调整。

实践指导

一、驱动器试运行

为了检查驱动器、电机、编码器的基本情况，确认其无故障，在驱动器实际使用前，可先单独接通控制电源与主电源，进行点动运行、程序运行、回参考点运行试验。

1. 驱动器试运行中的注意事项

驱动器点动、程序与回参考点运行试验不需要任何外部控制信号，运行试验时不要连接驱动器的 CN1，运行过程中需要注意如下问题。

① 正/反转禁止信号*P-OT/*N-OT 及伺服 ON 信号（S-ON）对点动、程序、回参考点运行试验均无效，因此，必须在电机与负载完全脱离的情况下进行运行。

② 点动与回参考点运行的启动、停止与转向可通过操作单元进行直接控制。

③ 驱动器的伺服 ON 信号 S-ON 的功能设定参数 Pn 50A.1 不可设定为 7（S-ON 信号始终有效）。

④ 带内置制动器的电机，在试运行前必须通过外部电源事先松开制动器。

2. 点动运行试验

进行点动运行试验前，需要正确连接与检查如下硬件与线路。

① 驱动器的主电源与控制电源：确保输入电压正确，连接无误；为了简化线路，主电源与控制电源可直接用独立的断路器进行通/断控制。

② 电枢与编码器：确保电机绕组标号 U/V/W 与驱动器的输出 U/V/W 一一对应，编码器连接无误。

③ DI/DO 连接：确认驱动器的连接器 CN1 已取下，参数 Pn 50A.1 的设定不为“7”。

④ 安装与固定：可靠固定电机，并对电机旋转轴进行必要的防护。

⑤ 制动器：对于带内置制动器的电机，在点动运行前必须先加入制动器电源，并检查电机轴已经完全自由。

点动（JOG）运行试验的步骤如下。

① 加入驱动器控制电源，确认驱动器操作单元无报警显示。

② 加入主电源，接通驱动器主回路。

③ 按照表 5-15 进行 JOG 运行试验。

④ 检查电机运转情况与测试电机转速，点动运行默认的电机转速为 500r/min，实际转速应与此相符。

⑤ 退出 JOG 运行，通过修改驱动器参数 Pn 304，分别进行低速与高速的运行试验。

通过驱动器的点动运行，可以检查电机低速时运行是否平稳，无振动、爬行与噪声；高速正反转时是否无明显冲击，驱动器无过载、过流报警等。

表 5-15 驱动器的点动运行操作步骤

步 骤	操作单元显示	操 作 按 键	操 作 说 明
1	Fn000		选择辅助设定与调整模式
2	Fn002	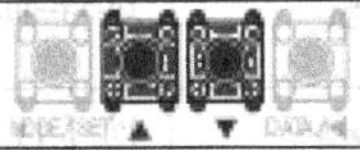	选择辅助调整参数 Fn 002
3	-. .JoG	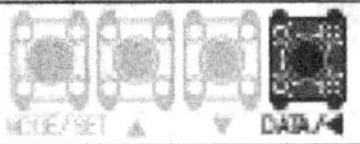	按【DATA/SHIFT】键并保持 1s，进入点动运行操作
4	. .JoG	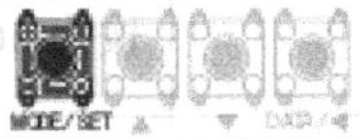	按【MODE/SET】键启动驱动器
5	. .JoG	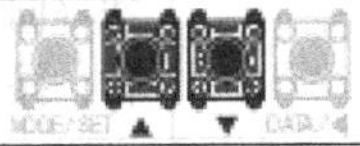	按【D-UP】键，电机正转；按【D-DOWN】键，电机反转；转速为参数 Pn304 设定的值
6	-. .JoG		按【MODE/SET】键可以停止电机
7	Fn002	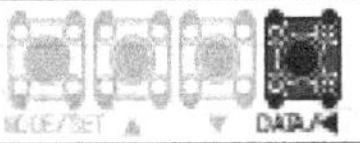	按【DATA/SHIFT】键并保持 1s，返回辅助设定与调整模式显示

3. 程序运行试验

程序运行试验（P-JOG）是 ΣV 系列驱动器的新增功能，程序运行试验启动后，驱动器可按照参数设定的速度与时间自动进行循环运行。

程序运行试验应在辅助调整模式 Fn 004 下进行（表 5-15 的第 2 步选择 Fn 004），其他操作步骤同表 5-15。循环动作可通过参数 Pn 530～Pn 536 设定，参数的意义如下。

Pn 531：运行距离设定（默认为 32768 脉冲）。

Pn 533：运行速度设定（默认为 500r/min）。

Pn 534：加减速时间设定（默认为 100ms）。

Pn 535：等待时间设定（默认为 100ms）。

Pn 536：循环次数设定（默认为 1 次）。

Pn 530.0：循环动作选择（程序选择），设定值的意义如下。

0：周期性的“等待→正转”运行方式，循环次数由 Pn 536 设定。

1：周期性的“等待→反转”运行方式，循环次数由 Pn 536 设定。

2：先周期性地“等待→正转”运行 Pn 536 次，再周期性地“等待→反转”运行 Pn 536 次。

3：先周期性地“等待→反转”运行 Pn 536 次，再周期性地“等待→正转”运行 Pn 536 次。

4：周期性的“等待→正转→等待→反转”运行方式，循环次数由 Pn 536 设定。

5：周期性的“等待→反转→等待→正转”运行方式，循环次数由 Pn 536 设定。

通过程序运行 30min 以上，可检查电机与驱动器的温升是否在正常范围之内。

4. 回参考点运行试验

回参考点运行试验的目的是检查编码器零脉冲是否正常，并确认驱动器的回参考点功能。回参考点应在辅助调整模式 Fn 003 下进行，运行试验的条件与点动运行相同，其操作步骤见表 5-16。

表 5-16　驱动器的回参考点运行操作步骤

步　骤	操作单元显示	操 作 按 键	操 作 说 明
1	Fn000		选择辅助设定与调整模式
2	Fn003	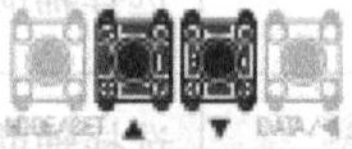	选择辅助调整参数 Fn 003
3	-.CSr		按【DATA/SHIFT】键并保持 1s，进入回参考点操作
4	..CSr	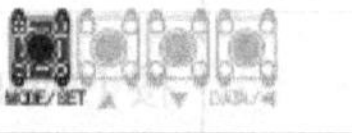	按【MODE/SET】键启动驱动器
5	..CSr	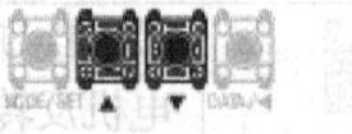	选择回参考点方向；按【D-UP】键，电机正转；按【D-DOWN】键，电机反转
6	..CSr（闪烁显示）		回参考点动作完成后显示闪烁
7	Fn003		按【DATA/SHIFT】键并保持 1s，返回辅助设定与调整模式显示

驱动器回参考点运行试验的默认速度为 60r/min，回参考点完成后电机自动停止。为了验证回参考点动作的正确性，可以在电机轴上做一标记，保证每次回参考点后的停止位置保持不变。

二、驱动器的快速调试

1. 速度控制快速调试

如果 ΣV 系列驱动器只用于速度控制或位置控制并通过上级控制器完成，为加快调试进度，可以直接实施速度控制快速调试操作，并完成以下功能。

① 调整电机的实际转向与转速，使其与要求相符。

② 保证驱动器在速度给定模拟量输入为 0V 时，电机能够基本静止。

③ 保证在同一速度给定电压下的正反转速度一致。

④ 当驱动器通过上级控制装置（如 PLC、CNC 等）进行闭环位置控制时，能够正确输出位置反馈脉冲。

驱动器快速调试属于现场调试的范畴，快速调试前驱动器与电机应已经进行了点动与回参考点运行试验，同时，应确认驱动系统的安装、连接已经完成，设备的机械部件已全部可正常工作。

一般而言，通过驱动器的快速调试，驱动系统便能够正常运行，其他特殊功能的调试则可在此基础上进行。为了简化系统调整过程，速度控制方式的动特性调整及速度、转矩调节器的参数设置，可通过后述的“在线自动调整”操作自动完成。

（1）硬件连接要求

速度控制快速调试前需要确认以下硬件与连接。

① 驱动器的主电源、控制电源及电机电枢、编码器的电压与连接正确。

② 确认 V-REF/SG 端所连接的速度给定模拟量输入正确；位置给定脉冲输入 PULS/*PULS、SIGN/*SIGN 与位置误差清除输入 CLR/*CLR 未连接。

③ 驱动器的连接器 CN1 至少已连接以下 DI 信号。

S-ON：伺服 ON 信号，常开接点输入，信号 ON 时驱动器启动；出于安全方面的考虑，信号 S-ON 原则上不应通过参数的设定取消。

*P-OT：正转禁止信号，常闭接点输入，输入 ON 时允许电机正转。

*N-OT：反转禁止信号，常闭接点输入，输入 ON 时允许电机反转。

驱动器的*P-OT/*N-OT 信号输入连接错误，操作单元将显示“Pot”/“not”报警；如快速调试不使用*P-OT/*N-OT 信号，可用如下参数取消正/反转禁止信号。

Pn 50A.3 = 8：取消*P-OT 信号，电机总是允许正转。

Pn 50B.0 = 8：取消*N-OT 信号，电机总是允许反转。

（2）快速调试步骤

速度控制快速调试步骤如下（见图 5-18）。

① 检查驱动器元件连接；加入驱动器控制电源，确认驱动器无报警后加入主电源。

② 根据需要，参照图 5-18 设定驱动器快速调试参数。

③ 将速度模拟量输入置 0V，加入 S-ON 及*P-OT/*N-OT 信号（或取消*P-OT/*N-OT 信号），开放驱动器的逆变管。

④ 加入适当的速度模拟量输入，使得电机慢速旋转，检查电机转向并通过改变参数 Pn 000.0 使之正确。

⑤ 将速度模拟量输入置为 0V，观察电机是否能够停止（或以极慢的速度旋转），如果电机不能

停止，则按照表 5-17 进行速度偏移的自动调整。

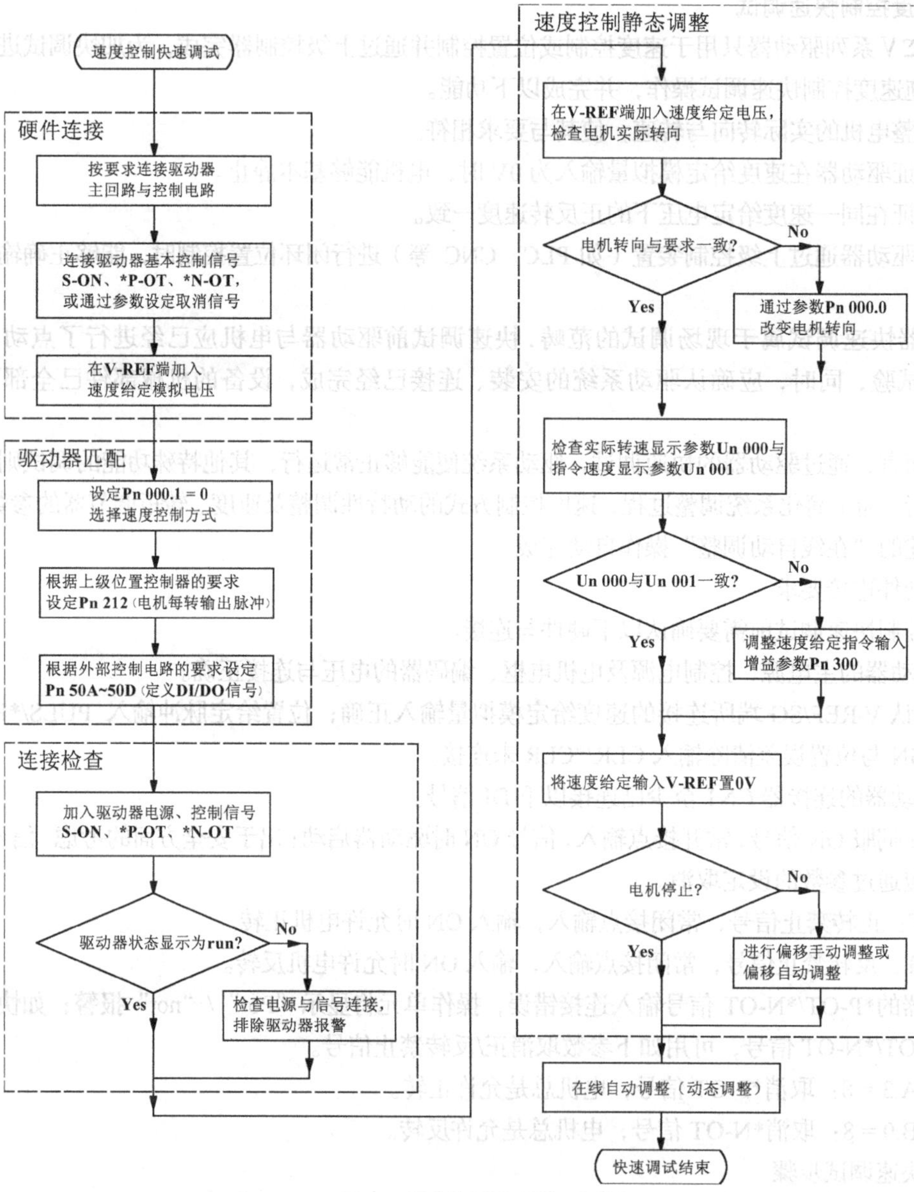

图5-18 速度控制快速调试的步骤

表 5-17 速度偏移的自动调整操作

步骤	操作单元显示	操作按键	操作说明
1			将速度给定模拟量输入置 OV
2	Fn000	MODE/SET ▲ ▼ DATA/◀	选择辅助设定与调整模式
3	Fn009	MODE/SET ▲ ▼ DATA/◀	选择辅助调整参数 Fn 009

续表

步　骤	操作单元显示	操 作 按 键	操 作 说 明
4	rEF_o	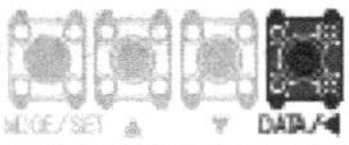	按【DATA/SHIFT】键并保持 1s，进入偏移自动调整方式
5	donE	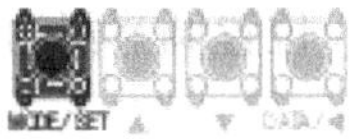	按【MODE/SET】键偏移自动调整生效，调整完成显示“done”
6	rEF_o		自动返回偏移调整显示
7	Fn009	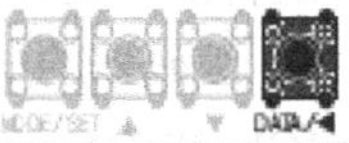	按【DATA/SHIFT】键并保持 1s，返回辅助设定与调整模式显示

⑥ 速度偏移也可按照表 5-18 进行手动调整。执行偏移手动调整前应先取消伺服 ON 信号（将 S-ON 置 OFF），并将速度给定模拟量输入置为 0V；然后选择手动调整方式，再加入伺服 ON 信号。

表 5-18　　速度偏移的手动调整操作

步　骤	操作单元显示	操 作 按 键	操 作 说 明
1	Fn000	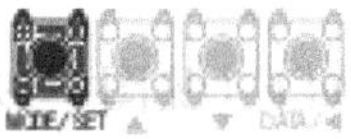	选择辅助设定与调整模式
2	Fn00A	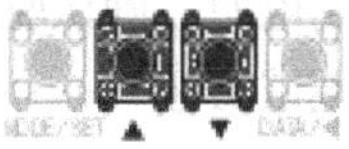	选择辅助调整参数 Fn 00A
3	=. .SPd	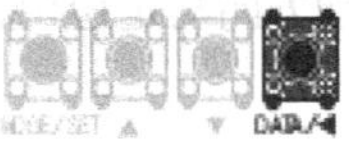	按【DATA/SHIFT】键并保持 1s，进入偏移手动调整方式
4	‾. .SPd		将伺服启动输入控制信号 S-ON 置“ON”
5	00000	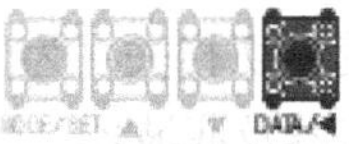	按【DATA/SHIFT】键（1s 内）显示当前偏移设定值
6		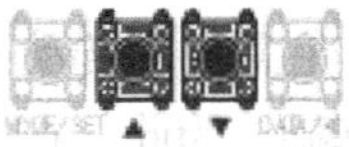	调整偏移量设定，使得电机停止转动
7	‾. .SPd	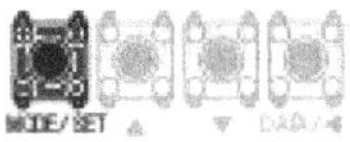	按【MODE/SET】键短时显示左图，调整完成显示“done”
8	Fn00A		按【DATA/SHIFT】键并保持 1s，返回辅助设定与调整模式显示

速度偏移只能减小，但不能完全消除，因此，即使偏移调整不能确保电机完全停止，但当上级控制装置一旦进入闭环位置调整状态，其速度偏移将通过位置闭环自动调节功能自动消除，确保电机在定位点上的定位。

⑦ 将模拟量输入调整到固定的电压值，测量或利用操作单元检查电机的实际转速，如果电机转速与要求不符，修改参数 Pn 300、调整增益，保证两者一致。

2. 位置控制快速调试

如果驱动器用于位置控制，可以直接实施位置控制快速调试操作，并完成以下功能。

① 使得指令脉冲的类型与上级控制器输出一致。

② 使得实际定位位置与指令位置一致，即完成脉冲当量与测量系统的匹配。

③ 使得电机的实际转向与指令方向一致，并尽可能减小停止时的位置跟随误差。

④ 能够正确输出位置反馈脉冲。

同样，为了加快调试进度，简化调试操作，位置调节器的动特性调整一般也通过驱动器的“在线自动调整”功能进行自适应设定。

（1）硬件连接要求

位置控制快速调试前需要正确连接硬件，并进行如下检查。

① 确认驱动器主电源、控制电源及电机电枢、编码器的电压与连接。

② 确认位置给定脉冲输入 PULS/*PULS、SIGN/*SIGN 信号的连接。

③ 驱动器的连接器 CN1 至少已连接以下 DI 信号。

S-ON：伺服 ON 信号，常开接点输入，信号 ON 时驱动器启动。

*P-OT：正转禁止信号，常闭接点输入，输入 ON 时允许电机正转。

*N-OT：反转禁止信号，常闭接点输入，输入 ON 时允许电机反转。

*P-OT/*N-OT 信号可通过与速度控制快速调试同样的方法取消。

（2）快速调试步骤

ΣV 系列驱动器的位置控制快速调试步骤如下（见图 5-19）。

① 检查驱动器元件连接；加入驱动器控制电源，确认驱动器无报警后加入主电源。

② 根据需要，设定驱动器位置控制快速调试参数。

③ 通过 CNC 输出定量脉冲，检查实际运动方向与定位位置，如果不正确，通过改变参数 Pn 000.0 与电子齿轮比进行调整。

三、驱动器的在线自动调整

1. 在线自动调整条件

伺服驱动系统的动态性能与机械传动系统密切相关，为保证系统有快速稳定的动态响应特性，需要根据负载情况设定位置、速度、电流调节器及滤波器、陷波器等参数。

驱动器的调整是一项理论性较强的工作，它需要对传动系统的惯量、刚性、阻尼等进行全面计算与分析，要求调试人员有相当的专业理论基础。为此，在一般应用场合可直接利用驱动器的在线自动调整功能，进行负载惯量比、共振频率的自动测试与调节器参数的自动设定，获得较为理想的运行特性。

ΣV 驱动器的自动调整功能分为运行时的在线自适应调整（又称免调整功能）、自动旋转型在线调整（又称高级自动调整功能）与利用外部指令控制的旋转型在线调整（又称指令输入型高级自动调整功能）3 种，其中，在线自适应调整可在驱动器运行过程中自动测试负载、设定调节器基本参数，使系统获得稳定的响应特性，这是最为常用的自动调整方式。

ΣV 系列驱动器的在线自适应调整可以自动完成如下参数的设定。

① Pn 100/ Pn 104：第 1/第 2 速度调节器增益。

② Pn 101/ Pn 105：第 1/第 2 速度调节器积分时间。

③ Pn 102/ Pn 106：第 1/第 2 位置调节器增益。

④ Pn 103：负载惯量比。

⑤ Pn 324：负载惯量测试开始值。

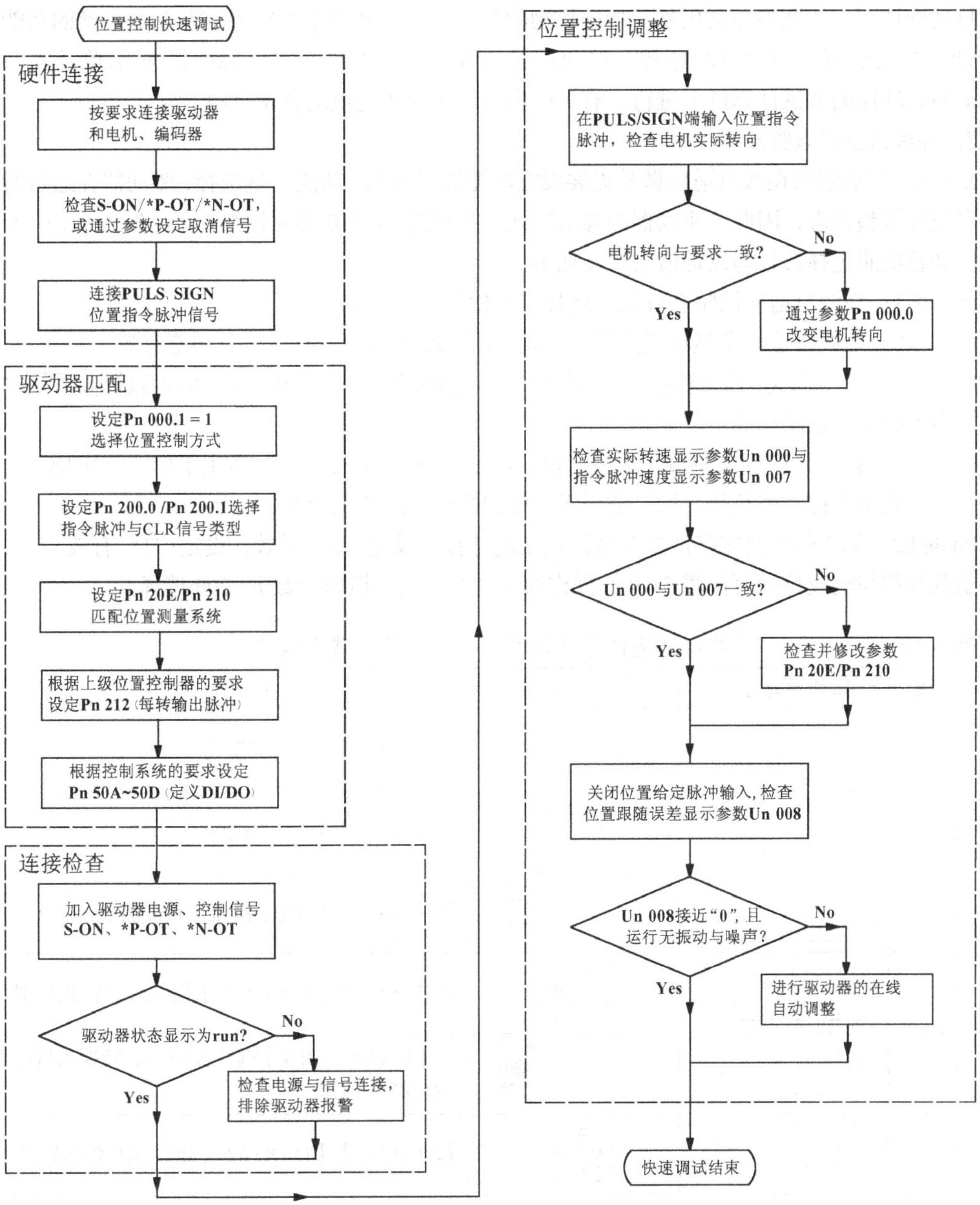

图5-19 位置控制的快速调试

⑥ Pn 401：转矩给定滤波时间。

⑦ Pn 40C/Pn 40D/Pn 40E：第2转矩给定陷波器参数。

在线自适应调整功能在驱动器出厂时默认为“有效”，但功能不可用于如下控制场合。

① 驱动器为转矩控制时（Pn 000.1 = 2）。

② 驱动器的A型振动抑制功能有效时（Pn 160.0 = 1）。

③ 驱动器的摩擦补偿功能有效时（Pn 408.3 = 1）。

④ 驱动器需要进行增益切换控制时（Pn 139.0 = 1）。

自动旋转型在线调整与利用外部指令控制的旋转型在线调整是ΣV 系列驱动器新增的功能，它可以计算与设定更多的调节器参数，但两种自动调整操作都只能在外部操作/显示单元或安装有 Sigma Win+软件的调试计算机上进行，有关内容可参见安川提供的技术资料。

2. 在线自适应调整步骤

ΣV 系列驱动器的在线自适应调整需要设定功能选择参数，功能一旦选择，驱动器在运行时将工作于自适应调整状态，因此，驱动器的参数写入保护功能 Fn 010 必须始终处于“写入允许”状态。自适应调整功能选择参数与设定值的意义如下。

Pn 14F.1：在线自适应调整软件版本选择（宜使用出厂设定）。

Pn 170.0：在线自适应调整功能选择，设定“0”功能无效；设定“1”功能有效。

Pn 170.2：在线自适应调整响应特性选择，设定范围为 1～4，增加设定值可以提高系统的响应速度，但可能引起振动与噪声。

Pn 170.3：在线自适应调整负载类型选择，设定范围为 0～2，“0”适用于标准响应特性的一般负载；“1”为位置控制类负载；“2”适用于对位置超调有限制的负载。

Pn 460.2：第 2 转矩给定陷波器参数设定功能选择，设定“0”无效；设定“1”有效。

负载类型与响应特性可按表 5-19 的操作通过辅助设定与调整参数 Fn 200 选择。

表 5-19 在线自适应调整负载类型与响应特性选择操作

步骤	操作单元显示	操作按键	操作说明
1	Fn000	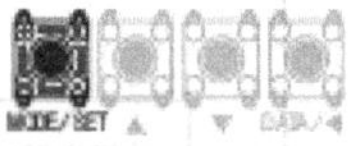	选择辅助设定与调整模式
2	Fn200	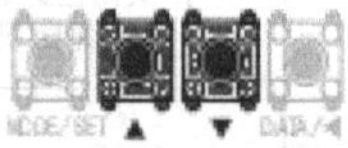	选择辅助调整参数 Fn 200
3	d0001		按【DATA/SHIFT】键显示负载类型
4	d0002	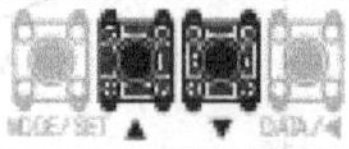	按【D-UP】【D-DOWN】键，选择负载类型
5	L0004	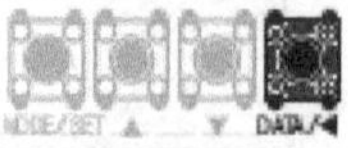	按【DATA/SHIFT】键并保持 1s，转换为自动调整响应特性选择
6	L0004	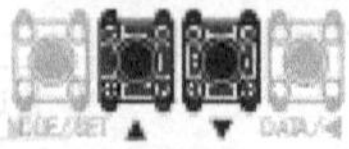	按【D-UP】【D-DOWN】键，选择响应特性
7	donE（闪烁显示）		按【MODE/SET】键保存设定，完成后“done”闪烁
8	Fn200	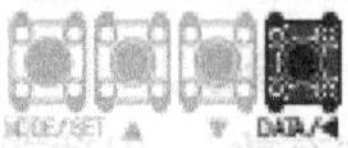	按【DATA/SHIFT】键并保持 1s，返回辅助设定与调整模式显示

ΣV 系列驱动器的在线自适应调整步骤如图 5-20 所示。

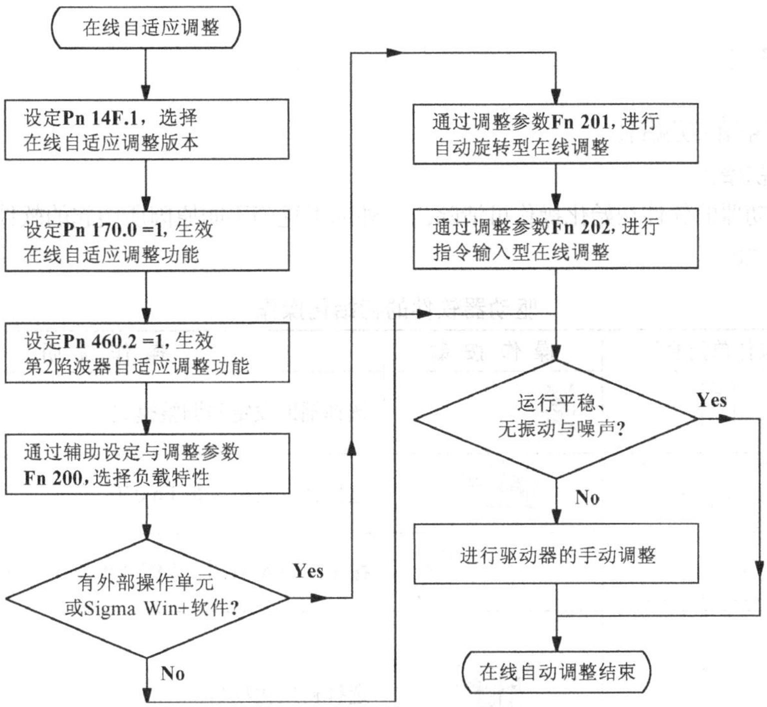

图5-20 ΣV系列驱动器的在线自适应调整步骤

任务4 掌握驱动器的维修技能

能力目标

1. 能够进行驱动器的初始化操作。
2. 能够进行驱动器的无电机试运行操作。
3. 能够检查并排除驱动器报警。

工作内容

1. 利用操作单元进行驱动器初始化。
2. 利用操作单元进行驱动器的无电机试运行。
3. 利用操作单元检查与排除驱动器报警。

实践指导

一、驱动器的初始化

1. 软件的初始化

ΣV 系列驱动器的软件初始化操作可清除由于外部干扰等不明原因所引起的软件报警，初始化操作的步骤见表 5-20。

表 5-20 驱动器软件的初始化操作

步骤	操作单元显示	操作按键	操作说明
1	Fn000		选择辅助设定与调整模式
2	Fn030	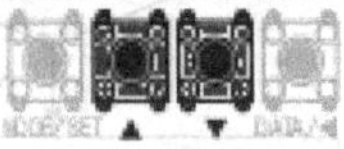	选择辅助调整参数 Fn 030
3	SrSt 1	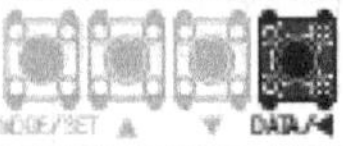	按【DATA/SHIFT】键并保持 1s，进入初始化操作
4	SrStS ↓ -	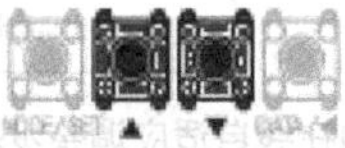	选择初始化项目
5		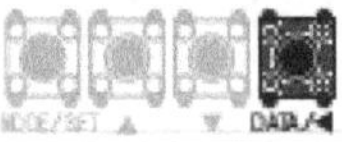	按【MODE/SET】键生效初始化操作，面板显示自动消失
6	. . bb	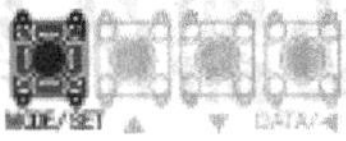	按【DATA/SHIFT】键，返回开机显示

2. 驱动器参数初始化

一般而言，对于第一次使用的驱动器，或驱动器本身发生硬件/软件故障、进行维修后，都需要先进行参数初始化操作，使全部参数回到出厂默认设定值。参数初始化操作必须在主电源断开、控制电源接通的情况下进行，初始化通过辅助调整参数 Fn 005 实现，其操作步骤见表 5-21。

表 5-21 参数的初始化操作步骤

步骤	操作单元显示	操作按键	操作说明
1	Fn000	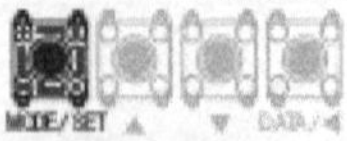	选择辅助设定与调整模式
2	Fn005	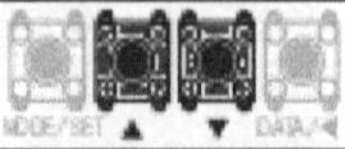	选择辅助调整参数 Fn 005
3	P.InIt		按【DATA/SHIFT】键并保持 1s，显示“参数初始化（Initial）”状态
4	P.InIt（闪烁）	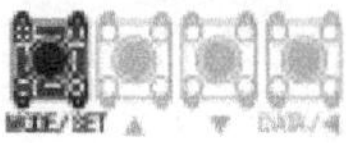	按【MODE/SET】键，生效参数初始化操作，参数初始化时状态显示闪烁

续表

步　　骤	操作单元显示	操 作 按 键	操 作 说 明
5	done （闪烁）		参数初始化完成后显示“done”信息（闪烁1s）
6	P.InIt		显示恢复到“参数初始化（Initial）”界面
7	Fn005	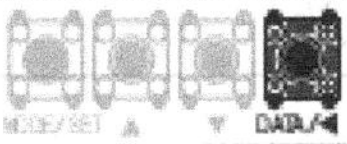	按【DATA/SHIFT】键并保持1s，返回到辅助调整显示界面
8	关闭控制电源，重新启动驱动器，生效默认参数		

3. 选择功能的初始化

ΣV系列驱动器选择功能的初始化操作是对选择功能模块进行的自动测试与设定，初始化操作还可以自动清除选件模块的报警，其操作步骤见表5-22。

二、无电机试运行

1. 功能说明

无电机试运行是安川ΣV系列驱动器新增的功能，它可以在输出关闭（逆变管封锁）、电机不旋转的情况下模拟实际运行过程，功能可以用于以下检查。

① DI/DO信号的连接检查。

② 驱动器与外部控制器、上级控制装置的动作协调与确认。

③ 驱动器参数设定检查与确认。

无电机试运行不能用于以下动作与功能的检查。

① 动态制动与外部机械制动器功能。

② 驱动器自适应调整、振动检测等需要在电机旋转状态下才能实施的调整。

表5-22　　驱动器选件模块的初始化操作

步　　骤	操作单元显示	操 作 按 键	操 作 说 明
1	Fn000	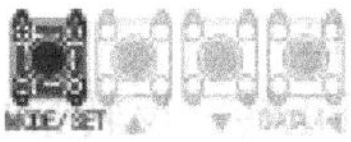	选择辅助设定与调整模式
2	Fn014	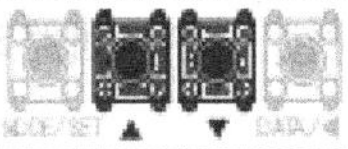	选择辅助调整参数Fn 014
3	o.SAFE	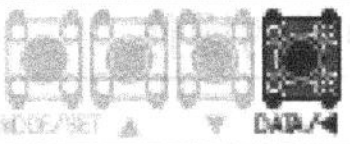	按【DATA/SHIFT】键并保持1s，进入初始化操作
4	o.FEEd	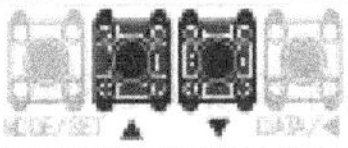	选择初始化项目
5	o.InIt	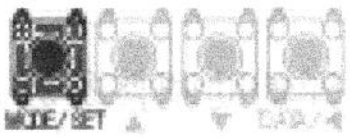	按【MODE/SET】键并保持1s，生效初始化操作
6	o.InIt （闪烁显示） ↓ done	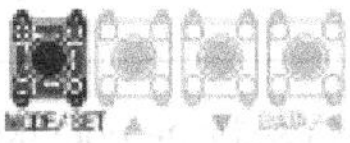	再次按【MODE/SET】键 显示闪烁，完成后显示“done”

续表

步　骤	操作单元显示	操 作 按 键	操 作 说 明
7	o.Init		自动返回初始化显示
8	Fn014		按【DATA/SHIFT】键并保持 1s，返回辅助设定与调整模式显示
9	切断电源，重新接通电源后初始化设定生效		

无电机试运行时可以连接或不连电机，当电机不连接时，与电机、编码器相关的如下辅助调整将不能进行。

① 绝对编码器初始化（Fn 008）。

② 绝对编码器回转次数初始化（Fn 013）。

③ 全闭环系统的参考点设定（Fn 020）。

④ 电流检测偏移的调整（Fn 00E、Fn 00F）。

无电机试运行功能可由参数 Pn 00C 进行设定与选择，参数代表的意义如下。

Pn 00C.0：无电机试运行功能选择，设定“0”功能无效；设定“1”功能生效。

Pn 00C.1：编码器脉冲数选择，设定“0”为 2^{13}；设定“1”为 2^{20}。

Pn 00C.2：无电机试运行时的绝对编码器功能选择，设定“0”作增量编码器；设定“1”作绝对编码器。

2. 操作步骤

无电机试运行的操作步骤见表 5-23。无电机试运行启动后，操作单元将出现如下交替显示。

bb←→tSt：电机不通电，无电机试运行进行中。

run←→tSt：电机通电，无电机试运行进行中。

P-dt←→tSt：转子位置检测，无电机试运行进行中。

Pot←→tSt：无电机试运行进行中，电机正转禁止。

not←→tSt：无电机试运行进行中，电机反转禁止。

Pot←→not←→tSt：无电机试运行进行中，电机正转、反转禁止。

Hbb←→tSt：无电机试运行进行中，硬件基极封锁（安全回路动作）。

表 5-23　　无电机试运行功能的操作

步　骤	操作单元显示	操 作 按 键	操 作 说 明
1	Pn000		选择参数设定模式
2	Pn00C		选择辅助调整参数 Pn 00C
3	n.0000		按【DATA/SHIFT】键并保持 1s，显示参数值
4	n.0111		进行参数 Pn 00C 的设定

续表

步　　骤	操作单元显示	操 作 按 键	操 作 说 明
5	n.0111	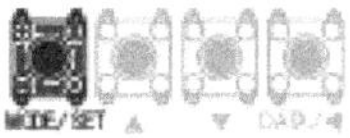	按【MODE/SET】键并保持 1s，写入参数
6	重新接通电源，生效参数设定		
7	加入外部控制信号，开始无电机试运行		

三、驱动器故障分析与处理

1. 故障报警的分析与处理

当驱动器出现报警时，操作单元可以显示相应的报警号，如 A.020 等，报警原因及处理方法在驱动器手册中有详细说明，维修时可根据手册进行相关处理，在此不再一一说明。

2. 警示信息显示

安川 ΣV 系列驱动器“警示”时可以根据参数的设定输出报警代码，但报警触点 ALM 通常不动作（总是为 ON 状态），警示号与原因见表 5-24。

与警示信息输出相关的参数如下。

Pn 001.3 = 1：驱动器输出警示代码。

Pn 008.2 = 1：驱动器警示功能无效。

表 5-24　ΣV 系列驱动器警示显示与原因

警　　示	警 示 名 称	警 示 原 因
A.900	伺服 ON 时位置跟随误差过大	伺服 ON 时的位置跟随误差超过了 Pn 526×Pn 528/100 的范围
A.910	过载预警	驱动器即将发生 A.710、A.720 过载报警
A.911	振动预警	振动超过了允许范围
A.920	制动过载预警	驱动器即将发生 A.320 制动过载报警
A.921	动态制动过载预警	驱动器即将发生 A.731 动态制动过载报警
A.930	绝对编码器电池电压预警	绝对编码器电压过低，应尽快更换电池
A.941	参数修改需要重新启动电源	修改了需要重新启动生效的参数
A.971	主电压过低	主电源电压过低，即将发生 A.410 报警

学习领域三 变频技术及应用

变频器是20世纪70年代初随电力电子技术、PWM控制技术的发展而出现的一种用于普通感应电机调速的通用调速装置，随着科学技术的进步，当代变频器的功能已日臻完善。

在功率器件上，IGBT与IPM等第三代、第四代电力电子器件正在成为当代变频器的主流器件；12脉冲整流、双PWM变频、三电平逆变等技术已经在变频器上得到普及与应用；矩阵控制的变频器已经被实用化。在控制理论上，变频器已从最初的 V/f 控制（恒电压/频率比控制）发展到了矢量控制与直接转矩控制。在控制技术上，已经从模拟量控制发展到了全数字控制与网络控制。

以上技术的进步，不仅提高了变频器的调速性能，而且使感应电机的转矩与位置控制成为了现实，如何充分利用变频器的功能来解决工程实际中的各类问题，是变频器应用技术人员所必须了解与掌握的知识。

日本安川（YASKAWA）公司是国际上最早研发、生产通用变频器的厂家之一，其产品规格齐全、性能领先、市场占有率高、产品代表性强。本学习领域将以该公司的典型产品为载体，介绍通用变频器所涉及的硬件组成与电路连接、功能应用与参数设定及操作维修技能。

Chapter

6

项目6

变频器产品与性能

为了适应不同的控制要求，变频器有通用变频器与专用变频器（交流主轴驱动器）之分；为了提高调速精度，通用变频器也可采用闭环控制；通用变频器按照产品性能与用途又被分为普通型、紧凑型、节能型及高性能型四大类。变频器自产生起直到今天一直是交流调速系统的研究热点，高性能化、环保化、网络化已成为当代变频器发展的必然趋势。

安川（YASKAWA）、三菱（MITSUBISHI）与西门子（SIEMENS）公司的通用变频器为日本与欧美的代表性产品，在国内使用较广，其中，安川公司的变频器产品的性能居世界领先水平，该公司的 CIMR-G7 系列变频器是国际国内市场用量较大、性能较先进、功能较完善的常用产品。

本项目将进行以上内容的系统学习。

任务1 了解变频器产品

能力目标

1. 区分通用变频器与交流主轴驱动器。
2. 熟悉变频调速系统的结构。
3. 了解变频器产品分类与性能。
4. 了解当代变频器的发展方向。

工作内容

学习后面的内容，并回答以下问题。

1. 通用变频器与交流主轴驱动器的主要区别是什么？
2. 简述通用变频器的技术特点。
3. 简述开环、闭环变频调速系统的特点并比较其性能差别。
4. 简述普通型、紧凑型、节能型与高性能型变频器的主要区别。

相关知识

一、变频器分类与特点

1. 变频器的分类

变频器是一种通过改变供电频率来改变同步转速、实现感应电机调速的装置。由于感应电机是一种多变量、强耦合、非线性的控制对象，要进行精确控制就必须建立精确的数学模型，数学模型越接近实际电机，其调速性能也就越好。然而，依靠目前的控制理论与技术，还不能设计出一种可以用于不同生产厂家生产、不同参数电机精确控制的通用变频器，因此，变频器有通用型与专用型两大类产品。

（1）通用变频器

通用变频器就是指人们平时常说的“变频器”，它可以用于不同生产厂家生产、不同参数电机的小范围调速与简单控制。由于通用变频器设计时无法预知最终控制对象——感应电机的实际参数，故必须对数学模型进行大量的简化与近似处理，因此，其调速范围一般较小、调速精度也较差。在矢量控制的变频器上，为了提高数学模型的准确性，可通过“自动调整（自学习）”等方式自动进行部分电机参数的简单测试，来适当改善控制性能。

中小功率变频器一般为独立的控制装置，可用于所有同规格感应电机的控制，其使用方便、调试简单，是市场最为常用的产品。大功率变频器常采用模块化结构，其整流部分与逆变部分相互独立，整流部分（电源模块）可通用，一个电源模块可带多个逆变模块，此类变频器一般用于冶金、矿山、交通运输等大型机械的传动控制。

（2）交流主轴驱动器

通用变频器虽然使用简单、价格便宜，但它无法满足数控机床主轴等需要较高精度调速控制的要求，为此，变频器产品中有一类与专用感应电机配套使用的专用变频器，其调速性能大大优于通用型变频器（技术性能比较参见导论），可以用于数控机床主轴的大范围、精确调速，故称为“交流主轴驱动器”。

交流主轴驱动器所配套的感应电机由驱动器生产厂家专门设计，并经过统一、严格的质量控制与精密测试，不仅电机性能大大优于通用感应电机，而且变频控制的数学模型也十分精确；在此基础上，再通过闭环矢量控制，使得其调速范围、调速精度均大大优于通用变频器，且还能实现转矩、位置控制，其性能已接近交流伺服驱动系统，故又称为“感应电机伺服驱动器”。

交流主轴驱动器多为数控系统生产厂家配套提供，如 FANUC 公司的 α 系列、SIEMENS 公司的 611U 系列等均为典型的交流主轴驱动器产品。早期的主轴驱动器一般也采用独立型结构，其外观与变频器类似，但目前大多采用了主轴驱动器与伺服驱动器共用电源模块的模块化结构。

交流主轴驱动器价格高、性能好，多用于高档数控机床的控制，且大都需要通过 CNC 实现简单的位置控制功能，本书不再进行具体介绍，本书下述内容中的变频器均是指通用变频器。

2. 变频器的技术特点

变频器作为一种面向感应电机的通用控制装置，与交流主轴驱动器、交流伺服驱动器等专用控制器比较，有如下明显的特点。

① 多种控制方式兼容。变频器的 V/f 控制、矢量控制与直接转矩控制有各自的特点与应用范围，目前还没有哪一种变频控制方式可以完全代替其他控制方式，因此，当代变频器一般能兼容多种变频控制方式，使用者可以根据实际需要通过设定参数选择控制方式。

② 开环/闭环通用。闭环控制可以通过反馈消除误差，提高稳态精度，但也带来了系统稳定性问题。为适应不同的控制要求，当代变频器一般采用开环/闭环通用的结构形式，只要简单地增加闭环接口模块，便可以实现闭环控制，这一结构变换可同时用于 V/f 控制、矢量控制与直接转矩控制。

③ 适应性强、调速性能差。通用变频器是一种面向普通感应电机的控制装置，它虽然可用于各种负载类型、几乎所有交流电机的控制，并具有 1:n 多电机控制功能，其通用性强、适应面广，但由于其控制对象不确定、数学模型不准确、控制难度大，因此其调速性能明显低于交流主轴驱动器与交流伺服驱动器。

二、变频调速系统的结构

1. 开环变频调速系统

无速度反馈的变频调速系统称为开环变频调速系统，它是目前最为常用的变频调速方式，图 6-1 是开环 V/f 控制系统的结构原理图。

在开环变频调速系统中，速度（频率）指令可通过电位器、模拟电压等形式输入；变频器通过 V/f 控制或者矢量控制，将速度指令转换为频率、幅值、相位可变的电机定子电压与电流，以控制电机的转速。

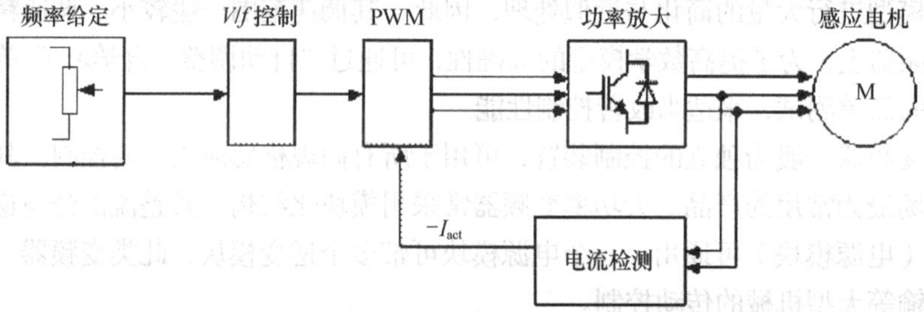

图6-1 开环 V/f 变频调速系统

开环变频调速系统的结构简单，使用方便，维修容易，并可以用于 1:n 多电机控制（V/f 控制方式），也不存在闭环系统的稳定性问题，但由于系统不能检测电机的实际转速，因而无速度自动补偿与调整功能，其调速精度较差，只能用于调速性能要求不高的场合。

2. 闭环变频调速系统

带有速度测量反馈装置的变频调速系统称为闭环变频调速系统，图 6-2 是闭环 V/f 控制系统的结构原理图。

闭环系统在开环的基础上增加了速度检测装置与速度调节器，通过给定与反馈间的“误差”控制，实现了速度闭环自动调整功能，提高了调速精度。通常而言，采用闭环控制后，在同样的控制方式下，其调速精度可以提高 10 倍左右。但由于感应电机结构的限制，当前最先进的、采用闭环矢量控制的变频器，其调速范围也难以超过 1:1000；因此目前感应电机的变频调速还只能用于调速范围相对较小，对动态性能与调速精度要求相对较低的场合。

本书导论部分已经对各种交流变频调速系统的性能进行了详细的比较与说明，在此不再赘述。

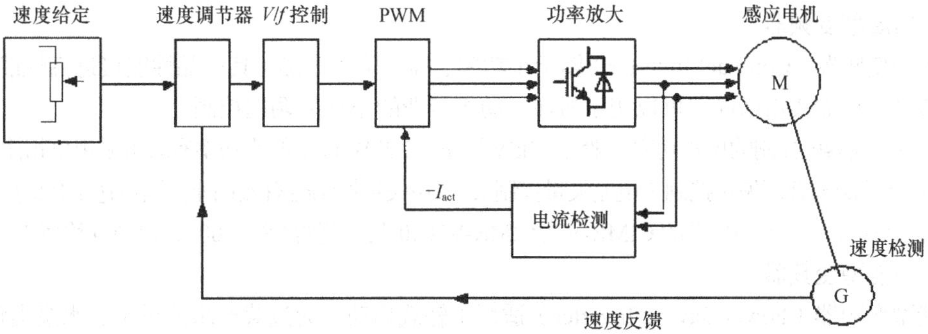

图6-2 闭环 V/f 变频调速系统

实践指导

一、变频器分类

当前，市场上的各种变频器产品众多，产品性能参差不齐，价格也相差甚远。从变频器所采用的控制方式上说，采用闭环矢量控制的专用主轴驱动器的调速性能为最好，其调速范围可达 1:1000 以上，调速精度可达±0.02%以内，其性能已接近交流伺服；而采用开环 V/f 控制的变频器性能最低，其调速范围一般在 1:50 以下，调速精度只能达到±2%左右。

如按照生产地域划分，目前国内市场上常用的变频器大致可分为日本（中小功率为主）与欧美（大功率为主）两大主流产品，其余产品无论在性能、市场占有率或外观、体积等方面与日本、欧美产品相比还有很大的差距。

在日本，三菱（MITSUBISHI）、安川（YASKAWA）公司在通用型变频器与交流伺服的研究上起步较早，其产品规格齐全，性能领先，市场占有率高；此外，像富士（FUJI）、日立（HITACHI）、三肯（SANKEN）等公司的产品在市场也有一定数量的销售。总体而言，日本变频器产品的特点是体积小，可靠性好，使用、调试容易，性能价格比高，对电源与环境的要求低，对于初学者或是绝大多数无特殊要求的控制场合，可以优先考虑选用。但是，日本变频器产品的最高输出频率一般为 400Hz，因此，在高速控制时应考虑选择欧美产品。

在欧美公司生产的变频器产品中，国内市场常用的有西门子（SIEMENS）、施耐德（Schneider）等公司的产品。欧美变频器的最大特点是功率大、最高输出频率高（一般可以达到 500～650Hz），故可以用于特殊的高速控制场合（如电主轴控制等）；但是，它与日本变频器产品相比，其体积较大，使用、调试也相对复杂；同时，由于变频器的输入电压普遍较高，外部环境尤其是电源与接地系统的质量将直接影响变频器的运行可靠性，在使用时应引起足够的重视。

如按照产品性能与用途划分，变频器一般分为普通型、紧凑型、节能型及高性能型四大类，其区别如下。

（1）普通型变频器

普通型变频器（Standard Inverter）属于小功率、低价位变频器，一般用于民用设备、木工、纺织等简单机械的小范围无级调速控制。

普通型变频器可控制的电机功率一般在 7.5kW 以下，2.2kW 以下的小功率可采用单相输入。变频器一般采用 V/f 控制方式或磁通矢量控制（亦称简单矢量控制），矢量控制时有效调速范围可达 1:50 左右，速度响应一般在 3Hz 以内。安川早期的 CIMR-J7、CIMR-J1000 及三菱公司的 FR-S500、FR-D700 均属于此类产品。

（2）紧凑型变频器

紧凑型变频器（Compact Inverter）属于小功率、高性价比产品，其产品性能接近高性能变频器，但结构紧凑、功能实用精简，可以用于机床、纺织行业的小功率调速控制。

紧凑型变频器可控制的电机功率一般在 15kW 以下，2.2kW 以下的小功率有时可采用单相输入。变频器可采用 *V/f* 控制与开环矢量控制（电流矢量控制），采用矢量控制时有效调速范围可达 1:100 左右，速度响应一般在 5Hz 以上。安川早期的 CIMR-V7、CIMR-V1000 及三菱的 FR-E500、FR-E700 均属于此类产品。

（3）节能型变频器

节能型变频器（Power Saving Inverter）适用于轻载启动、无过载要求的风机、水泵类负载的大功率电机控制。

节能型变频器可控制的最大电机功率目前已可达 630kW，在所有变频器中为最大，产品统一采用三相输入。变频器可采用 *V/f* 控制与开环矢量控制（电流矢量控制），矢量控制时有效调速范围可达 1:100 左右，速度响应一般在 5Hz 以上。安川的 CIMR-F7、三菱公司的 FR-F500、FR-F700 均属于此类产品。

（4）高性能型变频器

高性能型变频器（High-end Inverter）是用于金属切削机床的主轴等要求高精度、大范围调速控制的中大功率变频器，其性能在所有变频器中为最高。

高性能型变频器可控制的电机功率可达 500kW 左右，产品统一采用三相输入。变频器可采用闭环 *V/f* 控制与闭环矢量控制，在开环矢量控制时的有效调速范围可达 1:200，速度响应可达 20Hz 以上；如配套专用电机、采用闭环矢量控制，其有效调速范围可达 1:1000，速度响应可达 50Hz 左右，具有简单位置控制、高性能转矩控制与伺服锁定功能，可直接作为主轴驱动器使用。安川的 CIMR-G7、CIMR-A1000 及三菱公司的 FR-A500、FR-A700 均属于此类产品。

二、典型变频器产品

安川（YASKAWA）与三菱（MITSUBISHI）公司是日本最早研发、生产通用型变频器与交流伺服的厂家之一，其产品规格齐全，性能领先，市场占有率高；西门子（SIEMENS）公司的变频器为欧美代表性产品，其中小功率的通用变频器在国内使用较广。

表 6-1～表 6-3 是安川、三菱与西门子公司在目前国内市场常用的、各性能层次的代表性产品情况，可以供读者选型参考。由于各公司的产品在不断发展与进步中，表中的性能参数为目前以上公司的最新产品信息，可能与读者所使用的实际产品规格、性能有一定的差别。

表 6-1 安川公司 CIMR 系列变频器常用规格与性能

产品系列	CIMR-F7	CIMR-G7	CIMR-V1000	CIMR-A1000
控制电机功率	400W～300kW	400W～300kW	100W～18.5kW	400W～750kW
PWM 形式	SPWM	SPWM	SPWM	SPWM
速度控制方式	开环/闭环 *V/f* 控制；开环矢量控制	开环/闭环 *V/f* 控制；开环/闭环矢量控制	开环/闭环 *V/f* 控制；开环矢量控制	开环/闭环 *V/f* 控制；开环/闭环矢量控制
最高输出频率（速度）	400Hz	400Hz	400Hz	400Hz
速度控制范围	*V/f* 控制：1:40 矢量控制：1:100	*V/f* 控制：1:40 开环矢量：1:200 闭环矢量：1:1000	*V/f* 控制：1:40 矢量控制：1:100	*V/f* 控制：1:40 开环矢量：1:200 闭环矢量：1:1500
速度控制精度	±0.2%	±0.02%（闭环矢量）	±0.2%	±0.01%（闭环矢量）
速度（频率）响应	5Hz	40Hz	5Hz	50Hz

续表

产品系列	CIMR-F7	CIMR-G7	CIMR-V1000	CIMR-A1000
通信接口	RS485	RS485	RS485	RS485
网络链接	CC-Link、PROFIBUS、Device-NET			
产品价格（同规格）	中	高	低	高

表 6-2　　三菱公司 FR-700 新系列变频器常用规格与性能

产品系列	FR-F740	FR-A740（开环）	FR-A740（闭环，带选件 A7AP）
控制电机功率	0.75～630kW	0.75～630kW	0.75～630kW
PWM 形式	SPWM	SPWM	SPWM
速度控制方式	开环 *V/f* 控制或磁通控制	开环 *V/f* 控制或矢量控制	闭环 *V/f* 控制或矢量控制
最高输出频率	400Hz	400Hz	400Hz
速度控制范围	1:20（开环磁通控制）	1:200（开环矢量控制）	1:1500（闭环矢量控制）
速度控制精度	±0.2%（开环磁通控制）	±0.02%（开环矢量控制）	±0.01%（闭环矢量控制）
速度（频率）响应	3Hz	20Hz	48Hz
网络链接	CC-Link、SSCNET、PROFIBUS、Device-NET、Ethernet IP、CANopen		
产品价格（同规格）	低	中	高

表 6-3　　SIEMENS 公司变频器常用规格与性能

产品系列	MM420	MM430	MM440
控制电机功率	120W～11kW	7.5～250kW	120W～200kW
PWM 形式	SPWM	SPWM	SPWM
速度控制方式	开环 *V/f* 控制；开环磁通控制	开环 *V/f* 控制；开环磁通控制	开环或闭环 *V/f* 控制；开环或闭环矢量控制
最高输出频率（速度）	650 Hz	650 Hz	650 Hz
通信接口	RS485	RS485	RS485
网络链接	PROFIBUS、USS、Device-NET、CANopen		
产品价格（同规格）	低	中	高

拓展学习

当代变频器的发展方向

变频器自产生起直到今天一直是交流调速系统的研究热点。20 世纪对变频器的研究主要集中于新型电力电子器件的应用、电路拓扑结构的改进与完善以及控制理论与控制方法的探索上，并且取得了很大的进展，变频器的动态性能与控制精度得到了大幅度提高。进入 21 世纪以来，随着社会的进步、信息技术的普及以及资源、环境等深层次社会问题的显露，人们在继续不断提高变频器本身性能的同时，更加注重了如何提高变频器的功率因数、节能降耗、减少对电网公害、改善环境影响以及它与工业自动化网络的完美结合等系统性问题，高性能化、环保化、网络化已成为当代变频器发展的必然趋势。

1. 高性能化

当代变频器的性能提高主要体现在以下方面。

（1）V/f控制的改进

V/f控制是建立于感应电机传统的等效电路基础上、忽略定子电阻等诸多因素影响的前提下所得出的控制方案，其最大优点是变频控制与对象参数无关，低速速度波动小，故可以用于各类交流电机控制及1:n多电机控制。V/f控制的缺点是低频工作时随定子电阻在阻抗中所占的比重加大，输出转矩将明显下降，为此当代变频器采用了低频转矩提升、多点V/f设定、速度误差补偿等方法提高性能；在精度要求高的场合，还可以直接采用闭环V/f控制来消除稳态速度误差。

通过以上改进，先进的变频器在采用V/f控制时，3Hz工作时的连续输出转矩与最大输出转矩已可达到50%M_e与150%M_e以上，输出转矩大于40%M_e的有效调速范围可达1:40左右；速度响应为10～20rad/s（3～6Hz）；开环速度精度为±（2%～3%），闭环控制时可达±（0.2%～0.3%）。

（2）矢量控制的改进

矢量控制与直接转矩控制（本质为矢量控制）的共性问题是建立准确的磁通观测器与速度观察器，前者决定了变频器的转矩控制性能，后者决定了变频器的开环速度控制精度。建立准确的磁通观测器与速度观察器需要有精确的模型，为此需要预知电机定子与转子的电阻、电感、铁芯饱和系数等诸多参数，这对于对象不确定的通用变频器来说是十分困难甚至是不可能的。为了使得矢量控制能够面向通用电机，当代变频器一般均具有“自动调整（Auto-tuning）”功能，它可以通过变频器自动完成部分参数测试与设定。

当前，先进的开环矢量控制变频器在特定条件下的3Hz连续输出转矩已可达95% M_e以上，0.3Hz时的最大输出转矩可达200%M_e；有效调速范围为1:200；速度响应达120rad/s（40Hz）左右；速度精度为±(0.2%～0.3%)；而闭环矢量控制的变频器的有效调速范围可扩大至1:1500以上；速度响应为300rad/s（50Hz）左右；速度精度可达±(0.02%～0.03%)，其性能已接近交流主轴与交流伺服。

2. 环保化

减小网侧谐波、提高功率因数、节能降噪、缩小体积等是变频器环保化的主要内容。当代变频器的环保化主要包括改变电路拓扑结构、采用矩阵控制技术、改善PWM控制性能、采用强制水冷等方面。此外，变频器新增的节能控制运行、工频/变频切换等也是为适应环保化要求而开发的功能。

（1）拓扑结构的改进

在传统的“交-直-交”变换、PWM逆变的变频器上，拓扑结构的改进目前主要有整流侧的12脉冲整流与双PWM变频两种方案，逆变侧主要是采用三电平逆变技术，具体内容可参见项目2。

作为新颖的变频控制方案，借鉴了传统“交-交”变频方式、融合现代控制技术的矩阵控制变频器（Matrix Converter）的研究与应用正在日益引起人们的关注。矩阵控制变频利用现代控制技术解决了传统“交-交”变频存在的输出频率只能低于输入频率的问题，还可以直接实现从M相到N相的变换（M:N变换），它与“交-直-交”变频相比，不仅无中间直流储能环节、能量可双向流动、输入谐波低，其理论功率因数在0.99以上，并可对相位进行超前与滞后控制，起到功率因数补偿器的作用。因此，是一种有着广阔应用前景的新型结构。矩阵控制变频当前存在的主要问题是功率器件数量众多、且需要采用双向器件，变换控制的难度较大，电压的传输比较低等，因此其实用与普及还需要一定的时间。

（2）低噪声控制技术

降低变频器的噪声是变频器环保化的重要内容之一。变频器产生的噪声包括电磁干扰与音频干扰（噪声）两大方面，前者包括空中传播的无线干扰、高频谐波产生的磁干扰、分布电容产生的静电干扰、电路传播的接地干扰等；后者是影响人类健康的噪声。传统的降低电磁干扰方法主要有网侧进线与电机电枢线安装滤波器、采用屏蔽电缆、进行符合要求的接地系统等。为了方便用户使用，并保证产品能够满足 EMC 规范，当代变频器已将 EMC 滤波器、零相电抗器等外置器件直接集成于变频器内部（如三菱 FR-700 系列），使得变频器的电磁噪声可限制在 EN61800-3 第 2 类环境的 QP 限值以内。

变频器的 PWM 控制还会产生噪声，研究表明，人耳对 3～4kHz 的噪声最为敏感，但对 500Hz 以下或 8kHz 以上的噪声反应迟钝，利用这一特点，当代变频器一般可以采用柔性 PWM 控制技术（Soft-PWM），通过变频器的 PWM 频率自动调整功能来回避敏感区。采用柔性 PWM 控制技术不仅可以降低噪声，而且还具有限制射频干扰、减小功率损耗、保护功率器件的作用。

3. 网络化

信息技术发展到了今天，网络控制已成为所有自动化控制装置的基本功能之一。通过网络总线链接，将变频器作为网络从站纳入现场总线网，由主站（如计算机、PLC、CNC 等）进行集中、统一控制，不仅有利于制造业的信息化与自动化，而且还可以节省现场配线、简化系统结构。

变频器在采用数字化控制技术后已经具备了网络控制的前提条件，然而由于通用变频器使用简单、控制容易、价格低廉等多方面原因，直到 21 世纪人们才开始重视网络控制技术，其起步明显晚于 PLC、CNC 等。21 世纪初期的变频器网络功能只局限于“点到点”的数据通信与借助专用软件的监控、调试等简单功能，网络链接需要通过专门的选件模块实现。

当代变频器大幅度提升了网络控制功能，变频器不仅具有标准的 RS485 接口，且开始配备 USB 接口与支持 PROFIBUS-DP、CC-Link、Device-NET、Mod bus、CANopen、EtherNET 等开放式现场总线的通信协议；用于远程故障诊断与维修的 Teleservice 技术也已经开始在变频器上应用；变频器的调试、监控与管理更加容易，可靠性更高。

总之，变频器自 20 世纪 70 年代诞生以来，经过人们 30 多年的不懈努力，其技术已经日益进步，应用领域不断扩大，发展前景广阔。然而，由于感应电机的精确控制是一个极为复杂的问题，尽管矢量控制、直接转矩控制已大幅度提高了变频器的性能，但磁通的精确观测、电机参数的在线识别、电压的重构与死区补偿、面向三电平逆变的 PWM 技术、矩阵控制的变换技术与 PWM 控制技术等诸多问题还有待于进一步探索与研究，可以说至今还没有一种世所公认的最佳控制方案。

任务2 熟悉 CIMR 系列变频器

能力目标

1. 了解安川变频器产品。
2. 熟悉安川变频器型号。
3. 了解 CIMR-G7 变频器特点与主要性能。

工作内容

学习后面的内容，并回答以下问题。

1. 简述 CIMR- 1000 系列变频器的主要性能改进。

2. 已知 CIMR-G7 变频器的型号为 CIMR-G7A4018)，问：该变频器可控制的电机功率为多大？额定输出电压、电流及要求的输入电压、容量是多少？

相关知识

一、安川变频器概述

安川（YASKAWA）公司是日本研发、生产变频器最早的企业之一，从 20 世纪 70 年代开始进行产品的研发与生产，80 年代开发了矢量控制变频器，其变频器、交流伺服产品的性能居世界领先水平。

安川公司变频器产品规格齐全、技术先进、可靠性好，目前市场使用最多的是 CIMR-7 系列与最新推出的、拟替代 CIMR-7 的 CIMR-1000 系列产品。安川变频器的外形如图 6-3 所示。

(a) CIMR-7系列

(b) CIMR-1000系列

图6-3 安川变频器外形

CIMR-1000 与 CIMR-7 系列产品相比，其性能主要有以下方面的提高。

① 性能好。CIMR-1000 在 CIMR-7 变频器的基础上，大幅度提高了性能。例如，与 CIMR-J7 相比，CIMR-J1000 的有效调速范围、启动转矩分别从 CIMR-J7 的 1:10、150%/5Hz 提高到了 1:40、150%/3Hz；与 CIMR-F7 相比，CIMR-A1000 的有效调速范围、启动转矩分别从 CIMR-F7 的 1:100、150%/0.5Hz 提高到了 1:200、200%/0.3Hz，如配套专用电机、采用闭环矢量控制，则可达到 1:1500、200%/0Hz，产品可以直接作为交流主轴驱动器使用。

② 功能强。CIMR-1000 系列变频器采用了当前流行的重载（Heavy Duty，HD）和轻载（Normal Duty，ND）双重额定设计技术，它可以根据负载要求，选择最经济的控制方案。变频器增加了可监视安全功能（External Device Monitor，EDM），符合 IEC/EN61508 标准要求。变频器还可以根据需要，选择 12 脉冲或 18 脉冲整流、3 电平逆变等先进拓扑结构，降低能耗、提高性能。CIMR-1000 系列变频器配备了 RS485、USB 等通信接口，只要安装通信接口模块，便可直接链接 PROFIBUS-DP、Device-NET、CC-Link、CANopen 等开放型现场总线，构成网络控制系统。

③ 使用灵活。CIMR-1000 系列变频器采用了独特的带参数备份功能的可拆卸接线端，更换变

频器无须进行拆、接线和参数设置。此外，变频器可控制的电机最大功率也从 CIMR-F7 的 300kW 增加到了 750kW，而小功率、普通型的 CIMR-J1000 系列还增加了单相 AC100V 产品，可直接用于民用（日本），其适用范围更广、使用灵活。

④ 体积小。新一代的 CIMR-1000 变频器采用了先进的控制器件，它大幅度减小了变频器体积和对安装空间要求。例如，75kW 的 CIMR-A1000 与 CIMR-F7 相比，其体积只有后者的 45%左右；CIMR-1000 系列变频器的左右安装距离只需要 2mm，而 CIMR-7 系列变频器则需要 30mm 以上。

二、主要技术性能

1. 基本性能

目前安川公司常用的 CIMR-7/1000 系列变频器典型产品的主要技术参数见表 6-4，由于变频器的发展迅速，虽然本书编写时已参照了安川公司最新的技术资料，但今后必定还有更多的新产品，其性能在不断改进与完善中，有关内容请参照安川公司最新产品说明。

表 6-4　　CIMR-7/1000 系列变频器基本性能比较表

项　目		CIMR-7 系列		CIMR-1000 系列		
		F7	G7	J1000	V1000	A1000
输入电源	单相 AC200V	×	×	●	●	×
	三相 AC200V	●	●	●	●	●
	三相 AC400V	●	●	●	●	●
可控制的电机功率（kW）		0.4～300		0.1～5.5	0.1～18.5	0.4～750
有效调速范围	V/f 控制	1:40	1:40	1:40	1:40	1:40
	开环矢量控制	1:100	1:200	×	1:100	1:200
	闭环矢量控制	×	1:1000	×	×	1:1500
速度控制精度	开环 V/f 控制	±3%	±3%	±3%	±3%	±(2%～3%)
	闭环 V/f 控制	±0.3%	±0.3%	×	×	±0.3%
	开环矢量控制	±0.2%	±0.2%	×	±0.2%	±0.2%
	闭环矢量控制	×	±0.02%	×	×	±0.01%
速度响应	V/f 控制	1Hz	1Hz	2Hz	2Hz	2Hz
	开环矢量控制	5Hz	10Hz	×	5 Hz	10Hz
	闭环矢量控制	×	40Hz	×	×	50Hz
输出频率范围（Hz）		0.01～400				
输出电压范围		三相，AC200～480V				
启动转矩	V/f 控制	150%/3Hz				
	开环矢量控制	150%/0.5Hz	150%/0.3Hz	×	200%/0.5Hz	200%/0.3Hz
	闭环矢量控制	×	150%/0Hz	×	×	200%/0Hz
频率输入	模拟量通道数	2	2	1	2	
	0～10V/4～20mA	●	●	●	●	
	输入分辨率	0.06 Hz	0.03 Hz	0.04 Hz	0.04 Hz	
	输入精度	±0.1%	±0.1%	±0.1%	±0.1%	
	脉冲给定	32kHz	32kHz	×	32kHz	
DI 输入（点）		7	12	5	8	
DO 输出（点）		4	6	1	4	
AO 输出（点）		2	2	1	2	

注：“●”可使用的功能；“×”不能使用的功能。

2. 软件功能

变频器是一种用于通用感应电机调速的装置，其功能只与产品的系列有关，一般不可以进行功能的扩展；但为了满足不同的控制要求，它可通过参数选择所需要的功能。安川 CIMR-7/1000 系列变频器的主要功能见表 6-5，功能同样与变频器软件版本有关，有关内容请参照安川公司最新产品说明。

表 6-5　CIMR-7/1000 系列变频器软件功能比较

项目		CIMR-7 系列		CIMR-1000 系列	
		F7	G7	A1000	V1000
速度控制	*V/f* 控制	●	●	●	●
	开环矢量控制	●	●	●	●
	闭环矢量控制	×	★	★	×
	V/f 控制电机切换	●	●	●	●
	矢量控制电机切换	●	●	●	●
转矩控制	开环或闭环 *V/f* 控制	×	×	●	×
	开环矢量控制	●	●	●	●
	闭环矢量控制	×	★	★	×
负载特性	负载类型选择	●	●	●	●
	典型应用选择	×	×	●	●
	转矩提升控制	●	●	●	●
	多点可调 *V/f* 特性设定	●	●	●	●
	固定频率偏差控制	●	●	●	×
加减速控制	加速度切换控制	●	●	●	●
	加减速方式选择	●	●	●	●
	S 型加减速	●	●	●	●
	直流制动功能	●	●	●	●
自动调整功能	开环 *V/f* 控制	●	●	●	●
	闭环 *V/f* 控制	★	★	★	×
	开环矢量控制	●	●	●	●
	闭环矢量控制	×	★	★	×
转矩限制	开环或闭环 *V/f* 控制	×	×	●	×
	开环矢量控制	●	●	●	●
	闭环矢量控制	×	★	●	×
固定频率偏差（DROOP）控制	开环或闭环 *V/f* 控制	×	×	×	×
	开环矢量控制	×	×	●	×
	闭环矢量控制	×	★	★	×

续表

项 目		CIMR-7 系列		CIMR-1000 系列	
		F7	G7	A1000	V1000
带频率搜索的再启动功能	开环 V/f 控制	●	●	●	●
	闭环 V/f 控制	★	★	★	×
	开环矢量控制	●	●	●	●
	闭环矢量控制	×	★	★	×
节能运行	开环 V/f 控制	●	●	●	●
	闭环 V/f 控制	★	★	★	×
	开环矢量控制	●	●	●	●
	闭环矢量控制	×	★	★	×
高速转差制动（最优减速）	开环 V/f 控制	●	●	●	●
	闭环 V/f 控制	★	★	★	×
	开环矢量控制	×	●	●	●
	闭环矢量控制	×	★	★	×
前馈控制	开环或闭环 V/f 控制	×	×	×	×
	开环矢量控制	×	●	●	×
	闭环矢量控制	×	★	★	×
保护功能	失速防止	●	●	●	●
	接地保护	●	●	●	●
	散热器过热、风扇故障	●	●	●	●
	过流保护	●	●	●	●
	过载保护	×	●	●	●
	过压、欠压保护	●	●	●	●
	瞬间停电保护	●	●	●	●

注：“●”可使用的功能；“★”需要配套硬件选件；“×”不能使用的功能。

实践指导

一、CIMR-7/1000 变频器规格

1. CIMR-G7 系列

安川 CIMR-F7/G7 系列变频器的型号及代表的意义如下。

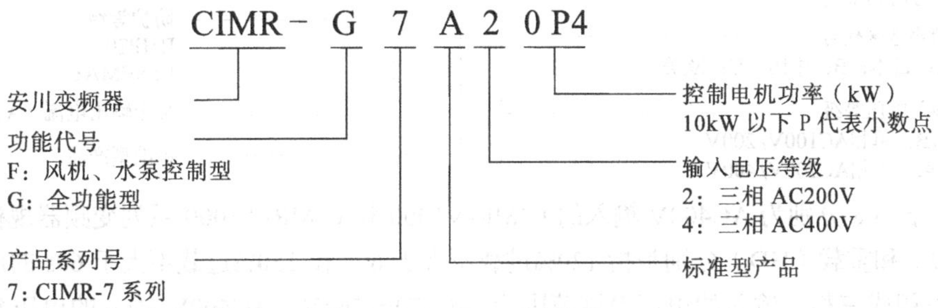

对于电机功率小于 10kW 的变频器，型号中以“P”代表小数点，如 CIMR-G7A47P5 为三相 AC400V

输入、7.5kW 等。国内常用的 AC400V 输入的 CIMR-G7 系列变频器规格见表 6-6。

表 6-6　　CIMR-G7 系列变频器规格

变频器型号	输入电源规格			输出规格		
	电压	频率	容量（kVA）*	适用电机功率（kW）	输出电压	额定输出电流（A）
CIMR-G7A40P7	额定：三相，AC400V；允许范围：325～528V	额定：50/60 Hz 允许范围：±5%	2.8	0.75	三相 AC，380～480V	3.4
CIMR-G7A41P5			4.9	1.5		4.8
CIMR-G7A42P2			5.6	2.2		6.2
CIMR-G7A43P7			9	3.7		9
CIMR-G7A45P5			13	5.5		15
CIMR-G7A47P5			20	7.5		21
CIMR-G7A4011			23	11		27
CIMR-G7A4015			29	15		34
CIMR-G7A4018			36	18.5		42
CIMR-G7A4022			45	22		52
CIMR-G7A4030			55	30		65
CIMR-G7A4037			66	37		80
CIMR-G7A4045			82	45		97
CIMR-G7A4055			105	55		128
CIMR-G7A4075			140	75		165
CIMR-G7A4090			160	90		195
CIMR-G7A4110			190	110		240
CIMR-G7A4132			220	132		270
CIMR-G7A4160			245	160		302
CIMR-G7A4185			290	185		370
CIMR-G7A4220			350	220		450
CIMR-G7A4300			470	300		605

注：*表示参考数据，与负载情况有关。

2. CIMR-1000 系列

安川 CIMR-1000 系列变频器的型号及代表的意义如下。

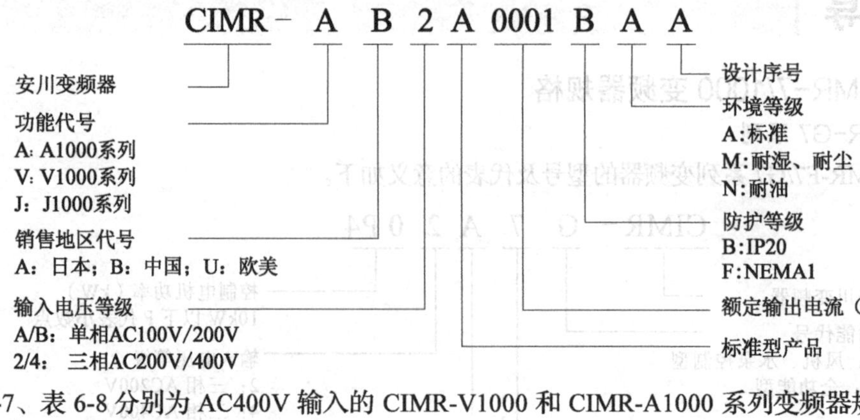

表 6-7、表 6-8 分别为 AC400V 输入的 CIMR-V1000 和 CIMR-A1000 系列变频器规格表。表中的轻载（ND）和重载（HD）分别是指 120%过载不大于 60s 和 150%过载不大于 60s 的应用场合；AC200V（单相或三相）输入的电压允许范围为 AC170～264V；AC400V 输入的电压允许范围为

AC325～528V；输入容量为参考数据。

表 6-7 CIMR-V1000 系列变频器产品规格

变频器型号	额定输入			额定输出				
	电压/频率	容量（kVA）		电机功率（kW）		电压（V）	电流（A）	
		ND	HD	ND	HD		ND	HD
CIMR-VA4A0001	三相，AC400V；额定：50/60Hz，允许范围：±5%	1.1	1.1	0.4	0.2	三相，AC380～480V	1.2	1.2
CIMR-VA4A0002		1.9	1.6	0.75	0.4		2.1	1.8
CIMR-VA4A0004		3.9	2.9	1.5	0.75		4.1	3.4
CIMR-VA4A0005		5.4	4.0	2.2	1.5		5.4	4.8
CIMR-VA4A0007		7.4	5.5	3	2.2		6.9	5.5
CIMR-VA4A009		8.6	7.5	3.7	3		8.8	7.2
CIMR-VA4A0011		13	9.5	5.5	3.7		11.1	9.2
CIMR-VA4A0018		18	14	7.5	5.5		17.5	14.8
CIMR-VA4A0023		22	18	11	7.5		23	18
CIMR-VA4A0031		35	27	15	11		31	24
CIMR-VA4A0038		40	36	18.5	15		38	31

表 6-8 CIMR-A1000 系列变频器产品规格

变频器型号	额定输入			额定输出				
	电压/频率	容量（kVA）		电机功率（kW）		电压（V）	电流（A）	
		ND	HD	ND	HD		ND	HD
CIMR-AB4A0002	三相，AC400V；额定 50/60 Hz，允许范围：±5%	2.3	1.4	0.75	0.4	三相，AC380～480V	2.1	1.8
CIMR-AB4A0004		4.3	2.3	1.5	0.75		4.1	3.4
CIMR-AB4A0005		6.1	4.3	2.2	1.5		5.4	4.8
CIMR-AB4A0007		8.1	6.1	3	2.2		6.9	5.5
CIMR-AB4A0009		10	8.1	3.7	3		8.8	7.2
CIMR-AB4A0011		14.5	10	5.5	3.7		11.1	9.2
CIMR-AB4A0018		19.4	14.6	7.5	5.5		17.5	14.8
CIMR-AB4A0023		28.4	19.2	11	7.5		23	18
CIMR-AB4A0031		37.5	28.4	15	11		31	24
CIMR-AB4A0038		46.6	37.5	18.5	15		38	31
CIMR-AB4A0044		54.9	46.6	22	18.5		44	39
CIMR-AB4A0058*		53*	39.3*	30	22		58	45
CIMR-AB4A0072		64.9	53	37	30		72	60
CIMR-AB4A0088		78.6	64.9	45	37		88	75
CIMR-AB4A0103		96	78.6	55	45		103	91
CIMR-AB4A0139		130	96	75	55		139	112
CIMR-AB4A0165		156	130	90	75		165	150
CIMR-AB4A0208		189	155	110	90		208	180
CIMR-AB4A0250		227	189	132	110		250	216
CIMR-AB4A0296		274	227	160	132		296	260
CIMR-AB4A0362		316	274	185	160		362	304
CIMR-AB4A0414		375	316	220	185		414	370
CIMR-AB4A0515		425	375	330	220		515	450
CIMR-AB4A0675		601	534	450	370		675	605
CIMR-AB4A0930		843	759	600	525		930	810
CIMR-AB4A1200		1060	950	750	675		1200	1090

注：*表示额定输出电流大于 58A 的变频器内置有 DC 电抗器，可降低输入容量。

二、CIMR-7/1000变频器选件

变频器在设计时已经考虑了产品的通用性，原则上只要连接电机就可以进行正常工作，但出于提高性能或特殊控制的需要，有时可选择部分选件。变频器的选件分“外置选件”与“内置选件”两类。外置选件是变频器保护或性能改善用的器件，可由安川配套件或用户配置；内置选件用来增强变频器功能，选件直接安装在变频器上，必须使用安川公司产品。

1. 外置选件

安川CIMR变频器的外置选件见表6-9。

表6-9　　CIMR变频器外置选件一览表

名　称	产品系列		说　明
	CIMR-7	CIMR-1000	
操作单元（带电位器）	JVOP-140	—	J/V系列需要选配
操作单元（无电位器）	JVOP-147	JVOP-182/180	J/V系列需要选配
USB接口转换器	—	JOVP-181	RJ45转换为USB接口
频率调整电位器单元	RV30YN20S	AI-V3/J	频率给定与调整
外置制动电阻	ERF-150WJ**		无过热检测、制动率3%
外置制动电阻	CF-120**		带过热检测、制动率3%
外置制动电阻单元	LKEB-**		带过热检测触点、制动率10%
外置制动单元	CDBR-**		带电平检测、过热检测标准制动单元
瞬时断电补偿单元	P00**		用于7.5kW以下变频器、电压保持时间2s
交流电抗器	UZBA-**		改善功率因数
直流电抗器	UZDA-**		15kW（CIMR-7）、18.5kW（CIMR-1000）及以下变频器选用
电机侧滤波器	LF-**		消除电磁干扰
输入侧滤波器模块	LNFD-**或FN359P		三相滤波器
	LNFB-**		单相滤波器
零相电抗器	F6045/11080GB、200160PB		输入/电机侧通用

2. 内置选件

CIMR-7与CIMR-1000变频器常用的内置选件包括模拟量/数字量输入扩展模块、模拟量/数字量输出扩展模块、编码器连接模块与网络接口扩展模块等。常用内置选件见表6-10。变频器可同时选择不同类型的内置模块，但同类选件原则上只能安装一块。

表6-10　　CIMR-7/1000系列变频器常用内置选件一览表

名　称		产品系列		性能与参数
		CIMR-7	CIMR-1000	
输入扩展模块	2通道模拟量输入	★	×	2通道、14位（13位+符号）A/D转换 通道1：DC0～10V，输入阻抗20kΩ 通道2：DC4～20mA，输入阻抗250Ω

续表

名称		产品系列		性能与参数
		CIMR-7	CIMR-1000	
输入扩展模块	4通道模拟量输入	★	★	4通道、14位（13位+符号）A/D转换 通道1：DC−10～10V，输入阻抗20kΩ 通道2～4：DC4～20mA，输入阻抗500Ω
	8位数字量输入	★	×	输入：2位BCD码+SING+SET信号 输入信号规格：DC24V/8mA
	16位数字量输入	★	★	输入：4位BCD码+SING+SET信号 输入信号规格：DC24V/8mA
输出扩展模块	2通道模拟量输出	★	×	2通道、8位无符号数据D/A转换 输出：DC0～10V（非隔离）
	2通道模拟量输出	★	★	2通道、12位带符号数据D/A转换 通道1/2输出：DC−10～10V（非隔离）
	8点开关量输出	★	★	6点DC50V/50mA集电极开路输出 2点DC30V/AC250V，1A继电器接点输出
	2点继电器接点输出	★	×	2点DC30V/AC250V，1A继电器接点输出
编码器连接模块	单相集电极开路输入	★	×	最高频率32767Hz；输入规格DC12V/20mA
	A/B相集电极开路输入	★	×	最高频率32767Hz；输入规格DC12V/20mA
	单相差分输入	★	×	最高频率：300kHz；输入规格RS-422
	A/B/Z差分输入	★	★	最高频率：300kHz；输入规格RS-422
	A/B/Z集电极开路输入	×	★	
网络接口模块	Device-NET接口	★	★	连接Device-NET网络总线
	PROFIBUS-DP接口	★	★	连接PROFIBUS-DP网络总线
	CC-Link接口	★	★	连接CC-Link网络总线
	CANopen接口	★	★	连接CANopen网络总线
	USB接口转换器	—	★	接口变换，RJ-45转换为USB

注：“★”可以选配；“×”无此选件。

内置选件的用途如下。

① 输入扩展模块。输入扩展模块用于频率（速度）给定输入的扩展，模块包括模拟量输入扩展与数字量输入扩展两类。模拟量输入模块具有A/D转换功能，它可以将−10～10V的模拟电压或4～20mA的模拟电流转换为14位（含符号位）数字量。数字输入扩展模块可接收8位（2位BCD）或16位（4位BCD）数字量输入，将其转换为变频器的频率给定信号。

② 输出扩展模块。变频器的输出扩展模块用于变频器内部状态或数据的输出，模块包括模拟量输出扩展与开关量输出扩展两类。模拟量输出模块用于变频器的输出频率、输出电流等状态数据的D/A转换，状态数据可转换为DC−10～10V模拟电压输出，供外部显示、控制用。开关量输出扩展模块用于DO信号扩展，它可增加变频器的DO信号。

③ 编码器连接模块。编码器连接模块用于闭环控制变频器的反馈编码器连接，根据编码器的不

同类型，变频器可以选择不同类型的编码器接口模块与之配套。

④ 网络接口扩展模块。在网络控制系统中，变频器可以作为网络从站链接到现场总线系统中。网络接口扩展模块用于变频器与各种现场总线网络的链接，接口模块包括PROFIBUS-DP接口、Device-NET接口、CC-Link接口、CANopen接口等。此外，CIMR-1000系列变频器还可选配图6-4所示的USB接口转换器，将变频器的RJ-45通信接口转换为USB接口，以便与个人计算机的USB接口连接。

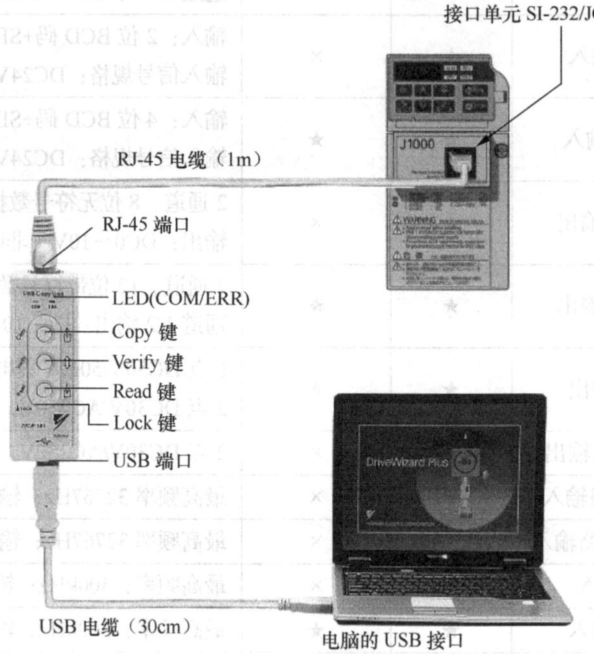

图6-4 USB接口转换器

Chapter

7

项目7

|变频器的连接技术|

变频调速系统包括了硬件与软件两部分内容，硬件主要涉及伺服系统的组成部件及其相互间的连接技术，软件主要包括驱动器的参数设定与功能调试等。

变频器的连接技术是变频器应用、调试、维修的重要内容。设计正确、合理的连接电路不仅是实现变频器功能的前提，而且也是控制系统各部件间动作协调的要求，它还直接关系到调速系统长期运行的稳定性与可靠性。本项目将对此进行专门学习。

任务1 掌握主回路连接技术

|能力目标|

1. 熟悉变频调速系统的硬件。
2. 能够连接变频器主回路。
3. 能够选择变频器主回路器件。

|工作内容|

学习后面的内容，并回答以下问题。

1. 简述变频器的硬件组成与作用。
2. 变频器的主回路连接需要注意哪些基本问题？

3. 试确定例 7-1 所示设备的变频器主接触器、断路器的主要参数。

相关知识

一、变频调速系统的组成

变频调速系统硬件的一般组成如图 7-1 所示。由于变频器在设计时已经考虑了产品的通用性，在最低配置时只要连接电机就可以进行正常工作，因此，硬件应根据系统的实际要求酌情选用。

图 7-1 中不带“*”标记的器件是从变频器使用与安全的角度考虑必须配置的硬件；带“*”标记的器件是调速系统常用的选配件；而带“**”标记的器件只是在控制系统有特殊要求时需要配置。

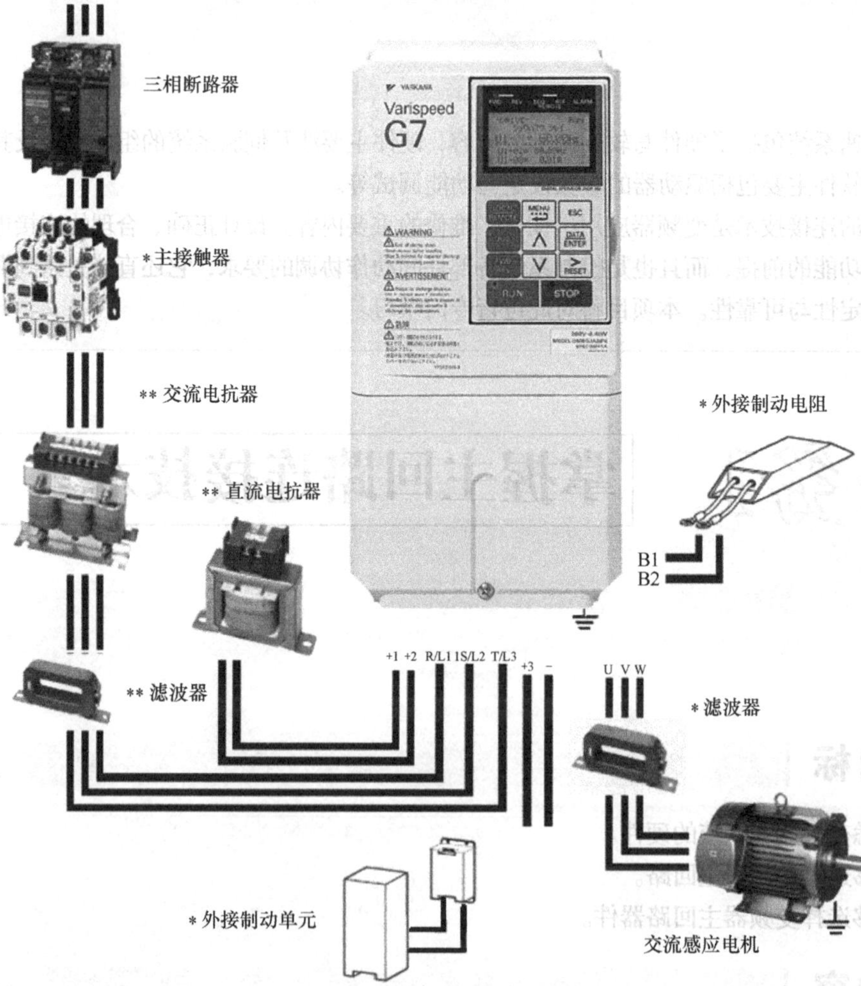

图7-1 变频调速系统的硬件组成

变频器调速系统组成部件的作用与功能如下。

① 显示与操作单元：出于成本方面的考虑，通用型与紧凑型变频器出厂时一般不带操作单元，为了进行变频器的参数设定与调试，作为设备生产厂家至少应选配一只操作单元；节能型与全功能

型变频器都配有操作单元，无须另行选配。

② 断路器：用于变频器主回路的短路保护，变频器内部一般无主回路短路保护器件，为防止整流、逆变功率器件故障引起的电源短路，必须在输入侧安装断路器或熔断器。

③ 主接触器：变频器原则上只要主电源加入便可工作，也不允许通过主接触器来频繁控制电机的启停，故从正常工作的角度主回路可以不加主接触器。但对带有外接制动电阻的变频器来说，必须在制动电阻单元上安装温度检测器件，并能通过主接触器切断主电源。

④ 交流电抗器：用来抑制变频器产生的高次谐波，提高功率因数，减小谐波影响。变频器在谐波要求很高的用电环境下使用，或供电线路存在带有回馈制动功能的变频器与伺服驱动器时，或供电线路安装有功率因数补偿电容等可能产生浪涌电流的场合，应选配交流电抗器。

⑤ 滤波器：变频器在电磁干扰要求较高的环境下使用时，为了降低电磁干扰，可在电源进线、变频器输出（电枢连接线）上安装无线滤波器（零相电抗器）或滤波器模块。

⑥ 直流电抗器：用来抑制直流母线上的高次谐波与浪涌电流，减小整流、逆变功率管的冲击电流，提高变频器功率因数。18.5kW 以上的大功率变频器，直流电抗器一般已作为基本件配置安装，无须再选用；小功率变频器可以根据需要选配。变频器在按规定安装直流电抗器后，对输入电源容量的要求可以相应减少 20% ~ 30%。

⑦ 外接制动单元与外接制动电阻：当电机需要频繁启动/制动或是在负载产生的制动能量很大的场合，为了加快制动速度，降低变频器发热，应选配制动电阻。

⑧ 瞬时停电补偿单元：连接于直流母线上，它可利用大容量的电容，在瞬时停电时使直流母线电压能保持 2s 以上。

二、主回路连接技术

变频器与交流驱动器除了外形、连接端子号略有区别外，其主回路原理与连接要求基本相同，本书项目 4 所述的主回路连接技术同样适用于变频器。但是，安川变频器的控制电源与主电源输入端在变频器内部已直接连接，无控制电源输入端，因此不能像伺服驱动器那样进行控制电源与主电源的分离，即不可以采用先加入控制电源、再利用变频器内部的无故障触点加入主电源的电路形式，切断主电源时将同时切断控制电源。以下是几种典型的变频器主回路控制实例。

【例 7-1】某设备配套有两台 CIMR-G7A43P7 变频器，主回路短路保护断路器公用，要求各变频器的主电源能够独立通/断，试设计其主回路。

当断路器为多台变频器或其他设备共用时，必须在各变频器的主回路上分别安装主接触器，并在主接触器控制线路中串联变频器的故障输出触点。根据这一要求设计的主回路如图 7-2 所示。

【例 7-2】某设备配套有 1 台 CIMR-G7 系列变频器，并配置有安川 LKED 标准制动电阻单元，其热保护为常开触点输出，试设计其主回路。

变频器外接高频制动电阻单元时，必须使用主接触器，并将热保护触点连接到主接触器控制电路中。由于过热触点输出为常开触点，需要进行图 7-3（b）所示的转换后，串联到主接触器控制电路中；制动电阻应连接到直流母线的 B1、B2 端。根据这一要求设计的变频器主回路如图 7-3 所示。

【例 7-3】某设备配套有 1 台 CIMR-G7 系列变频器，并配置有安川 CDBR 标准制动单元，试设计其主回路。

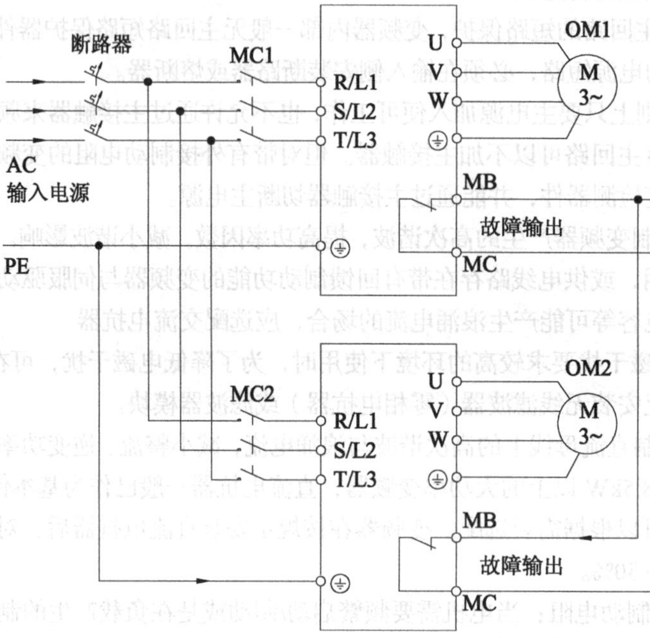

图7-2 共用断路器时的主接触器控制

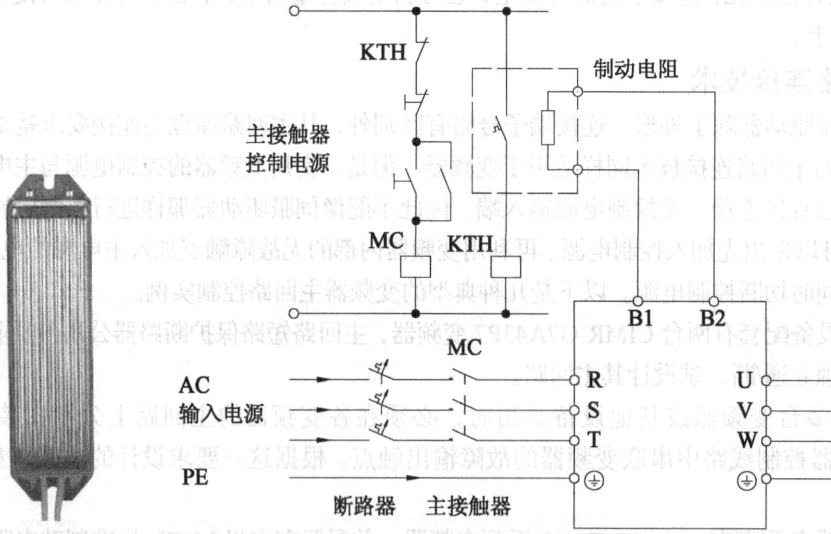

（a）外形　　（b）连接图

图7-3 制动电阻的外形与连接

根据本设备要求设计的电路如图7-4所示。

安川18.5kW以上变频器需要采用制动单元与制动电阻组件，制动单元内部带有直流母线电压检测电路，应将制动单元的“+”与“−”端并联到变频器的“+3”与“−”端上；同时将制动电阻连接到制动单元的“+O”与“−O”端，如图7-4（b）所示。制动单元内部带有过电流检测触点（输出端3、4），此触点应作为变频器的外部故障信号连接到变频器的开关量输入端；制动电阻的过热触点（常开触点），需要进行图7-4（b）所示的转换后，串联到主接触器控制电路中。

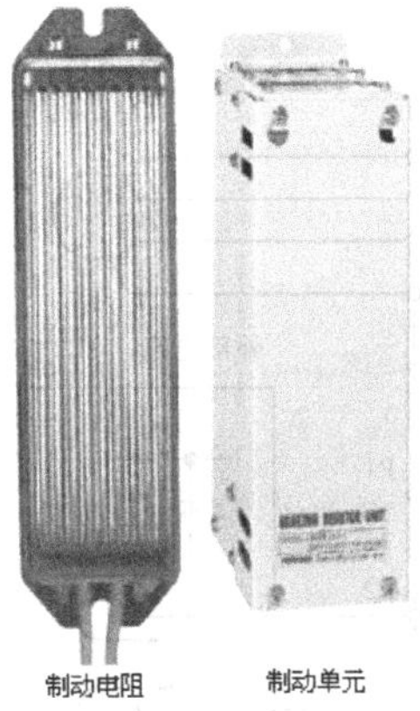

（a）外形

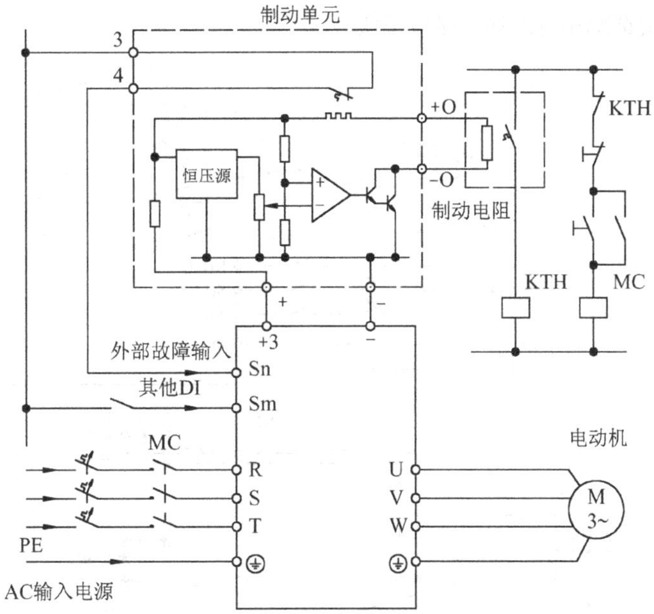

（b）连接图

图7-4 制动单元的外形与连接

实践指导

一、CIMR 变频器连接总图

CIMR-G7、CIMR-A1000 系列变频器的连接总图分别如图 7-5、图 7-6 所示。

安川变频器的连接包括主回路、开关量输入/输出（DI/DO 回路）、模拟量输入/输出（AI/AO 回路）、脉冲输入/输出、通信连接及安全回路等部分。变频器的 DI/DO、AI/AO 的信号与变频器型号、功能有关，其中，CIMR-G7 和 CIMR-A1000 的功能增强，可以使用的信号最多，其他信号都是在此基础上的简化。

① 主回路。主回路包括主电源输入、电机输出及直流母线上的制动电阻、制动单元、直流电抗器等高电压、大电流器件的连接。

② DI/DO 回路。变频器的 DI 信号是用来控制电机的正/反转、启/停等；DO 信号用于变频器的内部工作状态输出，如速度到达、报警等。变频器的 DI/DO 信号功能可通过参数进行定义，总点数与变频器功能有关，功能越强，可使用的 DI/DO 点就越多。

安川变频器的 DI 信号的接口电路采用双向光耦，输入信号可以是 DC24V 电平或接点，通过短接端的设定，可选择源输入或汇点输入连接形式。变频器的 DO 信号有晶体管集电极开路输出和继电器接点输出两类，前者可驱动 DC48V/50mA 以下的直流负载；后者的驱动能力为 AC250V/DC30V，1A。

③ AI/AO 回路。变频器的 AI 信号用于频率给定，信号可以是 DC0 ~ 10V、DC−10 ~ 10V 模拟电压或 4 ~ 20mA 模拟电流输入，也可以直接连接电位器。AO 信号是变频器内部的频率、电流、电压等状态数据的 D/A 转换输出，可用于仪表显示，AO 信号可以是 DC−10 ~ 10V 电压或 4 ~ 20mA 电流。

④ 脉冲输入/输出。根据需要，变频器的频率给定输入和状态数据输出还可采用脉冲的形式进行输入/输出，通过改变脉冲频率来调整变频器的频率或输出状态数据。

⑤ 通信连接。大多数安川变频器都安装有标准的 RS485/422 通信接口，变频器的参数设定、运行控制也可通过网络通信指令进行，安川变频器的标准通信协议为 Memo Bus，如链接其他网络，

则需要选配相应的通信接口模块。

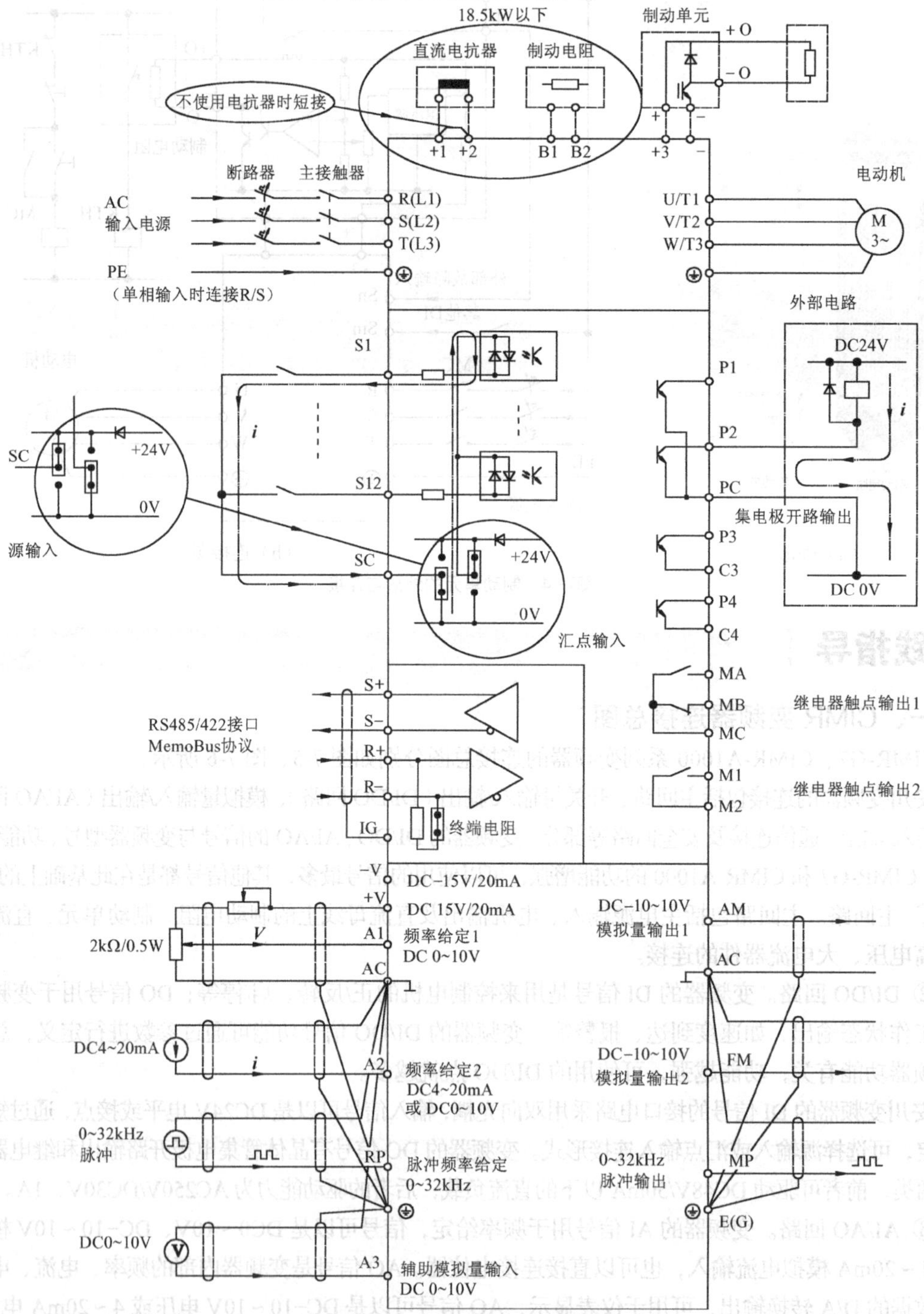

图7-5　CIMR-G7变频器连接总图

⑥ 安全回路。安川 CIMR-V1000、A1000 系列变频器新增了符合 EN954-1、IEC/EN61508 标准的可监视安全功能 EDM（External Device Monitor），变频器可以通过外部安全电路，直接实现硬件基极封锁功能（Hardware Base Blocking，HWBB），其作用与伺服驱动器的安全回路相同。

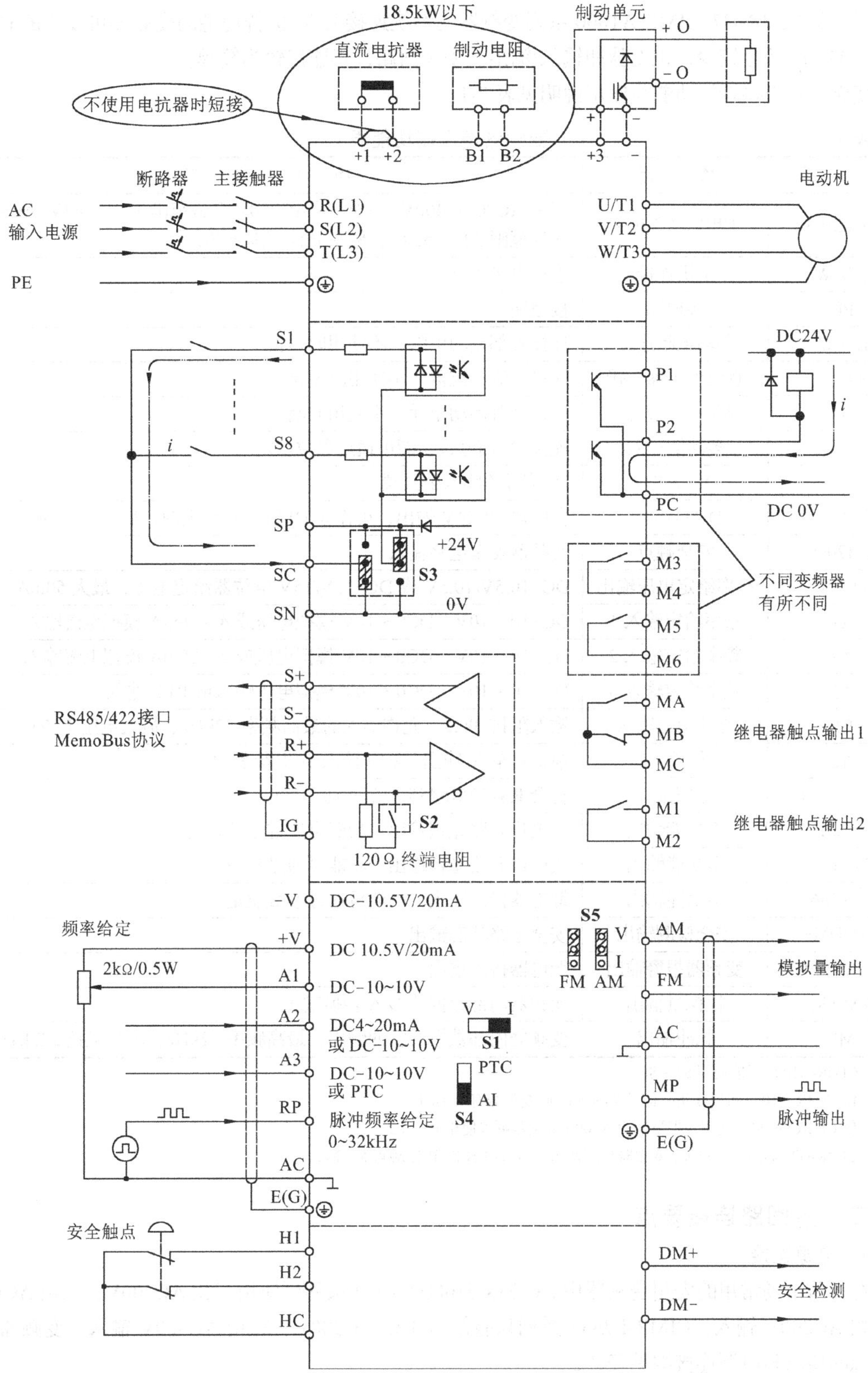

图7-6 CIMR-A1000变频器连接总图

以上是CIMR-G7、CIMR-A1000系列变频器的系统连接要求，但普通型的变频器可使用的DI/DO信号、AI/AO信号较少，也无脉冲输入/输出、安全回路，其连接较为简单。

变频器各连接端的功能与作用说明见表7-1。

表7-1 变频器连接端功能表

端 子 号	作 用	功 能 说 明
L1/L2/L3	主电源（3相）	三相AC200V/400V，50/60Hz。AC200V允许范围170～264V；AC400V允许范围325～528V；频率允许范围±5%。
U/V/W	电机连接	连接电机电枢
PE	接地端	接地端
B1/B2	制动电阻连接	连接外部制动电阻，不使用时短接
+1/+2	直流电抗器连接	连接直流电抗器，不使用时短接
+3/−	制动单元连接	连接外置制动单元，不使用时断开
S1～S12①	多功能输入	连接DI信号，功能可通过参数设定
SC	DI公共端	DI信号的输入公共端
SP/SN②	DC24V/0V	变频器DC24V输出，可作为DI输入驱动电源，最大150mA
H1/H2/HC②	安全触点	变频器安全电路输入
+V/−V	频率给定电压输出	DC−10.5V/10.5V或DC−15V/15V电位器给定电源，最大50mA
A1	频率给定输入1	DC−10～10V、DC0～10V模拟电压或4～20mA模拟电流输入
A2	频率给定输入2	DC−10～10V、DC0～10V模拟电压或4～20mA模拟电流输入
A3	频率给定输入3	DC−10～10V、DC0～10V模拟电压输入或PTC输入
RP	脉冲给定输入	输入阻抗3kΩ，允许输入的最高频率32kHz、最大电压13.2V
AC	参考0V	模拟量输入/输出、脉冲输入/输出参考0V
S+/S−/R+/R−	通信接口	符合RS422/RS485规范的通信接口
P1～P2/PC③	多功能输出	集电极开路光耦输出，功能可通过参数设定
P3/C3、P4/C4③	多功能输出	集电极开路光耦输出，功能可通过参数设定
M1～M6④	多功能输出	继电器接点输出，功能可通过参数设定
DM+/DM−②	安全检测输出	安全电路状态输出
MA/MB/MC	变频器报警输出	继电器接点输出
AM/FM	模拟量输出	变频器内部数据的D/A转换输出
MP	脉冲输出	变频器内部数据的脉冲输出，最高频率32kHz，输出阻抗2.2 kΩ

注：① CIMR-A1000只能使用S1～S8。
② 仅CIMR-A1000可以使用，但早期的A1000变频器有所不同。
③ 仅CIMR-G7可以使用，但早期的A1000变频器可以使用P1、P2。
④ CIMR-G7与早期的A1000变频器只能使用一对继电器DI输出触点M1/M2。

二、主回路连接要点

1. 电源连接

在目前市场常用的安川变频器中，CIMR-J1000/V1000系列可使用三相AC200V、三相AC400V或单相AC200V输入，CIMR-F7/G7系列只能使用3相AC200V、三相AC400V输入，变频器对输入电源的要求与电源连接端见表7-2。

表 7-2　　安川变频器的电源要求

输入电源类型	连 接 端	电 源 要 求	
		输入电压范围	输 入 频 率
单相 AC200V 输入	R、S（L1、N）	单相 AC170～264V	50/60Hz，允读范围：±5%
三相 AC200V 输入	R、S、T（L1、L2、L3）	三相 AC170～264V	50/60Hz，允读范围：±5%
三相 AC400V 输入	R、S、T（L1、L2、L3）	三相 AC325～528V	50/60Hz，允读范围：±5%

安川变频器的电源连接端布置如图 7-7 所示。

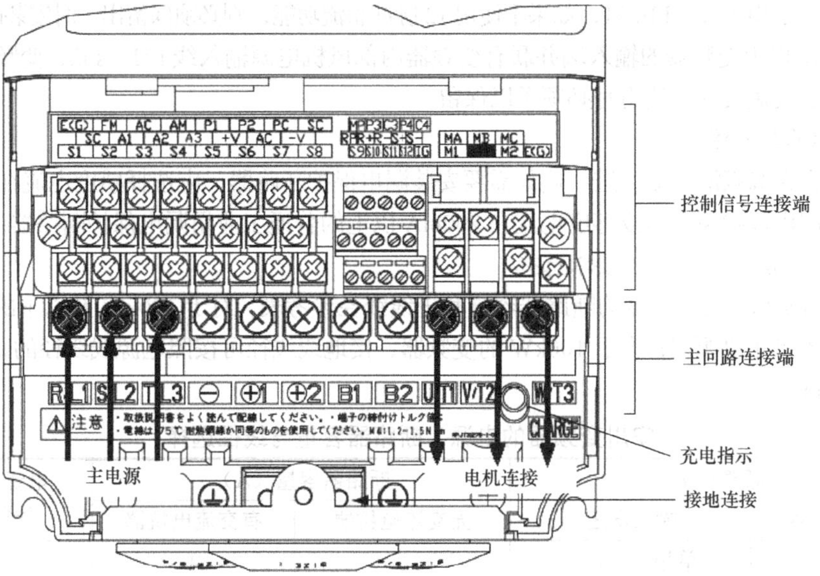

（a）小功率变频器

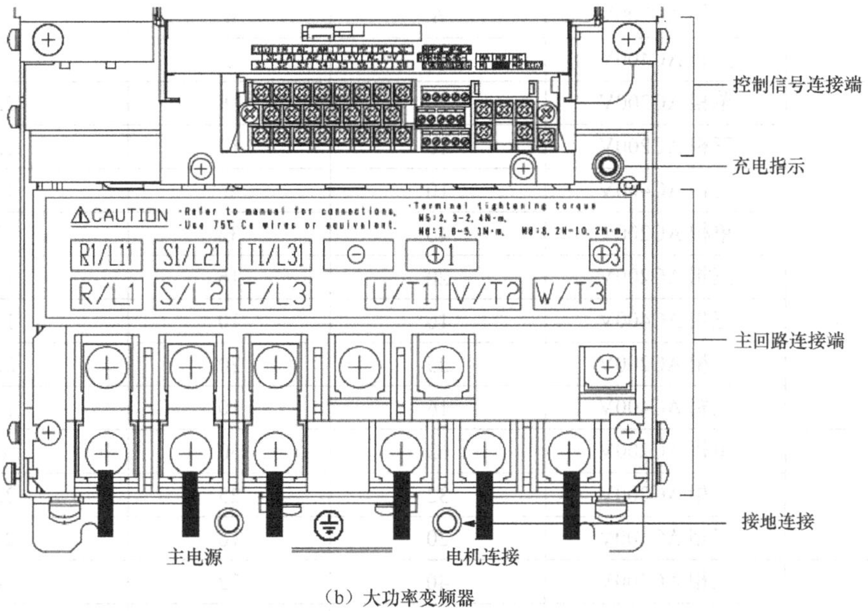

（b）大功率变频器

图7-7　安川变频器主电源连接

变频器的主电源连接需要注意如下问题。

① 安川变频器的控制电源与主电源输入端在变频器内部已直接连接，无外部控制电源输入端，为了防止变频器在断电后的自行启动与出现紧急情况的断电，需要在变频器的主回路上安装主接触器。

② 主电源必须连接到端子 R/L1、S/L2、T/L3 上，切不可将其错误地连接到电机输出 U/T1、V/T2、W/T3 上。电源输入回路必须安装断路器或熔断器，以防止整流或逆变主回路的短路。变频器对电源和电机的相序无要求，电机转向允许通过改变相序调整。

③ 大功率变频器的整流回路按照 12 脉冲整流设计，2 组三相整流桥的输入连接端分别为 R/L1、S/L2、T/L3 和 R1/L11、S1/L21、T1/L31，如果不使用 12 脉冲整流功能，则必须保留出厂时安装的短接片。

④ 30kW 以上变频器的输入端并联有变频器内部风机电源输入线 r/l1、s/l2，变频器在出厂时已经在输入端安装短接片，使用时必须予以保留。

2. 断路器与连接线

变频器存在高频漏电流，进线侧如需要安装漏电保护断路器，应选择感度电流在 30mA 以上的变频器专用漏电保护断路器或感度电流在 200mA 以上的普通工业用漏电保护断路器。断路器容量、连接线线径等均应按照规定的要求选择。

表 7-3 为安川常用变频器的断路器容量和进线线径参考表，对于 100kW 及以下的变频器，接地线线径应大于等于电源线；大于 100kW 的变频器，接地线线径可按照电源线线径的 1/2 选择，但不应小于 60mm^2。

表 7-3　　安川变频器的电源、断路器容量与线径选择

变频器规格		断路器容量（A）		电源/电机连接线线径（mm^2）
电机功率（kW）	输入电压	无交流电抗器	有交流电抗器	
0.1	单相 AC200V	6	4	1.5
	三相 AC200V	4	2	1.5
0.2	单相 AC200V	10	6	1.5
	三相 AC200V	6	4	1.5
	三相 AC400V	4	2	1.5
0.4	单相 AC200V	20	16	2.5
	三相 AC200V	16	10	1.5
	三相 AC400V	10	6	1.5
0.75	单相 AC200V	40	32	4
	三相 AC200V	20	16	1.5
	三相 AC400V	16	10	1.5
1.1	三相 AC200V	25	20	2.5
	三相 AC400V	16	10	1.5
1.5	单相 AC200V	63	50	6
	三相 AC200V	32	25	2.5
	三相 AC400V	20	16	2.5
2.2	三相 AC200V	40	32	4
	三相 AC400V	25	20	2.5

续表

变频器规格		断路器容量（A）		电源/电机连接线线径（mm^2）
电机功率（kW）	输入电压	无交流电抗器	有交流电抗器	
3.0	三相 AC200V	50	40	4
	三相 AC400V	20	16	2.5
3.7	三相 AC200V	63	50	6
	三相 AC400V	32	25	4
5.5	三相 AC200V	100	80	10
	三相 AC400V	63	50	6
7.5	三相 AC200V	125	100	16
	三相 AC400V	63	50	10
11	三相 AC200V	160	125	25
	三相 AC400V	80	63	16
15	三相 AC200V	160	125	25
	三相 AC400V	80	63	16
18.5	三相 AC200V	160	125	25
	三相 AC400V	100	63	16
22	三相 AC200V	200	160	35
	三相 AC400V	100	80	16
30	三相 AC200V	250	200	50
	三相 AC400V	125	100	25
37	三相 AC200V	315	250	70
	三相 AC400V	160	125	35
45	三相 AC200V	400	315	95
	三相 AC400V	200	160	50
55	三相 AC200V	500	400	120
	三相 AC400V	250	225	70
75	三相 AC200V	630	500	2×95
	三相 AC400V	315	250	95
90	三相 AC200V	630	500	2×95
	三相 AC400V	315	250	95
110	三相 AC200V	800	630	2×120
	三相 AC400V	400	315	120
132	三相 AC400V	500	400	120
160	三相 AC400V	630	500	160
185	三相 AC400V	800	630	2×95
220	三相 AC400V	1250	800	2×120
300	三相 AC400V	1600	1250	2×160

任务2 掌握控制回路连接技术

能力目标

1. 能够连接变频器的DI/DO信号。
2. 能够连接变频器给定信号。
3. 了解闭环控制系统的连接要求。

工作内容

学习后面的内容，并回答以下问题。

1. 简述源输入与汇点输入的原理与外部连接要求。
2. 简述变频器的2线制、3线制正/反转与启/停控制的DI连接和功能的区别。
3. 简述变频器的急停、停止与输出关闭的区别。
4. 变频器DO信号常用的连接形式有哪两种？两者在连接上有何区别？

相关知识

变频器的控制电路可分为开关量输入/输出回路（DI/DO）、模拟量输入/输出（AI/AO）两类；在功能较强的变频器上，有时还可使用1～2通道脉冲输入/输出（PI/PO）辅助控制信号，但其功能通常较简单，一般只能用于与速度（频率）或PID调节有关的输入/输出。

一、DI/DO信号与连接

1. DI信号连接

DI信号用于变频器的运行控制，变频器的功能越强，相应的DI点就越多，DI信号功能可通过变频器的参数设定改变，但外部连接要求不变。

为了提高抗干扰能力与可靠性，变频器的DI信号接口电路均采用了光电隔离电路。DI信号连接形式有"汇点输入"（Sink，也称漏形输入或负端共用输入）与"源输入"（Source，也称源形输入或正端共用输入）两类，连接方式通常可以通过变频器内部的设定端进行选择。

汇点输入的全部DI信号的一端汇总到输入公共连接端，光耦的输入驱动电流由变频器内部向外部"泄漏"，输入信号为"无源"信号。汇点输入的接口原理如图7-8（a）所示，如输入触点K闭合，变频器的DC24V通过光耦、限流电阻、输入触点，经公共端SC与0V构成回路，变频器内部获得"1"信号输入。图中的变频器的DC24V输入驱动电源也可由外部统一提供到变频器上。

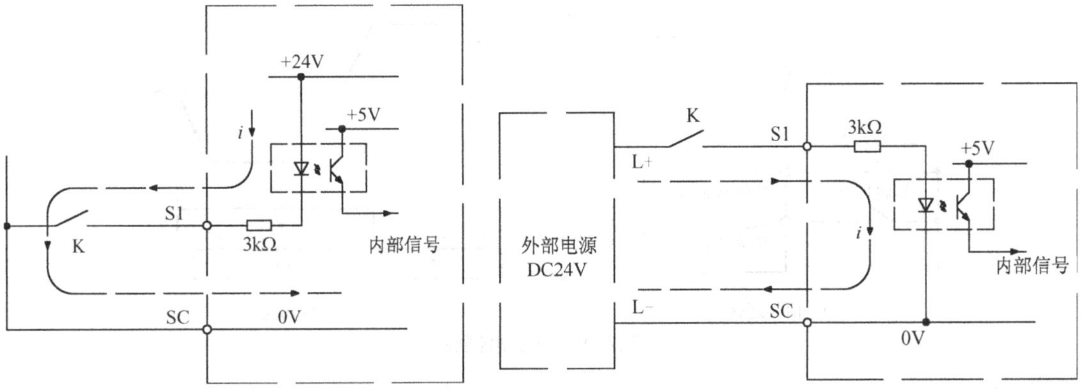

（a）汇点输入 （b）源输入

图7-8 DI信号接口电路原理图

源输入是直接由外部输入信号提供光耦驱动电源的输入连接形式，输入信号为“有源”信号。源输入的接口电路原理如图 7-8（b）所示，当输入触点 K 闭合时，外部 DC24V 电源通过输入触点、限流电阻、光耦与公共端 SC 与 0V 构成回路，变频器内部为“1”信号输入。图中的 DC24V 输入驱动电源也可从变频器上引出。

2. 常用 DI 信号

变频器的 DI 信号功能可通过变频器的参数设定改变，常用的 DI 信号如下。

（1）运行控制信号

正/反转选择与启动/停止是变频器最基本的运行控制信号，必须分配相应的 DI 点，而且其输入连接端一般不能通过参数改变，故应按照变频器生产厂家的要求连接。正/反转与启动/停止控制一般有“2 线制”与“3 线制”两种控制方式。

所谓“2 线制”就是直接利用正转与反转 2 个信号，来指定转向、控制启/停的控制方式，控制信号必须使用状态保持的电平信号。2 线制控制的 DI 信号连接和功能如图 7-9 所示。

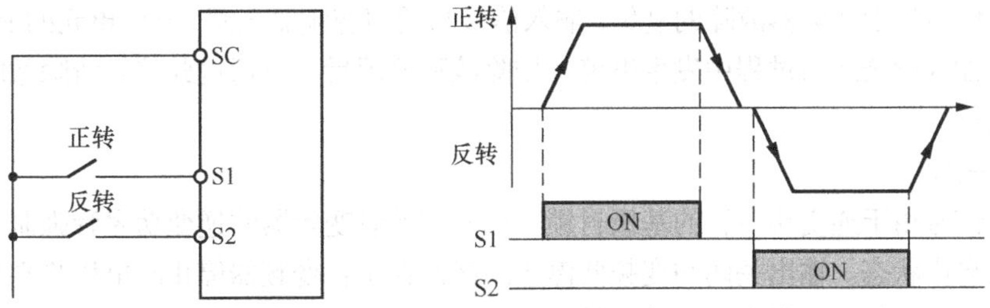

（a）信号连接 （b）信号功能

图7-9 2线制控制

在 CIMR-1000 系列变频器上，2 线制还可选择图 7-10 所示的控制方式（2 线制控制 2），它可利用一个状态保持的启动信号和一个状态保持的转向信号控制变频器运行，转向可在运行过程中直接改变。2 线制控制 2 的 DI 信号连接和功能如图 7-10 所示。

所谓“3 线制”是通过专门的转向信号来指定转向，然后利用启动、停止信号控制变频器启/停的控制方式，它要求转向信号为状态保持的电平信号。3 线制控制的 DI 信号连接和功能如图 7-11 所示。

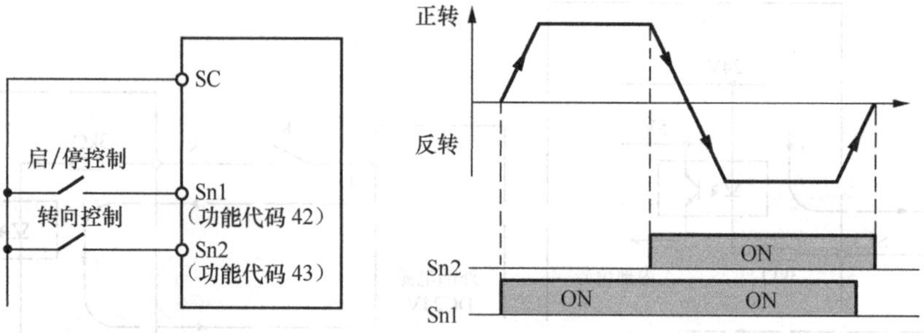

（a）信号连接　　（b）信号功能

图7-10　2线制控制2

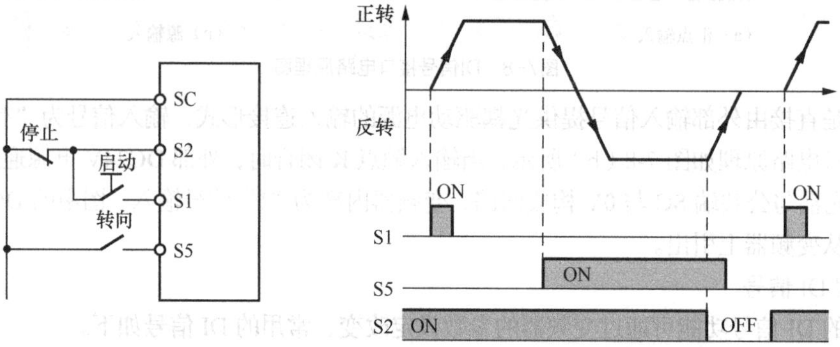

（a）信号连接　　（b）信号功能

图7-11　3线制控制

（2）外部故障输入

外部故障输入信号用于变频器与外部电路的运行互锁，当控制系统出现故障需要变频器停止运行时，可以通过外部故障输入信号，强制变频器停止运行。

（3）故障复位

故障复位信号用于变频器故障的复位，输入信号与关闭变频器电源、操作单元的 RESET 键具有同样的功能。如变频器运行过程中发生报警，排除故障原因后，可通过此信号清除故障，使得变频器恢复正常运行。

（4）输出关闭

输出关闭信号用于逆变功率管的基极封锁，信号有效时变频器的逆变功率管强制关闭，被控制的电机将进入自由状态。输出关闭与变频器停止的区别在于：变频器停止时电机将在变频器的控制下减速停止，在整个停止过程中电机始终具有电气的制动转矩；而关闭逆变功率管后，相当于断开了电机的电枢线，因此，电机将自由停车。

（5）切换控制

此信号功能在不同变频器上有较大差异，一般可用于变频器的加减速时间切换或 1：*n* 多电机控制时的电机切换、变频器控制方式切换等功能，以实现两段线性加减速转换或电机参数、控制方式转换。

（6）急停

急停信号用于变频器的紧急停止，变频器急停时将通过强烈制动，以最短的时间快速停止。急停时变频器的所有操作都将被禁止，取消急停输入后，变频器一般需要重新启动才能恢复运行。

3. DO 信号连接

变频器的 DO 信号是变频器的工作状态输出信号，由于变频器的用途单一，其 DO 信号一般较少。相对而言，变频器的功能越强，相应的 DO 点就越多，DO 信号功能可通过变频器的参数设定改变，但外部连接要求不变。

变频器的 DO 输出通常采用继电器接点输出与光耦集电极开路两种方式，输出侧的负载电源需要外部提供。

继电器接点一般用于变频器的故障输出，通常为带公共端的常开/常闭触点输出，DO 信号既可驱动交流负载，也可驱动直流负载；其允许的负载电压一般为 AC250V 或 DC30V，负载电流可达 1A。

继电器接点在高频工作或需要承受冲击电流时，其寿命将显著降低，因此，不宜直接用来驱动电磁阀、制动器等大电流负载；此外，由于接触性能的影响，接点输出不宜用于 DC12V/10mA 以下的低压小电流负载驱动。当继电器接点连接感性负载时，为了延长触点使用寿命，直流驱动时应在负载两端加过电压抑制二极管；交流驱动时应在负载两端加 RC 抑制器（见图 7-12）。

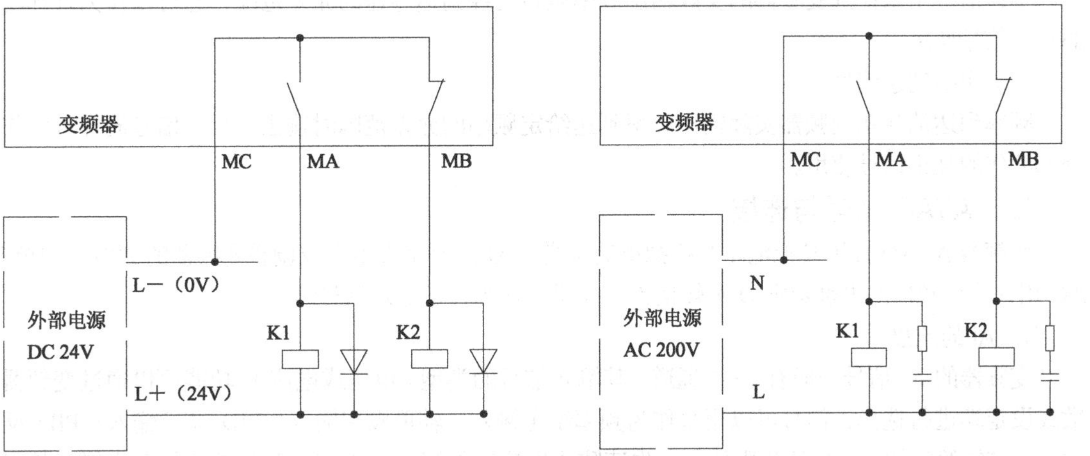

图7-12 接点输出与负载的连接

变频器的光耦集电极开路输出一般为带有公共 0V 端的 NPN 型输出，使用时要注意电源、公共端的连接方式。光耦集电极开路输出的驱动能力小于继电器触点输出，允许负载电压一般为 DC5～48V，允许的负载电流为 50mA 左右。当输出用于驱动感性负载时，为防止过电压冲击，应按图 7-13 在负载两端加过电压抑制二极管，并特别注意二极管的极性。

4. 常用 DO 信号

变频器的 DO 信号功能可通过变频器的参数设定改变，常用的 DO 信号如下。

（1）变频器报警与准备好信号

变频器准备好信号在变频器电源接通、自诊断无故障时，输出“1”；而在变频器报警时则输出“0”，准备好信号与报警信号一般使用同一继电器输出的常开与常闭触点。

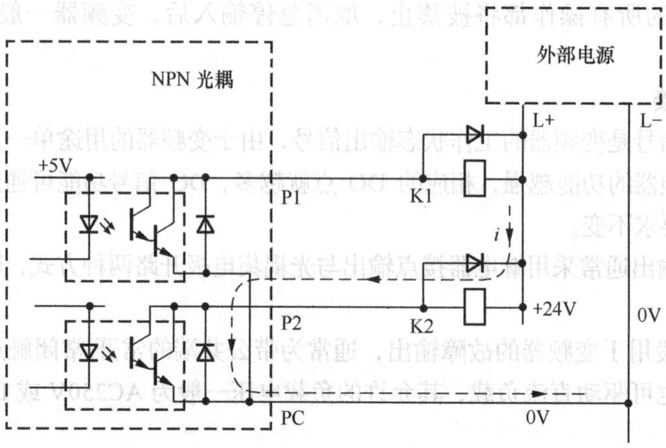

图7-13 光耦集电极开路输出的连接

（2）运行信号

变频器的“运行”信号一般可使用两种形式输出，一是只要变频器的逆变管开通，不论电机是否运行，其输出就为“1”；另一种是只有在变频器处于输出频率控制时才能为“1”。

（3）零速信号

零速信号用来检查变频器的实际输出频率是否已经到达零速的允差范围，它可以作为外部动作的互锁信号使用。

（4）频率到达信号

频率到达信号在变频器实际输出频率到达给定频率的允差范围时输出“1”，信号同样可以作为外部动作的互锁信号使用。

二、AI/AO 信号与连接

变频器 AI/AO 分为模拟电压与模拟电流两类。AI 主要用来给定或调整变频器的频率、转矩等；AO 用来将变频器的内部数据 D/A 转换为模拟量，作为仪表显示信号等。

1. AI 的连接

变频器的 AI 信号一般有 1 ~ 3 通道，其输入信号的类型（电压或电流）、功能可以通过变频器参数或设定端进行选择，信号可以用来作为频率给定输入、辅助频率输入，PID 调节输入、PID 反馈输入，转矩给定输入、转矩极限输入，失速防止电流输入等。AI 信号连接应使用屏蔽电缆，长度原则上不应超过 50m，屏蔽层应与变频器接地端连接。

当 AI 用来作为频率给定输入信号调节电机转速时，称为“主速”输入。主速输入在绝大多数场合都需要连接，且一般应为模拟电压输入。为了便于用户使用无源输入元件（如电位器等），变频器通常可为频率给定电位器提供 DC5 ~ 15V 电压输出。

AI 信号的连接方式可以参见连接总图。

2. AO 连接

变频器一般有 1 ~ 2 通道的 AO 输出，AO 信号功能可通过变频器参数设定选择，输入类型通常为 DC0 ~ 10V 模拟电压。

通过 AO 信号，可将变频器内部的数据（如输出频率、实际输出电流等），通过 D/A 转换，变成 DC0 ~ 10V 的模拟电压信号提供给外部作为仪表显示信号。输出同样应使用屏蔽电缆，长度原则上不能超过 50m，屏蔽层应与接地端连接。

AO 信号的连接方式可以参见连接总图。

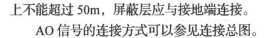

实践指导

一、CIMR 变频器的 DI/DO 连接

1. DI 信号连接

（1）DI 规格与功能

CIMR 变频器 DI 信号的输入规格见表 7-4。

表 7-4　DI 信号输入规格表

项　　目	规　　格
额定输入	电压：DC24V，−15%～+10%；电流：8mA
输入 ON/OFF 电流	ON 电流≥3.5mA/24V；OFF 电流≤1.5mA
输入响应时间	≈10ms
输入信号连接形式	直流源输入或汇点输入
输入隔离电路	双向光电耦合
内部限流电阻	3kΩ

（2）DI 信号定义

不同型号的安川变频器可使用的 DI 信号数量有所不同，但外部连接要求和对输入信号的要求一致，表 7-5 为 CIMR-7/1000 系列变频器可使用的 DI 信号及出厂默认设定功能。

表 7-5　CIMR-7/1000 系列变频器的 DI 信号

连接端	作用与意义（出厂默认设定）	变频器型号				
		F7	G7	J1000	V1000	A1000
—	标准 DI 信号数量	7	12	5	7	8
S1	正转启动，1：启动正转；0：无效	●	●	●	●	●
S2	反转启动，1：启动反转；0：无效	●	●	●	●	●
S3	故障输入	●	●	●	●	●
S4	故障复位	●	●	●	●	●
S5	运行速度（频率）选择 1	●	●	●	●	●
S6	运行速度（频率）选择 2	●	●	×	●	●
S7	点动，1：点动方式；0：无效	●	●	×	●	●
S8	输出关闭，1：封锁逆变管输出；0：无效	×	●	×	×	●
S9	运行速度（频率）选择 3	×	●	×	×	×

续表

连接端	作用与意义（出厂默认设定）	变频器型号				
		F7	G7	J1000	V1000	A1000
S10	运行速度（频率）选择4	×	●	×	×	×
S11	切换控制，1：第2加减速；0：第1加减速	×	●	×	×	×
S12	急停输入（常开触点）	×	●	×	×	×
SC	输入公共端	●	●	0V	0V	●
SP	DC24V输入驱动电源输出	×	×	×	×	24V
SN	输入驱动电源0V	×	×	×	×	0V

注：“●”可使用；“×”不能使用。

（3）DI信号类型选择与连接

安川变频器的DI信号可使用汇点输入（SINK）或源输入（SOURCE）两种连接方式，连接方式可以通过变频器上的设定端进行选择，连接方式转换有使用短接设定端和拨动开关两种方式。

使用短接端设定的变频器其两组短接片有4种安装方式，可同时进行输入连接方式和输入驱动电源的转换，短接片的实际安装和编号在不同变频器上有所不同（参见连接总图），CIMR-G7、CIMR-A1000系列变频器的设定端安装如图7-14所示，不同设定的作用如图7-15所示。

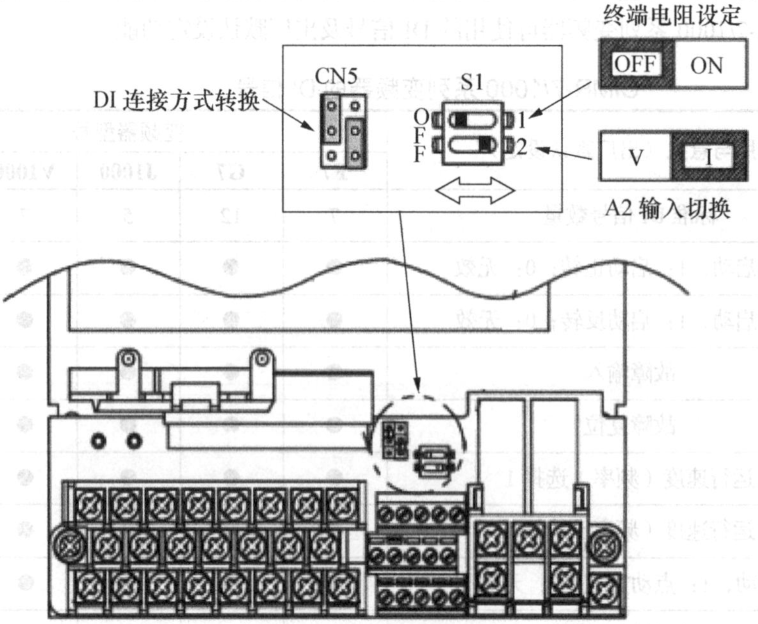

（a）CIMR-G7设定端安装

图7-14 DI连接方式选择

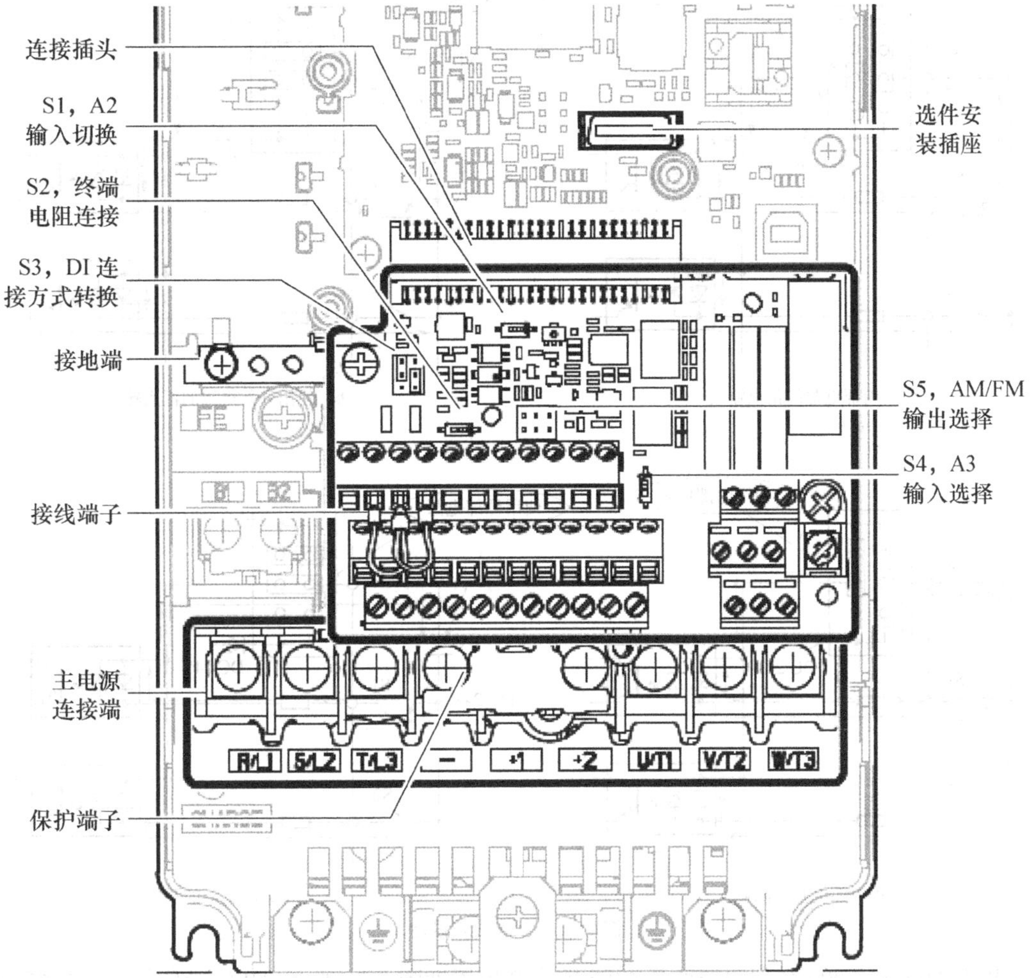

（b）CIMR-A1000 设定端安装

图7-14 DI连接方式选择（续）

① 使用内部电源、汇点输入连接。本方式为出厂设定，短接端安装如图 7-15（a）所示。选择这种方式时，DI 可与 NPN 集电极开路输出的接近开关等输入直接连接。

② 使用外部电源、汇点输入连接。本方式除需要外部提供 DC24V 输入启动电源外，其余与使用内部电源的汇点输入相同，短接端安装如图 7-15（b）所示。

③ 使用内部电源、源输入连接。本方式的短接端安装如图 7-15（c）所示。选择这种方式时，DI 可与 PNP 集电极开路输出的接近开关等输入直接连接。

④ 使用外部电源、源输入连接。本方式除需要外部提供 DC24V 输入启动电源外，其余与使用内部电源的源输入相同，短接端安装如图 7-15（d）所示。

对于 CIMR-A1000 系列变频器，其源/汇点输入的转换也可直接利用 SP/SN 输入驱动电源、通过外部连接电路实现，此时变频器上不需要安装短接设定端。

利用拨动开关设定的变频器有两个位置，开关拨向 SINK 时选择汇点输入，拨向 SOURCE 时选择源输入。

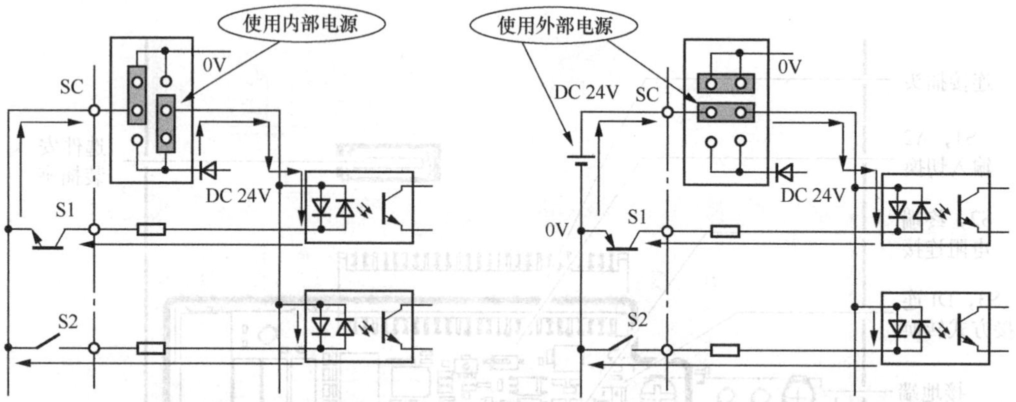

（a）使用内部电源的汇点输入　　（b）使用外部电源的汇点输入

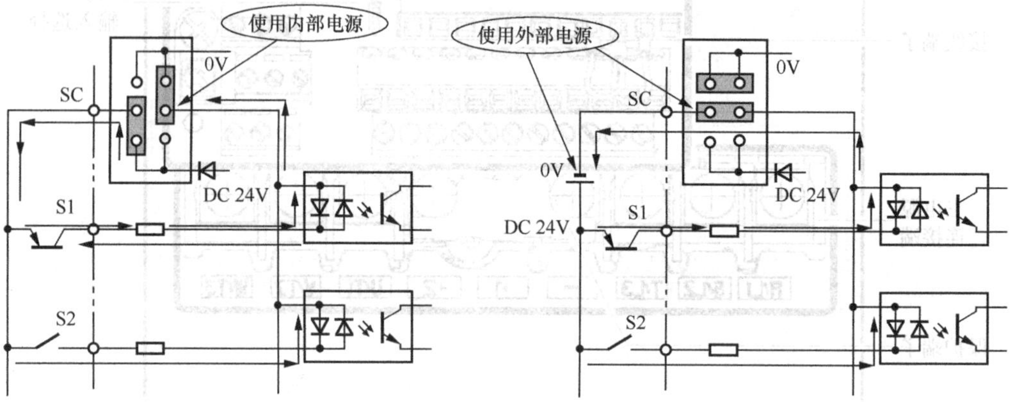

（c）使用内部电源的源输入　　（d）使用外部电源的源输入

图7-15　DI连接与设定

CIMR-J1000/V1000 系列的拨动开关 S3 的安装位置如图 7-16 所示，DI 信号公共端 SC 固定连接变频器的 0V，因此，如选择源输入（SOURCE）方式，则必须由外部提供输入驱动电源。

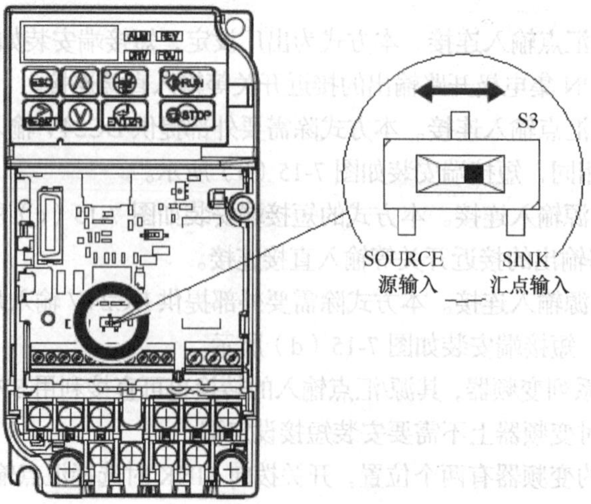

图7-16　CIMR-J1000/V1000拨动开关安装

2. DO 信号连接

（1）DO 信号规格

CIMR 变频器的 DO 信号有继电器接点与光耦集电极开路两种输出形式，同类输出的规格统一，其规格见表 7-6。

表 7-6　　安川变频器的输出规格表

项　　目	继电器输出	光耦集电极开路输出
最大输出电压	AC 250V 或 DC 30V	DC48V
最大输出电流	1A	50mA
最小输出负载	10mA/DC5V	2mA/DC5V
输出响应时间	≈10ms	≤0.2ms
输出隔离电路	触点机械式隔离	光电耦合隔离

（2）DO 功能定义

变频器的 DO 信号用于工作状态输出，不同型号的变频器可使用的 DO 信号数量有所不同，表 7-7 为 CIMR-7/1000 系列变频器可使用的 DO 信号及出厂默认设定功能，DO 信号可以通过参数设定改变功能，但外部连接要求不变。

表 7-7　　CIMR-7/1000 系列变频器的 DO 信号

连接端	作用与意义（出厂默认设定）	变频器型号				
		F7	G7	J1000	V1000	A1000
—	DO 点数	4	6	1	3	4
MA/MB/MC	变频器故障信号	●	●	●	●	●
M1/M2	运行信号	●	●	×	×	●
P1	零速信号	●	●	×	●	☆
P2	给定频率到达	●	●	×	●	☆
P3	变频器准备好	×	●	×	×	×
P4	指定频率到达	×	●	×	×	×
M3/M4	输出转速为零	×	×	×	×	☆
M5/M6	给定频率到达	×	×	×	×	☆

注：①“●”可使用；“×”不能使用；“☆”不同变频器有所区别。
② 早期的 A1000 变频器可使用 P1、P2，但不能使用 M3/M4、M5/M6。

（3）DO 信号连接

变频器的输出连接要求可参见连接总图，输出侧的负载电源需要外部提供。

继电器常开/常闭触点输出连接端分别为 MA/MB，公共端为 MC，出厂默认的功能为变频器故障。

光耦集电极开路输出为标准的 NPN 型输出，P1、P2 输出以 0V（PC）作为公共端，P3、P4 有独立的 0V 端（C3、C4），允许负载电压为 DC5～48V，允许的负载电流为 50mA；光耦输出用于驱动感性负载时，应在负载两端加过电压抑制二极管。

二、CIMR 变频器的 AI/AO 连接

1. 信号与规格

变频器 AI/AO（模拟量输入/输出）可以为模拟电压或模拟电流信号。AI 信号主要用于输出频率的给定与调整；AO 信号用于变频器数据的外部仪表显示等。不同型号的变频器可连接的 AI/AO 点数和信号规格（极性与幅值）有所不同，但外部连接要求不变。

安川 CIMR-7/1000 系列变频器可使用的 AI/AO 信号及规格见表 7-8。

表 7-8 CIMR-7/1000 系列变频器的 AI/AO 信号

连 接 端	输 入 规 格	变频器型号				
		F7	G7	J1000	V1000	A1000
—	AI 点数	2	3	1	2	3
A1/AC	DC0 ~ 10V 模拟电压	●	●	●	●	●
	DC−10 ~ 10V 模拟电压	×	●	×	×	●
	DC4 ~ 20mA（0 ~ 20mA）模拟电流	×	×	●	×	×
A2/AC	DC4 ~ 20mA（0 ~ 20mA）模拟电流	●	●	×	●	●
	DC0 ~ 10V 模拟电压	●	●	×	●	●
	DC−10 ~ 10V 模拟电压	×	●	×	×	●
A3/AC	DC0 ~ 10V 模拟电压	×	●	×	×	●
	DC−10V ~ 10V 模拟电压	×	●	×	×	●
	DC4 ~ 20mA 模拟电流	×	●	×	×	×
—	AO 点数	2	2	1	1	2
AM/AC	DC0 ~ 10V 模拟电压输出	●	●	●	●	●
	DC4 ~ 20mA（0 ~ 20mA）模拟电流	×	×	×	×	●
FM/AC	DC0 ~ 10V 模拟电压输出	●	●	×	×	●
	DC4 ~ 20mA（0 ~ 20mA）模拟电流	×	×	×	×	●

注：“●”可使用；“×”不能使用。

CIMR-7/1000 系列变频器对 AI 信号的输入要求如下。

① 模拟电压。电压输入范围为 DC0 ~ 10V 或 DC−10 ~ 10V；最高不能超过 DC30V；输入阻抗为 20kΩ。

② 模拟电流。电流输入范围为 DC4 ~ 20mA 或 DC0 ~ 20mA；最大不能超过 DC30mA；输入阻抗为 250Ω。

CIMR-7/1000 系列变频器对 AO 信号的输入要求如下。

① 模拟电压。电压输出范围为 DC0 ~ 10V；最大允许电流为 DC2mA；负载阻抗应大于 20kΩ。

② 模拟电流。电流输出范围为 DC4 ~ 20mA 或 DC0 ~ 20mA。

2. AI 连接

安川变频器可以连接 1 ~ 3 点 AI 信号，其中，输入连接端 A1 是基本的频率给定输入端，可用

于安川所有型号变频器；输入端 A2、A3 为扩展输入，部分变频器不能使用。变频器的 AI 电路设计与连接的要点如下。

① 由于模拟电压和模拟电流输入对接口电路的要求不同，对于同时具备模拟电压和电流输入功能的 AI 连接端，例如，CIMR-J1000 系列的输入端 A1、G7/A1000 系列的输入端 A2 等，需要通过变频器上的设定开关切换 AI 输入类型，同时在参数上进行必要的设定。CIMR-G7 和 A1000 系列变频器的输入信号转换开关安装可参见图 7-16。

② 模拟电压、模拟电流输入的公共连接端均为 AC，在模拟电压输入时应连接外部参考电位 0V；在模拟电流输入时连接外部电流源的负端。

③ 当频率给定使用电位器等无源输入元件时，电位器电源可由变频器的给定电源输出端+V/−V 提供，CIMR-7 系列变频器的+V/−V 端输出电压为 DC ± 15V，CIMR-1000 系列变频器的输出为 DC ± 10.5V；其最大负载电流均为 20mA。

④ 变频器的模拟输入应使用双绞屏蔽电缆，长度原则上不应超过 50m，电缆的屏蔽层应与接地端 PE 连接，其连接要求可参见变频器连接总图。

3. AO 连接

变频器的 AO 信号一般用来连接外部显示仪表，它可以将变频器的频率、电流等数据经过 D/A 转换器，转换为 DC0 ~ 10V 或 4 ~ 20mA 模拟电压、电流信号输出。AO 输出端 AM 可用于所有型号，但 FM 输出端只能用于 CIMR-F7/G7、CIMR-A1000 等功能较强的变频器。

由于模拟电压和模拟电流输出的接口电路不同，对于同时具备模拟电压和电流输出功能的 CIMR-A1000 系列变频器，需要通过变频器上的设定开关切换 AO 输出类型，同时在参数上进行必要的设定，输出切换开关 S5 的安装如图 7-16 所示。

拓展学习

一、DI 信号定义

由于变频器实际可以连接的 DI/DO 信号较少，为了适应各种控制要求，DI/DO 信号的功能可通过变频器的参数设定进行改变，这样的 DI/DO 称为“多功能输入/输出”。在电路设计阶段，设计者应事先根据控制要求，规划所需要的 DI/DO 信号，并定义其功能。

1. 功能定义参数

变频器的 DI 信号功能可通过 H1 组参数定义，出厂默认值与 2 线制/3 线制初始化有关，表 7-9 为 DI 功能定义参数表。

表 7-9 DI 信号功能定义参数表

参数号		参数名称	设定范围	默认设定	
CIMR-7	CIMR-1000			2 线制	3 线制
—	H1-01	DI 输入连接端 S1 功能选择	0 ~ 9F	40	—
—	H1-02	DI 输入连接端 S2 功能选择	0 ~ 9F	41	—
H1-01	H1-03	DI 输入连接端 S3 功能选择	0 ~ 9F	24	24
H1-02	H1-04	DI 输入连接端 S4 功能选择	0 ~ 9F	14	14
H1-03	H1-05	DI 输入连接端 S5 功能选择	0 ~ 9F	3	0

续表

参数号		参数名称	设定范围	默认设定	
CIMR-7	CIMR-1000			2线制	3线制
H1-04	H1-06	DI输入连接端S6功能选择	0 ~ 9F	4	3
H1-05	H1-07	DI输入连接端S7功能选择	0 ~ 9F	6	4
H1-06	H1-08	DI输入连接端S8功能选择	0 ~ 78	8	6
H1-07	—	DI输入连接端S9功能选择	0 ~ 78	5	5
H1-08	—	DI输入连接端S10功能选择	0 ~ 78	32	32
H1-09	—	DI输入连接端S11功能选择	0 ~ 78	7	7
H1-10	—	DI输入连接端S12功能选择	0 ~ 78	15	15

DI功能定义时应注意CIMR-7和CIMR-1000变频器的DI信号功能定义参数间的不同。CIMR-7变频器最多可连接12个DI信号（F7、G7），输入连接端S1/S2固定为2线制、3线制运行控制（转向和启停）信号，其功能不能改变，因此，参数H01 ~ H10设定的是输入连接端S3 ~ S12的功能；而CIMR-1000系列变频器最多可连接8个DI信号（A1000），输入连接端S1/S2功能可设定，因此，参数H01 ~ H08设定的是输入连接端S1 ~ S8的功能。

2. DI功能定义

H1组参数的设定值（功能代号）与DI功能的对应关系见表7-10，不使用的DI连接端的功能代号应设定为“F”（无效）。

表7-10　　DI信号输入功能定义表

功能代号	信号名称	作用与功能	变频器系列	
			CIMR-7	CIMR-1000
0	3线制控制转向选择	3线制控制时选择电机转向，ON：反转	●	●
1	外部操作模式选择	ON：外部操作；OFF：操作单元操作	●	●
2	通信操作模式选择	ON：通信控制模式；OFF：外部操作模式	●	×
2	第2运行控制方式	ON：选择运行控制2与频率给定2	×	●
3	多级变速速度1	选择多级变速的运行速度1	●	●
4	多级变速速度2	选择多级变速的运行速度2	●	●
5	多级变速速度3	选择多级变速的运行速度3	●	●
6	JOG	点动运行方式选择	●	●
7	加减速时间选择1	ON：C1-01 ~ C1-04加减速时间有效	●	●
8	常开型输出关闭	ON：封锁逆变功率管基极，关闭输出	●	●
9	常闭型输出关闭	OFF：封锁逆变功率管基极，关闭输出	●	●
A	加减速停止	ON：停止加减速，保持现行频率	●	●
B	变频器过热预警	ON：过热预警，操作单元显示OH2	●	●
C	模拟量输入选择	ON：模拟量输入有效	●	●
D	开环/闭环 *V/f* 控制	ON：开环 *V/f* 控制	●	●

续表

功能代号	信号名称	作用与功能	变频器系列	
			CIMR-7	CIMR-1000
E	速度调节器 P/PI 切换	ON：速度调节器积分无效（P 控制）	●	●
F	不使用	对于未使用的输入信号应定义为 F	●	●
10	远程控制 UP	ON：远程控制频率增加（与 DOWN 成对定义）	●	●
11	远程控制 DOWN	ON：远程控制时频率减少（与 UP 成对定义）	●	●
12	点动运行 FJOG	ON：点动正转	●	●
13	点动运行 RJOG	ON：点动反转	●	●
14	故障复位	清除变频器故障，上升沿有效	●	●
15	常开型急停输入	ON：变频器急停	●	●
16	第 2 电机切换	ON：切换为第 2 电机控制	●	●
17	常闭型急停输入	OFF：变频器急停	●	●
18	延时控制输入	必须同时定义一个延时输出端（功能代号 12），延时时间与方式由参数 b4-01/02 设定	●	●
19	PID 控制取消	ON：取消 PID 控制	●	●
1A	加减速时间选择 2	ON：C1-05 ~ C1-08 加减速时间有效	●	●
1B	参数写入允许	ON：允许参数写入	●	●
1C	频率定量增加信号	ON：远程控制时频率定量增加	●	×
1D	频率定量减少信号	ON：远程控制时频率定量减少	●	×
1E	频率采样信号	ON：对模拟量输入进行频率采样控制	●	●
20	常开型外部故障输入 1	ON：变频器减速停止（始终有效）	●	●
21	常闭型外部故障输入 1	OFF：变频器减速停止（始终有效）	●	●
22	常开型外部故障输入 2	ON：变频器减速停止（仅运行时有效）	●	●
23	常闭型外部故障输入 2	OFF：变频器减速停止（仅运行时有效）	●	●
24	常开型外部故障输入 3	ON：变频器自由停车（始终有效）	●	●
25	常闭型外部故障输入 3	OFF：变频器自由停车（始终有效）	●	●
26	常开型外部故障输入 4	ON：变频器自由停车（仅运行时有效）	●	●
27	常闭型外部故障输入 4	OFF：变频器自由停车（仅运行时有效）	●	●
28	常开型外部故障输入 5	ON：变频器紧急停止（始终有效）	●	●
29	常闭型外部故障输入 5	OFF：变频器紧急停止（始终有效）	●	●
2A	常开型外部故障输入 6	ON：变频器紧急停止（仅运行时有效）	●	●
2B	常闭型外部故障输入 6	OFF：变频器紧急停止（仅运行时有效）	●	●
2C	常开型外部故障输入 7	ON：继续运行，显示报警（始终有效）	●	●
2D	常闭型外部故障输入 7	OFF：继续运行，显示报警（始终有效）	●	●
2E	常开型外部故障输入 8	ON：继续运行，显示报警（仅运行时有效）	●	●
2F	常闭型外部故障输入 8	OFF：继续运行，显示报警（仅运行时有效）	●	●
30	PID 积分复位	ON：PID 积分复位	●	●
31	PID 积分保持	ON：PID 积分保持	●	●
32	多级变速速度 4	选择多级变速的运行速度 4	●	●

续表

功能代号	信号名称	作用与功能	变频器系列	
			CIMR-7	CIMR-1000
34	PID 加减速无效	ON：b5-17 设定的 PID 加减速无效	●	●
35	PID 输入特性切换	ON：改变 PID 输入的极性	●	●
40	2 线制正转启动信号	ON：正转启动（3 线制时为启动信号）	×	●
41	2 线制反转启动信号	ON：反转启动（3 线制时为停止信号）	×	●
42	2 线制控制 2 启/停信号	ON：启动；OFF：停止	×	●
43	2 线制控制 2 的转向信号	ON：反转；OFF：正转	×	●
44	内部频率偏置 1 生效	ON：参数 d7-01 设定的偏置值生效	×	●
45	内部频率偏置 2 生效	ON：参数 d7-02 设定的偏置值生效	×	●
46	内部频率偏置 3 生效	ON：参数 d7-03 设定的偏置值生效	×	●
47	CANopen 网络地址设定	ON：CANopen 网络地址设定生效	×	●
60	直流制动生效	ON：生效直流制动功能	●	●
61	速度搜索功能 1 生效	ON：从最高频率开始搜索	●	●
62	速度搜索功能 2 生效	ON：从频率指令开始搜索	●	●
63	弱磁调速有效	ON：参数 d6-01/d6-02 设定的弱磁控制有效	●	●
64	速度搜索功能 3 生效	ON：生效速度搜索功能 3	●	×
65	常闭型瞬时断电控制 1	OFF：瞬时停电减速运行（KEB 功能）有效	●	●
66	常开型瞬时断电控制 1	ON：瞬时停电减速运行（KEB 功能）有效	●	●
67	通信测试信号	ON：启动 RS422/485 接口测试	●	●
68	高转差制动控制	ON：高转差制动功能（HSB 功能）有效	●	●
6A	驱动使能控制信号	ON：允许变频器运行	×	●
71	速度/转矩切换控制	ON：转矩控制有效	●	×
72	伺服锁定控制	ON：伺服锁定功能有效	●	×
75	UP2 信号	ON：远程控制时频率定量增加	×	●
76	DOWN2 信号	ON：远程控制时频率定量减少	×	●
77	速度调节器增益切换	ON：使用参数 C5-03 增益值	●	×
78	转矩输入极性变换控制	ON：交换转矩给定输入的极性	●	×
7A	常闭型瞬时停电控制 2	OFF：瞬时停电减速运行（KEB 功能）有效	×	●
7B	常开型瞬时停电控制 2	ON：瞬时停电减速运行（KEB 功能）有效	×	●
7C	常开型电枢短接制动	ON：PM 电机控制时生效短接电枢制动功能	×	●
7D	常闭型电枢短接制动	OFF：PM 电机控制时生效短接电枢制动功能	×	●
7E	单脉冲速度反馈方向	OFF：正转；ON：反转	×	●
90	Drive Works EZ 输入 1	Drive Works EZ 控制时的信号输入 1	×	●
…	…	…	…	…
97	Drive Works EZ 输入 8	Drive Works EZ 控制时的信号输入 8	×	●
9F	取消 Drive Works EZ	ON：Drive Works EZ 控制无效	×	●

注：“●”功能可定义；“×”功能不能定义。

3. DI 功能定义要点

DI 信号功能定义需要注意以下问题。

① 不同系列、不同型号的安川变频器可连接的 DI 信号和功能定义参数有所不同，常用变频器的情况如下。

CIMR-F7：变频器最大可连接 7 点 DI，由于 S1、S2 的功能规定为 2 线制或 3 线制运行控制信号，S3 ~ S7 功能可通过参数 H1-01 ~ H1-05 定义。

CIMR-G7：变频器最大可连接 12 点 DI，输入 S1、S2 的功能规定为 2 线制或 3 线制运行控制信号，S3 ~ S12 功能可通过参数 H1-01 ~ H1-10 定义。

CIMR-V1000/A1000：变频器最大可连接的 DI 信号分别为 7/8 点，全部输入（S1 ~ S8）均可通过参数 H1-01 ~ H1-08 定义功能。

② 远程控制信号 UP/DOWN（10/11）、1C/1D、UP2/DOWN2（75/76）必须成对定义。

③ CIMR-1000 系列变频器的 2 线制控制 1（正转启动/反转启动控制，功能代号 40/41）和 2 线制控制 2（转向/启停控制，功能代号 42/43）不可同时定义。

④ 设定参数 A1-03 = 3330，进行 3 线制初始化时，变频器将自动选择 S5 作为转向输入信号（功能代号 0），S1/S2 作为 3 线制的启动/停止控制信号；但也可在 S3 ~ S12 上任意定义其中之一作为 3 线制转向信号，这一信号一旦定义，S1/S2 将自动成为 3 线制的启动/停止控制信号。

⑤ 定义 DI 功能时，变频器必须有相应的功能与参数匹配，也不能将不同的输入端定义为相同的 DI 功能。

⑥ 设定参数 A1-03 = 2220 或 3330 进行 2 线制或 3 线制初始化时，变频器将自动改变 DI 信号的出厂默认设定，其 DI 信号默认功能定义见表 7-11。

表 7-11 2 线制与 3 线制默认 DI 功能

输入端	2 线制默认设定		3 线制默认设定		变频器系列	
	信号名称	功能代号	信号名称	功能代号	G7	A1000
S1	正转控制	40	启动输入	40	—	●
S2	反转控制	41	停止输入	41	—	●
S3	外部故障输入	24	外部故障输入	24	●	●
S4	故障复位	14	故障复位	14	●	●
S5	多级变速选择 1	3	转向（3 线制选择）	0	●	●
S6	多级变速选择 2	4	多级变速速度选择 1	3	●	●
S7	JOG 方式选择	6	多级变速速度选择 2	4	●	●
S8	输出停止	8	JOG 方式选择	6	●	●
S9	多级变速选择 3	5	多级变速速度选择 3	5	●	×
S10	多级变速选择 4	32	多级变速速度选择 4	32	●	×
S11	加减速时间切换	7	加减速时间切换	7	●	×
S12	急停输入	15	急停输入	15	●	×

注：“●”可使用的设定；“×”不能使用；“—”不能改变。

二、DO信号定义

1. 功能定义参数

变频器的DO信号一般较少，输出MA/MB/MC的功能通常固定为故障输出，其余DO信号的功能可通过表7-12的参数定义。

表7-12 DO信号功能定义参数表

参数号 G7	参数号 A1000	参数名称	设定范围	默认设定
H2-01	H2-01	DO输出M1/M2功能选择	0~14D	0
H2-02	H2-02	DO输出M3/M4或P1功能选择	0~14D	1
H2-03	H2-03	DO输出M5/M6或P2功能选择	0~14D	2
H2-04	—	DO输出P3功能选择	0~37	6
H2-05	—	DO输出P4功能选择	0~37	5

2. 功能设定

DO信号功能可通过H2组参数进行定义，参数设定值（功能代号）与功能的关系见表7-13，不使用的DO连接端的功能代号应设定为“F”（无效）。

表7-13 DO信号功能定义表

功能代号	信号名称	作用与功能	变频器系列 G7	变频器系列 A1000
0	变频器运行中1	1：启动信号已经输入或变频器输出电压不为0	●	●
1	零速信号	1：输出频率为0	●	●
2	频率一致信号1	1：输出频率已经到达指令频率的L4-02允差范围	●	●
3	速度一致信号1	1：输出频率到达参数L4-01设定值的允差范围	●	●
4	速度在允许范围1	1：输出频率在L4-01设定值以内	●	●
5	速度超过信号1	1：输出频率超出了L4-01设定值范围	●	●
6	变频器准备好	1：变频器电源已经接通，本身无故障	●	●
7	直流母线欠压	1：直流母线电压在L2-05设定值以下	●	●
8	输出关闭	1：变频器的输出关闭（逆变管的基极封锁）	●	●
9	操作单元频率给定	1：频率给定指令来自操作单元	●	●
A	操作单元运行控制	1：运行控制信号（转向、启/停）来自操作单元	●	●
B	转矩过大/过小检测1	1：变频器转矩超过了L6-02设定的范围（常开输出）	●	●
C	频率给定信号断开	1：频率给定在0.4s内下降幅度大于90%	●	●
D	制动电阻故障	1：制动电阻、制动晶体管过热或故障	●	●

续表

功能代号	信号名称	作用与功能	变频器系列	
			G7	A1000
E	变频器故障	1：变频器发生了除操作、通信以外的故障	●	●
F	不使用	对于未使用的DO输出端应设定为F	●	●
10	变频器警告	1：变频器发生了轻微的故障	●	●
11	变频器复位中	1：外部复位信号有效，变频器复位中	●	●
12	定时控制输出信号	与延时输入控制端（功能代号18）对应的输出	●	●
13	频率一致信号2	1：输出频率已经到达指令频率的L4-04允差范围	●	●
14	速度一致信号2	1：输出频率到达参数L4-03设定值的允差范围	●	●
15	速度在允许范围2	1：输出频率在L4-03设定值以内	●	●
16	速度超过信号2	1：输出频率超出了L4-03设定值范围	●	●
17	转矩过大/过小检测1	0：变频器转矩超过了L6-02设定的范围（常闭输出）	●	●
18	转矩过大/过小检测2	1：变频器转矩超过了L6-05设定的范围（常开输出）	●	●
19	转矩过大/过小检测2	0：变频器转矩超过了L6-05设定的范围（常闭输出）	●	●
1A	变频器反转输出	1：反转中	●	●
1B	输出关闭（常闭型）	0：变频器的输出关闭（逆变管的基极封锁）	●	●
1C	第2电机控制生效	1：第2电机控制有效	●	●
1D	回馈制动中	1：回馈制动动作执行中	●	●
1E	故障重试中	1：故障重试动作执行中	●	●
1F	电机过载输出（OL1）	1：电机负载已经超过额定值的90%	●	●
20	变频器过热预警（OH）	1：变频器温度超过了L8-02的设定	●	●
22	机械老化信号	1：机械老化时间到达	×	●
2F	维修信号	1：风机、主电容、IGBT使用时间到达	×	●
30	转矩限制	1：转矩限制功能生效	●	●
31	速度限制	1：速度限制功能生效	●	×
32	速度极限生效	1：转矩控制方式下的速度极限功能生效	●	×
33	伺服锁定功能完成	1：伺服锁定功能执行完成	●	×
37	变频器运行中2	1：输出频率不为0	●	×
38	运行允许输出	1：变频器的运行允许信号（功能代号6A）生效	×	●
39	累计电能输出	输出节能运行数据	×	●
3C	运行状态指示	1：完全操作单元操作方式（同时满足9与A功能）	×	●
3D	速度搜索功能有效	1：速度搜索功能执行中	×	●
3E	PID反馈断开	1：PID反馈值小于b5-13的设定	×	●
3F	PID反馈异常	1：PID反馈值超过了b5-36设定	×	●
4A	瞬时停电减速运行中	1：瞬时停电时的减速运行动作执行中	×	●
4B	PM电机短接制动中	1：PM电机短接制动执行中	×	●
4C	急停	1：外部急停信号输入，急停执行中	×	●

续表

<table>
<tr><th rowspan="2">功能代号</th><th rowspan="2">信号名称</th><th rowspan="2">作用与功能</th><th colspan="2">变频器系列</th></tr>
<tr><th>G7</th><th>A1000</th></tr>
<tr><td>4D</td><td>过热预警（OH）时间到</td><td>1：过热预警（OH）后累计运行时间到达</td><td>×</td><td>●</td></tr>
<tr><td>4E</td><td>制动晶体管不良</td><td>1：制动晶体管故障</td><td>×</td><td>●</td></tr>
<tr><td>4F</td><td>内置制动电阻过热</td><td>1：内置制动电阻过热</td><td>×</td><td>●</td></tr>
<tr><td>90～92</td><td>Drive Works EZ 输出1～3</td><td>Drive Works EZ 输出1～3</td><td>×</td><td>●</td></tr>
<tr><td>100</td><td>变频器运行中</td><td rowspan="3">信号功能与作用全部与0～92设定一一对应，但信号使用负逻辑（极性与0～92相反）</td><td>×</td><td>●</td></tr>
<tr><td>…</td><td>…</td><td>…</td><td>…</td></tr>
<tr><td>192</td><td>Drive Works EZ 输出3</td><td>×</td><td>●</td></tr>
</table>

注：“●”功能可定义；“×”功能不能定义。

三、AI/AO、PI/PO信号定义

1. AI功能定义参数

AI有模拟电压与模拟电流两类，AI输入的通道数与变频器型号有关。

CIMR-G7变频器的AI输入有A1、A2、A3三个通道。输入A1为模拟电压输入通道，功能固定频率给定输入（主速）。输入A2为模拟电压/电流通用输入，可通过变频器上的设定开关和参数H3-08选择模拟电压或模拟电流输入，输入功能可通过参数H3-09定义。输入A3为模拟电压输入通道，功能可通过参数H3-05定义，A3输入的生效可由DI信号（功能代号C）控制。

CIMR-A1000变频器的AI输入同样有A1、A2、A3三个通道，生效的输入可由DI信号（功能代号C）和参数H3-14控制。输入A1为模拟电压输入通道，输入范围可通过参数H3-01选择，输入功能可通过参数H3-02进行选择。A2为模拟电压/电流通用输入，可通过变频器上的设定开关与参数H3-09，选择模拟电压或模拟电流输入，输入功能可通过参数H3-10选择。输入A3为模拟电压输入通道，功能可通过参数H3-06定义。

表7-14为CIMR- G7与CIMR-A1000变频器的AI功能定义参数表。

表7-14　AI功能定义参数表

<table>
<tr><th colspan="2">参数号</th><th rowspan="2">参数名称</th><th rowspan="2">默认设定</th><th rowspan="2">设定值与意义</th></tr>
<tr><th>G7</th><th>A1000</th></tr>
<tr><td>H3-01</td><td>H3-01</td><td>A1输入范围选择</td><td>0</td><td>0：0～10V；1：−10～10V</td></tr>
<tr><td>—</td><td>H3-02</td><td>A1输入功能选择</td><td>0</td><td>见下述</td></tr>
<tr><td>H3-04</td><td>H3-05</td><td>A3输入范围选择</td><td>0</td><td>0：0～10V；1：−10～10V</td></tr>
<tr><td>H3-05</td><td>H3-06</td><td>A3输入功能选择</td><td>2</td><td>见下述</td></tr>
<tr><td>H3-08</td><td>H3-09</td><td>A2输入范围选择</td><td>2</td><td>0：0～10V；1：−10～10V；2：4～20mA；3：0～20mA（A1000）</td></tr>
<tr><td>H3-09</td><td>H3-10</td><td>A2输入功能选择</td><td>0</td><td>见下述</td></tr>
<tr><td>—</td><td>H3-14</td><td>AI输入选择</td><td>7</td><td>DI信号（功能代号C）ON时的有效输入：1：A1；2：A2；3：A1和A2；4：A3；5：A1和A3；6：A2和A3；7：A1～A3均有效</td></tr>
</table>

2. AI 功能设定

CIMR-G7 的 AI 输入功能定义参数 H3-09、H3-05 或 CIMR-A1000 的 AI 输入功能定义参数 H3-02、H3-06、H3-10 可设定的参数值及其意义见表 7-15。

表 7-15 AI 输入功能定义表

功能代号	信号名称	作用与功能	变频器系列	
			G7	V1000
0	频率给定输入（主速）	频率给定输入，重复定义时为两输入叠加	●	●
1	频率给定增益	调节频率给定输入增益	●	●
2	辅助频率给定 1	辅助给定，可以作为多级变速的第 2 级速度输入	●	●
3	辅助频率给定 2	辅助给定，可以作为多级变速的第 3 级速度输入	●	●
4	输出电压偏置	用于调整变频器的输出电压	●	●
5	加减速时间调节	进行加减速时间的调整	●	●
6	直流制动电流	指定变频器的直流制动电流	●	●
7	转矩检测值	指定变频器的转矩检测值	●	●
8	失速防止电流	指定变频器运行时的失速防止电流	●	●
9	最低输出频率	指定变频器最低输出频率	●	●
A	跳变频率幅度	指定变频器跳变区的频率跳变幅度	●	×
B	PID 反馈输入	连接 PID 调节的反馈输入	●	●
C	PID 给定输入	连接 PID 调节的目标值输入	●	●
D	频率给定输入	频率给定输入	●	●
E	电机温度 PTC 输入	电机温度传感器的输入端，10V 时为最高温度	●	●
F	端子不使用	端子不使用，输入无效	×	●
10	转矩极限输入（正转）	转矩极限输入，限制变频器最大输出电流	●	●
11	转矩极限输入（反转）	转矩极限输入，限制变频器最大输出电流	●	●
12	转矩极限输入（制动）	回馈制动的转矩极限输入，限制变频器最大输出电流	●	●
13	转矩给定	转矩控制方式的转矩给定输入	●	●
14	转矩补偿	转矩控制方式的转矩补偿输入	●	●
15	转矩极限（运行时）	转矩极限输入，限制变频器最大输出电流	●	●
16	PID 差动反馈输入	PID 差动反馈输入	×	●
17	电机温度 NTC 输入	电机温度传感器的输入端，10V 时为最低温度−9℃	×	●

续表

功能代号	信号名称	作用与功能	变频器系列	
			G7	V1000
1F	端子不使用	端子不使用，输入无效	●	●
30～32	DWEZ控制输入1～3	DWEZ控制时的模拟量输入1～3	×	●

注：“●”功能可定义；“×”功能不能定义。

3. AO功能定义

AO（模拟量输出）用于变频器内部连续变化的数据输出，AO输出通道数与变频器型号有关。CIMR-7变频器的AO信号为−10～10V模拟电压，最大输出电流为2mA，信号功能可通过参数H4-01（FM）、H4-04（AM）选择。CIMR-A1000变频器的AO信号可以为模拟电压或模拟电流，输出类型可通过参数H4-07、H4-08选择，信号功能可通过参数H4-01、H4-04选择。

变频器AO功能定义参数见表7-16。

表7-16　AO功能定义参数表

参数号		参数名称	默认设定	设定值与意义
G7	A1000			
H4-01	H4-01	FM输出功能选择	2/102	G7：直接设定U1组参数号；A1000：组号+参数号
H4-04	H4-04	AM输出功能选择	3/103	
—	H4-07	FM输出类型选择	0	0：0～10V；1：−10～10V；2：4～20mA
—	H4-08	AM输出类型选择	0	

AO功能定义需要注意：CIMR-7变频器只能进行U1组参数的输出，设定值为U1组参数的参数号，输出内容不能选择非连续变化的状态参数，如4（U1-04）、10（U1-10）等。例如，需要在AM上输出变频器实际输出电流时，其监控参数为U1-03，因此，只需要设定H4-04 = 03即可。CIMR-A1000变频器可输出U1～U8组状态监控参数，设定值为组号+参数号，输出内容同样不能为非连续变化的状态参数，即设定值不能为110（U1-10）、119（U1-19）、211（U2-11）、422（U4-22）等；如不使用AO端时，设定值应为“000”或“031”。例如，需要在AM上输出变频器实际输出电流时，其监控参数为U1-03，因此，需要设定H4-01 = 103等。

任务3　识读变频调速系统工程图

能力目标

能够根据工程图分析变频调速系统的电气原理。

工作内容

图 7-20 为项目 4 任务 3 中数控车床的主轴控制系统的电气原理图，复习项目 4 任务 3 的内容，巩固工程图识读的基本知识，并完成以下练习。

1. 参照项目 4 任务 3 的主回路与强电控制回路，分析主轴调速系统的电路原理，说明各电气元件的作用与功能。
2. 通过计算，验证图 7-20 中主要电气元件的参数。
3. 参照项目 4 任务 3，完成与主轴调速系统相关的电气元件明细表编制。
4. 完成技能训练中的主轴调速系统电路设计。

相关知识

图 7-20 是项目 4 任务 3 中数控车床的主轴控制工程图（第 3 页），有关工程图的基本说明、电路识读的基本注意事项、明细表要求及机床主回路、强电控制回路、x/z 轴驱动回路的说明等均可参照项目 4 任务 3 的说明，图 7-20 的说明如下。

一、变频器控制

1. 主回路

① 为了便于阅读，简单机床的工程图允许将与主轴变频器相关的主回路与控制回路集中于一页进行表示。

② CIMR-G7 变频器的控制电源已在内部与主电源进线连接，变频器不使用制动电阻、制动单元等配套附件，故主电源不需要使用主接触器控制，它可以在机床主电源接通后直接加入。

③ CIMR-G7 变频器本身已具有电子过流保护功能，故主轴电机不再需要安装过载保护的断路器。

2. 控制回路

① 图 7-20 中，CIMR-G7 变频器的正反转与启动/停止使用出厂默认的 2 线制控制，正反转控制信号来自 CNC 的输出。

② CIMR-G7 的正反转信号串联有机床启动接触器 KM10（x/z 轴驱动主回路 ON）的常开触点，如果 x/z 轴伺服驱动未启动或出现机床超程、急停的故障，可以立即停止主轴。

③ 变频器的 DI 信号采用了出厂默认的使用变频器内部电源的汇点输入连接方式，变频器的 DI 信号选择端 CN5 应按照图 7-14（a）进行设定。

④ 由于本机床的主轴控制无特殊要求，变频器不需要连接其他 DI 信号，DI 功能定义可以直接使用出厂默认设定。

⑤ 由于变频器电源在机床主电源接通后便可加入，因此，变频器的报警输出 DO 信号可作为驱动器主电源接通的互锁条件，通过中间继电器 KA20 的转换，串联到驱动器主接触器控制电路中（参见项目 4 任务 3 的强电控制回路说明），主轴变频器故障时禁止驱动器主电源加入。

⑥ 变频器的频率给定信号（主速输入）来自 CNC（KND-100T）的主轴模拟量输出，其输出频率直接由 CNC 加工程序中的 S 代码指令进行控制。AI 信号同样可以直接使用变频器出厂默认的功能设定。

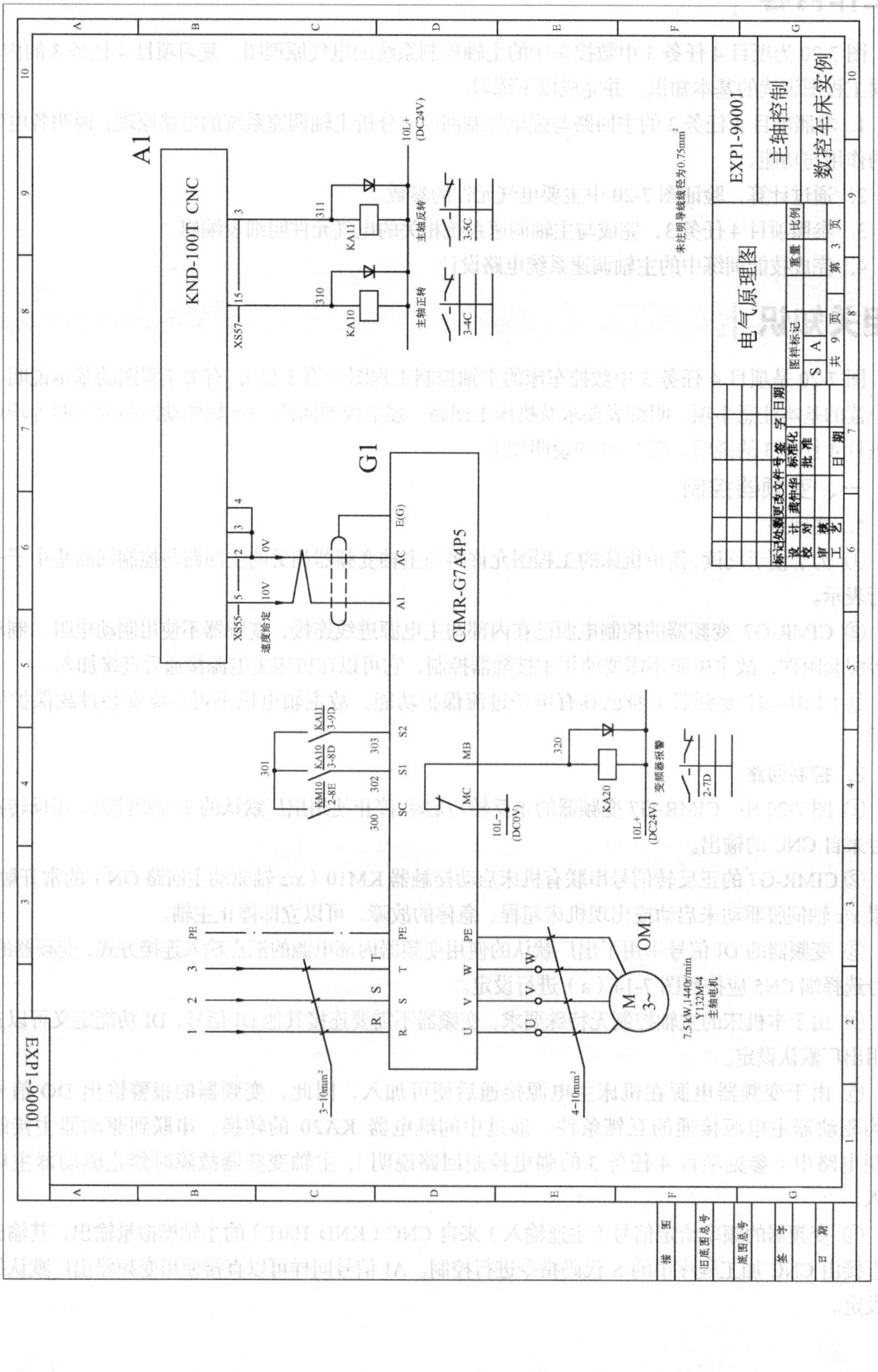

图7-20 数控车床主轴回路示例

二、CNC 连接

1. S 模拟量输出

① KND-100T 经济型数控系统的 S 模拟量输出为 DC0 ~ 10V，可以直接与 CIMR-G7 的速度给定 A1/AC 端连接。

② KND-100T 的 S 模拟量输出为单极性信号，连接时必须将 DC0 ~ 10V 输出端（XS55-5）连接至变频器的 A1 端、参考 0V 输出端（XS55-2/3/4）连接至变频器的 AC 端。

③ 应通过 CNC 的 S 模拟量输出参数设定，保证最高主轴转速所对应的 S 模拟量输出为 DC10V。

④ 应通过变频器的偏移与增益调整（参见项目 8），保证在 DC10V 频率给定输入时的主轴转速与要求一致；在 DC0V 输入（编程转速 S0）时，主轴转速接近 0 转。

⑤ 频率给定连接线应使用双绞、屏蔽电缆。

2. 转向信号

① KND-100T 的主轴转向由程序指令 M03、M04 或操作面板上的主轴正反转按钮进行控制，其转向统一由 CNC 的 DO 信号 M03/M04（X57-15/3）输出。

② KND-100T 的 M03/M04 输出为保持型电平信号，与 CIMR-G7 的 2 线制控制要求一致，故可以直接通过中间继电器 KA10、KA11 转换为变频器的转向控制信号。

③ 主轴电机的转向可以直接通过交换电机相序、改变 CNC 参数等方式调整至要求的方向。

3. 主轴编码器

① 为了车削螺纹，数控车床主轴需要安装检测主轴转角的位置编码器，以便车削螺纹时保持 z 轴进给与主轴的同步。

② 螺纹加工同步控制直接由 KND-100T 实现，故主轴编码器只需要直接连接至 CNC 上（图中未画出），在变频器上可以不进行闭环控制。

技能训练

1. KND-100T 的主轴编码连接器号为 XS51，引脚布置与连接见表 7-18，按照工程设计要求设计 CNC 与编码器的连接图（原理图第 4 页），将主轴控制系统原理图补充完整。

表 7-18　　主轴编码器连接表

引脚	3	4	5	6	7	8	14/15
信号	*PZ	PZ	*PB	PB	*PA	PA	0V

2. 结合 CIMR-G7 变频器的闭环控制要求，合理选择变频器选件，并设计机床主轴编码器同时用于变频器闭环控制与 CNC 螺纹加工的主轴控制系统原理图（原理图第 5 页）。

3. 记录与保存变频器默认的参数清单。

Chapter

8

项目8

变频器的运行与控制

变频器的控制需要有启动/停止/转向等运行控制命令及频率指令。运行控制命令及频率指令可以根据需要选择多种输入方式，此外，还可根据实际控制需要，通过参数设定变频器的输出频率范围、跳变区设定、启动/制动方式等。以上这些都是变频器运行与控制的基本条件，本项目将对此专门学习。

任务1 掌握变频器的运行控制技术

能力目标

1. 熟悉变频控制方式。
2. 掌握变频器的运行控制要求。
3. 能够设定变频器的输出频率范围限制。
4. 能够设定变频器的频率跳变区。

工作内容

学习后面的内容，完成以下练习。

1. 简述 *V/f* 变频控制与矢量控制的特点。
2. 变频器有哪些常用的运行控制方式，运行频率可通过哪些方法给定？

3. 怎样限制变频器的输出频率范围？频率跳变区设定有何作用？

4. 按照技能训练的要求，完成项目 7 任务 3 变频器的基本参数设定。

相关知识

一、变频控制方式

变频器是兼容多种变频控制方式的通用调速装置，选择不同的变频控制方式可获得不同的调速特性。因此，利用变频器进行调速时，首先要根据控制对象的负载特性及调速范围、调速精度等要求，选定变频器的变频控制方式。

从控制理论上说，感应电机的变频控制方式有 V/f 控制与矢量控制两种，根据系统结构，两种控制方式都有开环控制与闭环控制之分，而矢量控制的实现方法又有多种，故在变频器上有时还有简单矢量控制、完全矢量控制或磁通矢量控制、电流矢量控制等不同提法。

1. V/f 控制

V/f 控制为所有变频器都具有的常用控制方式，它是在忽略感应电机定子电阻等因素影响的前提下，从稳态特性上得出的速度控制方案，较适合于风机、水泵类负载控制，其基本原理可参见项目 1 的说明。

从原理上说，V/f 控制并不能控制电机的输出转矩，它只能在额定频率的点上才能输出额定转矩，低频工作时的电机连续输出转矩、最大输出转矩均低于额定转矩，因此其实际调速范围通常较小，速度响应性能也较差。

V/f 控制的最大优点是变频控制与对象（感应电机）的参数无关，负载波动对速度的影响小，因此，可以用于特殊结构的高速电机控制、对低速稳定性有较高要求的磨床/研磨机的主轴控制或 1∶n 多电机。

V/f 控制时变频器的输出电压（电机的电枢电压）将随着频率的下降而同步下降，低频控制时，由于定子电阻压降的比重加大，电机的输出转矩必然下降。为了改善变频器的 V/f 控制特性，补偿定子电阻压降、提高低频输出转矩，变频器在 V/f 控制时通常需要同时选择图 8-1 所示的 V/f 特性调整功能。

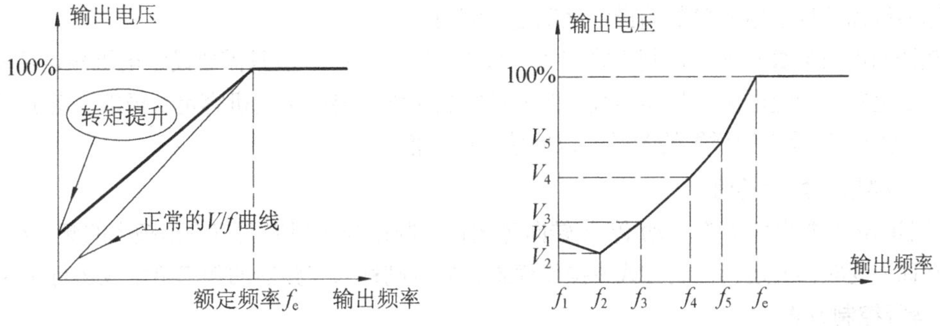

（a）低频转矩提升　　（b）多点 V/f 定义

图8-1　变频器的 V/f 特性调整

图 8-1（a）称为低频转矩提升功能，它可以通过变频器的参数设定，人为规定输出频率为 0 时的输出电压值，使得 V/f 曲线的起点上移，提升低频转矩。图 8-1（b）称为多点 V/f 定义功能，它可以通过人为规定若干 V/f 点，使得 V/f 曲线由直线变为多段折线，以便适应不同的负载要求。

V/f 控制也可以使用闭环控制。闭环 V/f 控制可通过对稳态速度（频率）误差的检测，进行输出频率的补偿，提高稳态运行时的速度精度。闭环 V/f 控制不能从本质上改变变频器的调速性能，它不能扩大变频器的有效调速范围与改善速度响应性能。

变频器的 PWM 载波频率是决定系统性能的重要参数，在先进的变频器上，PWM 载波频率也可以根据需要，由用户选定。

变频器的载波频率与调速系统的结构有关。总体而言，提高载波频率可以改善输出电流波形，提高动态响应速度，降低运行噪声；但随着载波频率的提高，逆变功率管的开关损耗也将增加，线路的高频电磁干扰将增大。因此，随着电机电枢连接线的增长、变频器输出功率的增大、负载的加重，PWM 载波频率应相应降低。

2. 矢量控制

矢量控制理论的基本出发点是将感应电机等效为直流电机。该理论通过坐标的变换将感应电机定子电流分解成为转矩电流 I_q 和励磁电流 I_d 两个独立的分量，实现了感应电机磁通与转矩的“解耦”与控制，相关内容可以参见相关书籍。

矢量控制可提高变频器调速性能，并得到类似于直流电机的恒转矩特性，但完全矢量控制需要进行十分复杂的坐标变换与解耦计算，且必须知道详细的电机参数，因此，实际使用一般都采用简化的控制方案，得到近似的恒转矩控制特性。

变频器采用矢量控制后，其调速范围、转矩控制性能、动态响应性能均将优于 V/f 控制，矢量控制还可采用闭环，它不但可提高速度控制精度，且能大大增加调速范围与改善速度响应性能、转矩控制性能。

矢量控制性能以 4～6 极的感应电机为最好，多极电机的性能会有所下降。采用矢量控制的变频器应使用电机的自动调整功能，进行电机参数的自动调整与设定。矢量控制的低速运行速度波动大于 V/f 控制方式，故不宜用于对低速波动要求较高的磨床主轴等控制。

3. 电机参数

变频器虽然多用于感应电机的控制，但实际上它是一种可用于所有交流电机控制的通用控制装置，此外，为了节省调速系统成本、提高利用率，变频器一般都具有“多电机控制”功能，即：可通过外部电路的切换，利用一个变频器控制不需要同时工作的、规格相同或相近的不同电机。为此，变频调速系统需要通过电机参数的设定来确定控制对象。

变频器的电机参数与变频控制方式有关。采用 V/f 控制时一般只需要设定电机额定功率、额定频率、额定电压、额定电流等基本参数；而矢量控制时则需要设定电机容量、极数、定子/转子的电阻/电感，励磁阻抗等更为详细的参数，以便建立电机模型。

二、变频器运行控制

变频器的运行控制需要有启动/停止/转向等运行控制命令及用来调节输出频率的频率给定指令，前者通常称为变频器的运行控制方式或操作模式，后者则称为变频器的频率给定或运行命令。

1. 运行控制方式

变频器的运行一般可以通过图 8-2 所示的变频器 DI 信号、操作单元按键、通信命令等进行控制。

利用来自外部的 DI 信号控制（称外部操作模式）控制电机的启动/停止与转向是变频器最常用、出厂默认的控制方式。使用 DI 信号控制时，只需按项目 7 的连接总图进行启动/停止与转向信号的连接，便可对变频器的运行进行控制。提供变频器 DI 信号的操作面板或控制器可以远离变频器，故这种控制方式有时又称“远程控制模式（REMOTE）”。

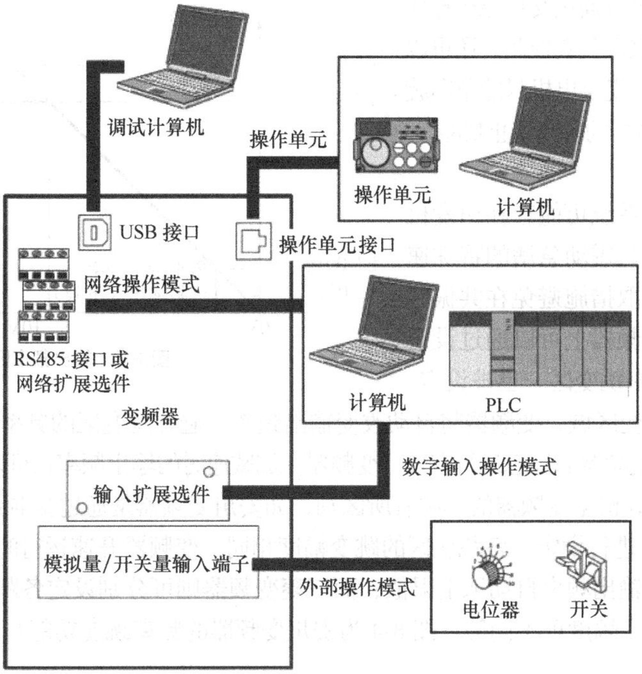

图8-2　变频器的运行控制

操作单元按键控制的运行常用于调试，操作单元一般直接安装在变频器上，故在安川资料中又将其称之为“本地控制（LOCAL）”方式。

通信命令控制方式用于变频器的网络控制，网络控制通常需要配套相应的软件与硬件，在大多数场合其通信协议为专用，因此，在一般控制场合使用较少。

2. 频率给定

为了调节电机速度，需要有改变输出频率的“频率给定”信号。变频器的频率给定通常有以下指令方法。

① 利用外部模拟量输入信号连续调节输出频率（称外部模拟量输入给定）。

② 通过变频器操作单元，直接输入频率值调节输出频率（称操作单元设定）。

③ 通过外部速度选择信号，选择变频器参数设定的固定运行频率（称多级变速运行）。

④ 通过外部的“点动（JOG）运行”信号，选择参数设定的点动运行频率（称点动运行）。

⑤ 通过通信接口输入数据改变输出频率值（称通信操作或网络操作）。

在部分变频器上，频率还可以通过远程调速的 DI 控制信号改变（称远程调速运行）或通过脉冲输入改变（称脉冲输入给定）。

三、输出频率的设定

采用变频器的调速系统的调速范围可以通过输出频率范围进行规定，在无级变速的系统上，为了防止机械共振、降低系统噪声与震动，还需要设定频率跳变区来规避共振。

1. 输出频率范围

变频调速系统所需要的变速范围（最高转速与最低转速）可通过变频器的上限与下限参数进行

限制，上限与下限频率对所有给定方式均有效。图 8-3 所示是 CIMR-G7、CIMR-A1000 变频器的输出频率限制参数与频率输出图，其他变频器情况类似。

感应电机的转向可以通过交换电机相序改变。对于风机、水泵等负载控制，还可以通过变频器参数设定，规定电机只能单向旋转，这一功能称为变频器的转向禁止功能。

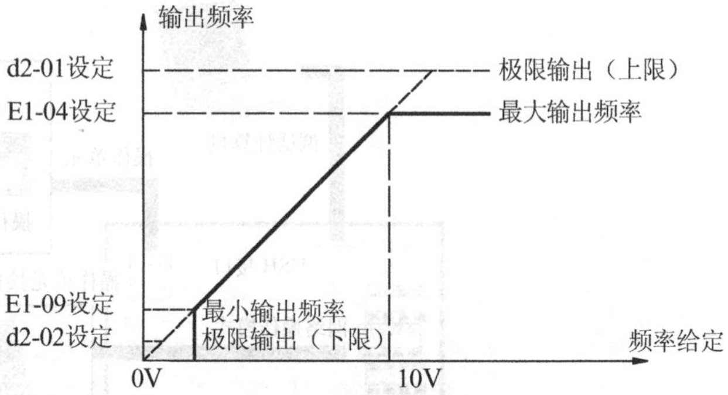

图8-3 输出频率限制

2. 频率跳变

采用无级变速的系统可能存在引发机械共振、使系统噪声与震动急增的特殊速度区，设计时必须采取措施避免在共振区运行，这一功能在变频器上可以通过设定频率跳变区实现。频率跳变区一旦被设定，如果给定频率处于跳变区域，变频器将自动改变输出频率、避开跳变区的频率值。

频率跳变区仅对变频器的稳态运行有效，变频器在加减速时的输出频率仍可以根据要求连续变化。

跳变区的指定方式根据变频器的不同有所区别，如安川变频器是通过基准频率（d3-01～d3-03）与跳变幅度（d3-04）进行设定，各跳变区的跳变幅度相同，变频器升速运行时，输出频率自动取下限值；降速运行时，输出频率自动取上限值；而三菱变频器则可分别设定各跳变区的上限与下限频率值，各跳变区的跳变幅度可不同等。图 8-4 为安川变频器的频率跳变功能与参数。

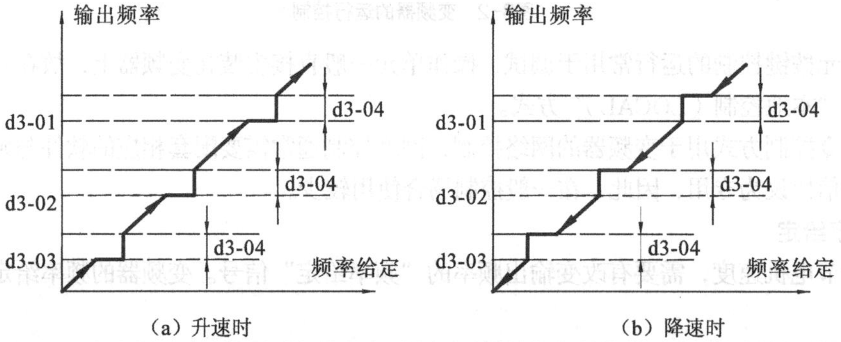

图8-4 输出频率跳变功能

实践指导

一、CIMR 变频器的基本设定

1. 控制方式选择

变频器的基本控制方式有开环 *V/f* 控制、闭环 *V/f* 控制、开环矢量控制、闭环矢量控制 4 种。在此基础上，CIMR-G7 还可选择改进的开环矢量控制 2 方式；CIMR-A1000 则增加了典型应用、同步电机（PM 电机）控制、Drive Works EZ 控制等特殊控制方式。

变频器与控制方式选择相关的主要参数见表 8-1。变频器参数 A1-02 用于控制方式选择，使用电机切换控制时，第 2 电机的控制方式设定参数为 E3-01，改变控制方式将改变部分参数的出厂默认值。

表 8-1　　变频器基本设定参数表

参数号	参数名称	变频器系列		默认设定	设定值与意义
		G7	A1000		
A1-02	控制方式选择	●	●	2	0：开环 V/f 控制；1：闭环 V/f 控制；2：开环矢量控制 1；3：闭环矢量控制；4：开环矢量控制 2（仅 G7）；5：PM 电机控制（CIMR-1000）
A1-06	典型应用设定	×	●	0	典型应用选择
A1-07	Drive Works EZ 控制	×	●	0	0：无效；1：有效
C6-02	载波频率选择	●	●		设定变频器 PWM 载波频率
E3-01	第 2 电机控制方式	●	●	—	0：开环 V/f 控制；1：闭环 V/f 控制；2：开环矢量控制 1；3：闭环矢量控制；4：开环矢量控制 2（仅 G7）
E5-01	PM 电机代码	×	●		设定 PM 电机规格
C6-01	负载类型选择	×	●	0	0：重载（HD）；1：轻载（ND）

注：①“●”可设定参数；“×”不可设定。
② C6-02、E5-01 的默认设定与变频器容量有关。

2. 载波频率设定

PWM 载波频率是决定变频器性能的重要参数，提高载波频率可以改善输出电流波形，提高动态响应速度，降低运行噪声。但是，随着载波频率的提高，逆变功率管的开关损耗也将增加；连续输出电流将降低；低速速度、转矩的波动将加大；线路的高频干扰将增大。

PWM 载波频率与负载类型、控制方式等因素有关，总体而言，载波频率应随电枢连接线的长度、输出功率、负载的加大而降低。CIMR-7/1000 变频器的载波频率范围为 2～15kHz，载波频率可通过参数 C6-02 进行设定，如电机运行时噪声较大，还可以选择柔性 PWM 控制功能调整载波频率或使用自适应调整功能。

CIMR-7/1000 变频器与载波频率相关的参数见表 8-2。

表 8-2　　载波频率参数设定表

参数号	参数名称	变频器系列		默认设定	设定值与意义
		G7	A1000		
C6-02	载波频率选择设定	●	●		载波频率设定，设定值见表 8-3
C6-03	载波频率上限	●	●		用于 V/f 控制载波频率自适应调整
C6-04	载波频率下限	●	●		用于 V/f 控制载波频率自适应调整
C6-05	载波频率增益	●	●	0	用于 V/f 控制载波频率自适应调整
C6-09	自动调整时的载波频率	×	●	0	0：5kHz；1：C6-03 设定
C6-11	矢量控制 2 的载波频率	●	×	4	设定 1/2/3/4 对应 2/4/6/8 kHz

注：①“●”可设定参数；“×”不可设定。
② C6-02、C6-03、C6-04 的默认设定与变频器容量、负载类型、控制方式有关。

通过参数 C6-02 的设定可以选择不同的载波频率及载波频率的自动调整功能，设定值代表的意义见表 8-3。

表 8-3 C6-02 参数设定表

设定值	1	2	3	4	5	6	7～A	F
载波频率（kHz）	2	5	8	10	12.5	15	柔性 PWM 控制	自适应调整

当参数 C6-02 设定为 F、且变频采用 *V/f* 控制方式时，载波频率自适应调整功能有效，此时，载波频率将根据变频器的输出频率自动变化，其自适应调整过程如下。

输出频率小于载波频率下限（$f \leqslant f_0$）：固定为 C6-04 设定的下限值。

中间区（$f_0 \leqslant f \leqslant$E1-06）：载波频率随输出频率的增加而增加，增加幅度决定于参数 C6-05 与 C6-03 的设定。

输出频率大于电机额定频率（E1-06）：固定为 C6-03 设定的上限值。

3. 电机参数的设定

CIMR-7/1000 变频器包括输入电压、电机额定电压、最大输出频率、电机额定频率、额定电流等基本电机参数。变频器的输入电压应在参数 E1-01 上正确设定，这一设定将同时影响变频器的过电压、欠电压保护值。

CIMR-7/1000 变频器的基本电机参数见表 8-4，参数组 E1/E2 对应第 1 电机。如果变频器用于多电机切换控制，则需要利用参数组 E3/E4 设定第 2 电机参数。多电机切换可由 DI 信号控制，输入 ON 时选择第 2 电机。电机参数对矢量控制同样有效。

表 8-4 第 1 电机设定参数表

参 数 号	参 数 名 称	单 位	设定值与意义
E1-01	变频器输入电压	V	变频器的输入电源电压
E1-06	第 1 电机额定频率	Hz	电机额定频率，设定对矢量控制同样有效
E1-13	第 1 电机的额定电压	V	电机额定电压，设定对矢量控制同样有效
E2-01	第 1 电机的额定电流	A	电机额定电流，设定对矢量控制同样有效
E2-04	第 1 电机的极对数	—	电机极对数（用于矢量控制）
E2-11	第 1 电机的额定功率	10W	电机额定功率，设定对矢量控制同样有效
L1-01	过载保护特性选择	1	0：不使用过载保护功能；1：普通感应电机的过载保护特性；2：专用变频电机的过载保护特性；3：矢量控制电机的过载保护特性；4：PM 电机的过载保护特性
L1-02	150%过流动作时间	min	过载保护动作时间

4. *V/f* 特性的设定

CIMR-7/1000 变频器可以选择出厂默认的 *V/f* 特性或自行定义多点 *V/f* 特性，其设定参数见表 8-5。多电机控制时的第 1、第 2 电机的 *V/f* 特性可以独立设定，参数组 E1 用于第 1 电机，参数组 E3 用于第 2 电机。

表 8-5 第 1 电机 *V/f* 特性设定参数表

参 数 号	参 数 名 称	单 位	设定值与意义
E1-03	*V/f* 特性曲线选择	—	设定 0～F 选择 *V/f* 曲线

续表

参 数 号	参 数 名 称	单 位	设定值与意义
E1-04	最高输出频率	Hz	变频器 *V/f* 控制时的最大输出频率
E1-05	最大输出电压	V	变频器 *V/f* 控制时的最大输出电压
E1-07	*V/f* 特性的中间输出频率 1	Hz	*V/f* 特性参数
E1-08	*V/f* 特性的中间输出电压 1	V	*V/f* 特性参数
E1-09	*V/f* 特性的最低输出频率	Hz	变频器 *V/f* 控制时的最小输出频率
E1-10	*V/f* 特性的最低输出电压	V	变频器 *V/f* 控制时的最小输出电压
E1-11	*V/f* 特性的中间输出频率 2	Hz	*V/f* 特性参数，仅第 1 电机
E1-12	*V/f* 特性的中间输出电压 2	V	*V/f* 特性参数，仅第 1 电机

变频器的输出频率限制有 E1-04/E1-09 与 d2-01/d2-02 两对设定参数。参数 d2-01/d2-02 设定的是变频器实际能输出的最大与最小频率的极限值，超出这一范围的频率一律被限制在上限或下限输出上。参数 E1-04/E1-09 定义的是与最大/最小给定输入对应的频率值，如给定频率超出这一范围，输出频率被限制在 E1-04/E1-09 设定上（参见图 8-3）。

通过参数 E1-03 的设定（E1-03=0～E），可选择 15 种出厂默认的固定 *V/f* 特性与 1 种任意特性（E1-03 = F）。不同的 *V/f* 特性只是对图 8-5 所示 4 个 *V/f* 点的更改。

选择固定特性时，*V/f* 点将自动选择出厂默认值；选择任意曲线时，*V/f* 点的频率与电压可由参数 E1-04～E1-10 进行任意设定。参数 E1-11/E1-12 用于额定频率以上区域的 *V/f* 曲线微调，实际使用的情况较少，不使用时可设定 E1-11/E1-12=0。

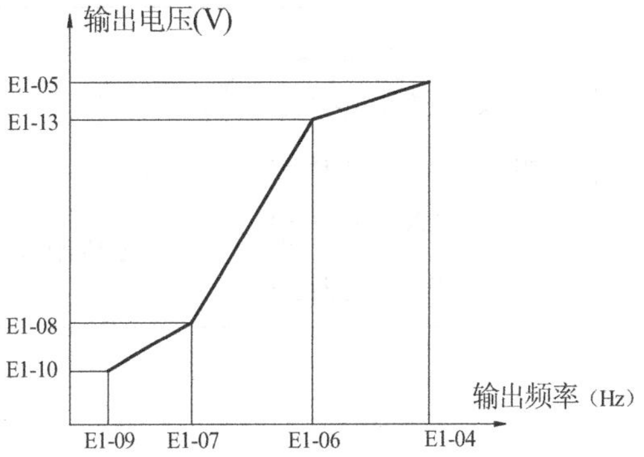

图8-5 *V/f* 特性设定

通过参数 E1-03 选择的 15 种 *V/f* 特性的适用范围见表 8-6，低频转矩提升值与变频器容量有关。

表 8-6 固定 *V/f* 特性的适用范围

E1-03	适用负载	适用电机	基 本 特 点
0/1	恒转矩	50/60Hz 电机	E1-04 = E1-06，E1-05 = E1-13；采用出厂标准的低频转矩提升值
2/3		50/60Hz 电机	E1-04 = 1.2×（E1-06），E1-05 = E1-13；采用出厂默认的低频转矩提升值
4/6	风机	50/60Hz 电机	E1-04 = E1-06，E1-05 = E1-13；输出转矩与频率近似成 3 次方
5/7		50/60Hz 电机	E1-04 = E1-06，E1-05 = E1-13；输出转矩与转速近似成 2 次方关系
8/A	恒转矩	50/60Hz 电机	E1-04 = E1-06，E1-05 = E1-13；低频转矩采用高提升值
9/B		50/60Hz 电机	E1-04 = E1-06，E1-05 = E1-13；低频转矩提升为变频器允许最大值
C/D/E	恒功率	50/60Hz 电机	60Hz 以下为恒转矩输出，60～90/120/180Hz 为恒功率输出

二、CIMR 变频器的运行控制

CIMR-7/1000 变频器的频率给定及正/反转、启动/停止控制，可通过 AI/DI 信号、操作单元、通信命令进行控制。AI/DI 信号控制的外部操作模式是 CIMR-7/1000 变频器出厂默认的控制方式，安川资料中称“REMOTE 控制（远程控制）”；操作单元控制常用于调试，由于操作单元一般安装在变频器上，故安川资料称“LOCAL 控制（本地控制）”；通信命令控制方式用于网络控制系统，它需要配套相应的软件与硬件，实际使用较少。

1. 频率给定方式

变频器的输出频率需要通过“频率给定”信号控制。CIMR-7/1000 变频器默认的频率给定方式为 AI 输入端 A1/AC 的 0～10V 模拟电压输入。如需要，可通过参数的设定及功能代号为 2、1 或 6 的 DI 信号（参见项目 7AI 功能定义）选择图 8-6 所示的多种频率给定方式。

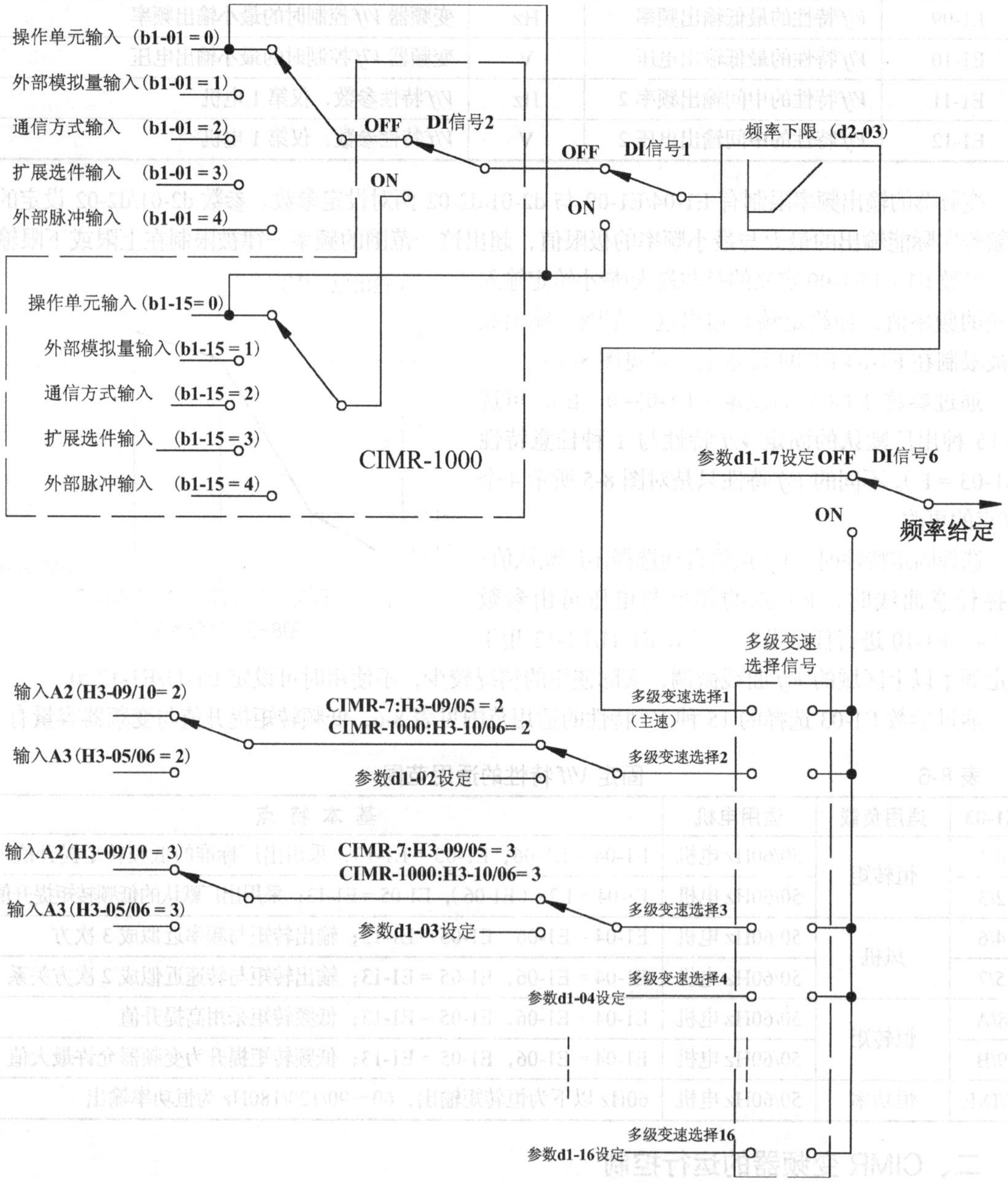

图8-6 CIMR变频器的频率给定方式

2. 相关参数

CIMR-7/1000 变频器的参数组 b1 用于频率给定与运行控制命令选择，该组参数还具有停止方式、转向选择等功能。当选择 AI 输入频率给定时，需要利用 H3 组参数定义 AI 功能。变频器与频率给定、运行控制相关的参数见表 8-7。

表 8-7 频率给定与运行控制参数表

参数号		参数名称	默认设定	设定值与意义
G7	A1000			
b1-01		频率给定选择	1	0：操作单元；1：AI 输入；2：通信输入；3：扩展模块输入；4：PI 输入
b1-02		运行控制命令选择	1	0：操作单元；1：DI 信号控制；2：通信控制；3：扩展模块控制
b1-03		停止方式选择	0	0：减速停止；1：自由停车；2：全范围直流制动；3：限制时间的自由停车
b1-04		反转禁止	0	0：允许反转；1：反转禁止
b1-07		操作单元/外部控制方式切换	0	0：从操作单元切换到外部控制后，必须先将运行信号 OFF 后再 ON 才能运行；1：可直接运行
b1-08		操作单元操作时的外部控制	0	0：参数设定模式时，DI 信号无效；1：b1-02≠0 时，DI 信号有效；2：运行时禁止操作单元操作
—	b1-14	转向变换	0	设定“0”与“1”改变电机转向
—	b1-15	变频给定选择 2	0	0：操作单元；1：AI 输入；2：通信输入；3：扩展模块输入；4：PI 输入
—	b1-16	运行指令选择 2	0	0：操作单元；1：DI 信号控制；2：通信控制；3：扩展模块控制
—	b1-17	电源 ON 时运行选择	0	0：禁止；1：允许运行

风机、水泵等负载的电机一般只允许单向旋转，使用时可通过设定参数 b1-04 = 1，禁止反转，反转禁止对全部操作均有效。

电机转向的变更可通过交换电机相序、改变 DI 信号等方法实现。在 CIMR-1000 变频器上，转向也可直接通过参数 b1-14 的设定改变（由 0 变为 1，或反之）。

三、CIMR 变频器的频率设定

1. 设定参数

CIMR-7/1000 变频器与输出频率范围设定相关的参数见表 8-8。

表 8-8 输出频率范围设定参数表

参数号	参数名称	设定范围	默认设定	设定值与意义
d2-01	输出频率上限	0～110%	100	以 E1-04 百分比设定的输出频率上限
d2-02	输出频率下限	0～110%	0	以 E1-04 百分比设定的输出频率下限
d2-03	主速频率下限	0～110%	0	以 E1-04 百分比设定的输出频率下限（主速）
d3-01	频率跳变区 1	0～400.00Hz	0	第 1 跳变频率值设定
d3-02	频率跳变区 2	0～400.00Hz	0	第 2 跳变频率值设定
d3-03	频率跳变区 3	0～400.00Hz	0	第 3 跳变频率值设定
d3-04	频率跳变幅度	0～20.00Hz	1	频率跳变区的宽度设定

2. 上下限设定

CIMR-7/1000变频器的上限频率通过参数d2-01设定，但下限频率设定方法有如下三种。

① 参数d2-02设定：d2-02设定的是变频器能够输出的最小频率极限值，对所有方式均有效。

② 参数d2-03设定：d2-03设定的是主速模拟量输入的最小输出频率，小于本设定的主速输入均被限制在这一输出频率上，但点动与多级变速运行时可以小于本设定。

③ AI通道A2或A3输入限制：性质与d2-02设定相同，但下限值可通过AI信号调整，此时AI输入通道A2/A3的功能定义参数H3-09/H3-05（G7）或H3-10/H3-06（A1000）应设定为“9”，最大输入（20mA或10V）对应于参数E1-04的设定值，有关内容可参见项目7的AI功能定义。

3. 跳变区设定

CIMR-7/1000变频器可由参数d3-01～d3-03设定3个频率跳变区域（参见图8-4），设定应保证d3-01≥d3-02≥d3-03。

跳变区设定后，如给定频率处于跳变区范围，升速运行时自动取下限值d3-01、d3-02或d3-03；降速运行时自动取上限值d3-01+d3-04、d3-02+d3-04或d3-03+d3-04。

CIMR-7/1000变频器的跳变区幅度还可通过AI输入通道A2或A3进行定义。此时AI输入通道A2/A3的功能定义参数H3-09/H3-05（G7）或H3-10/H3-06（A1000）应设定为“A”，最大输入（20mA或10V）对应于参数E1-04的设定值，有关内容可参见项目7的AI功能定义。

拓展学习

一、多级变速与点动运行

1. 功能与参数

多级变速用于每级速度固定的多级变速系统，多级变速运行时变频器可通过DI信号直接切换运行频率，多级变速的输出频率是有级的，每级频率可在变频器参数上事先设定。

变频器点动运行的性质与多级变速类似，它可通过DI信号（JOG）直接控制变频器按照参数设定的速度运行。

一般而言，变频器的点动运行具有最高优先级，只要JOG信号为“1”，其他所有的变频给定将全部无效。

CIMR-7/1000变频器的多级变速的速度选择信号与频率设定参数见表8-9。

表8-9 多级变速/点动信号与输出频率的关系表

速度选择	速度选择信号					频率设定参数	设定范围	默认设定
	4	3	2	1	JOG			
运行速度1	0	0	0	0	0	d1-01设定或主速输入	0～400.00Hz	0
运行速度2	0	0	0	1	0	d1-02设定或A2输入	0～400.00Hz	0
运行速度3	0	0	1	0	0	d1-03设定或A3输入	0～400.00Hz	0
运行速度4	0	0	1	1	0	d1-04	0～400.00Hz	0
运行速度5	0	1	0	0	0	d1-05	0～400.00Hz	0
…	递增的二进制编码				0	…	…	
运行速度16	1	1	1	1	0	d1-16	0～400.00Hz	0
点动运行速度	—	—	—	—	1	d1-17	0～400.00Hz	6

2. 点动运行

点动（JOG）是以参数 d1-17 设定的频率与运行控制命令直接运行的功能，它具有最高优先级。CIMR-7/1000 变频器的点动运行不仅能直接通过操作单元的按键控制，而且还可以通过图 8-7 所示的 DI 信号进行控制。

① 用功能定义为“6”的 DI 信号 JOG 选定 d1-17 频率，然后通过运行控制命令（DI 信号 S1/S2）控制变频器的转向与启动/停止，如图 8-7（a）所示。

② 用功能定义为“12/13”的 DI 信号 FJOG/RJOG 控制启停与转向，如图 8-7（b）所示。

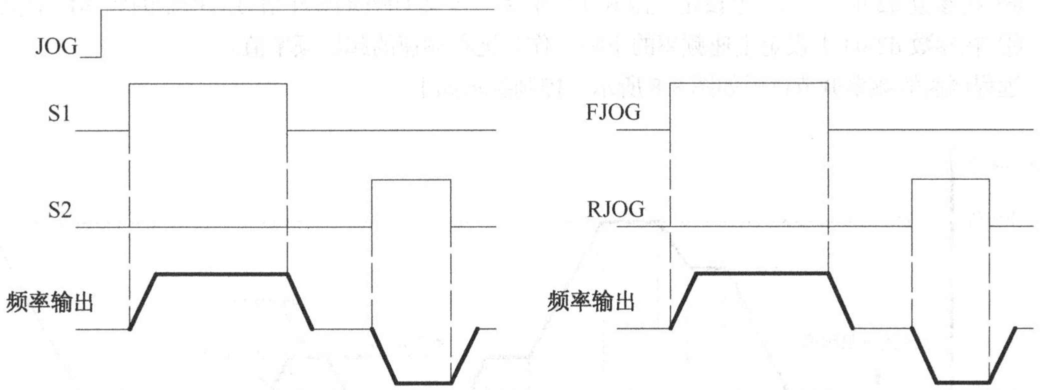

（a）JOG 控制 （b） FJOG/RJOG 控制

图8-7 点动运行控制

3. 多级变速运行

多级变速控制的要点如下。

① 多级变速优先级高于 AI 输入，速度选择信号一旦输入，AI 输入将无效；由于 1/2/3 级速度（频率）可通过 AI 输入，故可利用速度选择信号来切换 AI 给定输入通道，实现速度给定的主/辅切换功能。

② 运行速度 1 的生效条件是速度选择信号 1/2/3/4 和 JOG 信号全部为“0”，其实质是取消了多级变速和点动运行，此时，变频器的频率取决于参数 b1-01 选择的频率给定方式，例如，设定 b1-01 = 1 为 AI 输入有效；设定 b1-01 = 0 为操作单元设定等。

③ 运行速度 2/3 利用 AI 输入通道 A2/A3 给定时，变频器的 AI 功能定义参数 H03-09/H03-05（CIMR-G7）或 H03-10/H03-06（CIMR-A1000）应设定为“2”和“3”，有关内容可参见项目 7 的 AI 功能定义。

④ 点动运行（JOG）、远程调速的优先级高于多级变速运行，当用于 JOG、远程调速 UP/DOWN 的 DI 信号为“1”时，多级变速输入无效。

二、远程调速

远程调速[1]用于远距离速度调节，它可通过检测变频器 DI 信号的保持时间，来调整变频器的频率给定值，以避免模拟量信号长距离传输时的干扰与衰减。

CIMR-7/1000 变频器的远程调速可采用频率连续增减与频率定量增减两种调节方式，但不能同时使用。远程调速的优先级仅次于 JOG 运行，高于多级变速和模拟量输入控制。

[1] 本书中的“远程调速”与安川资料中的“REMOTE 操作”是不同的概念，为了与其他公司变频器统一，本书将“REMOTE 操作”称为“外部操作模式”。

1. 频率连续增减控制

采用频率连续增减的远程调速时，变频器的频率给定可直接利用 DI 信号 UP（功能代号 10）、DOWN（功能代号 11）进行调节，调节后的频率给定值可断电记忆，作为下次运行时的起始频率给定值。

频率连续增减远程调速的参数设定要求如下。

① 在 DI 信号 S3～S12 中定义一对 UP/DOWN 信号，如 DI 信号没有成对定义或功能定义重复，变频器将发生 OPE 03（DI 功能定义错误）报警。

② 设定参数 b1-02=1，选择外部操作模式，并连接转向、启/停控制信号 S1/S2。

③ 在参数 d2-01、d2-02 上设定上限和下限频率，定义 UP/DOWN 信号所控制的频率调节范围。

④ 在参数 d2-03 上设定主速频率的下限，作为远程调速的起始频率值。

远程调速的频率调节过程如图 8-8 所示，控制要求如下。

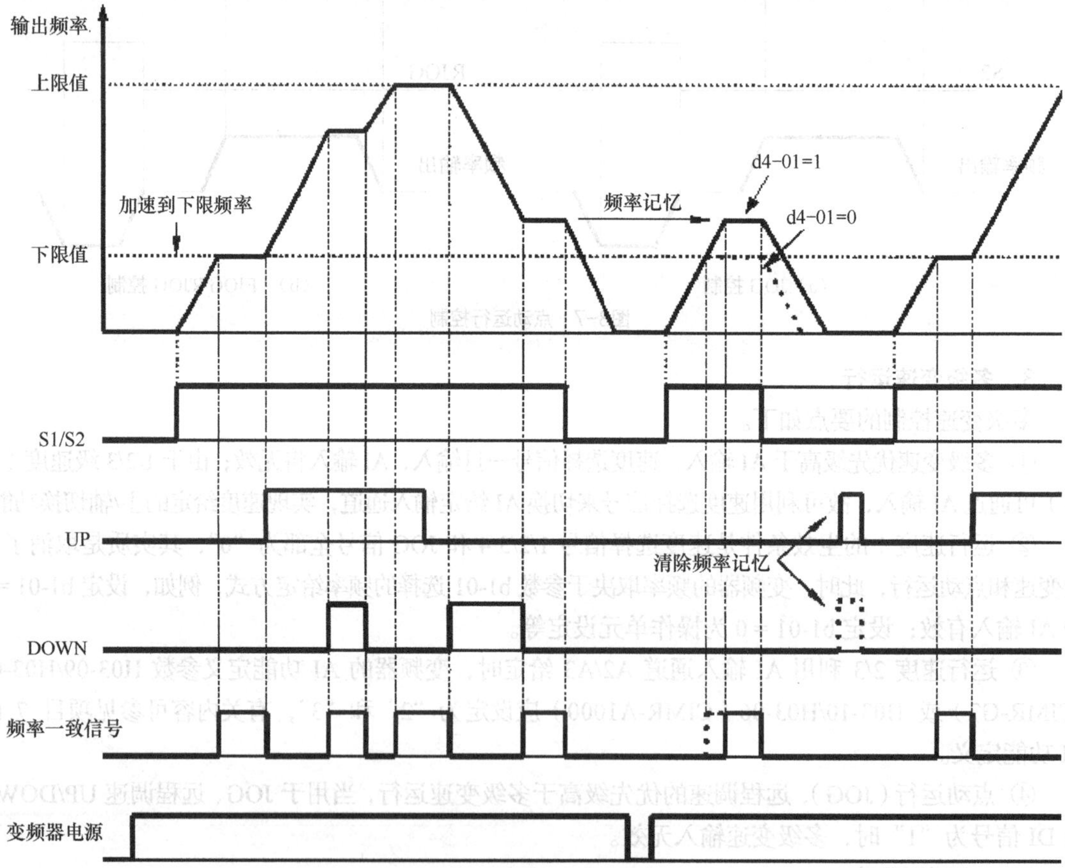

图8-8 远程调速的控制

① 接通变频器电源，用转向、启动信号 S1/S2 启动变频器。

② 如通道 A1（主速）的输入电压不为 0，变频器加速到 A1 所给定的频率值；否则，以参数 d2-02（下限）、d2-03（主速下限）两者中的较大者作为起始频率进行加速。加速完成后，“频率一致”信号为“1”。

③ 输入 DI 信号 UP 或 DOWN，并保持“1”状态，输出频率持续上升或下降；松开 UP/DOWN 信号或同时输入 DOWN/UP 信号，变频器将停止加减速，并以当前频率运行；频率一致信号输出“1”。

④ 如输出频率达到参数 d2-01 设定的上限或 d2-02 设定的下限，则停止加减速，频率被限制在上限或下限值上。

⑤ 如参数 d4-01 设定为“1”，利用 DI 信号 UP/DOWN 调节后的运行频率将被记忆，并作为变频器下次启动时的起始频率值。但是，如在运行控制信号 S1/S2 为“0”期间输入了 UP/DOWN 信号，则所记忆的频率将自动清除。

2. 频率定量增减控制

采用频率定量增减的远程调速时，变频器的频率给定可直接利用 DI 信号 1C（功能代号 1C）、1D（功能代号 1D）进行频率的定量增减调整，调节后的频率同样可断电记忆，作为下次运行时的起始频率给定值。

频率定量增减远程调速的参数设定要求如下。

① 在 DI 信号 S3～S12 中定义一对 1C/1D 信号，如 DI 信号没有成对定义或功能定义重复，变频器将发生 OPE 03（DI 功能定义错误）报警。

② 设定参数 b1-02 =1，选择外部操作模式，并连接转向、启/停控制信号 S1/S2。

③ 在参数 d4-02 上设定频率的定量增减值（以参数 E1-04 设定的最大输出频率的百分率形式指定）。

④ 在参数 d2-01、d2-02 中设定输出频率的上限与下限值，确定 1C/1D 信号调速时的频率输出范围。

⑤ 在参数 b1-02 上选择定量增减前的起始运行频率，起始频率可以是 AI 输入、多级变速速度或通信输入。

频率定量增减远程调速相当于一种速度增减量固定的远程有级变速控制，动作过程如图 8-9 所示。

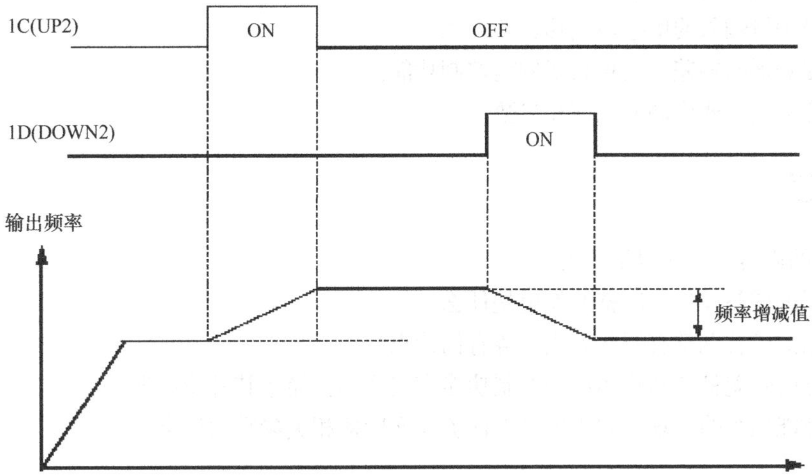

图8-9　定量增减远程调速

技能训练

假设项目 7 任务 3 中的数控车床主轴控制系统的主要参数如下。

① 变频器与电机型号与电气连接如图 7-20 所示。

② 主轴电机与主轴采用 1.44∶1 减速齿轮连接，要求的主轴转速范围为 30～1800r/min。

③ 变频器采用开环 *V/f* 控制，要求 60～90Hz 范围为恒功率输出。

试确定该变频器的控制方式、输出频率范围等基本参数，并仿照表 8-10 中参数 b1-01、b1-02

的格式，完成变频器参数表8-10。

表8-10 数控车床主轴基本参数设定表

参数号	参数名称	设定值	参数设定说明
b1-01	频率给定方式	1	利用来自CNC的外部模拟量输入控制
b1-02	运行指令选择	1	利用CNC的M03/04信号控制
…	…	…	…

任务2 掌握给定与速度调整技术

能力目标

1. 能够根据需要选择频率给定模拟量输入。
2. 掌握模拟量输入的增益与偏移调整方法。
3. 熟悉变频器的转差补偿和频率偏差控制功能。
4. 了解变频器的速度调节原理和参数。

工作内容

学习后面的内容，完成以下练习。

1. 变频器的增益与偏移调整的作用是什么？
2. 变频器的偏移调整有哪些方式，各有何特点？
3. 变频器的转差补偿和频率偏差控制功能有何作用？简述其补偿原理。
4. 按照技能训练的要求，完成项目7任务3变频器相关参数的设定。

相关知识

一、主速选择与主辅切换

变频器的频率给定有外部模拟量输入、操作单元设定、多级变速设定、点动运行、网络操作、远程调速、脉冲输入给定等多种，其中，外部AI频率给定通常为变频器常用、出厂默认的方式。

AI输入频率给定是变频器最常用的方式，它在参数b1-01为“1”时有效。AI输入是一组多功能输入，其功能、类型及输入范围需要通过变频器的AI定义参数予以定义，部分变频器还需要进行硬件设定，相关内容可参见项目7。

1. 主速选择

变频器一般有多个 AI 输入通道，需要选择其中之一用来作为基本频率给定指令的输入控制信号，这一输入通道称“主速”输入，CIMR-G7/A1000 的主速输入可用如下方法选择。

（1）AI 输入 A1

AI 输入 A1 是变频器出厂默认的主速输入。在 CIMR-G7 上，只要设定参数 b1-01 = 1 选择 AI 输入，A1 就是主速输入，其输入类型规定为模拟电压，输入范围可用参数 H3-01 选择 0～10V 或-10～10V。在 CIMR-1000 上，应设定参数 b1-01=1 生效 AI 输入，并将参数 H3-02 设定为“0”定义 A1 为主速输入；其输入类型规定为模拟电压，输入范围可通过参数 H3-01 选择 0～10V 或-10～10V。

（2）AI 输入 A2

AI 输入 A2 为多功能输入，其输入类型可为模拟电压或模拟电流，输入功能可定义。选择 A2 作为主速输入的处理方法如下。

① 将 AI 输入 A1 与 AC 端短接，使得 A1 输入固定为 0V。

② 通过参数 H3-08（CIMR-G7）或 H3-09（CIMR-A1000）和变频器 A2 输入设定开关 SW1-2，选择 A2 输入类型与范围。

③ 设定参数 b1-01=1 生效 AI 输入、参数 H3-09（CIMR-G7）或 H3-10（CIMR-A1000）为 0，选择 A2 为主速输入。

（3）AI 输入 A3

AI 输入 A3 为多功能输入，其输入类型规定为模拟电压，输入功能可定义。选择 A3 作为主速输入的方法如下。

① 将输入端 A1 连接到 0V（AC 端），使得 A1 端的输入固定为“0”。

② 通过参数 H3-04（CIMR-G7）或 H3-05（CIMR-A1000）选择 A3 的输入电压范围。

③ 设定变频器参数 H3-05（CIMR-G7）或 H3-06（CIMR-A1000）= 0，选择 A3 为主速输入。

2. 主/辅切换

CIMR-G7/A1000 变频器的有 A1、A2 与 A3 三通道 AI 输入，如需要，可利用主/辅切换功能实现不同 AI 输入的变频器多地控制。CIMR-G7/A1000 主/辅切换控制的方法如下。

（1）A1/A3 切换

将来自不同控制地点的 AI 输入分别连接到 A1、A3 上，并选定其输入范围，然后用以下方法实现主/辅切换控制。

① 设定参数 b1-01 为“1”，生效 AI 输入，并将 A1 定义为主速输入。

② 设定参数 H3-05（CIMR-G7）或 H3-06（CIMR-A1000）= 2，将 A3 定义为多级变速的运行速度 2 输入。

③ 定义一个 DI 信号为主/辅切换信号（功能代号 3，多级变速运行速度选择 1）。

这样，只要将所定义的 DI 信号置“ON”，变频器即选择 A3 作为频率给定输入（实质上是多级变速的运行速度 2）；而 DI 信号置“OFF”时，则选择 A1 作为频率给定输入。

（2）A1/A2/A3 切换

将来自不同控制地点的 AI 输入分别连接到模拟量输入端 A1、A2、A3 上，并选定其输入范围，然后用以下方法实现主/辅切换控制。

① 设定参数 b1-01 为“1”，生效 AI 输入，并将 A1 定义为主速输入。

② 设定参数 H3-09（CIMR-G7）或 H3-10（CIMR-A1000）为 2，将 A2 输入功能定义为多级变

速运行速度2输入；设定参数H3-05（CIMR-G7）或H3-06（CIMR-A1000）为3，将A3输入功能定义为多级变速运行速度3输入。

③ 定义一个DI信号为A1/A2切换信号（功能代号3，多级变速选择1）、另一个DI信号为A1/A3切换信号（功能代号4，多级变速选择2）。

这样，如将所定义的A1/A2切换信号置"ON"，变频器即选择A2作为频率给定输入（实质上是多级变速的运行速度2）；如将所定义的A1/A3切换信号置"ON"，变频器即选择A3输入作为频率给定输入（实质上是多级变速的运行速度3）；而当A1/A2、A1/A3切换信号全部置"OFF"时，则选择A1的输入作为频率给定输入。

二、AI增益/偏移调整

当变频器利用AI给定频率时，为了保证在一定的给定输入下能够得到要求的速度（输出频率），需要通过参数组H3进行AI输入的增益与偏移调整。

1. 增益调整

变频器的输出频率与给定输入呈线性关系，当输入为最大时，输出频率为最高，因此，可通过设定变频器在最大输入时的最高频率输出，来改变输入/输出的对应关系，它相当于输入/输出特性线的斜率，故称为"增益调整"。

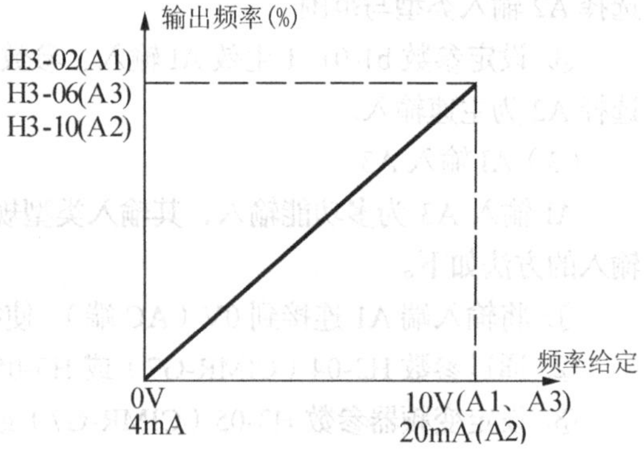

图8-10 AI的增益调整

图8-10是CIMR-G7变频器的模拟量输入通道A1/A2/A3的输入/输出特性与增益调整参数关系图，其他变频器的情况类似。

增益调整（包括偏移调整）的是对输入/输出特性所作的修正，它与输入类型（电压或电流）、输入信号用途（频率给定或转矩给定等）无关。在部分变频器上，频率给定输入还可用另一模拟量输入以倍率的形式进行修正，倍率修正后，变频器的有效给定为给定输入与倍率的乘积。

2. 偏移调整

所谓"偏移"是指在给定输入为"0"时的输出频率值，它相当于输入/输出特性线的截距。变频器的偏移调整有使用变频器内部参数进行偏移与使用模拟量输入进行偏移两种方法，其作用有所不同。

图8-11是CIMR-G7变频器的模拟量输入通道A1/A2/A3的输入/输出特性与偏移调整参数关系图，其他变频器的情况类似。

当用参数调整偏移时，参数设定的偏移只改变AI输入为"0"时的输出频率值，其调整不影响最大输入时的输出频率，故它将同时改变AI输入的增益，如图8-11（a）所示。

当使用变频器的另一AI输入来调整偏移时，其实质是AI给定的"叠加"，叠加的结果将使整条特性线平移，但斜率保持不变，这种偏移调整将同时改变输入为0时的频率与最大输入时的频率，如图8-11（b）所示。

三、转差补偿和频率偏差控制

1. 转差补偿

通过项目1任务1的学习，我们知道：感应电机在稳定运行区的机械特性（n-M特性）为一条近似线性下垂的直线。电机稳定运行时，随着负载转矩的增加，电机转速与同步转速间的转差将增大。当电机处于变频工作时，其同步转速将改变，特性可整体上、下平移。

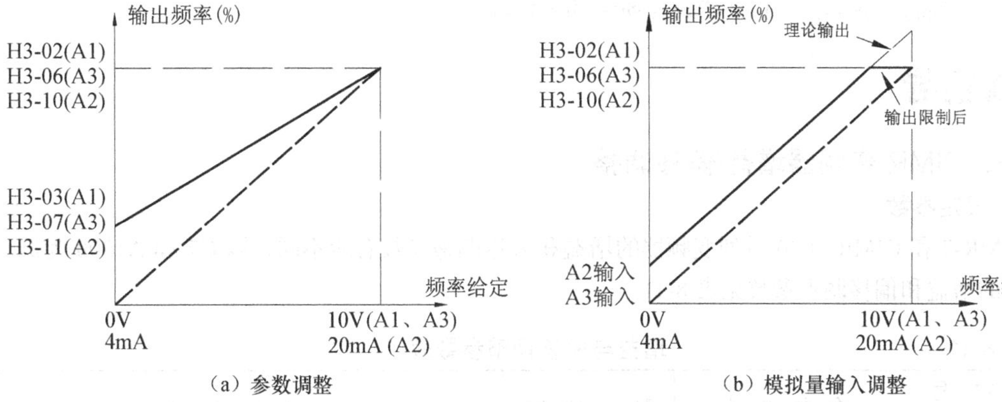

图8-11 模拟量输入的偏移调整

如果将转速折算为频率，便可得到图 8-12 所示 f-M 特性，电机转差可折算为转差频率。对于开环控制的变频器来说，低频工作时，随着 f-M 特性的下移，就可能因转差大于同步转速而导致电机停转。

变频器的转差补偿亦称滑差补偿，这是一种变频器根据负载转矩，自动调整输出频率，进行转差补偿的功能。通过该功能，可利用变频器参数所设定的、额定负载下的转差频率 Δf_e，使变频器根据图 8-12 所示的 f-M 理论特性，自动计算不同负载转矩下的转差频率值，并调整输出频率，从而得到类似于闭环控制的特性。

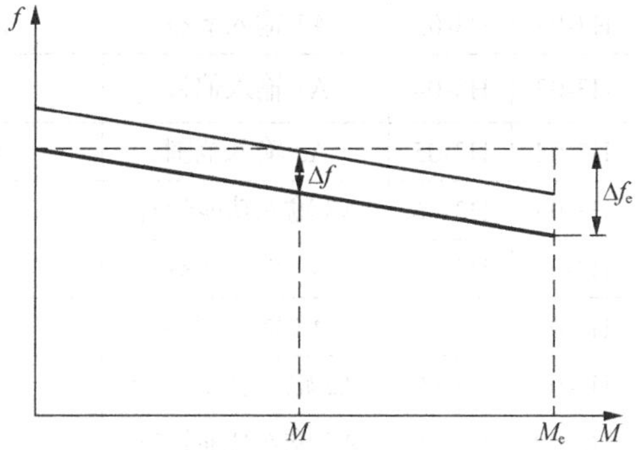

图8-12 转差补偿特性

使用转差补偿功能时，需要注意以下几点。

① 闭环控制的变频器可根据实际速度反馈自动补偿转速误差，不需要转差补偿功能；矢量控制变频器的额定转差也可通过自动调整操作自动设定。

② 变频器在额定转速时的转差频率 Δf_e 可根据电机同步转速 n_1、额定转速 n_e（r/min）和电机极对数 p，按下式计算后得到：

$$\Delta f_e = \frac{(n_1 - n_e)p}{60}$$

2. 频率偏差控制

传统的感应电机用于行车、起重机等升降负载控制时，需要通过绕线转子电机，利用转子串联电阻的方式实现调速，这一调速方式称为“串级调速”。串级调速是通过改变转差进行的调速，其调速特性为一组不同斜率的下垂直线。

在具备闭环矢量控制功能的变频器上，也可通过转差频率的设定，获得图 8-13 所示的、类似于串级调速的下垂（Droop）特性，以适应升降负载的控制要求。这一功能称为频率偏差控制或下垂（Droop）功能。

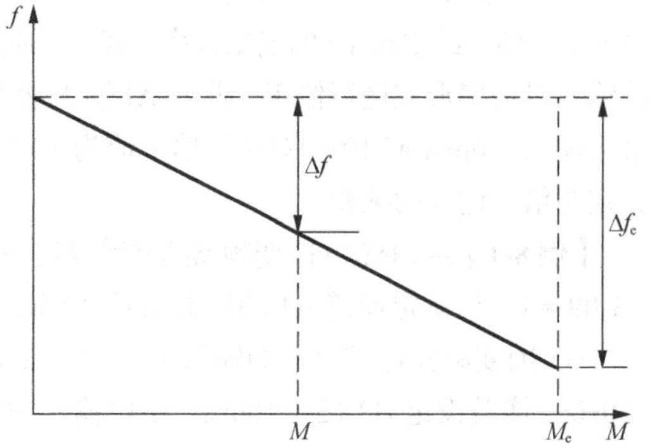

图8-13 频率偏差控制

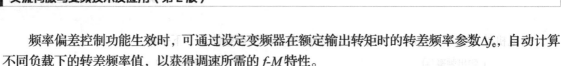

频率偏差控制功能生效时，可通过设定变频器在额定输出转矩时的转差频率参数Δf_e，自动计算不同负载下的转差频率值，以获得调速所需的f-M特性。

实践指导

一、CIMR 变频器增益/偏移调整

1. 设定参数

CIMR-7 和 CIMR-1000 系列变频器的增益和偏移调整参数有所不同，以 G7 和 A1000 为例，不同输入的增益和偏移调整参数见表 8-11。

表 8-11　增益与偏移调整参数表

参数号		参数名称	默认设定	设定值与意义
G7	A1000			
H3-01	H3-01	A1 输入范围	0	0：0～10V；1：−10～10V
—	H3-02	A1 输入功能选择	0	1：增益调整
H3-02	H3-03	A1 输入增益	100	以最大输出频率 E1-04 百分比设定的增益
H3-03	H3-04	A1 输入偏移	0	以最大输出频率 E1-04 百分比设定的偏移
H3-04	H3-05	A3 输入范围	0	0：0～10V；1：−10～10V
H3-05	H3-06	A3 输入功能选择	2	1：增益调整
H3-06	H3-07	A3 输入增益	100	以最大输出频率 E1-04 百分比设定的增益
H3-07	H3-08	A3 输入偏移	0	以最大输出频率 E1-04 百分比设定的偏移
H3-08	H3-09	A2 输入类型选择	2	0：0～10V；1：−10～10V；2：4～20mA；3：0～20mA
H3-09	H3-10	A2 输入功能选择	0	1：增益调整
H3-10	H3-11	A2 输入增益	100	以最大值百分比设定的增益
H3-11	H3-12	A2 输入偏移	0	以最大输出频率 E1-04 百分比设定的偏移

虽然 CIMR-7 与 CIMR-1000 变频器的增益与偏移调整参数不同，但其使用方法、参数的意义完全一致，下面以 CIMR-G7 为例进行说明。

2. 增益调整

AI 通道 A1/A2/A3 的增益可分别通过参数 H3-02/H3-10/H3-06 设定与调整，设定值为最大给定输入时（10V 或 20mA）的输出频率。其中，通道 A1 的增益还可在 H3-02 设定的基础上用通道 A2/A3 的输入以倍率形式进行修正，此时 AI 输入通道 A2/A3 的功能定义参数 H3-09/H3-05 应设定为“1”，最大输入（20mA 或 10V）对应的倍率值为 100%。进行倍率修正后，通道 A1 的最终增益值将为 H3-02 设定与倍率输入的乘积。

【例 8-1】某 CIMR-G7 变频器的参数设定为：E1-04 = 120Hz、H3-01 = 0、H3-02 = 100%、H3-08 = 0、H3-09 = 1，试确定通道 A1 的增益值及 A1 输入为 2V、A2 输入为 5V 时的变频器输出频率。

① 因变频器通道 A1 的输入范围被定义为 0～10V（H3-01= 0）、最大输出频率设定 E1-04 为 120Hz、增益设定 H3-02 = 100%，所以输入 10V 对应的输出频率为

$$f_m = 120\times100\% = 120\ (\text{Hz})$$

通道 A1 的增益为

$$K_0 = f_m / V_m = 12\ (\text{Hz/V})$$

② 由于通道 A2 的功能定义参数 H3-09 = 1，输入范围被定义为 0～10V（H3-08= 0）、且实际输入为 5V，因此，通道 A2 所对应的增益倍率为

$$k = 5/10 = 50\%$$

通道 A1 的最终增益为

$$K = K_0 k = 6\ (\text{Hz/V})$$

通道 A1 的 2V 输入所对应的输出频率为

$$f = KV = 6 \times 2 = 12\ (\text{Hz})$$

3. 偏移调整

AI 输入偏移可以通过参数和模拟量输入进行调整。用参数调整时，H3-03/H3-07/H3-11 设定的偏移值只能改变 AI 通道 A1/A3/A2 输入为 0 时的输出频率，偏移调整不影响最大输入时的输出频率，如图 8-11（a）所示。

通道 A1 的偏移还可在 H3-03 设定的基础上用通道 A2/A3 的输入以倍率形式进行修正，此时 AI 输入通道 A2/A3 的功能定义参数 H3-09/H3-05 应设定为“0”，最大输入（20mA 或 10V）对应的偏移值为 100%，偏移相当于 AI 输入通道的给定值叠加，其结果是使整条特性曲线产生平移，偏移调整将同时影响最大输入时的输出频率值，如图 8-11（b）所示。

【例 8-2】某 CIMR-G7 变频器的参数设定为：E1-04 = 120Hz、H3-01 = 0、H3-03 = 1%、H3-08 = 0、H3-09 = 0，试确定通道 A1 输入为 0V、A2 输入为 0.2V 时的变频器输出频率。

① 因变频器通道 A1 的输入范围被定义为 0～10V（H3-01= 0）、最大输出频率设定 E1-04 为 120Hz、偏移设定 H3-03 = 1%，所以参数偏移为

$$f_0' = 120 \times 1\% = 1.2\ (\text{Hz})$$

② 由于通道 A2 的功能定义参数 H3-09 = 0，输入范围被定义为 0～10V（H3-08= 0）、且实际输入为 0.2V，因此，通道 A2 所对应的频率偏移为

$$f_0'' = (0.2/10) \times 120 = 2.4\ (\text{Hz})$$

通道 A1 的最终偏移为

$$f_0 = f_0' + f_0'' = 3.6\ (\text{Hz})$$

0V 输入所对应的输出频率为 f_0=3.6Hz。

二、转差补偿和频率偏差控制

1. 转差补偿

CIMR-7/1000 变频器与转差补偿相关的参数见表 8-12。

表 8-12　转差补偿参数表

参数号	参数名称	默认设定	设定值与意义
C3-01	转差补偿增益		转差补偿值的修正系数
C3-02	转差补偿滤波时间		转差补偿调节器的滤波时间常数
C3-03	转差补偿极限	200	以额定转差百分率设定的最大转差补偿量
C3-04	回馈制动时的转差补偿功能	0	0：补偿功能无效；1：有效
C3-05	自动电压限制功能选择	0	0：无效；1：有效

续表

参数号	参数名称	默认设定	设定值与意义
E2-02	第1电机额定转差		额定负载时的转差值（折算为频率）
E2-03	第1电机空载电流		空载电流（用于转差补偿计算）

注：C3-01、C3-02、E2-02、E2-03的默认设定与变频器的控制方式、电压等级、容量及电机等有关。

CIMR-7/1000变频器参数C3-01用于转差补偿量的调整，如转差补偿后的实际转速与理论转速差距较大，可调整C3-01改变补偿值，调整后的补偿频率为理论计算值与参数C3-01的乘积；当参数C3-01设定为0时，可撤销转差补偿功能。

采用闭环矢量控制的变频器，参数C3-01可作为电机的温升补偿系数，当变频器输出转矩不足时，可通过增加参数C3-01来提高输出转矩。

转差补偿滤波时间参数C3-02用于动态响应特性调整，滤波时间通常使用出厂值，如果转差补偿后出现转速不稳定的现象，可适当增加滤波时间常数。

参数C3-03用来设定最大转差补偿量，在额定频率以下区域工作时，C3-03为转差补偿上限（计算值与参数C3-01设定的乘积）；在额定频率以上区域，转差补偿上限将按图8-14随着频率的增加而线性增加。

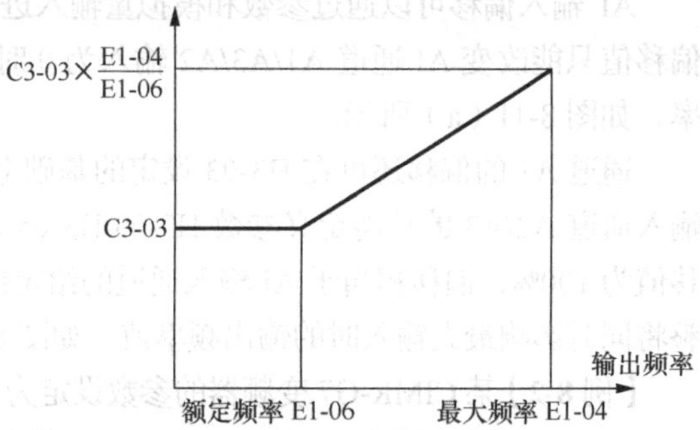

图8-14 转差补偿极限的确定

参数C3-05可用来生效输出电压限制功能。通常而言，变频器在额定频率以上区域采用的是恒功率调速，利用输出电压限制功能，可将变频器输出电压限制在电机额定电压范围内，然后通过减小励磁电流分量提高转速，以便得到较为理想的恒功率调速特性。

2. 频率偏差控制

CIMR-7/1000变频器的固定频率偏差控制功能的参数见表8-13，电机在额定转矩时的转差频率可通过参数b7-01设定。

表8-13 固定频率偏差控制参数表

参数号	参数名称	默认设定	设定值与意义
b7-01	固定偏差控制增益	0	以最大输出频率的百分率设定的、额定输出转矩所对应的转差频率值
b7-02	固定偏差控制滤波时间	0.05	固定偏差控制调节的滤波时间
b7-03	固定偏差控制极限选择	0	0：无效；1：有效

参数b7-01设定的是额定输出转矩时的转差频率值，对于其他转矩值，其转差频率自动按照下式计算：

$$\Delta f = \frac{\text{转矩电流分量（滤波后）}}{\text{额定电流}} \times \frac{(\text{b7}-\text{01设定})}{100} \times \text{最大输出频率}$$

拓展学习

一、速度调节原理

变频器可以采用开环或闭环速度控制，变频器的速度调节参数与变频器所采用的控制方式有关，具体如下。

1. V/f 控制

V/f 控制的变频器速度控制原理如图 8-15 所示，其频率给定直接控制 PWM 输出，频率误差以频率补偿的形式进行调整。开环 V/f 控制时，频率误差为频率给定与速度观测器预测速度间的误差；闭环 V/f 控制时，频率误差为频率给定与实际速度反馈间的误差。

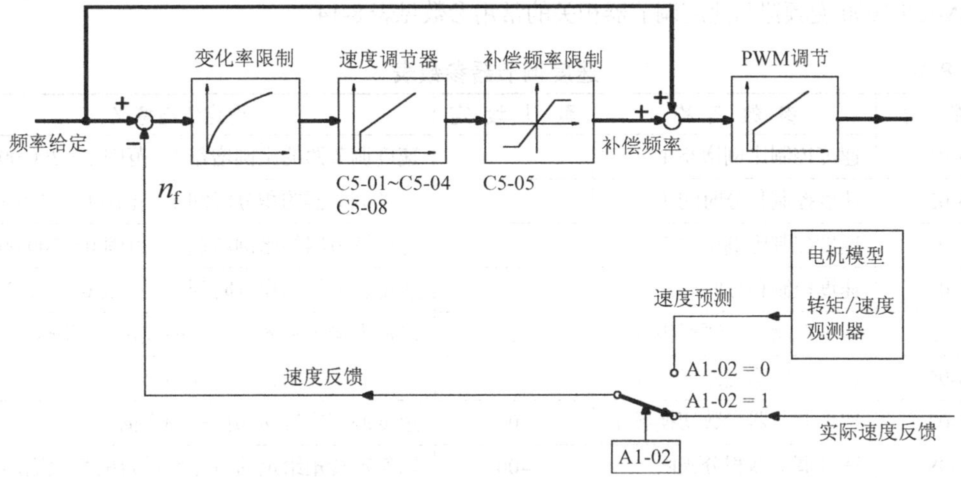

图8-15 V/f 控制原理

以频率补偿形式进行的速度误差调节与电机参数无关，但电机参数的正确性将影响到速度预测的准确性，因此，正确设定电机参数，可以减小稳态速度误差。一般而言，V/f 控制时的补偿频率通常控制在最大输出频率的 20%范围内，其性质与转差补偿类似。

当变频器采用闭环 V/f 控制后，速度误差可利用编码器检测，电机参数对稳态调速精度几乎无影响。

2. 矢量控制

采用矢量控制的变频器控制原理如图 8-16 所示。

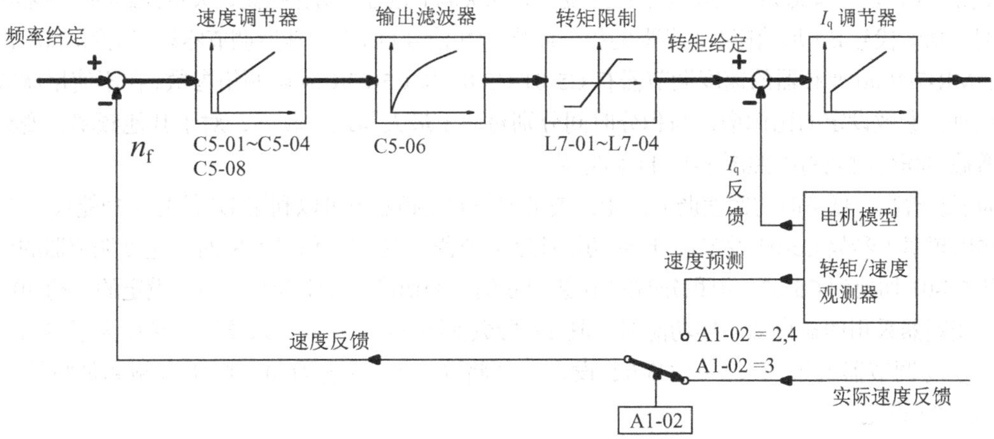

图8-16 矢量控制原理

矢量控制的变频器调速系统结构与直流电机调速系统类似，变频器具有速度、电流（转矩）两个控制环；电机的转矩给定来自速度调节器的输出，因此，速度误差可以控制电机的输出转矩，故调速精度较高。

矢量控制时，电机模型的准确性将直接影响速度和转矩控制精度。为此，变频器需要利用速度观测器比例增益、积分时间等参数来改善控制性能。采用闭环矢量控制的变频器，可使用速度前馈控制功能，它可在不增加速度调节器增益的前提下，提高速度响应、减少冲击与振荡。

二、速度调节器设定

1. 调节器参数

CIMR-7/1000 变频器与速度调节器相关的常用参数见表 8-14。

表 8-14 速度调节器参数表

参数号	参数名称	默认设定	设定值与意义
C5-01	速度控制比例增益 1		速度调节器的比例增益 1，范围 0～300.00（1/s）
C5-02	速度控制积分时间 1		速度调节器的积分时间 1，范围 0～10.000s
C5-03	速度控制比例增益 2		速度调节器的比例增益 2，范围 0～300.00（1/s）
C5-04	速度控制积分时间 2		速度调节器的积分时间 2，范围 0～10.000s
C5-05	速度控制补偿频率极限	5	以最大输出频率的百分率设定，范围 0～20%
C5-06	速度控制输出滤波时间		用于矢量控制，范围 0～0.500s
C5-07	速度调节器参数切换频率	0	速度调节器自动切换的频率值
C5-08	速度调节器积分极限	400	以额定转矩给定的百分率设定的最大输出幅值
N5-01	速度前馈功能设定		速度前馈功能设定
N5-02	电机加速时间		电机加速时间
N5-03	前馈比例增益	1	前馈比例增益

注：表中未注明的默认设定与变频器的控制方式有关。

速度调节器参数将直接影响系统的动态性能，提高比例增益与降低积分时间均可加快动态响应速度，但可能引起超调的增大与振荡的加剧。反之，减小比例增益与增加积分时间均可以抑制速度超调与减轻振荡，但同时会降低系统的动态响应速度。为加快调节过程、防止振荡，矢量控制的变频器可通过 DI 信号（功能代号 E）取消速度调节器的积分环节，DI 信号 ON 时，速度调节器只有比例调节功能。

CIMR-7/1000 变频器的速度调节器有 C5-01/C5-02 与 C5-03/C5-04 两组参数，在不使用调节器切换功能时，参数设定的比例增益与积分时间分别对应于最大与最小频率，对于其他频率，变频器的比例增益与积分时间将按照图 8-17 自动改变。

为了改善高、低速时的速度调节性能，矢量控制的变频器还可以利用 DI 信号（功能代号 77）或根据输出频率（参数 C5-07 设定），自动切换速度调节器参数。DI 信号 ON 时，速度调节器的比例增益可从 C5-01 切换到 C5-03，但积分时间不变。DI 信号的切换优先于参数 C5-07 设定的自动切换。

当变频器采用增益自动切换功能时，其 PI 参数如图 8-18 所示，只要输出频率大于参数 C5-07 设定，速度调节器就采用 C5-01/C5-02 设定，如将 C5-07 设定为 0，则所有频率都将统一使用 C5-01/C5-02 设定。

2. 动态性能调整

变频调速系统的动态性能需通过现场调试进行调整与优化，实际运行过程中可能出现的问题主要有输出转矩不足、轻载振荡、电机噪声过大、启动冲击、响应慢、速度控制精度差等，CIMR-7/1000 变频器的动态性能调整可参考表 8-15 进行。

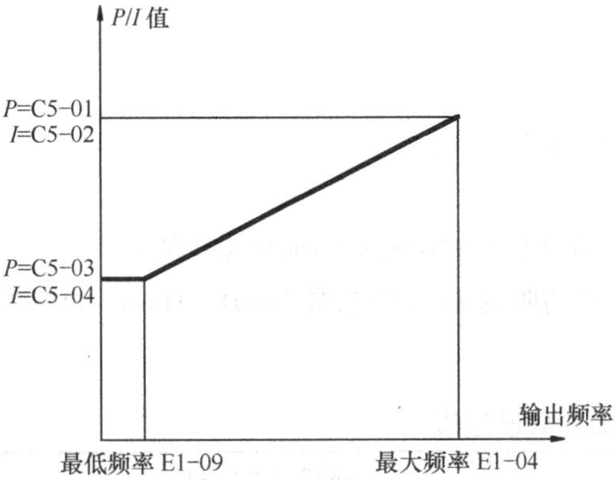

图8-17　速度调节器的P/I参数

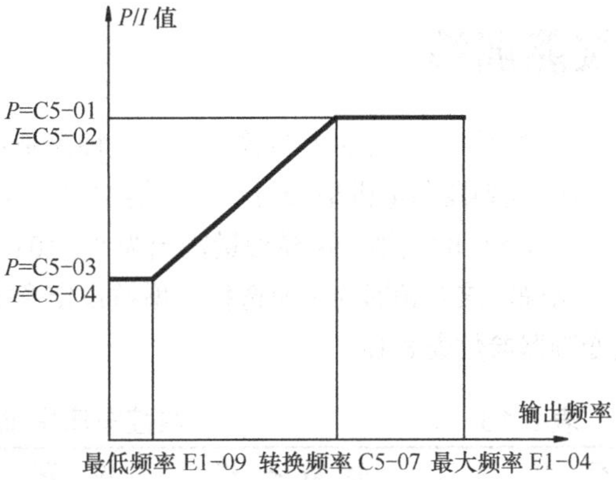

图8-18　速度调节器的P/I切换

表 8-15　动态性能调整参考表

参数号	参数名称	作用与意义
A1-02	变频器控制方式选择	变频器控制方式的选择与设定
C3-01	转差补偿增益	调整范围：0.5～2.5；增加设定可加快调节时间、提高速度控制精度，减小设定抑制超调、振荡
C3-02	转差补偿滤波时间	减小设定可加快调节时间、提高速度控制精度，增加设定抑制超调、振荡
C3-04	制动时转差补偿功能	生效功能，可提高制动时的速度精度
C4-01	转矩补偿增益	减小设定可抑制不规则振动，增加设定可提高输出转矩
C4-02	转矩补偿滤波时间	减小设定加快响应速度，增加设定可抑制振动
C5-01	速度控制比例增益 1	调整范围：0～300.00（1/s）；增加设定加快响应速度，减小设定可减小冲击
C5-03	速度控制比例增益 2	
C5-02	速度控制积分时间 1	调整范围：0～10.00s；减小设定加快响应速度，增加设定可减小冲击
C5-04	速度控制积分时间 2	
C5-06	转矩给定滤波时间	调整范围：0～0.500s；增加设定可抑制振动
C5-07	速度调节器参数切换频率	可调节高速与低速时的速度调节器参数
C6-02	载波频率选择	增加设定可降低电机噪声，减小设定可抑制中低速振动
C6-11	载波频率选择	
E1-08	V/f 曲线中间输出电压	增加设定可提高低速转矩，减小设定可减小启动冲击
E1-10	V/f 曲线最低输出电压	
N1-01	振动抑制功能选择	生效功能可抑制不规则振动
N1-02	振动抑制增益	调整范围：0.5～2.5；减小设定可增加输出转矩、防止电机失速，增加设定可抑制不规则振动
N1-05	反转振动抑制增益	
N2-01	速度反馈检测增益	调整范围：0.5～2.5；减小设定可加快响应速度，增加设定抑制速度波动
N1-03	振动抑制时间常数	调整范围：0～0.500s；增加设定可抑制振动

技能训练

假设项目 7 任务 3 中的数控车床主轴控制系统的要求如下。

① 变频器与电机型号与电气连接如图 7-20 所示。

② CNC 的主轴转速模拟量输出为 0～10V，主轴结构与转速要求同项目 8 任务 1。

试确定该变频器的主速选择、增益设定参数，并仿照表 8-16 中参数 b1-01、H3-01 的格式，完成变频器参数表 8-16。

表 8-16　　数控车床主轴基本参数设定表

参 数 号	参 数 名 称	设 定 值	参数设定说明
b1-01	频率给定方式	1	利用来自 CNC 的外部模拟量输入控制
H3-01	通道 A1 的输入范围	0	通道 A1 的输入电压范围为 0～10V
…	…	…	…

任务3 掌握变频器加减速与制动技术

能力目标

1. 熟悉变频器的加减速方式。
2. 能够设定变频器的加减速控制参数。
3. 熟悉变频器的停止方式和直流制动原理。
4. 了解变频器的重新启动过程。

工作内容

学习后面的内容，完成以下练习。

1. 变频器可以采用哪些加减速方式？S 型加减速有何优点？
2. 简述自由停车、减速停止与急停的区别。
3. 什么叫重载加减速、自适应加减速和动能支持功能？它们各有什么作用？
4. 按照技能训练的要求，完成项目 7 任务 3 变频器相关参数的设定。

相关知识

一、变频器加减速

变频器的频率给定与运行控制命令一旦输入，输出频率将自动按照规定的加减速方式进行升降速。变频器常用的加减速方式有“线性加减速”与“S 型加减速”两种，前者是加速度保持不变的加减速方式；后者是加速度变化率保持恒定的加减速方式，使用 S 型加减速可以减小启动和制动冲击。

1. 线性加减速

线性加减速是一种全范围加速度保持不变的加减速方式，线性加减速又可以分为单段线性加减速（常用）与两段线性加减速 2 种类型。

线性加减速的加速度可以通过加减速时间参数进行设定，加减速时间指的是输出频率从 0 加速到最大输出频率的时间，或是从最大频率减速到 0 的时间，因此，频率变化量越大，加减速时间也越长。

为了适应变频器多电机控制的需要，线性加减速一般可设定多组加减速时间参数，并可通过 DI 信号进行切换，在部分变频器上还可根据输出频率自动切换加减速时间，实现两段连续加减速。以安川 CIMR-G7 变频器为例，其线性加减速的过程与加减速时间设定参数如图 8-19 所示，其他变频器的情况类似。

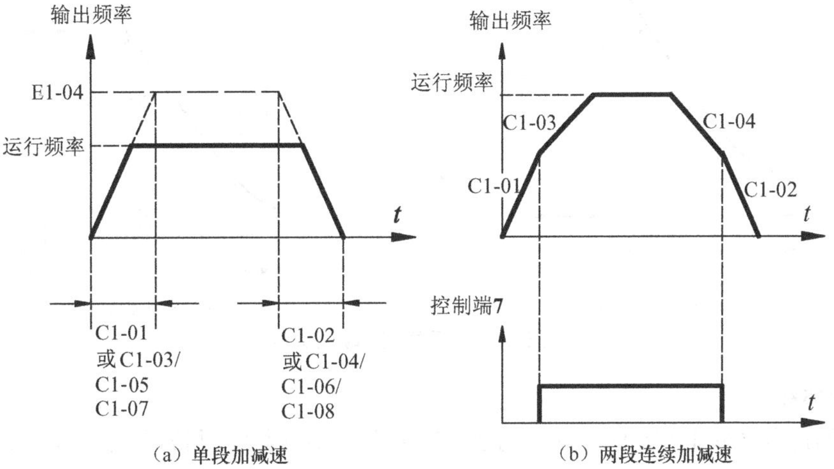

图8-19 线性加减速

2. S 型加减速

S 型加减速是一种加速度变化率保持恒定的加减速方式，它可以降低加减速过程中的机械冲击，改善系统的加减速性能。不同变频器所采用的 S 型加减速的方式有图 8-20 所示的多种，其区别如下。

① S 型加减速 A。S 型加减速 A 只能用于高速运行，它一般在给定频率大于电机额定频率时才能生效，加减速曲线的拐点通常被固定为电机额定频率上。

② S 型加减速 B。S 型加减速 B 是可以用于所有运行频率的标准 S 型加减速方式，加减速曲线拐点可根据运行频率自动改变，加减速方式不受给定频率的影响。

③ S 型加减速 C。S 型加减速 C 是加减速时间可改变的直线/S 型复合加减速方式，其实质是在直线加减速的起始与结束段增加了加速度变化率限制功能，直线与 S 型加减速的时间可以独立设定。S 型加减速 C 的直线加减速的开始段与结束段所附加的加速度变化率限制时间相同，中间段为直线加减速。

④ S 型加减速 D。S 型加减速 D 与 S 型加减速 C 的加减速区别在于：S 型加减速 D 的直线加减速的开始段与结束段所附加的加速度变化率限制时间可以独立设定，其中间段同样为直线加减速。

二、变频器停止

变频器的运行可以通过直接封锁主回路逆变晶体管的基极关闭变频器输出的自由停车、频率逐步降低的减速停止与紧急停止 3 种方法停止。

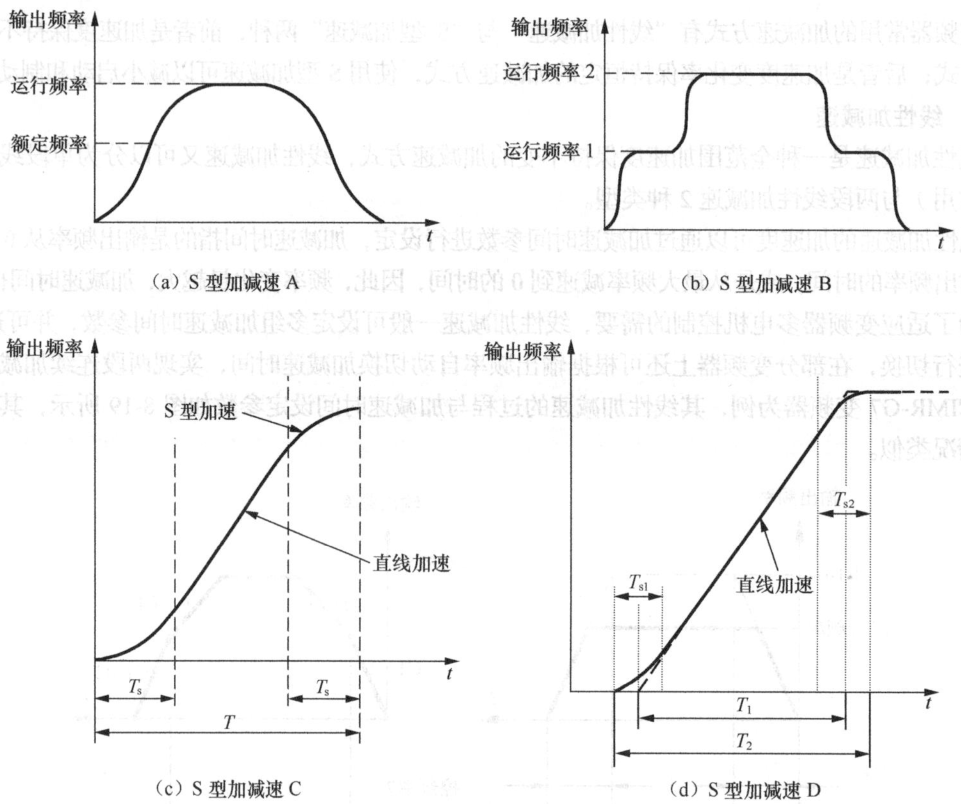

图8-20 不同的S型加减速方式

1. 自由停车

变频器的自由停车分为图 8-21 所示的普通自由停车与带时间限制的自由停车两种。普通自由停车时，只要运行控制命令（正/反转信号）撤销，变频器即关闭逆变功率管、切断输出电压，电机依靠机械摩擦阻力自由停车；如果重新输入运行控制命令，变频器随即可重新启动，而不管重新启动时电机是否停止。带时间限制的自由停车在运行控制命令撤销后，同样将关闭逆变功率管、切断输出电压，电机依靠机械摩擦阻力自由停车；但其重新启动命令必须经过规定的等待时间后才能生效，这种停止方式可保证不受外力的电机能够在完全停止的状态下重新启动。

2. 减速停止

变频器减速停止时，其输出频率将按照减速设定的要求逐步降低，电机可在变频器的控制下，通过并联于逆变管的续流二极管将能量返回到直流母线上，从而实现对减速过程的控制，其原理如图 8-22 所示。

返回到直流母线上的能量可储存到直流母线的电容中，因此，在部分资料中将其称为“再生制动”。当制动能量较大时，为避免直流母线的过电压，制动能量可以通过制动电阻以能耗制动的形式予以消耗。

3. 变频器急停

为了保证变频器在紧急状态下的快速停止，变频器一般都有急停 DI 信号输入端（通常为常闭输入），只要撤销急停 DI 信号，电机便可迅速制动停止。变频器急停后的重新启动，必须在急停信号撤销、并将运行信号置“OFF”后重新“ON”方可启动。

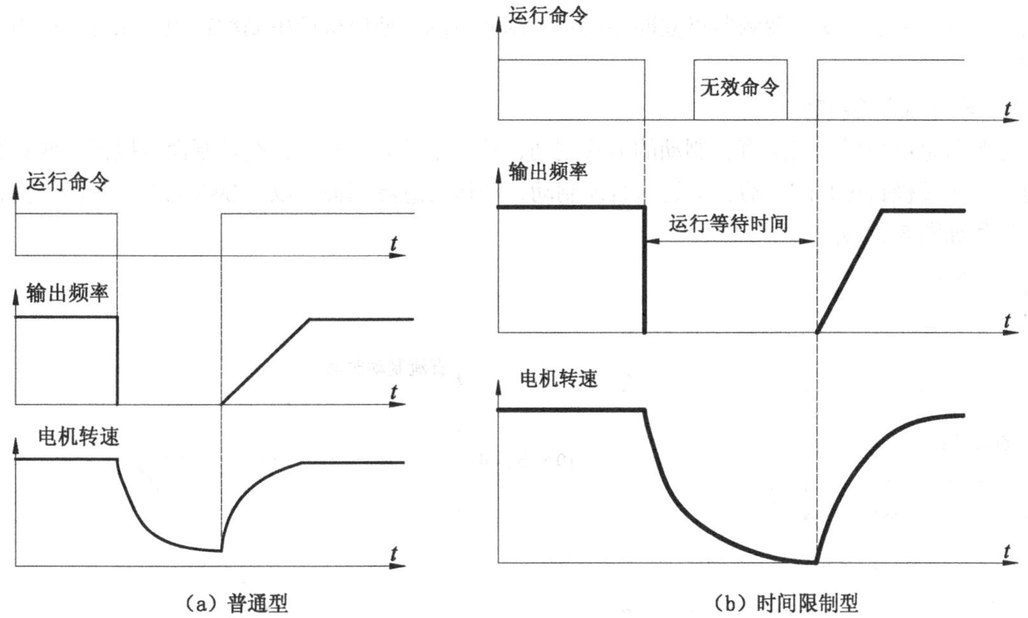

图8-21　变频器的自由停车

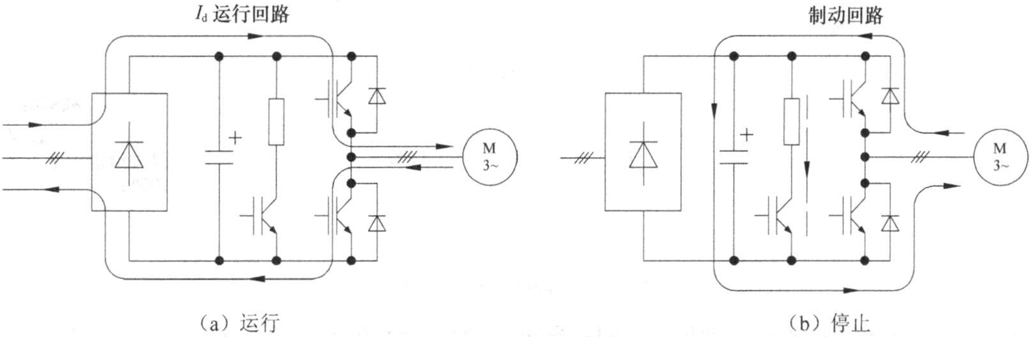

图8-22　变频器的减速停止

变频器急停一般采用向电机加入直流制动电流的方式制动，采用这种制动方式的最大制动电流与制动时间均可用变频器参数进行设定。在部分变频器上，有时也采用直接通过逆变管短路电枢绕组的动态强烈制动方式进行制动停止。

三、直流制动

直流制动（DC Braking，简称 DB 功能）是对电机绕组通入直流制动电流的强制制动方式，使用 DB 功能可以加快电机的制动速度，提高停止点的精度。

1. 部分直流制动

变频器的直流制动将引起电机发热与产生制动冲击，因此一般只在特定情况下进行。直流制动的控制通常有两种方式：一是当输出频率下降到接近 0 时，启动直流制动功能，并保持规定的制动时间；二是通过外部 DI 信号控制直流制动动作，DI 输入 ON 时加入直流制动，OFF 时撤销直流制动。

变频器直流制动电流一般可通过参数予以设定，为防止电机发热与制动冲击，制动电流一般以额定电流的 50%左右为宜。

采用闭环控制变频器可使用“零速制动”功能。零速制动功能生效时，如电机停止后受外力的作用，使轴产生了运动，变频器可立即输出直流制动电流，使电机产生制动转矩，保持电机的静止状态。

2. 全范围直流制动

变频器也可采用全范围直流制动的方式制动，功能生效时，只要运行控制命令撤销，变频器在经过“最小基极封锁时间”后，即进入直流制动，动作与急停相似。以 CIMR-G7 变频器为例，其动作过程如图 8-23 所示。

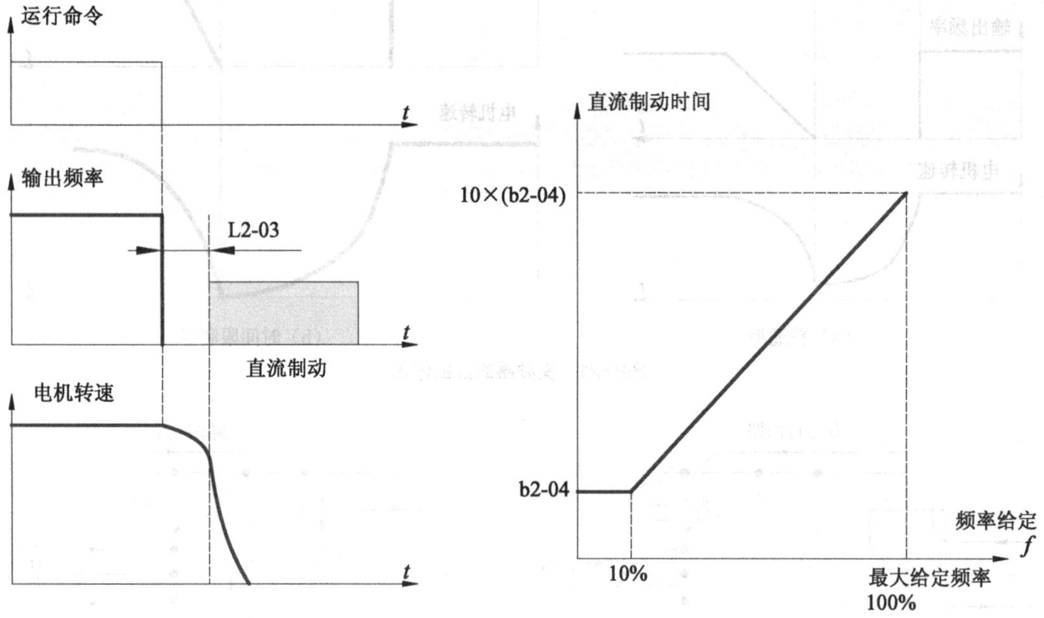

（a）制动过程　　（b）保持时间

图8-23　CIMR-G7的直流制动

CIMR-G7 变频器的直流制动保持时间与参数 b2-04、运行频率有关。如运行频率小于最大输出频率的 10%，参数 b2-04 直接设定直流制动保持时间；如运行频率大于最大输出频率的 10%，制动时间将按比例增加。

为了防止直流制动时的逆变功率管的输出短路，直流制动必须在运行控制命令撤销后，延迟基极封锁时间（参数 L2-03 设定）后才能加入，以防止制动时的过电流报警。

3. 初始励磁

为了保证受到外力作用的电机也能够在完全停止的状态下启动，变频器可使用初始励磁功能，该功能又称“启动时的直流制动”功能。

初始励磁功能生效后，如果输入运行控制命令，变频器可先向电机通入直流制动电流，使电机制动、停止，然后才进行加速启动。变频器的初始励磁的电流值一般可通过变频器的空载电流参数予以设定。

部分变频器上还可以使用“过励磁减速”制动功能。“过励磁减速”制动功能生效时，变频器在减速过程中将增加励磁电流分量、提高制动转矩、缩短减速时间。为了防止励磁饱和时制动电流过大，需要通过变频器参数的设定来限制电流值；此外，过励磁减速制动不可以用于频繁启动/制动的场合。

实践指导

一、CIMR 变频器加减速

1. 设定参数

CIMR-7/1000 变频器的加减速设定参数见表 8-17。

表 8-17 加减速设定参数表

参数号	参数名称	默认设定	设定值与意义
C1-01/03/05/07	第 1/2/3/4 加速时间	10	从 0 加速到最大输出频率的时间
C1-02/04/06/08	第 1/2/3/4 减速时间	10	从最大输出频率减速到 0 的时间
C1-09	急停减速时间	10	急停输入时从最大频率减速到 0 的时间
C1-10	加减速时间单位	1	0：0.01s；1：0.1s
C1-11	加减速切换频率	0	加减速时间 1/4 自动切换的频率
C2-01～C2-04	S 型加减速/加速时间	0.2	S 型加减速时间设定，见后述
b6-01	两级加速启动转换频率	0	第 1 级加速结束频率
b6-02	两级加速启动等待时间	0	第 1 级加速结束到转换为第 2 级加速的时间
b6-03	两级加速停止转换频率	0	第 1 级减速结束频率
b6-04	两级加速启动等待时间	0	第 1 级减速结束到转换为第 2 级加速的时间
H3-05	A3 输入功能选择	2	5：加减速时间调整
H3-09	A2 输入功能选择	0	5：加减速时间调整

2. 线性加减速及控制

线性加减速是加速度保持不变的加减速方式，如 S 型加减速参数未设定，线性加减速将自动生效。

CIMR-7/1000 变频器的线性加减速参数 C1-01～C1-08 设定的是图 8-24（a）所示的输出频率在 0 到最大输出频率 E1-04 间的变化时间。加速度可通过 DI 信号（功能代号为 7 和 1A）切换，切换可在加减速过程中进行，故可用于图 8-24（b）所示的两段线性加减速控制。线性加减速还可通过图 8-24（c）所示的加减速保持 DI 信号（功能代号 A）中断，当加减速保持信号输入 ON 时，变频器保持当前的输出频率运行；信号状态为 OFF 时可恢复加减速过程。如参数 d4-01 设定为“1”，停止加减速时刻的频率具有断电记忆功能，这一频率在变频器重新启动时作为重新运行的频率给定值。

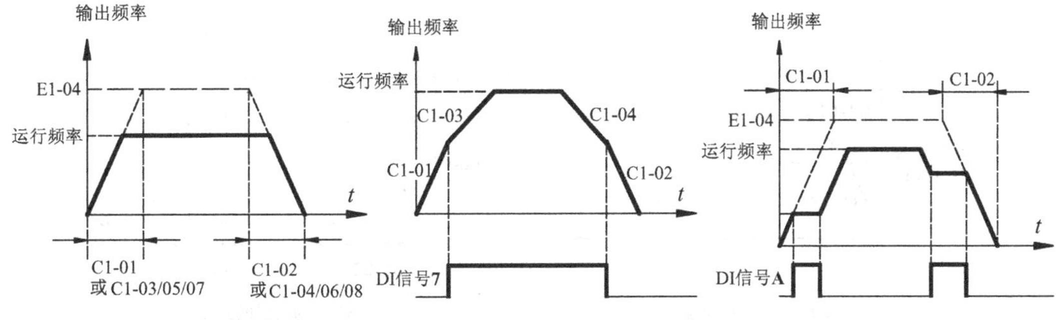

（a）加减速时间 （b）加减速切换 （c）加减速保持

图8-24 线性加减速与控制

加减速切换时，根据 DI 信号的不同状态，变频器可选择表 8-18 所示的 4 种不同线性加减速时间（C1-01～C1-08），对于电机切换控制，每一电机的线性加减速时间只能选择 2 种。

表 8-18　加减速时间选择表

DI 信号与状态		加减速时间设定与参数	
加减速选择 1（功能代号 7）	加减速选择 2（功能代号 1A）	加速时间	减速时间
OFF 或未设定功能	OFF 或未设定功能	C1-01	C1-02
ON	OFF 或未设定功能	C1-03	C1-04
OFF 或未设定功能	ON	C1-05	C1-06
ON	ON	C1-07	C1-08

加减速时间也可通过模拟量输入 A2、A3 进行调整。当 AI 输入用于加减速时间调整时，其功能应定义为“5”。当 AI 加减速调整生效时，对于 0～10V 模拟电压输入，其实际的加减速时间变化如图 8-25 所示。

当 AI 输入小于 1V 时，加减速时间不变；当 AI 输入大于 1V 时，加减速时间与输入电压成反比，实际加减速时间为

$$\text{实际加减速时间} = \text{参数设定值} \times \frac{10}{\text{模拟量输入电压}} \times 10\%$$

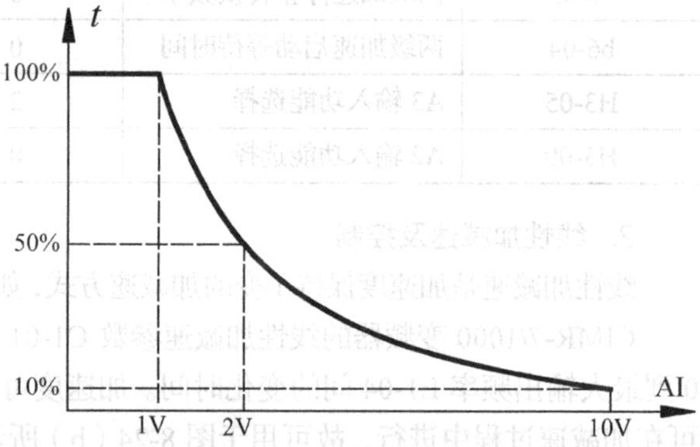

图8-25　加减速时间的AI调整

3. 两段加减速及控制

CIMR-7/1000 变频器的两段加减速包括自动切换的连续加减速与带中间停顿的两段加减速两种，带中间停顿的两段加减速又称重载加减速或 DWELL 功能。

（1）自动切换的连续加减速

自动切换的连续加减速如图 8-26（a）所示，它可根据输出频率自动进行加速度的切换，功能通过参数 C1-11 的频率设定自动生效；如 C1-11＝0 则功能无效。功能有效时，当频率小于 C1-11 时，其加减速时间采用参数 C1-07/C1-08 设定的值；当频率大于 C1-11 时，加减速时间为参数 C1-01/C1-02 设定的值。

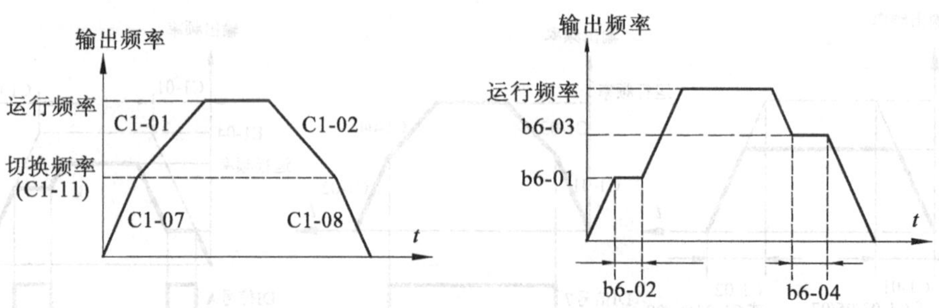

（a）自动切换加减速　（b）重负载加减速

图8-26　两段线性加减速切换

DI 信号控制的加减速切换优先级高于自动切换，如 DI 信号 7 或 1A 生效时，自动切换功能将无效。

（2）带中间停顿的两段加减速

带中间停顿的两段加减速如图 8-26（b）所示，其加速/减速的切换频率可通过参数 b6-01/b6-03 分别设定（两者可不同），且能够以切换频率 b6-01/b6-03 稳定运行参数 b6-02/b6-04 设定的时间，但两段的加速度相同。

这种加减速的中间停顿不但可防止加减速过程中的电机“失速”现象，而且还可用于升降负载控制或用来消除机械传动系统的间隙。例如，当系统使用机械变速装置时，可先进行低速齿轮啮合，待齿轮间隙被消除后再进行升速，以此来减轻间隙引起的加减速噪声，故又称重载加减速或 DWELL 功能。

4. S 型加减速

S 型加速是一种加速度变化率保持恒定的加减速方式，它可降低加减速过程中的机械冲击，改善系统的加减速性能。CIMR-7/1000 变频器采用的图 8-27 是加减速时间可变的直线/S 型复合加减速方式，加减速开始与结束段的时间可用参数 C2-01/C2-02、C2-03/C2-04 单独设定；在 S 型加减速时间段以外区域，仍按直线加减速的设定线性加减速。

S 型加减速的时间单位为 s，实际需要的加减速时间为

$$t_{加速} = (线性加速时间) + \frac{1}{2}(C2-01) + \frac{1}{2}(C2-02)$$

$$t_{加速} = (线性减速时间) + \frac{1}{2}(C2-03) + \frac{1}{2}(C2-04)$$

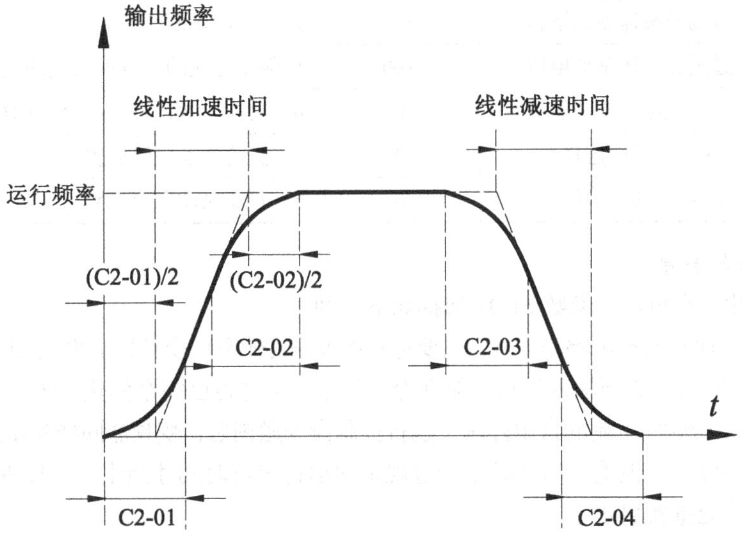

图8-27　S型加减速与设定

二、CIMR 变频器停止与制动

1. 设定参数

当停止命令输入或出现瞬时断电/电压过低等报警时，变频器将停止。CIMR-7/1000 变频器可选择封锁逆变管的自由停车和减速停止两类；前者又可分普通自由停车和带时间限制的自由停车两种；后者则可分正常减速停止与全范围直流制动两种。

CIMR-7/1000 变频器的停止方式可通过表 8-19 所示的参数进行设定与选择。

表 8-19　停止控制参数设定表

参数号 G7	参数号 A1000	参数名称	默认设定	设定值与意义
b1-03		停止方式选择	0	0：减速停止；1：自由停车；2：全范围直流制动；3：带时间限制的自由停车
b2-01		零速频率	0.5	设定减速转换为直流制动、位置控制的频率值
b2-02		直流制动电流	50	以额定电流的百分率设定的直流制动电流
b2-03		启动时直流制动时间	0	自由电机在重新启动前需预加的直流制动时间
b2-04		停止时直流制动时间	0.50	减速停止时的直流制动时间
b2-12		启动时的短接制动时间	0	用于 PM 电机启动时电枢短接制动时间
b2-13		停止时的短接制动时间	0	用于 PM 电机停止时电枢短接制动时间
b9-01		伺服锁定增益	5	伺服锁定时的位置环增益，单位 1/s（Hz）
b9-02		伺服锁定到位允差	10	伺服锁定到位允差（脉冲）
C1-09		急停减速时间	10	变频器急停时间
N3-01		高转差制动频率下降值	5	以最高输出频率百分率设定的制动瞬间下降频率
N3-02		高转差制动电流限制	150	以额定输出电流的百分率设定的电流限制值
N3-03		高转差制动等待时间	1	设定高转差制动等待时间
N3-04		高转差制动过载时间	40	高转差制动发生过载时的减速制动时间
N3-13		过励磁减速磁通增益	1.1	过励磁减速制动时的制动转矩调整
N3-21		过励磁减速制动电流	100	以额定电流的百分率设定的电流限制值
N3-23		过励磁运行的功能设定	0	0：功能无效；1：仅正转有效；2：仅反转有效
H3-05	H3-06	A3 输入功能选择	2	6：直流制动电流调整
H3-09	H3-10	A2 输入功能选择	0	6：直流制动电流调整

2. 自由停车与急停

变频器的自由停车可通过参数 b1-03 选择如下几种。

① b1-03 = 1：通常的自由停车方式。只要运行控制命令撤销，变频器立即关闭逆变功率管输出，电机依靠摩擦阻力停车；重新输入运行控制命令，不论电机是否已完全停止，变频器随即重新启动。

② b1-03 = 3：带时间限制的自由停车。运行控制命令撤销后，变频器同样关闭逆变功率管输出，电机依靠摩擦阻力停车；但重新启动必须经过规定的运行等待时间才能生效，以保证电机能够在完全停止的状态下才能重新启动。

变频器急停的减速时间可由参数 C1-09 设定；急停时变频器将以最大允许的制动电流与制动电压制动。急停后，变频器必须在撤销 DI 信号、运行命令 OFF 后方可重新启动。

CIMR-7/1000 变频器的直流制动有两种方式：一是当输出频率下降到参数 b2-01 设定的零速频率时，自动启动直流制动功能，并保持参数 b2-04 设定的制动时间；二是通过 DI 信号（功能代号 60）控制直流制动，DI 输入 ON 时进行直流制动；OFF 时撤销直流制动。

当停止方式选择参数 b1-03 = 3 时，全范围直流制动功能生效，这时，只要运行控制命令撤销，变频器经过参数 L2-03 设定的基极封锁时间后，即进入直流制动过程。直流制动的保持时间和参数

b2-04、运行频率有关，如运行频率小于最大输出频率的 10%，参数 b2-04 设定的是直流制动保持时间；如运行频率大于 10%最大输出频率，制动时间将按比例增加。

CIMR-7/1000 变频器启动时的直流制动功能可通过参数 b2-03 的设定生效。如参数 b2-03 的设定值不为 0，运行控制命令输入后，变频器首先需要向电机加入参数 b2-02 设定的直流制动电流，然后才进行加速；如 b2-03 设定为 0，功能无效。直流制动电流也可利用 AI 输入 A2、A3 调整，此时，AI 的功能定义应定义为“6”，最大输入（10V 或 20mA）所对应的制动电流为变频器额定输出电流。

拓展学习

一、自适应和重载加减速

自适应加减速和重载加减速功能是变频器两种特殊的加减速功能。对于开环运行的变频器来说，如加减速时间设定过短，而负载又相对较大，就可能出现过电流或电机停转的现象，这一现象称为变频器的“失速”，它可以通过变频器的自适应加减速功能防止。此外，当变频器用于升降负载控制或机械传动系统存在减速器时，往往需要有低速制动、消除齿轮间隙等要求，它可以通过变频器的重载加减速功能实现。

1. 自适应加减速

自适应加减速可防止变频器的失速与制动时的直流母线过电压。自适应加速功能生效后，变频器可以最大允许的加速电流进行加速，如果加速时的输出电流到达参数给定值（称失速防止电流），变频器将自动减小加速度，以实现“最短加速过程”的控制。自适应减速功能生效后，如变频器制动时的直流母线电压达到了规定的值（称失速防止电压），则变频器自动停止减速过程，等到直流母线电压下降至减速恢复电压后，再恢复减速过程。

CIMR-7/1000 变频器与自适应加减速功能相关的参数见表 8-20。

表 8-20　自适应加减速和失速防止功能参数表

参数号 G7	参数号 A1000	参数名称	默认设定	设定值与意义
L3-01	L3-01	加速时的失速防止功能选择	1	0：自适应加速功能无效；1：电流限制生效；2：自适应加速功能生效
L3-02	L3-02	失速防止电流	150	以额定电流百分率设定的最大加速电流
L3-03	L3-03	失速防止电流下限	50	以额定电流百分率设定的加速电流下限
L3-04	L3-04	减速时的失速防止功能选择	1	0：自适应减速功能无效；1：电压限制功能生效；2：自适应减速功能生效；3：带外置制动电阻的自适应减速；4：过励磁减速方式
L3-05	L3-05	运行时的失速防止功能选择	1	0：无效；1：有效，以 C1-02 时间减速降低频率；2：有效，以 C1-04 时间减速降低频率
L3-06	L3-06	运行时失速防止电流	150	以额定电流百分率设定的失速防止电流值
—	L3-17	失速防止电压	370	电压限制与自适应减速时的直流母线电压值
—	L3-20	电压调节器增益	1	KEB、失速防止、电压限制功能生效时的主电压调整系数，增加设定可防止制动时的过电压报警
—	L3-21	电压上升速率	1	KEB、失速防止、电压限制功能生效时的电压变化率

续表

参数号		参数名称	默认设定	设定值与意义
G7	A1000			
—	L3-23	恒功率调速区的失速防止功能	0	0：恒功率区的失速防止电流与恒转矩调速相同 1：恒功率调速区自动降低失速防止电流
—	L3-24	加速时间	—	KEB、失速防止、电压限制功能生效时的加速时间
—	L3-25	负载惯量比	1	KEB、失速防止、电压限制功能生效时的负载惯量比
H3-05	H3-06	A3 输入功能选择	2	8：失速防止电流调整
H3-09	H3-10	A2 输入功能选择	0	8：失速防止电流调整

（1）自适应加速

参数 L3-01 设定为 1 或 2 时，自适应加速功能生效。如 L3-01=2，变频器的 C1/C2 组参数设定的加速时间无效，变频器总是以 L3-02 设定的加速电流加速，以实现最快加速控制。如 L3-01=1，变频器的加速电流限制功能生效，当加速电流到达参数 L3-02 设定的 85%时，变频器将自动减小加速度，一旦电流超过 L3-02 设定，则停止加速；直到输出电流降低到参数 L3-02 设定值以下，其加速过程如图 8-28 所示。

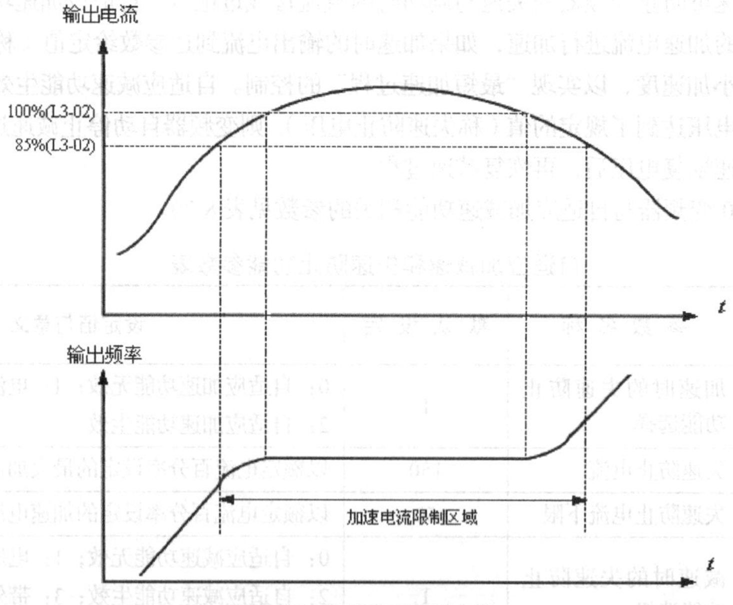

图8-28 加速电流限制功能

由于变频器在额定频率以上区域为恒功率调速，输出电流应随着频率的升高而降低；为此，失速防止电流也需要随之下降。图 8-29 为变频器在额定频率以上的恒功率调速区加速电流限制值变化曲线，恒功率调速区的最小加速电流可通过参数 L3-03 进行设定。

（2）自适应减速

参数 L3-04 设定为 1、2 或 3 时，变频器的自适应减速功能生效。如 L3-04 =1，当直流母线电压达到规定的值时，变频器停止减速，等到直流母线电压下降至变频器规定的减速恢复电压以下，再恢复减速过程。如 L3-04 =2，则变频器始终以参数 L3-17 设定的直流母线电压、以最快减速控制，减速时间设定将无效。L3-04 =3 的设定用于带外置制动电阻的变频器，功能与 L3-04 =1 相同。设定 L3-01= 4 时，变频器将进行过励磁减速，它可通过增加励磁电流分量，缩短减速时间，但频繁使用可能引起过电流报警。

（3）失速防止

变频器在运行时如果突然加重负载，同样可能导致电机的失速。为此，变频器需要通过自动降低输出频率的方法来防止电机失速，这一功能称为运行时的失速防止功能，该功能只能用于 *V/f* 控制方式。

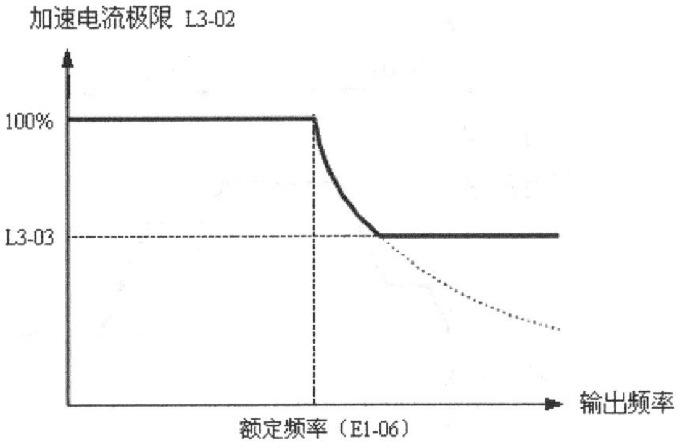

图8-29 加速电流限制曲线

当变频器稳态运行时，如输出电流大于参数 L3-06 设定值，且持续时间超过 100ms，电机将以参数 L3-05 所设定的加速度减速，降低输出频率；等到输出电流降到参数 L3-06 设定值的 98%以内时，开始重新加速。

失速防止电流不但可通过参数 L3-06 设定，而且还可用 AI 输入 A2、A3 给定，此时，AI 输入的功能定义参数应设定为“8”。AI 输入调整的下限为额定电流的 30%，当 AI 输入与参数设定同时生效时，取两者的最小值。

2. 重载加减速

重载加减速（称 DWELL 功能）的加减速实质上是一种两段线性加减速功能，但其加减速过程不连续，并可在规定的加速与减速切换频率上稳定运行（停顿）规定的时间。

重载加减速的中间停顿动作不仅可防止电机在加减速过程中的“失速”，且可用于升降负载控制或消除机械传动系统的间隙。如在带有机械变速箱的系统上，可先进行低速（低频）齿轮啮合，待齿轮间隙被消除后再进行升速，以此来减轻间隙引起的加减速噪声。

CIMR-7/1000 变频器的重载加减速可由外部 DI 信号控制或通过参数设定自动实现，两段加速度相同。采用 DI 信号控制时，用于重载加减速控制的 DI 信号功能应定义为“A”，DI 信号 ON 时可直接中断加减速过程、保持当前频率运行，加减速过程如图 8-30（a）所示。采用自动控制时，两级加速/减速的转换频率与中间停顿时间可通过参数 b6-01/b6-03 与 b6-02/b6-04 进行独立设定，加减速过程如图 8-30（b）所示。

二、重新启动与功能支持

1. 功能与参数

变频器运行时，可能会因外部瞬间干扰而产生报警，为了避免此类报警所产生的不必要停机，变频器一般可通过重新启动功能尝试进行故障的自动复位。CIMR-7/1000 变频器与重新启动相关的功能主要有断电重启、动能支持、故障复位重试和给定断开运行等。

① 断电重启。一般而言，变频器运行时如果出现 15ms 以上的断电，就会发生欠电压（UV1）报警，并转入停止状态。为避免出现这一现象，可通过瞬时断电重新启动功能，使得变频器在瞬间断电时能够自动恢复运行。

② 动能支持。为了保证瞬时断电时变频器有足够的能量保持内部状态信息，变频器一旦检测到外部断电，便急剧减速，使机械能量快速回馈到直流母线上，以维持直流母线电压的不变，这一功能称为动能支持（Kinetic Energy Backup，KEB）功能。

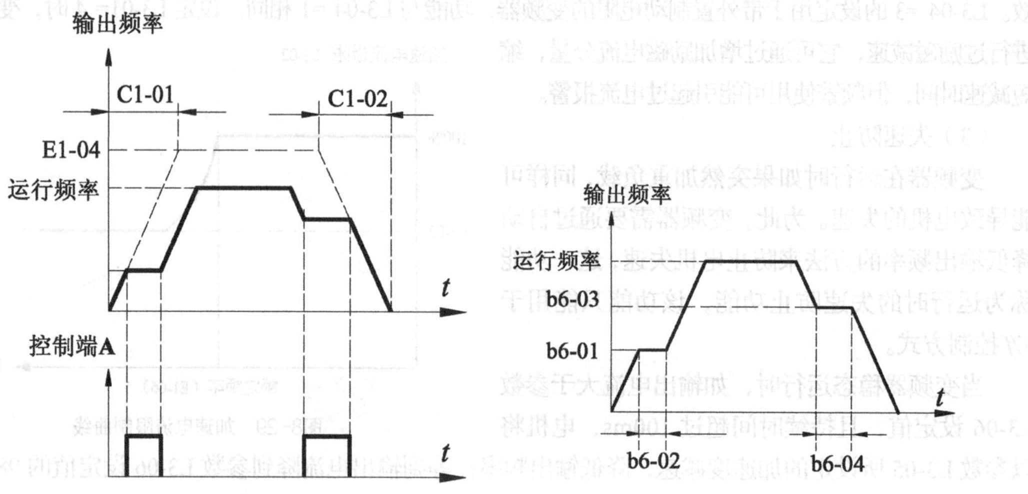

（a）DI 信号控制　　（b）自动控制

图8-30　重载加减速

③ 故障复位重试。变频器运行时如果受到外部瞬间干扰，也将发生报警而停机，为了避免此类报警所产生的不必要停机，变频器可通过故障复位重试功能，尝试进行故障自动复位和重新启动。

④ 给定断开继续运行。变频器运行时如果给定输入瞬间断开，也将进入减速停止状态，为避免给定输入非正常中断引起突然停机，变频器可通过给定断开继续运行功能，保持正常运行状态。

CIMR-7/1000 变频器与以上重新启动相关的参数见表 8-21。

表 8-21　　重新启动相关功能参数表

<table>
<tr><th colspan="2">参数号</th><th rowspan="2">参数名称</th><th rowspan="2">默认设定</th><th rowspan="2">设定值与意义</th></tr>
<tr><th>G7</th><th>A1000</th></tr>
<tr><td colspan="2">L2-01</td><td>瞬时断电功能设定</td><td>0</td><td>0：无效；1：有效，允许短时断电时间由 L2-02 设定；2：有效，在控制电源被保持的时间内可重新启动</td></tr>
<tr><td colspan="2">L2-02</td><td>瞬时断电补偿时间</td><td></td><td>允许主电源短时断电的时间设定</td></tr>
<tr><td colspan="2">L2-03</td><td>最小基极封锁时间</td><td></td><td>断电重新启动时的基极封锁时间</td></tr>
<tr><td colspan="2">L2-04</td><td>电压上升时间</td><td></td><td>速度搜索功能生效时的重新启动电压恢复时间</td></tr>
<tr><td colspan="2">L2-05</td><td>直流母线欠压检测值</td><td>190</td><td>欠电压报警值，200V 级变频器为 190V；400V 级为 380V</td></tr>
<tr><td colspan="2">L2-06</td><td>瞬时断电减速时间</td><td>0</td><td>瞬时断电时的减速时间</td></tr>
<tr><td colspan="2">L2-07</td><td>断电重启加速时间</td><td>0</td><td>瞬时断电后进行重新启动的加速时间</td></tr>
<tr><td colspan="2">L2-08</td><td>KEB 减速时间</td><td>100</td><td>设定用于瞬时断电保护的 KEB 功能生效时的减速时间</td></tr>
<tr><td colspan="2">L2-11</td><td>电压恢复值</td><td>240</td><td>KEB2 的母线电压恢复值，200V 级为 240V；400V 级为 480V</td></tr>
<tr><td colspan="2">L4-05</td><td>给定断开时的运行</td><td>0</td><td>0：直接停止；1：继续运行</td></tr>
<tr><td>—</td><td>L4-06</td><td>给定断开时的速度</td><td>80</td><td>以原给定的百分率设定</td></tr>
</table>

续表

参数号		参数名称	默认设定	设定值与意义
G7	A1000			
L5-01		故障复位重试次数	0	故障复位重试次数
L5-02		复位重试信号输出	0	0：不输出；1：输出
—	L5-04	复位重试间隔时间	10	两次重试动作的时间间隔
—	L5-05	复位重试次数计算	0	0：重试成功次数；1：重试次数

注：L2-02～L2-04 的默认设定与变频器的容量有关。

2. 断电重启

参数 L2-01 用于断电重新启动的功能设定，设定值的意义如下。

① L2-01=0：重新启动功能无效，出现 15ms 以上的断电将发生欠电压报警。

② L2-01=1：重新启动功能有效，如短时断电的持续时间不超过参数 L2-02 的设定，则电源恢复后自动重新启动；如超过参数 L2-02 设定，则发生欠电压报警。瞬时断电补偿时间 L2-02 与变频器的容量有关，变频器容量越大，主电容也越大，允许短时断电的时间也越长。例如，3.7～7.5kW 的变频器，一般能保持 1s 左右；而 11kW 以上变频器则能保持 2s 以上。

③ L2-01=2：重新启动功能有效，只要断电时间在控制电源能保持的时间范围内（CPU 能继续工作），则电源恢复后自动重新启动；否则发生欠电压报警。由于变频器控制回路的电源消耗比主回路小，故允许短时断电的时间比 L2-01 = 1 的时间更长。

变频器的瞬时断电重新启动过程如图 8-31 所示，动作如下。

① 主电源中断，生效 KEB 控制 DI 信号，变频器进入 KEB 控制。

② 输出频率瞬间下降Δf，然后按参数 L2-06 设定的减速时间迅速下降，电机制动能量回馈到直流母线，支持断电保持功能。

Δf可通过参数 L2-08 进行间接设定，计算式为

$$\Delta f = 2\times(\text{断电前的转差频率})\times(\text{L2}-\text{08设定值})$$

③ 如果断电持续时间大于 L2-03 设定的最小基极封锁时间，则经过 L2-03 设定时间后封锁逆变管的基极，电机进入自由停车（自由运行）状态；如断电持续时间小于 L2-03 设定的最小基极封锁时间，则变频器必须等待 L2-03 时间，待到电机进入自由运行后才能重新启动。

④ 如未使用速度搜索功能，当外部电源恢复时输出频率将按 L2-07 设定的加速时间重新加速；如 L2-07 的设定为 0，则选择当前有效的加速时间（参数 C1-01 或 C1-03/05/ 07 设定）进行加速。

⑤ 如速度搜索功能有效，变频器在外部电源恢复、进行重新启动前，需要先进行速度预测，预测过程结束（经过规定的速度预测时间）后，变频器将按预测的频率值启动，同时输出电压按参数 L2-04 的速度上升，等到电压上升过程完成后，再以给定频率加速。

3. KEB 功能

KEB 功能的作用是通过机械能量的反馈，维持瞬间断电时变频器直流母线电压的基本不变，功能通过 DI 信号（功能代号 65/66，常闭/常开输入）生效。

作为常用的控制方法，一般以主接触器的常开辅助触点作为 KEB 控制输入，并将 DI 信号功能定义为 65（常闭输入）。在这种情况下，如外部断电，主接触器的常开辅助触点将断开，DI 信号 OFF，KEB 控制输入生效，变频器立即按 L2-06 设定的时间（设定为 0 时，使用 C1-09 设定的急停时间）

急剧减速，回馈机械能量；当断电恢复后，主接触器重新接通，DI 信号 ON，KEB 控制撤销，变频器重新启动。

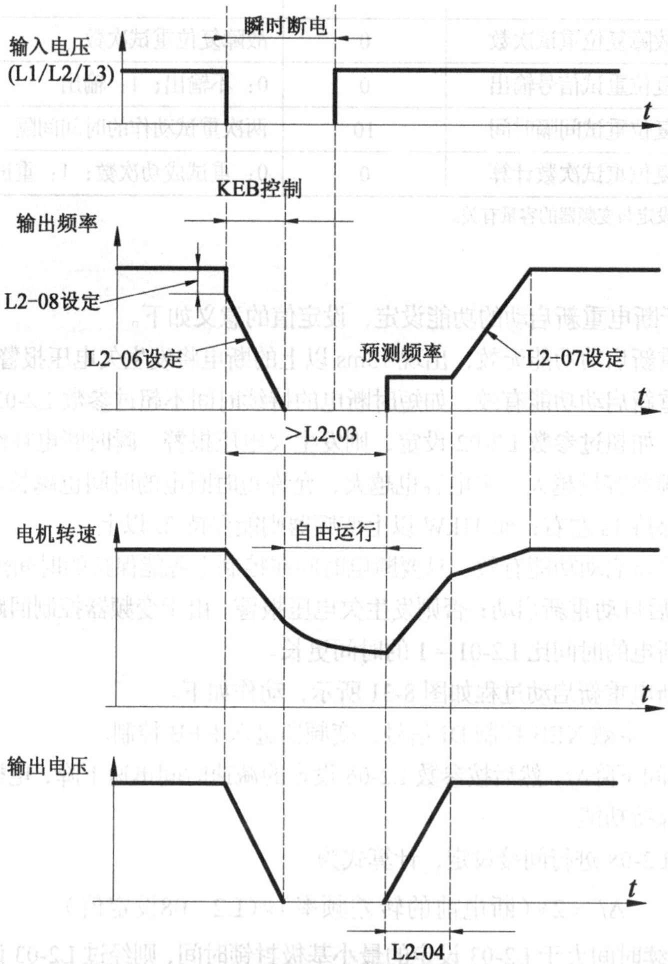

图8-31 瞬时断电重启过程

CIMR-1000 变频器在 KEB 功能生效时还可控制直流母线的电压值，这一功能称 KEB2。生效 KEB2 功能同样需要 DI 信号（功能代号 7A/7B，常闭/常开输入）。KEB2 功能生效时，变频器将以参数 L2-11 设定的直流母线电压为目标值进行减速，并通过控制减速过程，维持直流母线电压的不变。使用 KEB2 功能还需要进行 L3-20、L3-21、L3-24、L3-25 等参数的设定调整，这些参数意义可参见表 8-20。

4. 故障复位重试

故障复位重试只对 OC、GF、OV、UV1、PE、LF、RH、RR、OL1、OL2、OH1、OL3、OL4（报警见项目 10）等可能因瞬间干扰所产生的故障有效，复位可持续进行 1～10 次（参数 L5-01 设定），两次复位的间隔时间在 CIMR-7 变频器上为固定，而在 CIMR-1000 变频器上则可通过参数 L5-04 设定。

故障复位重试动作执行状态可在 DO 信号（功能代号 1E）上输出，输出 ON，表明故障复位重试动作执行中。

5. 给定断开运行

变频器判断给定断开的依据是给定输入（主速）在 400ms 内下降了 90%以上。给定断开继续运行功能一旦生效，CIMR-7 变频器将以原给定速度的 80%继续运行；而 CIMR-1000 变频器的继续运行速度可通过参数 L4-06 设定。

给定断开继续运行状态可在 DO 信号上输出（功能代号 C），输出 ON，表明给定断开继续运行中。

技能训练

假设项目 7 任务 3 中的数控车床主轴控制系统的传动系统结构与转速要求同项目 8 任务 1，完成以下练习。

① 如果变频器采用出厂默认的参数进行减速停止，计算变频器进入直流制动时的主轴转速与制动电流值。

② 如果主轴采用单段线性加减速，要求的加减速时间为 5s；主轴减速停止时能够在 20r/min 时进入直流制动、直流制动电流为电机额定电流、直流制动的保持时间为 2s；失速防止功能有效，失速防止电流为额定电流的 150%。试确定该变频器的加减速控制参数，并仿照表 8-22 中参数 b1-03 的格式，完成变频器参数表 8-22。

表 8-22　　数控车床主轴加减速参数设定表

参 数 号	参 数 名 称	设 定 值	参数设定说明
b1-03	停止方式选择	0	0：减速停止
…	…	…	…

Chapter

9

项目9

变频器功能与应用

变频器是一种通用调速装置，为了使其能够满足不同的控制要求，往往设计有多种特殊的控制功能。熟练掌握并运用变频器的功能来解决工程实际问题，这是正确使用变频器、充分发挥变频器作用及提高调速系统性能的基本要求。变频器的功能有其特殊的用途，功能的实现需要设定相关参数，有的还需要相应的输入控制信号，本项目将对此专门学习。

任务1 熟悉变频器的实用功能

能力目标

1. 能够利用启动转矩补偿功能提升电机的启动转矩。
2. 能够灵活运用不同的转矩限制功能来限制电机的输出转矩。
3. 了解变频器的节能运行功能。
4. 了解变频器的升降负载控制功能。

工作内容

学习后面的内容，完成以下练习。

1. 简述启动转矩补偿功能的作用与特点。

2. 变频器的转矩限制有何作用？CIMR 可以采用哪些限制方法？
3. 什么是节能运行功能？使用时需要注意哪些问题？
4. 什么是升降自动变速功能？使用时需要注意哪些问题？
5. 什么是机械制动器控制功能？在 CIMR-G7 上如何实现？

相关知识

一、转矩补偿与限制

感应电机的转矩精确控制是一个相当复杂的问题，目前还没有真正得到解决，为此各变频器生产厂家都设计了种种控制方法，来尽可能改善变频器的转矩控制性能。转矩补偿、最大转矩限制是变频器常用的转矩控制方法。

1. 转矩补偿功能

转矩补偿功能的作用类似于低频转矩提升功能，它可以用于开环或闭环 *V/f* 控制的变频器启动时的转矩提升。从 *V/f* 变频控制原理可知，*V/f* 控制是在忽略电机定子电阻等因素影响的前提下，从稳态特性上得出的速度控制方案，在高速运行时可以得到较为准确的控制效果。但是，如果变频器在低频、重载工作时，其定子电阻所产生的压降将导致电机连续输出转矩与最大输出转矩的大幅度下降，甚至出现无法正常启动与运行的现象。

转矩补偿功能是一种通过提高变频器低频输出电压来补偿定子电阻压降、提升输出转矩的功能，与低频转矩提升功能相比，其输出电压的补偿形式更多、使用更灵活。

转矩补偿可对正转、反转的启动转矩进行独立的设定与调整，以便适应不同的控制要求；补偿值也可用 AI 输入以“电压偏置”的形式进行实时动态调整。在变频器内部，转矩补偿还可以通过变频器参数进行增益、滤波时间的设定与调整，以解决转矩补偿后所出现的转速不稳定、低速振动与启动冲击现象。

2. 转矩限制功能

转矩限制功能只能用于矢量控制。变频器采用矢量控制时，电机的输出转矩可通过转矩电流分量进行控制，因此，在某些输出转矩过大可能引起机械部件损坏的场合，需要通过转矩限制功能限制变频器的最大输出转矩。

由于感应电机的转矩控制十分困难，因此变频器的转矩限制精度同样较低，且与运行频率有关，一般而言，当变频器的运行频率大于 10Hz 时，转矩控制误差在±5%左右；当小于 10Hz 时，误差将显著增加。此外，转矩限制功能生效后，变频器的加减速时间将相应延长；而对于升降负载控制的变频器来说，如转矩限制值设定过小，则可能存在“重力自落”的危险，故在这些情况下使用转矩限制功能必须慎重。

变频器的转矩限制值既可用内部参数进行设定，还可以通过 AI 输入进行限制，当内部参数与 AI 输入同时有效时，一般遵循“最小值优先”的原则，自动选择两者中的较小值作为有效转矩限制值。

变频器的转矩限制设定参数较多，使用时可根据不同的运行状态设定不同的转矩限制值。以安川变频器为例，其转矩限制功能可以根据变频器的正转运行、正转制动、反转运行、反转制动 4 种工作状态（分别对应于第 1～第 4 象限），采用如下方法进行转矩限制。

利用内部参数限制时，4 个象限的转矩限制值可通过各自的参数（L7-01～L7-04）进行单独设定，其使用最灵活，参数与转矩限制值之间的对应关系如图 9-1 所示。

采用 AI 输入限制时，需要对变频器的 AI 输入功能进行定义，并受到变频器的 AI 输入通道数量的限制。对于只有1个AI输入通道的变频器，4象限只能统一使用同一AI输入进行限制。对于带有2通道AI输入的变频器，其转矩限制可使用如下两种方式。

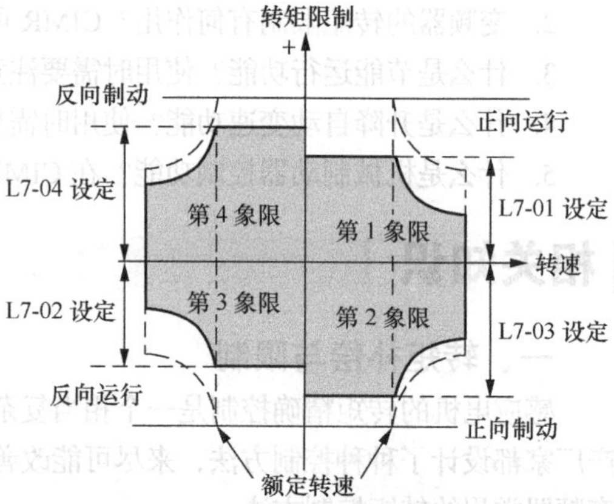

图9-1 转矩的参数限制

① 根据转矩极性进行限制。此时的AI输入可分别用来改变转矩给定的正/负极限值，电机正向运行和反向制动时，统一使用正向转矩限制AI输入；电机反向运行和正向制动时，则统一使用负向转矩限制AI输入。在CIMR-7/1000变频器上，正向转矩限制和反向转矩限制的AI输入功能应定义为“10”或“11”，转矩极性限制如图9-2（a）所示。

② 根据运行状态进行限制。此时的AI输入可分别用来限制运行和制动状态下的输出转矩，正向运行和反向运行采用统一的AI限制输入；而正向制动和反向制动则采用另一AI输限制入。在CIMR-7/1000变频器上，运行转矩限制和制动转矩限制的AI输入功能应定义为“12”或“15”，运行状态限制如图9-2（b）所示。

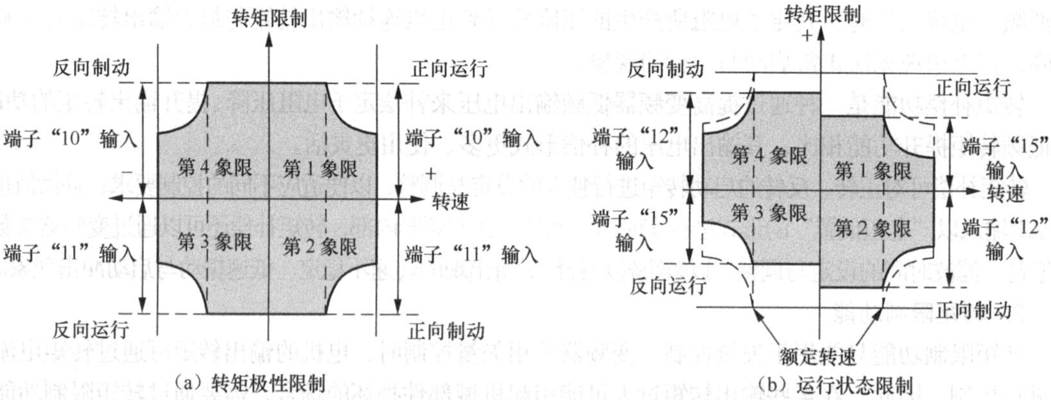

图9-2 转矩的2通道AI输入限制

二、节能运行与升降负载控制

1. 节能运行和弱磁控制

当变频器用于排风、吸风、泵等风机类负载控制时，可使用节能运行功能。在 *V/f* 控制方式下使用节能运行功能，变频器可根据负载的大小，自动调整输出电压，将变频器的能耗降至最小、效率为最高。在矢量控制方式下使用节能运行功能，变频器可根据电机额定转差，计算不同运行频率下可使电机达到最高效率的转差值，控制变频器运行。

节能控制功能生效时，变频器在不同转速下的输出转矩和加减速时间将随之改变，因此，它不能用于恒转矩负载或负载可能发生突变的系统。

当变频器用于恒功率调速负载时，可利用其弱磁控制功能，在高速段获得如图9-3所示的类似恒功率调速性能。

弱磁控制生效时，变频器的输出电压将保持不变；随着转速的升高，变频器输出转矩成比例下降，以保证 $P \propto Mn$ 的基本不变。

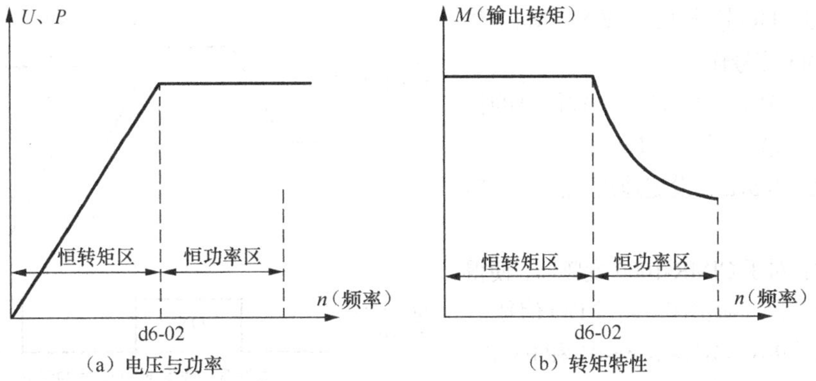

图9-3 弱磁控制特性

2. 升降负载控制

变频器作为一种通用调速装置，电梯、起重机等升降设备的控制也是其重要的应用领域。升降负载的特点是：由于重力的作用，电机在启动、升降与停止时的负载变动较大，且存在重力转矩，因此，开环运行的变频器必须增加特殊控制功能，才能适应升降负载的控制要求。变频器用于升降负载控制时，一般应使用挡块减速定位、机械制动等特殊功能。

从变频器的输出特性可知，变频器在控制通用电机时的低频输出转矩一般较小，如果用于升降负载控制，在启动/停止阶段将有可能因重力的作用导致负载的自落，为此，需要增加机械制动器，并对启动与制动过程进行如下控制。

① 启动。变频器应在机械制动器制动的状态下启动，当输出频率、输出电流达到规定值后，变频器输出机械制动器松开信号、松开机械制动器；电机继续加速到需要的转速。

② 制动。变频器进行正常的减速动作，一旦速度到达参数设定的频率以下，即输出制动器制动信号、机械制动器制动；电机在制动器制动的情况下继续运行，直到转向信号撤销变频器停止。

CIMR-7/1000 变频器无专门的升降负载控制功能，当变频器用于升降负载时，可通过两段加减速、直流制动功能，采用以下方法进行控制。

① 参照图 9-4 连接升降负载的制动器。

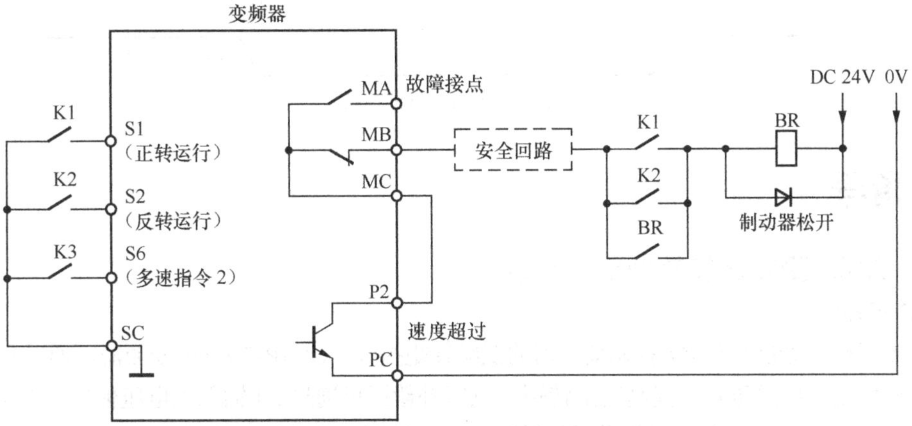

图9-4 升降负载的制动器控制

② 使用变频器的“速度超过”DO 信号作为升降负载的制动器松开信号，并参照图 9-5 设定以下参数。

H2-03 = 5：DO 输出 P2（或 M3/M4）作为速度超过 DO 信号输出。

L4-01 = 1～3Hz：设定速度一致信号的检测、比较值，一般选择 1～3Hz。

L4-02 = 0～0.5Hz：设定速度超过 DO 信号断开值。

L4-07 = 0：对于 CIMR-1000 变频器，使得输出关闭时能够自动撤销速度超过 DO 信号。

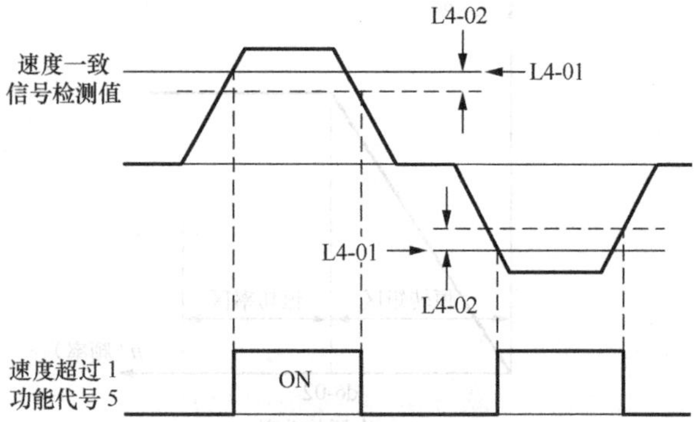

图9-5 速度超过信号的设定

③ 按照图 9-6 设定参数 b6-01 和 b6-02，生效两段线性加速功能。

④ 生效变频器的直流制动功能，并通过变频器延时功能（b4-01）的设定，保证负载完全制动后自动撤销直流制动。

⑤ 根据要求，提供变频器正转（上升）K1、反转（下降）K2、高速/低速选择 K3（多级变速选择）等信号。

按照以上要求的升降负载控制的动作过程如图 9-6 所示。

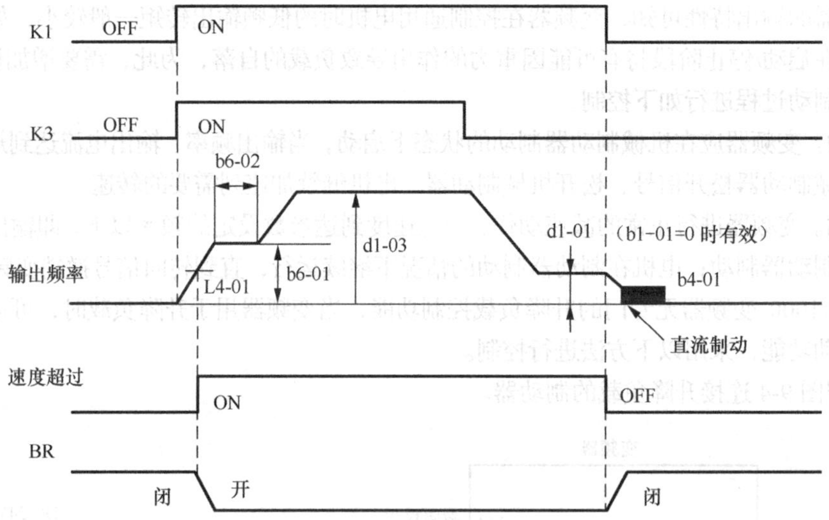

图9-6 升降负载的控制

实践指导

一、CIMR 变频器转矩补偿与限制

1. 转矩补偿

启动转矩补偿功能用于 *V/f* 控制变频器的低频转矩提升。CIMR-7/1000 变频器可通过参数 C4-01 的设定，补偿定子电阻压降，提高输出转矩。电压补偿还可通过 AI 输入以电压偏置（功能代号 5）的形式加入。CIMR-1000 变频器新增了矢量控制启动转矩提升功能，使用该功能可对正转、反转的启动转矩进行独立的设定与调整，以改善启动性能，加快动态响应过程。CIMR-7/1000 变频器与启动转矩补偿相关的常用参数见表 9-1。

表 9-1　　启动转矩补偿参数设定一览表

参数号		参数名称	默认设定	设定值与意义
G7	A1000			
C4-01		转矩补偿增益	1	定子压降补偿修正系数
C4-02		转矩补偿滤波时间		转矩补偿调节器的滤波时间常数
C4-03		正转启动转矩	0	以额定转矩的百分率设定的正转启动转矩
C4-04		反转启动转矩	0	以额定转矩的百分率设定的反转启动转矩
C4-05		启动转矩补偿滤波时间	10	启动转矩补偿滤波时间
C4-06		启动转矩补偿滤波时间 2	150	启动转矩补偿滤波时间 2
H3-09	H3-10	A2 输入功能选择	2	5：A2 为输出电压偏置
H3-05	H3-05	A3 输入功能选择	0	5：A3 为输出电压偏置

注：C4-02 的默认设定与变频器的控制方式、电压等级、容量及电机有关。

使用启动转矩补偿功能需要注意以下几点。

① 启动转矩补偿功能用于 *V/f* 控制时，补偿增益参数 C4-01 的设定范围为 0～2.5，定子电阻压降的补偿电压为理论计算值与 C4-01 的乘积。

② 参数 C4-01 通常设定为 1，当电机电枢连接线较长、变频器容量大于电机容量时可提高增益、改善性能；但设定过高可能会引起电机的低速振动。

③ 参数 C4-02 用来调整转矩补偿的动态特性，滤波时间通常使用出厂默认值，如转矩补偿后出现了转速不稳定或低速振动的现象，可适当增加滤波时间常数。

④ CIMR-1000 变频器可以利用参数 C4-03/C4-04 对正转、反转的启动转矩进行独立设定，提高启动转矩可改善低速启动性能。

⑤ 参数 C4-05/C4-06 可改善启动时的动态特性，滤波时间通常使用出厂默认值，如启动冲击过大，可增加滤波时间常数。

2. 转矩限制

CIMR-7/1000 变频器可通过内部参数或 AI 输入限制转矩。采用内部参数限制转矩时，4 象限的转矩限制值可分别通过参数 L7-01～L7-04 进行单独设定，设定值应以额定转矩百分率的形式输入，其范围为 0～300%，参数与转矩限制值之间的对应关系可参见图 9-1。

采用 AI 输入限制时，如 AI 输入功能被定义为"10"、"11"时，前者将用于正向运行和反向制动的转矩限制值输入，后者用于反向运行和正向制动的转矩限制值输入。当 AI 输入功能被定义为"12"与"15"时，前者用于制动时的转矩限制值输入；后者用于电机运行时的转矩限制值输入。

当转矩限制用 AI 输入指定时，如 AI 输入增益设定为 100%，其最大输入（10V 或 20mA）所对应的转矩限制值是额定输出转矩，因此，如 AI 输入的转矩限制值需要大于额定转矩，应增加 AI 输入增益。

CIMR-7/1000 变频器与转矩限制相关的参数见表 9-2。

表 9-2　　转矩限制参数表

参数号		参数名称	默认设定	设定值与意义
G7	A1000			
L7-01		正转时的转矩极限	200	以额定转矩百分率设定的最大输出转矩
L7-02		反转时的转矩极限	200	以额定转矩百分率设定的最大输出转矩

续表

参数号		参数名称	默认设定	设定值与意义
G7	A1000			
L7-03		正转制动转矩极限	200	以额定转矩百分率设定的最大输出转矩
L7-04		反转制动转矩极限	200	以额定转矩百分率设定的最大输出转矩
L7-06		转矩极限调节器积分时间	200	转矩极限调节器积分时间常数
L7-07		加减速时转矩极限调节器选择	0	0：比例调节器；1：积分调节器
H3-09	H3-10	A2 输入功能选择	2	10：正转转矩极限；11：反转转矩极限；12：制动转矩极限；15：运行转矩极限
H3-05	H3-06	A3 输入功能选择	0	

二、CIMR 变频器节能运行

1. 节能运行

当 CIMR-7/1000 变频器用于排风、吸风、泵等风机类负载控制时，可使用节能运行功能；变频器与节能控制相关的参数见表 9-3。

表 9-3 变频器节能运行参数表

参数号	参数名称	默认设定	设定值与意义
b8-01	节能控制功能选择	0	0：节能运行无效；1：节能运行有效
b8-02	节能控制增益		矢量控制节能运行的电压增益设定
b8-03	节能控制滤波时间		矢量控制节能运行的滤波时间常数
b8-04	节能系数		*V/f* 控制时，节能运行的控制系数
b8-05	节能功率检测滤波时间	20	*V/f* 控制时，功率检测的滤波时间
b8-06	节能测试运行电压极限	0	*V/f* 控制时，测试运行的最大输出电压限制

注：b8-02～b8-04 的默认设定与变频器的控制方式、电压等级、容量及电机有关。

以上参数中的 b8-02/b8-03 只能用于矢量控制；而 b8-04～b8-06 只能用于 *V/f* 控制。节能控制参数可在选择节能运行方式后，通过变频器的自动调整操作自动设定；CIMR-1000 变频器可直接使用节能控制自动调整方式（T1-01 = 3），进行节能参数的自动设定。

2. 弱磁控制

当 CIMR-7/1000 变频器用于恒功率调速负载调速时，可使用弱磁控制功能，变频器与弱磁控制功能相关的参数见表 9-4。

表 9-4 弱磁控制参数表

参数号	参数名称	默认设定	设定值与意义
d6-01	弱磁调速时的输出电压	80	以变频器最大输出电压的百分率设定的输出电压值
d6-02	弱磁调速开始频率	0	设定弱磁控制的起始频率
d6-03	强制励磁功能选择	0	1：功能无效；0：功能有效
d6-05	励磁时间常数	1	设定电机励磁时间常数

弱磁控制需要 DI 信号进行控制（功能代号 63），DI 输入 ON 时，如果输出频率大于 d6-02，则生效弱磁控制功能。一般而言，变频器的弱磁控制电压应与电机额定电压一致，弱磁开始频率（参数 d6-02）应为电机额定频率。

拓展学习

一、变频器的转矩控制

1. 功能说明

转矩控制只能用于矢量控制 2 或闭环矢量控制的 CIMR 系列变频器。转矩控制功能生效后，输出转矩可通过 AI 输入直接调节与控制。变频器选择转矩控制方式时，输出转矩将保持定值，而电机的转速将随着负载的变化而改变。为了避免负载过小时的速度大幅度升高，必须同时使用速度限制功能。

CIMR-7/1000 变频器的转矩控制原理如图 9-7 所示，相关参数见表 9-5。

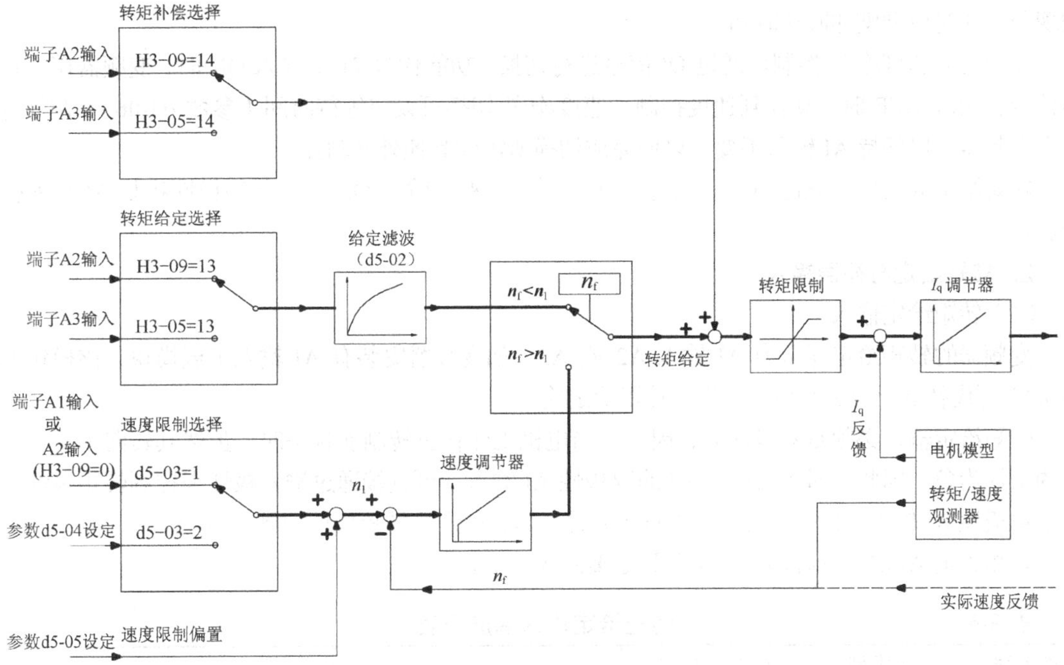

图9-7 转矩控制原理图

表 9-5 转矩控制参数设定表

参数号 G7	参数号 A1000	参 数 名 称	默认设定	设定值与意义
d5-01		转矩控制功能选择	0	0：速度控制或速度/转矩切换控制；1：转矩控制
d5-02		转矩指令滤波时间		转矩给定滤波器时间常数，单位 ms
d5-03		速度极限的给定方式	1	1：利用 AI 输入限制；2：参数 d5-04 限制
d5-04		速度极限设定	0	以最大输出频率的百分率设定，范围−120%～120%
d5-05		速度极限偏置	10	以最大输出频率的百分率设定
d5-06		速度/转矩控制切换时间	0	速度/转矩切换的等待时间，单位 ms
d5-07		转向限制功能选择	1	0：无效；1：有效（按照速度限制方向旋转）
H3-09	H3-10	A2 输入功能	2	0：与 A1 叠加；13：转矩给定；14：转矩补偿
H3-05	H3-06	A3 输入功能	0	0：与 A1 叠加；13：转矩给定；14：转矩补偿

注：d5-02 的默认设定与变频器的控制方式选择有关。

转矩控制时，如果将AI的功能定义为13，输入A2或A3就称为转矩给定输入，它经过给定滤波后可生成内部转矩给定信号，转矩给定还可用另一AI输入进行补偿（功能代号14），补偿量将直接叠加到转矩给定上。

转矩控制时，如电机转速超过了限制值（$n > n_1$），速度限制功能将自动生效，转矩给定将自动切换到速度调节器（ASR）输出，变频器进入速度控制，输出转矩自动降低。速度限制值可由参数d5-04设定或选择AI输入，速度反馈可以为速度观测器输出或来自编码器的速度检测。速度限制值可通过参数d5-05进行偏置，偏置值将叠加到速度限制输入上。

AI输入偏移、增益调整对转矩控制同样有效，但如转矩给定输入的偏移调整不合适，可能会出现低速时电机反转的现象。而速度限制值如果设定不合理，则可能出现加减速时转矩控制功能无效的现象，此时应调整加减速时间。

变频器的速度/转矩控制可通过DI信号进行切换（功能代号71），输入ON时，变频器切换到转矩控制；输入OFF时，切换到速度控制。速度/转矩切换可设定等待时间（参数d5-06），在等待时间内变频器可以保持AI输入不变，以便完成切换所需的其他外部动作。

转矩给定的极性可通过DI信号变换（功能代号78），输入ON时，转矩极性将与AI输入极性相反。

2. 转矩给定与补偿输入

（1）转矩给定输入

变频器的转矩给定通常为AI输入A2或A3，如变频器安装有AI输入扩展模块，该模块上的AI输入可代替A1～A3的功能，作为转矩给定输入。

转矩给定输入必须是双极性的，因为，当电机工作在正转制动状态时，虽然其转向为正，但转矩的极性为负。因此，对于−10～10V的双极性AI输入，可直接通过输入极性来控制转矩极性；而对于单极性AI输入（0～10V或4～20mA）时，则必须定义转矩极性控制信号78。

转矩给定AI输入选择与主要参数设定要求见表9-6。

表9-6　转矩给定输入端选择表

输入端	输入类型	参数设定	说明
A3	0～10V	b1-01 = 1 H3-05 = 13 H3-04 = 0	1. 需要外部提供转矩极性控制信号“78” 2. 10V对应于额定转矩 3. 模拟量输入的增益、偏移调整对转矩控制同样有效
	−10～10V	b1-01 = 1 H3-05 = 13 H3-04 = 1	1. 可以利用AI极性控制转矩极性 2. ±10V对应于额定转矩 3. 模拟量输入的增益、偏移调整对转矩控制同样有效
A2	0～10V	b1-01 = 1 H3-09 = 13 H3-08 = 0	1. 需要外部提供转矩极性控制信号“78” 2. AI输入类型选择开关SW1-2置OFF（V）侧 3. 10V对应于额定转矩 4. 模拟量输入的增益、偏移调整对转矩控制同样有效
	−10～10V	b1-01 = 1 H3-09 = 13 H3-08 = 1	1. AI输入类型选择开关SW1-2置OFF（V）侧 2. 可以利用AI极性控制转矩极性 3. ±10V对应于额定转矩 4. 模拟量输入的增益、偏移调整对转矩控制同样有效

续表

输入端	输入类型	参 数 设 定	说 明
A2	4～20mA	b1-01 = 1 H3-09 = 13 H3-08 = 2	1. 需要外部提供转矩极性控制信号“78” 2. AI 输入类型选择开关 SW1-2 置 ON（I）侧 3. 20mA 对应于额定转矩 4. 模拟量输入的增益、偏移调整对转矩控制同样有效
AI-14B	−10～10V	b1-01 = 3 F2-01 = 0 H3-09 = 13 H3-08 = 1	1. 转矩给定连接到模拟量输入扩展模块的通道 2 上 2. 第 2 通道的输入代替输入端 A2 功能 3. ±10V 对应于额定转矩

（2）转矩补偿输入

转矩补偿输入可直接与转矩给定叠加，补偿输入一般用来调节不平衡负载（升降负载）的偏置力矩。补偿转矩可从 A2 或 A3 输入，转矩补偿输入端选择与参数设定的要求与转矩给定相似，可参照表 9-6 进行，但作为转矩补偿输入的 AI 输入功能定义参数应为“14”。

转矩补偿输入的类型同样可通过参数选择，设定值意义与转矩给定相同，当使用单极性输入时，转矩只能进行单方向补偿。

3. 速度限制和偏置

（1）速度限制

转矩控制时的速度限制值可用参数设定或 AI 输入，变频器的速度限制值选择与主要参数的设定要求见表 9-7。

表 9-7 速度限制值选择表

AI 输入	输入类型	参数设定	说 明
—	参数	d5-03 = 2	1. 在 d5-04 上设定速度限制值，输入值为最大输出频率的百分率，设定范围为−120%～120% 2. d5-04 只能进行单向限制；双向限制时可用 d5-05 偏置值设定
A1	0～10V	d5-03 = 1 b1-01 = 1 H3-01 = 0	1. 速度限制从 A1 输入，输入范围为 0～10V；只能限制正向速度 2. AI 输入的增益、偏移调整对速度限制同样有效
	−10～10V	d5-03 = 1 b1-01 = 1 H3-01 = 1	1. 速度限制从 A1 输入，输入范围为−10～10V；可进行双向速度限制 2. 模拟量输入的增益、偏移调整对速度限制同样有效
A2	0～10V	d5-03 = 1 b1-01 = 1 H3-08 = 0 H3-09 = 0	1. 速度限制从 A2 输入，功能定义为“与 A1 叠加”；对于完全由 A2 调节的情况，应将 A1 输入置 0V 2. AI 输入类型选择开关 SW1-2 置 OFF（V）侧 3. 模拟量输入的增益、偏移调整对速度限制同样有效 4. 输入范围为 0～10V，只能进行正向速度限制；输入范围为−10～10V，可以进行双向速度限制
	−10～10V	d5-03 = 1 b1-01 = 1 H3-08 = 1 H3-09 = 0	

续表

AI 输入	输入类型	参数设定	说　明
A2	4～20mA	d5-03 = 1 b1-01 = 1 H3-08 = 2 H3-09 = 0	1. 速度限制从 A2 输入， A2 定义为“与 A1 输入叠加”；对于完全由 A2 调节的情况，应将 A1 输入置 0V 2. AI 类型选择开关 SW1-2 置 ON（I）侧 3. AI 输入的增益、偏移调整对速度限制同样有效 4. 输入范围为 4～20mA，只能进行正向速度限制
AI-14B	−10～10V	d5-03 = 1 b1-01 = 3 F2-01 = 0 H3-09 = 0	1. 速度限制从 AI 扩展模块通道 2 输入，代替 A2 输入 2. A2 功能需定义为“与 A1 输入叠加”，对于完全由 A2 调节的情况，应将 A1 输入置 0V 3. 输入范围为−10～10V，可以进行双向速度限制

（2）速度偏置

速度限制值可通过参数 d5-05 进行偏置，偏置值可根据转向自动改变极性。例如，需要将正反转的速度同时限制在最高转速（最大输出频率）的 50%时，可设定 d5-03 = 2（选择参数 d5-04 进行速度限制）、d5-04 = 0（内部速度限制值为 0，仅使用偏置）、d5-05 = 50（速度限制偏置设定为最高转速的 50%）。

当速度限制值与速度限制偏置同时被设定时，两者同时生效，例如，设定 d5-03 = 2（选择参数 d5-04 进行速度限制）、d5-04 = −100（负向速度限制为最高转速的 100%）、d5-05 = 10（速度限制偏置设定为最高转速的 10%）时，最终的速度限制值将变为负向=（−100%）+10% = −90%；正向= 0 + 10% = 10%。

二、速度/转矩控制切换

1. 基本要求

变频器的速度控制与转矩控制可以相互切换。切换控制 DI 信号的功能代号为 71。输入 ON 时，变频器可从速度控制切换到转矩控制；输入 OFF 时，则从转矩控制切换到速度控制。但是，如运行控制命令被撤销，即使在转矩控制方式下，变频器也将自动切换到速度控制方式进行减速停止。

使用速度/转矩切换功能必须设定参数 d5-01 = 0；同时，需要在参数 d5-06 上设定切换动作的延迟时间。

当变频器的速度/转矩控制切换生效时，速度给定、转矩给定、速度限制、转矩限制等 AI 输入功能将按以下规定自动变换。

① 速度给定输入：总是由参数 b1-01 选择；切换到转矩控制后，如设定了参数 d5-03 = 1（利用 AI 输入限制），则所选择的速度给定自动转换为速度限制值。

② 转矩给定：通过功能代号为 13 的 AI 输入 A2 或 A3 给定，当切换到速度控制后，这一输入将自动转换为速度控制时的转矩限制值。

③ 其余参数与其他 AI 输入功能不进行转换。

2. 切换控制

假设变频器的速度/转矩切换控制 DI 信号为 S8，频率给定指令为 AI 输入 A1，它在转矩控制时为速度限制输入；转矩给定输入为 AI 输入 A3，它在速度控制时为转矩限制输入。这时，变频器的参数可设定如下。

H1-06 = 71：DI 信号 S8 定义为速度/转矩控制切换信号。

b1-01 = 1：频率给定来自 AI 输入 A1。

H3-05 = 13：AI 输入 A3 定义为转矩给定。

H3-04 = 1：AI 输入 A3 的输入范围为−10～10V。

d5-01 = 0：速度/转矩切换控制有效。

d5-03 = 1：转矩控制时的速度限制由参数 b1-01 确定（AI 输入 A1）。

d5-06 = 200：速度/转矩切换延时为 200ms。

变频器的速度/转矩控制的切换过程如图 9-8 所示。

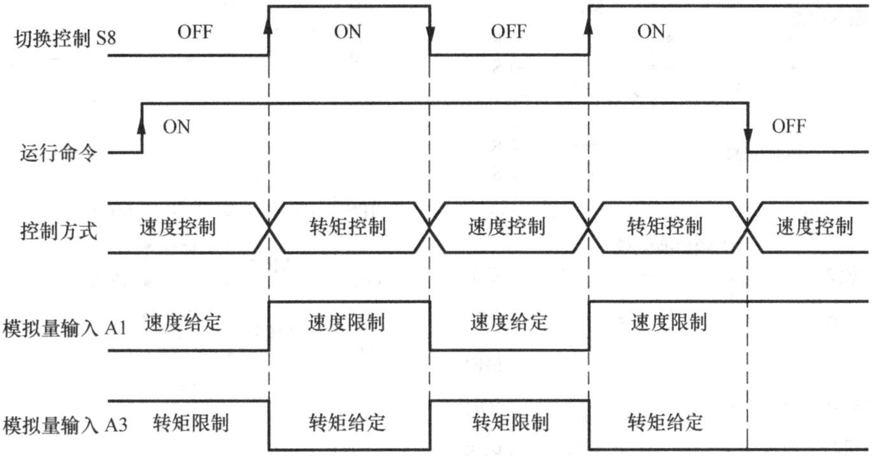

图9-8　变频器的速度/转矩控制切换

三、工频切换功能与应用

1. 功能说明

如果变频器调速系统在工作时需要长时间在额定频率下运行，出于延长变频器使用寿命、提高功率因数与效率等方面的考虑，可使用工频切换功能。工频切换功能生效后，变频器可以根据频率给定，控制电机在直接供电与变频器输出间切换，当给定频率在工频附近时，直接由电网供电；需要调速时则自动转换到变频器输出供电。采用工频切换功能的变频器在维修时仍可以在工频运行状态运行，实现了系统的“不停电维修”。

使用工频切换功能必须注意如下问题。

① 工频/变频器切换控制需要变频器配套相应的功能，普通型与紧凑型变频器一般不能使用。

② 为了防止切换过程时的变频器输出短路，工频切换必须严格按照规定的顺序进行，电路必须进行严格互锁。此外，为了保证变频器的自动启动，变频器的控制回路必须始终处于工作状态，即控制电源必须独立供电（输入回路需要安装主接触器，见后述）。

③ 变频器切换到工频运行后，变频器的过电流保护功能将失效，为此，电机侧需安装工频运行过载保护用的热继电器，热继电器保护信号应返回到变频器的输入端，以防电机过载时的切换。

工频切换既可以通过 DI 信号的控制强制进行，也可以在变频器输出频率达到某一值时自动进行。

2. 应用实例

图 9-9 为使用工频切换功能的典型电路图，该电路可以用于三菱 FR-A500/A700 系列变频器，并需要根据变频器的型号定义以下 DI/DO 参数。

（1）A500 系列变频器

Pr185 = 7：DI 输入端 JOG 用于连接外部热继电器输入。

Pr186 = 6：DI 输入端 CS 定义为工频切换选择输入。

Pr192 = 17：DO 输出端 IPF 定义为变频器主电源输入接触器 MC1 控制端。

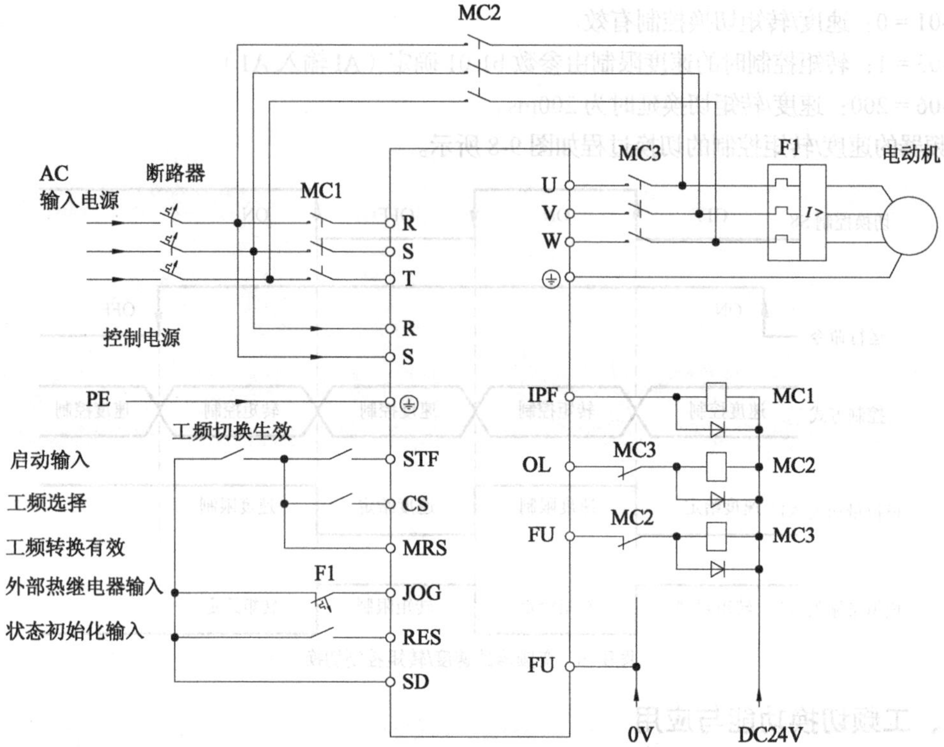

图9-9 三菱变频器的工频/变频器切换电路

Pr193 = 18：DO 输出端 OL 定义为工频运行接触器 MC2 控制端。

Pr194 = 19：DO 输出端 FU 定义为变频器控制接触器 MC3 控制端。

（2）A700 系列变频器

A700 系列变频器在 A500 参数设定的基础上，还需要增加如下设定。

Pr187 = 24：DI 输入端 MRS 用于工频切换功能选择输入 MRS；

Pr189 = 62：DI 输入端 RES 用于工频切换状态初始化输入 RES。

电路设计需要注意以下问题。

① 变频器运行与工频运行接触器 MC2、MC3 必须有强电回路的互锁。

② 接触器线圈侧应加保护二极管，并保证二极管极性的正确。

③ 变频器的控制电源应与主电源分离。

有关工频切换的更多说明可以参见相关书籍，安川 CIMR-G7 不能使用本功能。

四、挡块减速功能与应用

1. 功能说明

挡块减速定位功能可以在外部机械制动器制动的情况下自动完成定位，功能用于要求定位过程平稳、定位精度相对较高的控制场合（如电梯）。

挡块减速定位功能生效后，变频器可以自动改变励磁电流、失速防止电流、PWM 载波频率等主要参数，提高电机的输出转矩，以便电机在机械制动器的限制下，平稳完成定位过程。以三菱 FR-A500/A700 系列变频器为例，使用挡块减速定位的控制要求与动作过程如图 9-10 所示。

① 设定参数（Pr 270 为 1 或 3），生效挡块减速定位功能。

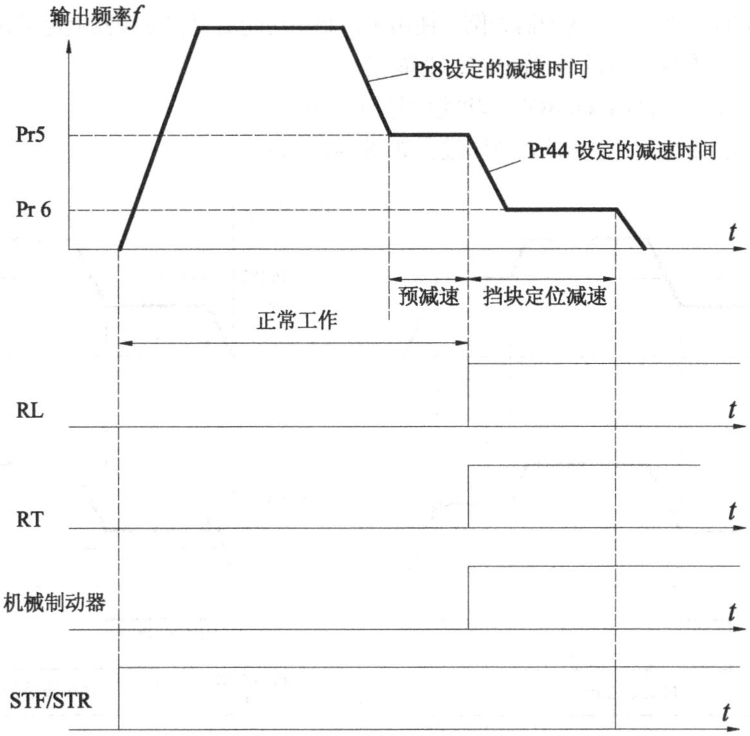

图9-10　三菱变频器的挡块减速过程

② 在挡块减速定位前，首先通过预减速（如选择多级变速的低速等）使电机转速降至低速运行。

③ 利用变频器的 DI 输入（如 RL、RT）“1”信号，生效挡块减速定位控制。

④ 接通外部机械制动器，进行强制制动。

⑤ 变频器以参数设定的加速度，减速到设定的挡块定位频率。

⑥ 变频器以挡块定位频率运行，失速防止电流、励磁电流、PWM 载波频率被转换到挡块定位要求的值。

⑦ 撤销变频器运行信号（如 STF/STR 等），变频器停止，电机位置由机械制动器保持。

2. 使用要点

挡块减速定位功能使用应注意以下几点。

① 挡块减速定位功能一般不能与远程控制功能、PID 调节功能、定位控制、远程控制、PID 调节、点动等功能同时使用。

② 挡块减速定位不能利用操作单元操作、内部程序操作进行控制。

③ 为了提高挡块减速定位时的输出转矩，一般需要提高电机的励磁电流。

④ 挡块减速定位时电机将在机械制动的情况下工作，在定位完成后应及时撤销功能，以免引起电机与制动器的发热。

五、机械制动功能与应用

1. 功能说明

为了适应带有机械制动器的升降负载控制要求，部分变频器设计有专门的机械制动控制功能，使得变频器和外部制动器的动作在内部程序的控制下按顺序进行，这一功能又称“顺序制动”功能。

以三菱 FR-A500/A700 系列变频器为例，使用机械制动功能需要在变频器上定义如下 DI/DO 信号。

制动器松开完成输入：信号名称 BRI，功能代号 15。

制动器松开输出：信号名称 BOF，功能代号 20/120。

机械制动功能生效时，变频器的动作过程如图 9-11 所示。

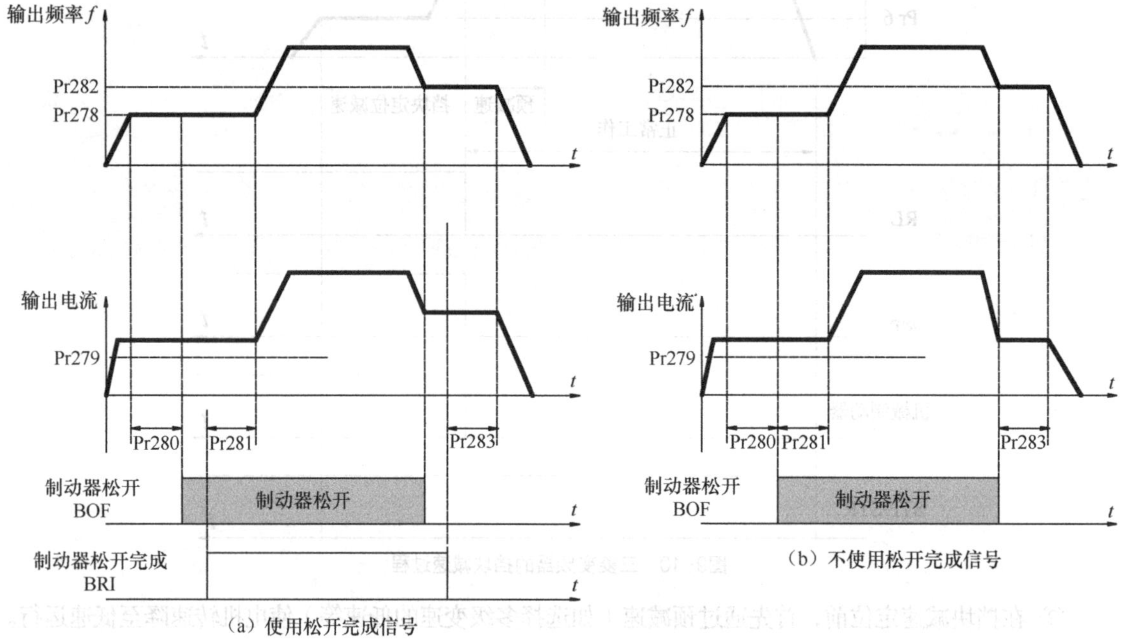

（a）使用松开完成信号　（b）不使用松开完成信号

图9-11　机械制动的动作过程

2. 变频器的启动过程

① 在机械制动器制动的情况下启动变频器；变频器按照参数设定的启动频率加速；由于制动器未松开，变频器输出电流迅速上升。

② 变频器到达参数设定的频率后，延时参数设定的时间输出制动器松开信号。

③ 根据动作要求，变频器等待外部松开完成信号 BRI 信号输入或直接进入下一步动作。

④ 变频器继续以启动频率运行规定的时间。

⑤ 设定的延时到达，变频器从启动频率加速到目标频率，启动过程结束。

由于变频器在启动阶段制动器始终保持制动状态，且电机的输出转矩（电流）已加大到指定的值，因此，制动器松开后负载也就不会因重力作用而下落。

3. 变频器停止过程

① 在机械制动器松开的情况下，变频器从运行频率向制动频率减速。

② 变频器到达制动频率后，撤销制动器松开信号、制动器制动。

③ 根据动作要求，变频器等待外部制动完成信号输入或直接进入下一步动作。

④ 变频器继续以制动频率运行规定的时间。

⑤ 设定的延时到达，变频器从制动频率减速为 0。

同样，由于变频器在制动阶段制动器始终保持制动状态，可以通过制动器防止负载的下落；而在此阶段以前，电机的输出转矩（电流）足以克服重力下落转矩，负载不会因重力作用而下落。

任务2 了解变频器的PID调节功能

能力目标

1. 了解 PID 调节的作用与特点。
2. 熟悉变频器的 PID 调节系统的结果与功能。
3. 熟悉变频器的 PID 调节系统保护功能。

工作内容

学习后面的内容，完成以下练习。

1. 闭环控制系统区别于开环系统的主要特征是什么？闭环系统为什么需要有调节器？采用 PID 调节有何优点？
2. 衡量闭环系统调节性能的指标主要有哪些？PID 调节系统应如何根据实际情况调整 PID 参数？
3. 变频器的 PID 调节系统有哪两种常用结构？采用 PID 调节时，变频器需要有哪些基本功能？
4. 什么叫 PID 调节的正作用与反作用？举例说明其应用场合。
5. 简述 PID 反馈监控与自动中断功能的用途与实现方式。

相关知识

一、PID 调节原理与特点

1. 闭环控制原理

在自动控制系统中，为了保证系统的输出能够准确地跟随输入（给定）的变化，绝大多数场合都需要采用图 9-12 所示的闭环控制自动系统。

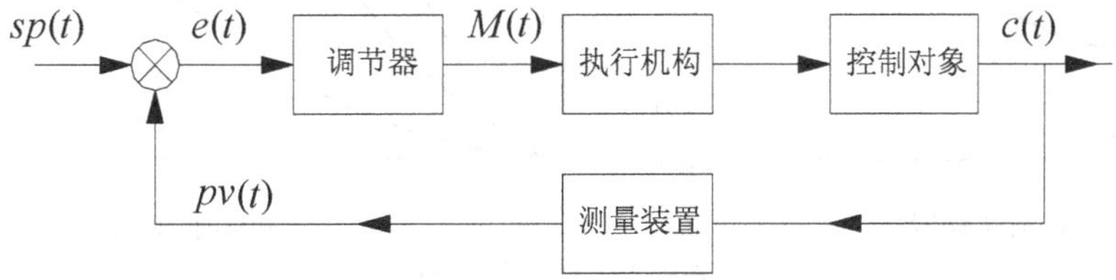

图9-12 闭环控制系统的结构

“误差”控制是闭环控制系统区别于开环的重要特征，它以输入 $sp(t)$ 与实际输出 $c(t)$ 的反馈 $pv(t)$ 间的误差 $e(t)$ 作为控制量，实现了系统的闭环自动调节功能。

闭环系统的误差 $e(t)$是一个很小的变化量，为实现系统的精确控制、消除稳态误差、改善动态响应性能，需要对误差 $e(t)$进行放大、积分、微分等处理，这些用于误差放大、积分、微分处理的环节称为“调节器”。

进行误差放大的调节器称为比例调节器（P 调节器）；进行积分处理的调节器称为积分调节器（I 调节器）；进行微分处理的调节器称为微分调节器（D 调节器）；如果调节器同时具备放大、积分、微分 3 种功能，则称为比例/积分/微分调节器（PID 调节器）。

2. PID 调节特点

PID 调节器的输入、输出函数关系为

$$M(t)=K_{\mathrm{c}}\left(e(t)+\frac{1}{T_{\mathrm{i}}}\int_{0}^{t}e(t)\mathrm{d}t+T_{\mathrm{d}}\frac{\mathrm{d}e}{\mathrm{d}t}\right)+M_{0}$$

式中：$M(t)$为调节器输出；$e(t)$为误差输入；K_{c}为比例增益；T_{i}为积分时间常数；T_{d}为微分时间常数；M_0为初始值。

闭环系统采用 PID 调节器具有如下优点。

① PID 调节器的比例控制可立即放大误差、迅速改变输出，提高系统的响应速度。

② PID 调节器的积分控制保证了系统只有当误差为 0 时，调节器的输出才能保持在稳定值，故可使得系统在稳态时的输出与输入间“无静差”。

③ PID 调节器的微分控制可使输出立即响应误差的变化，改善系统的动态响应性能。

PID 调节器的结构简单、实现容易、参数调整方便，而且不需要建立控制对象的数学模型，因此在工程控制领域得到了广泛的应用。

3. PID 调节特性

由自动控制理论可知，对阶跃输入信号，PID 调节器的 P、I、D 调节部分具有图 9-13（a）所示的特性，PID 调节器的输出响应曲线如图 9-13（b）所示。

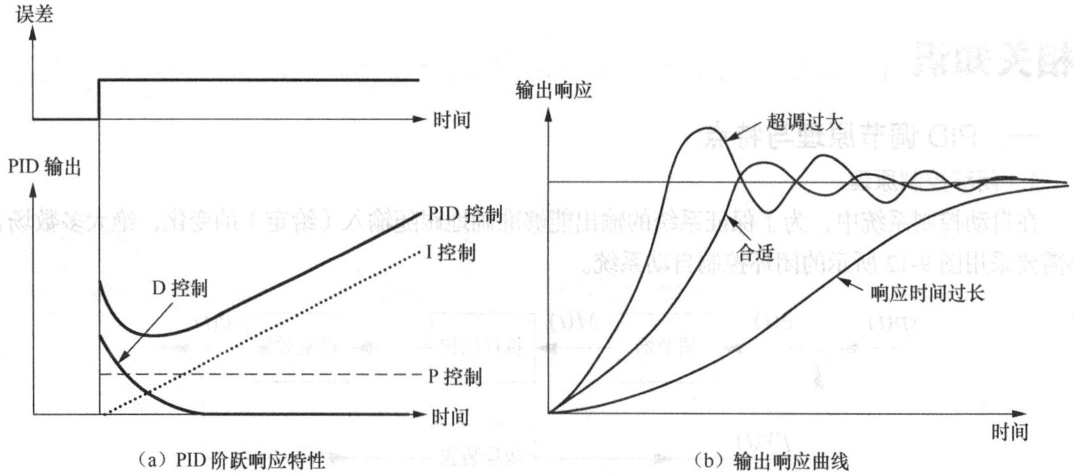

（a）PID 阶跃响应特性 （b）输出响应曲线

图9-13 PID调节特性

闭环系统的动态性能通常用“超调量”与“调节时间”两个指标来衡量，超调量越小、调节时间越短，系统的性能就越好。在 PID 调节系统中，增加比例增益 P、减小积分时间、增大微分时间都可以起到缩短“调节时间”的作用，但同时将加大“超调量”或引起系统的振荡。

PID 调节系统可以针对实际情况，进行如下基本调整。

① 超调量过大：增加积分时间或减小微分时间的设定值。

② 调节时间过长：增加微分时间或减小积分时间的设定值。

③ 系统振荡：增加积分时间或减小微分时间的设定值，增加滤波器时间，减小比例增益。

二、变频器 PID 调节系统

1. 系统结构

变频器 PID 调节系统通常用于流量、压力、温度等物理量变化相对缓慢的过程控制，以实现闭环自动调节功能，调节器的类型可以为 PI、PD 或 PID。

变频器的 PID 调节一般可采用闭环控制与误差控制两种结构形式，调节系统的结构框图如图 9-14 所示。

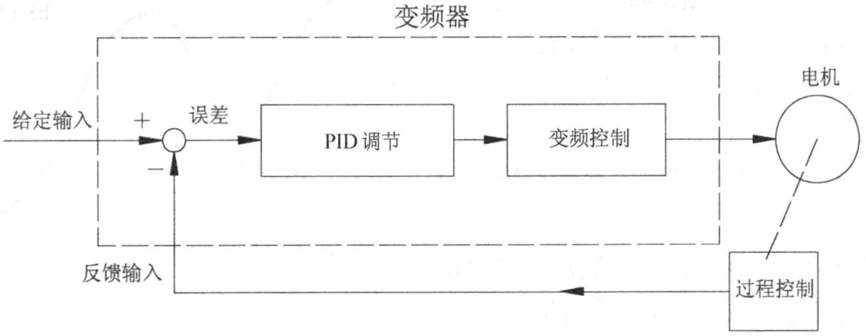

图9-14　PID调节系统结构

采用图 9-14 所示的闭环控制结构时，调节系统的误差计算由变频器完成，外部只需要提供给定与反馈信号。给定（目标值）可以来自 AI 输入、网络输入或直接由内部参数进行设定；系统的反馈输入可以来自 AI 输入与网络输入。

采用误差控制结构时，图 9-14 中的误差计算环节需要在外部控制器（如 PLC）上实现，变频器的输入为误差信号，误差输入通常需要直接连接到变频器的 AI 输入上。

2. PID 调节功能

为了优化 PID 调节系统性能、便于使用，变频器的 PID 调节一般需要有如下功能。

① 输出限制：PID 调节器的积分作用可以使得调节器的输出随着时间的增加而无限增加，为此需要通过参数来限制积分调节的最大值或 PID 调节器的最大输出。

② 输出调整：为了使得系统输出与控制输入相符，PID 调节器的输出一般需要通过偏移与增益的调整来改变其输出特性，在部分场合还需要进行输入的偏移与补偿。

③ 输出滤波：为了消除系统的瞬间干扰，防止系统因摩擦阻尼、刚性不足等情况所引起的振荡，PID 调节系统的输入与调节器输出一般需要增加滤波环节。

④ 输出极性：PID 调节系统有“正作用”与“反作用”两种控制形式，需要 PID 调节器输出的极性能够变换。正作用用于速度、流量等常规调节，当速度、流量增加时，反馈增加、误差减小、PID 调节器输出减小，要求电机的转速也随之降低。反作用常用于制冷控制，当温度上升时反馈增大、误差减小、PID 调节器输出减小，但要求电机转速增加，以加强制冷效果。

⑤ 转向限制：对于风机、水泵等控制，不允许电机反转，需要变频器同样能够限制电机转向。

⑥ 加减速控制：对于要求输出平稳变化的 PID 调节系统，应在系统输入上增加加减速控制环节。

三、PID 系统监控与保护

PID 调节是一种闭环自动控制系统，为了防止系统工作出现开环状态，需要增加反馈检测等保护功能；此外，由于 PID 调节系统所控制的流量、压力、温度等物理量的变化相对缓慢，为了避免电机长时间运行于低频状态，引起效率降低、发热增加，也需要增加相应的保护措施。为此，变频器一般设计有以下保护功能。

1. 反馈监控

在闭环自动控制系统中，如果反馈被断开，调节器的输出将迅速到达最大值，导致系统失控、电机转速的急剧上升。为了防止出现这一故障，变频器的 PID 调节一般都设计有反馈断开检测功能。

反馈断开检测通常通过图 9-15 所示的检测阈值与检测延时实现（图中的参数与 CIMR 变频器对应），如果在检测延时的范围之内，反馈输入始终小于检测阈值，便认为反馈已经断开。

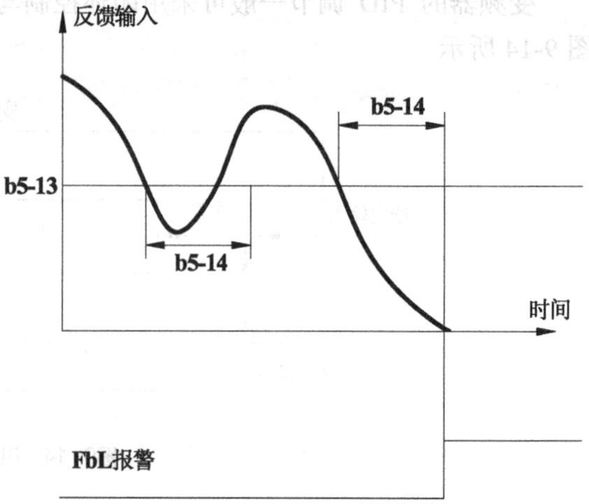

图9-15 PID反馈断开检测

变频器在 PID 反馈断开的处理一般有以下两种方法。

① 在操作单元或 DO 输出上显示或输出报警，变频器继续运行。

② 在操作单元或 DO 输出上显示或输出报警，变频器运行停止，故障输出接点接通。

2. 自动中断

为了避免电机长时间运行于低频状态，PID 调节功能生效时，可通过 PID 调节器的自动中断功能（称为 SLEEP 功能），直接停止变频器的运行，直到误差积累到规定值后，再次启动变频器运行。

以 CIMR-G7 变频器为例，自动中断控制的动作过程如图 9-16 所示，为避免变频器的频繁中断，中断检测动作应有相应的检测延时。PID 中断功能生效时，原则上应通过变频器的 DO 输出中断状态信号，以便外部控制器进行相应处理。

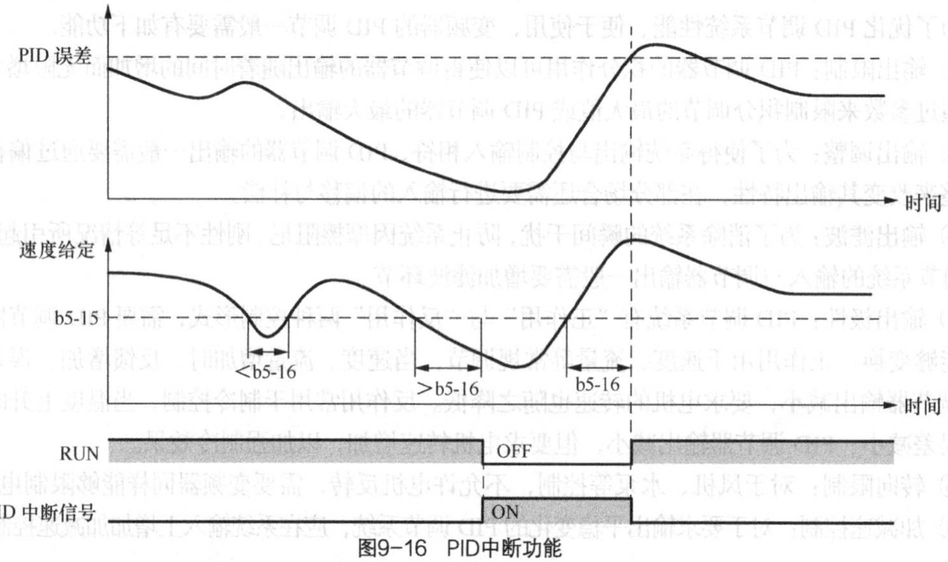

图9-16 PID中断功能

实践指导

一、CIMR 变频器的 PID 调节

CIMR-7/1000 变频器不仅可通过 PID 输入与反馈构成独立的闭环 PID 调节系统，而且还可将 PID 调节器串联到频率给定上，实现速度控制的 PID 附加调节功能。

CIMR-7 与 CIMR-1000 变频器的 PID 调节系统的结构框图分别如图 9-17、图 9-18 所示，两者的结构虽然有较大的不同，但总体都可以分为给定选择、反馈选择、PID 调节、PID 输出处理 4 大部分。

1. 给定选择

PID 调节的输入给定可以通过参数 b5-01 选择以下两种方式。

b5-01=1 或 2：直接以频率给定作为 PID 给定，PID 调节器串联到频率给定支路中。这时，PID 给定可以是 AI 输入、PI 输入、通信输入或是利用 DI 信号选定的多级变速速度等，PID 调节器的输出将作为变频器的内部速度给定。

b5-01=3 或 4：PID 给定独立输入，PID 调节器输出以频率补偿的形式叠加到频率给定上，作为变频器的内部速度给定，频率给定仍可以是 AI 输入、PI 输入、通信输入或是利用 DI 信号选定的多级变速速度等。

根据需要，PID 调节系统还可通过 DI 信号（功能代号 34）控制，在参数 C1-01～C1-08 速度加减速的基础上，再串入 PID 加减速环节，实现所谓的“软启动”功能。

2. 反馈选择

闭环 PID 调节系统的反馈输入可以来自 AI 输入、PI 输入或通信输入。如果 PID 功能选择参数 b5-01 设定为 2 或 4，还可将 PID 调节器中的微分（D）调节部分前移到反馈输入上，使得误差调节成为 PI 调节器。

3. PID 调节

PID 调节器的输入为 PID 给定与反馈间的误差，调节器由比例（P）、积分（I）与微分（D）三部分合成，当微分调节前移到反馈输入后，误差调节不能再使用微分调节功能。PID 调节器的积分（I）部分具有最大值限制、暂停、复位等功能，它们可根据实际需要酌情选用。PID 调节器的输出极性可通过 DI 信号（功能代号 35）改变。

4. 输出处理

PID 调节器的输出经过幅值限制、滤波、极性变换等处理后，可通过参数 b5-07、b5-10 进行偏移与增益调整，调整后的输出可以在变频器操作单元上显示。

如果参数 b5-01 = 0，或 PID 撤销 DI 信号（功能代号 19）ON，或 JOG 操作被选择，PID 调节功能将无效，频率给定输入直接成为速度给定输出。

PID 调节时还可通过参数 b5-15 的设定，使用低频中断功能，有关内容见后述。

二、PID 调节功能的应用

使用 PID 调节功能需要在变频器上设定相应的参数，并由外部提供对应的控制信号，CIMR-7/1000 变频器的 PID 功能参数和信号如下。

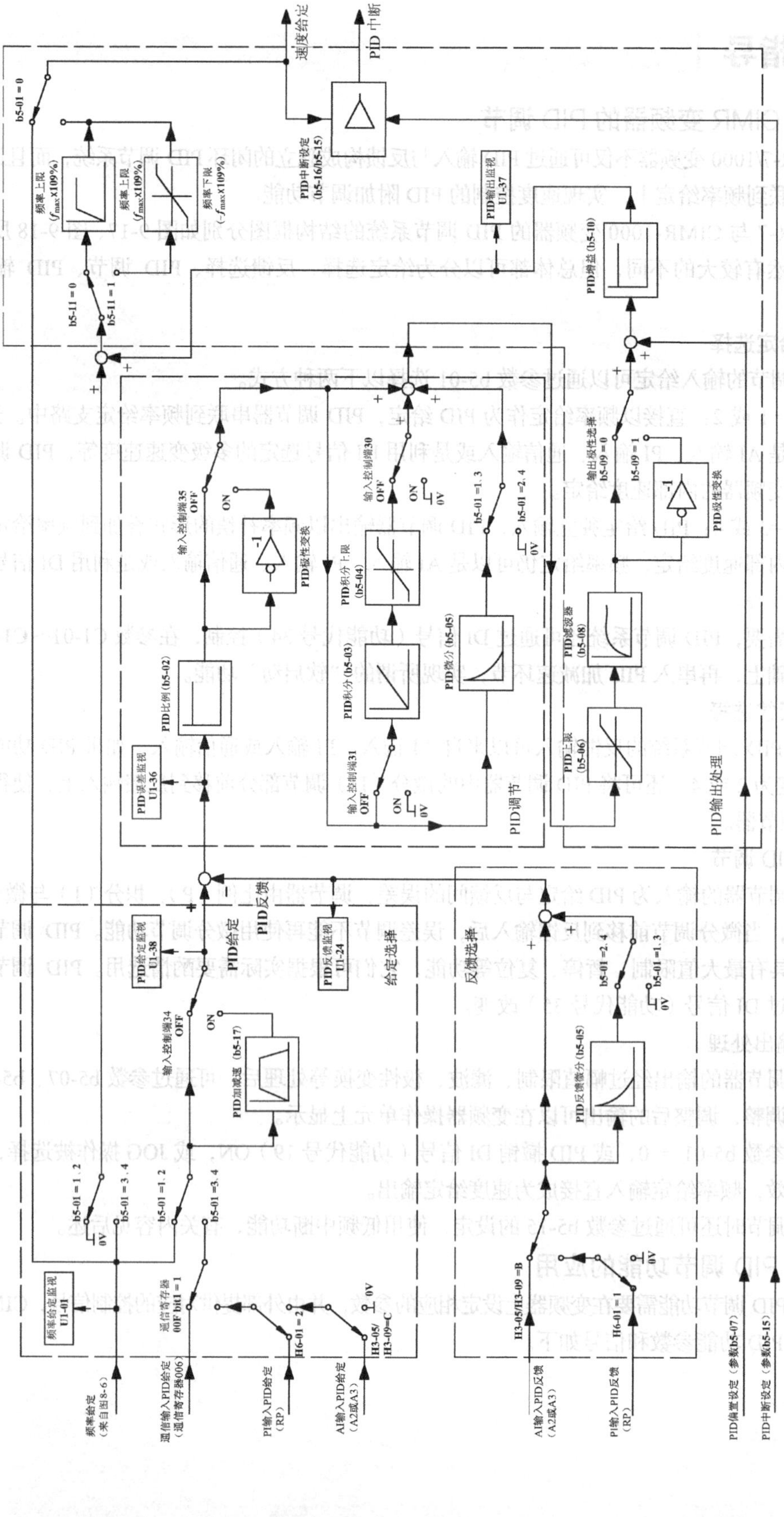

图9-17 CIMR-7变频器的PID调节系统结构

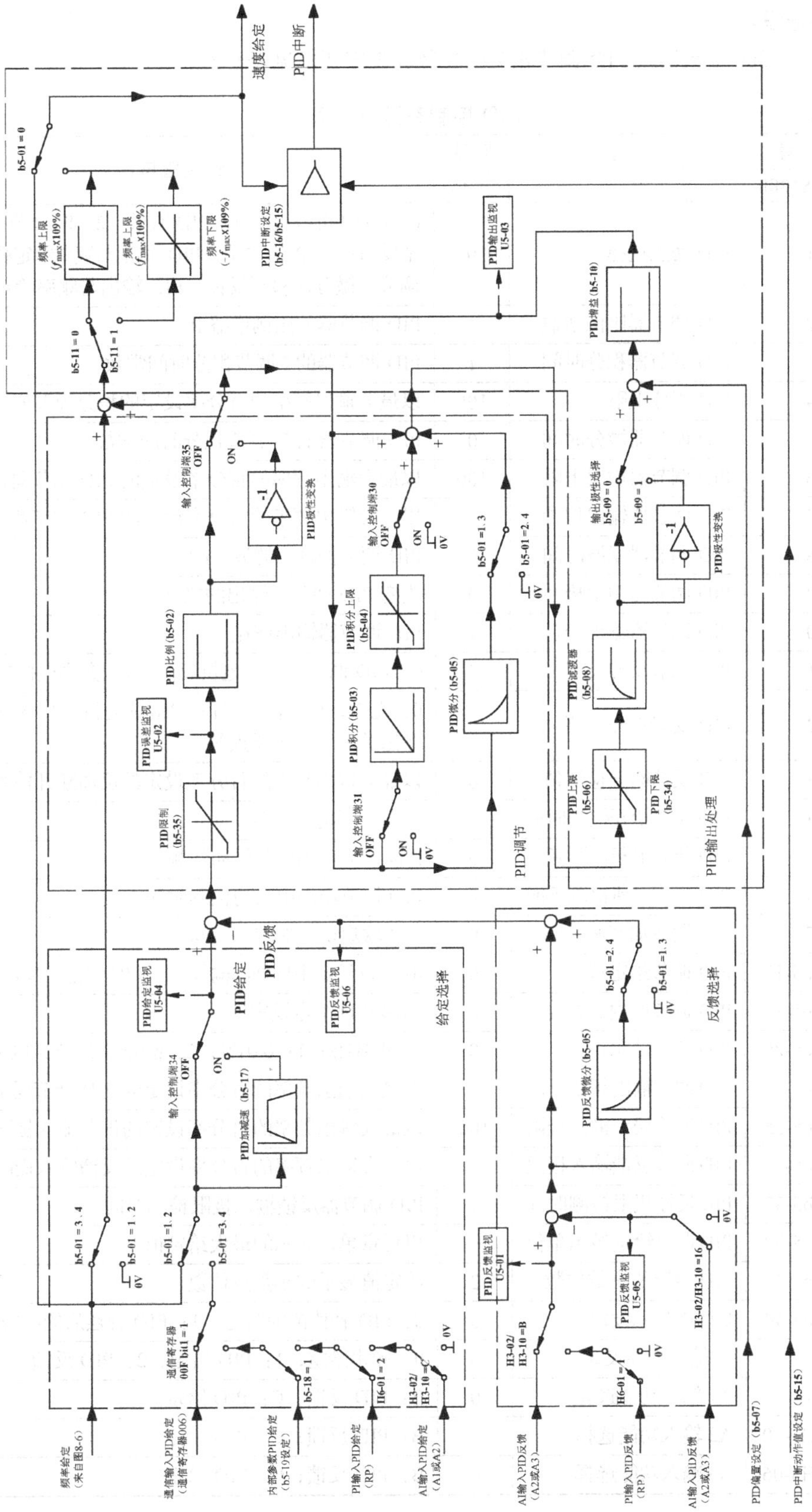

图9-18 CIMR-1000变频器的PID调节系统图

1. 参数设定

CIMR-7/1000 变频器与 PID 调节相关的参数与设定要求见表 9-8。

表 9-8　　PID 控制参数设定表

参数号		参数名称	默认设定	设定值与意义
G7	A1000			
b5-01		PID 功能选择	0	0：PID 功能无效；1：PID 有效；2：PI 调节，微分前移至反馈；3：PID 调节，PID 输出与频率给定叠加；4：PI 调节，微分前移至反馈，PID 输出与频率给定叠加
b5-02		PID 调节器比例增益	1	PID 调节器的比例增益 P
b5-03		PID 调节器积分时间	1	PID 调节器的 I 调节积分时间常数
b5-04		PID 积分上限	100	以最大输出频率的百分率设定的积分极限值
b5-05		PID 调节器微分时间	0	PID 调节器的 D 调节积分时间常数
b5-06		PID 调节器输出上限	100	以最大输出频率的百分率设定的 PID 调节器输出上限值
b5-07		PID 调节器输出偏置	0	以最大输出频率的百分率设定的 PID 调节器输出偏置
b5-08		PID 调节器滤波时间	0	PID 调节器输出滤波时间
b5-09		PID 调节器输出极性	0	改变 PID 调节器输出的极性
b5-10		PID 调节器输出增益	1	PID 调节器输出增益
b5-11		PID 调节反转设定	0	0：PID 调节不允许电机反转；1：允许电机反转
b5-12		PID 反馈断开检测	0	0：无效；1：有效，断开时继续运行；2：有效，断开时输出关闭、变频器报警
b5-13		PID 反馈断开检测值	0	以最大输出频率的百分率设定的反馈断开检测阈值
b5-14		PID 反馈断开检测时间	1	反馈断开检测延时
b5-15		PID 调节中断检测频率	0	PID 调节输出中断的动作频率
b5-16		PID 调节中断检测延时	0	PID 调节输出中断的检测时间
b5-17		PID 调节加减速时间	0	PID 软启动的加减速时间
—	b5-18	PID 调节给定选择	0	0：PID 给定来自外部输入；1：PID 给定用参数 b5-19 设定
—	b5-19	PID 调节的内部给定	0	内部 PID 给定设定
—	b5-20	PID 给定值单位	0	0：0.01Hz；1：0.01%；2：r/min；3：b5-38/39 设定
—	b5-34	PID 调节输出频率下限	0	以最大输出频率的百分率设定的 PID 调节器输出下限
—	b5-35	PID 调节误差输入极限	100	以最大输出频率的百分率设定的误差输入极限
—	b5-36	PID 调节反馈输入极限	100	以最大输出频率的百分率设定的反馈输入极限
—	b5-37	PID 反馈极限检测时间	1	PID 调节器反馈输入极限检测时间
—	b5-38	PID 调节给定显示单位	—	以任意单位显示的最大给定值
—	b5-39	PID 给定的小数位数	2	给定值显示的小数点位数
—	b5-40	U1-01 显示设定	0	0：PID 补偿前的给定；1：PID 补偿后的给定
H6-01		PI 输入功能设定	0	0：频率给定；1：PID 给定；2：PID 反馈
H3-02		A1 输入功能选择	0	B：PID 反馈；C：PID 给定
H3-09	H3-10	A2 输入功能选择	2	B：PID 反馈；C：PID 给定
H3-05	H3-06	A3 输入功能选择	0	B：PID 反馈；C：PID 给定

2. 控制信号

PID功能生效时，可通过参数H1-01～H1-10的设定定义如下DI信号。

19：PID取消，ON时取消PID调节功能。

30：积分复位，ON时将PID调节器的积分调节器输出置“0”。

31：PID积分保持，ON时将PID调节器的积分调节器输入置“0”，调节器输出保持不变。

34：PID软启动生效，ON时增加PID加减速环节，参数b5-17设定的加减速时间有效。

35：PID调节器极性变换，ON时转换PID输出极性。

任务3 了解变频器的网络控制功能

能力目标

1. 了解变频器通信功能的用途。
2. 了解变频器的数据通信过程。
3. 了解CIMR-G7变频器通信的一般常识。
4. 了解CIMR-G7变频器的通信控制命令。

工作内容

学习后面的内容，完成以下练习。

1. 简述变频器的通信功能与用途。
2. 简述变频器的数据通信过程。
3. 简述变频器通信命令与执行结果返回数据的组成。

相关知识

一、网络控制的基本概念

1. 网络控制的内容

网络控制是指上级控制器利用数据通信的方式，实现对变频器的监控、调试和运行控制，它包括数据通信、远程调试、网络控制3方面内容。

① 数据通信。这是利用变频器的通信接口，实现外设和变频器之间的数据交换的功能。通信是网络控制的前提，远程调试、网络控制都需要在数据交换的基础上实现。

② 远程调试。这是利用安装有调试软件的计算机，通过通信连接，对一台或多台变频器进行调试、监控的功能，远程调试需要安装专用的变频器调试软件。

③ 网络控制。这是通过 PLC、CNC、外部计算机等控制器（网络主站）对变频器的运行过程进行控制的功能。

在图 9-19 所示的网络控制系统中，将具有数据交换控制权的设备称为主站，只能接受与执行控制命令的设备称为网络从站；PLC、CNC、安装有调试软件的计算机等都是常用的主站，变频器、伺服驱动器、主轴驱动器等只能以从站的形式链接到网络中。

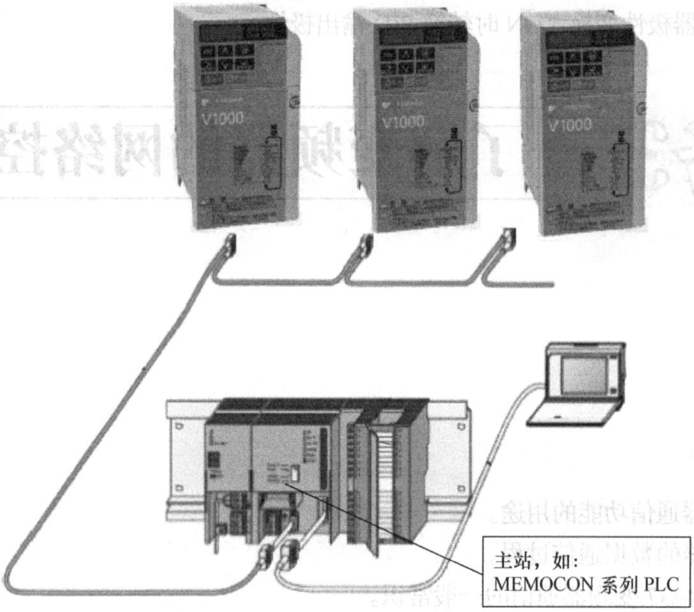

图9-19　变频器的网络链接

变频器的网络控制需要通过通信接口进行，RS485/RS422、RJ45 等是网络控制系统最常用的通信接口。用来进行数据传输的通信介质（电缆或光缆）称为网络总线。

2. 接口与协议

CIMR-7/1000 变频器安装有接线端连接的 RS485/RS422 通用串行通信接口，可直接与绝大多数设备实现物理连接，接口安装如图 9-20 所示，当变频器为网络终端时，应将终端电阻设定开关置 ON。

CIMR-7/1000 变频器的标准通信协议为 MemoBus，但在选配通信扩展模块后，可以与 Device-NET、PROFIBUS-DP、InterBus-S、CANopen、ControlNet、CC-Link 等网络链接，有关网络扩展模块的使用方法可参见安川的技术资料，在此不再具体介绍。

CIMR-7/1000 变频器主要网络参数如下。

接口标准：RS485/RS422。

最大从站链接数量：31。

通信速率：CIMR-7 为 1200～19200bit/s，CIMR-1000 为 1200～115200bit/s。

通信方式：异步/半双工。

通信协议：MemoBus。

在数据通信时，变频器只能作为从站接受主站的控制命令，并进行相应的操作。

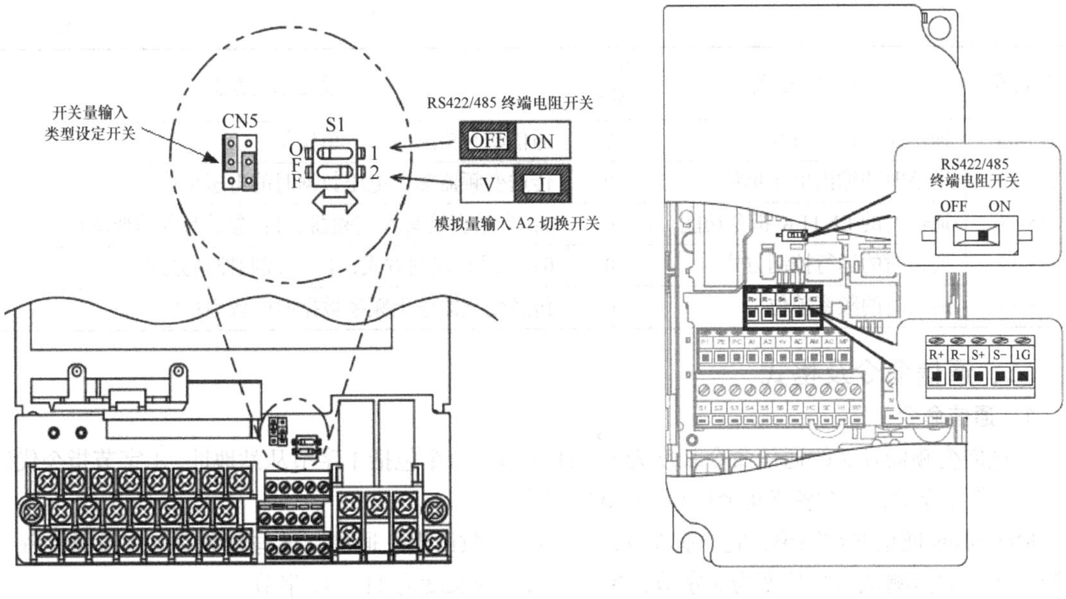

（a）CIMR-7　　（b）CIMR-1000

图9-20　RS422/485接口的布置

CIMR-7/1000 变频器与主站的通信过程如图 9-21 所示。通信开始时，首先由主站向变频器发送通信命令；变频器根据主站命令，进行数据的读/写操作（通信处理）；完成后向主站返回执行结果数据，如发送要求的参数或执行错误信息等。

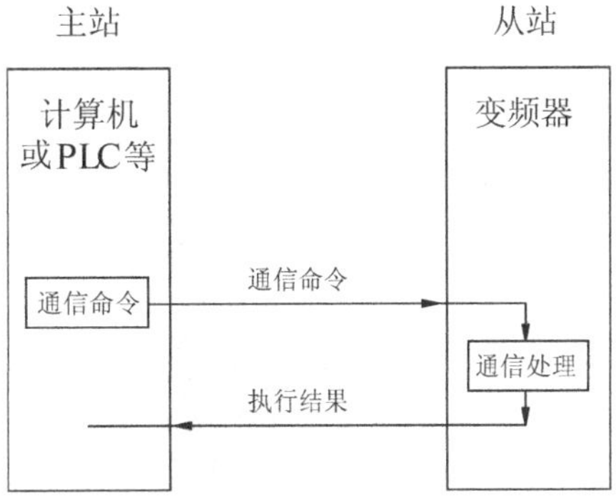

图9-21　数据通信过程

3. 参数设定

为了保证数据传输正确，通信双方的数据格式、通信速率、校验方式等必须统一（称通信协议），CIMR-7/1000 变频器使用 MemoBus 通信协议，通信时需要设定表 9-9 所示的参数。

表 9-9　变频器的通信设定参数表

参数号	参 数 名 称	默认设定	设定值与意义
H5-01	MemoBus 从站地址	1F	以十六进制格式设定，设定 0 时通信无效
H5-02	MemoBus 通信速率	3	0：1200bit/s；1：2400bit/s；2：4800bit/s；3：9600bit/s；4：19200bit/s；5：38400bit/s；6：57600bit/s；7：76800bit/s；8：115200bit/s
H5-03	MemoBus 通信校验	0	0：无效；1：偶校；2：奇校
H5-04	通信出错时的停止方式	3	0：减速停止；1：自由停车；2：急停；3：继续运行
H5-05	通信超时检测（CE）功能	1	0：无效；1：有效
H5-06	通信等待时间	5	变频器数据接收完成到发送响应数据的延时（ms）
H5-07	RTS 信号设定	1	0：无效（总是为 1）；1：有效（发送数据时为 1）

续表

参数号	参 数 名 称	默认设定	设定值与意义
H5-09	通信超时检测时间	2	通信超时检测时间，单位 s
H5-10	通信时的输出电压单位	0	传送变频器输出电压数据时的电压单位
H5-11	通信时的 ENTER 指令功能	0	0：参数直接写入变频器；1：参数写入需要确认
H5-12	通信时的运行控制方式	0	0：2 线制控制方式；1：3 线制控制方式
H5-13	通信时的频率单位	0	传送变频器输出频率数据时的频率单位

二、通信命令及格式

1. 通信命令

主站向变频器发送的通信命令长度为 8～41 字节，命令包括 1 字节从站地址、1 字节指令代码、4～37 字节指令数据、2 字节冗余校验（CRC）码等。

MemoBus 通信非常简单，它只有图 9-22 所示的参数读出、通信测试与参数写入 3 条通信命令，参数读出、通信测试命令长度为 8 字节，参数写入命令长度为 11～41 字节。

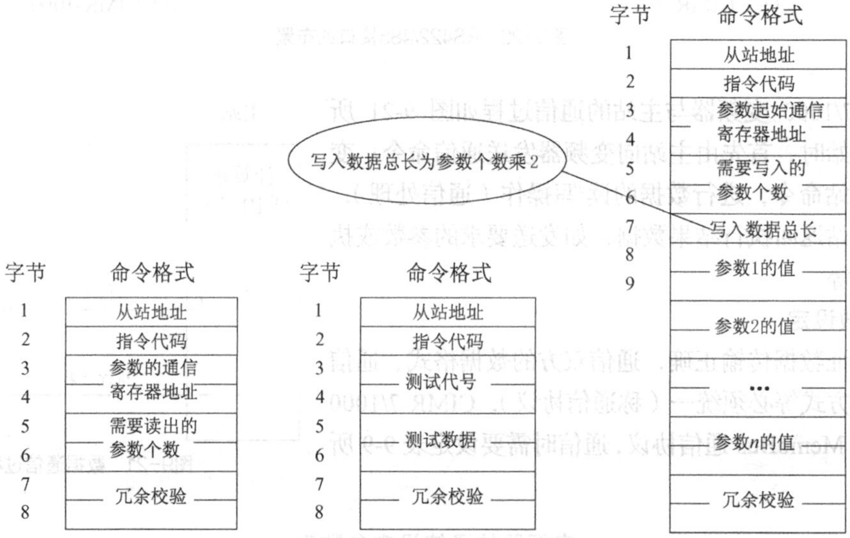

（a）参数读出 （b）通信测试 （c）参数写入

图9-22 通信命令格式

2. 执行结果

变频器接到通信命令后，应在参数 H5-06 设定的通信等待时间内完成通信处理，通信等待时间到达后，需要向主站传送指令执行结果数据。执行结果数据同样由从站地址、指令代码、指令数据等组成，返回数据的格式与所执行的指令有关。

① 参数读出。执行参数读出指令时，执行结果为图 9-23（a）所示的 2～32 字节参数值；如指令执行错误，则返回图 9-23（b）所示的 5 字节错误代码。

② 通信测试。所谓通信测试事实上是由主站发送一组数据到变频器，变频器原封不动地将数据返回主站的操作。如返回数据与发送数据相符，表明通信正确，因此，通信测试正常的执行结果为图 9-23（c）所示，它与通信命令完全相同；如通信测试错误，则返回和图 9-23（b）格式相

同的错误代码。

③ 参数写入。执行参数写入指令时，正常的执行结果为图 9-23（d）所示的 8 字节数据；如指令执行错误，则返回和图 9-23（b）格式相同的错误代码。

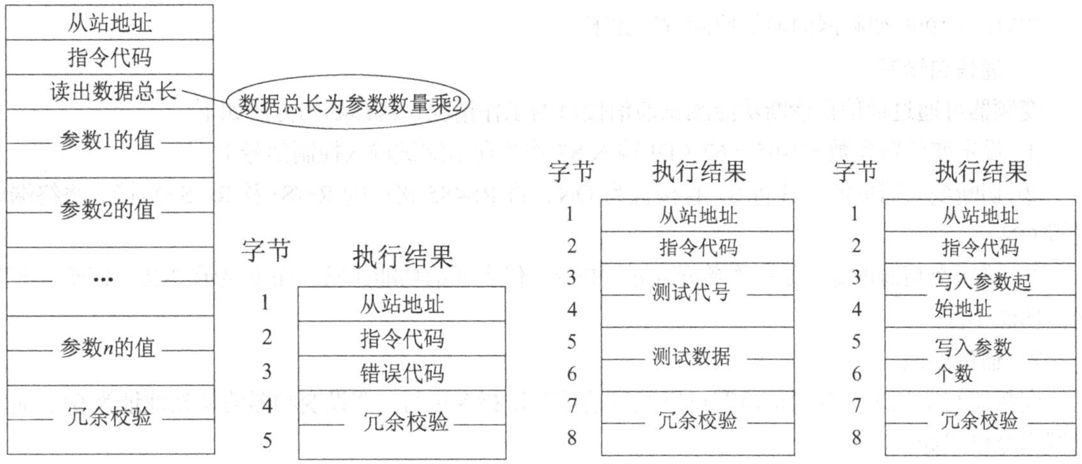

（a）参数读出　（b）执行错误　（c）通信测试　（d）参数写入

图9-23　执行结果返回

3. 数据格式

通信数据中使用的指令代码、指令数据、通信错误代码、冗余校验数据意义如下。

① 指令代码。CIMR-7/1000 变频器通信命令中的指令代码只有三条，“03”为参数读出，“08”为通信测试，“10”为参数写入。

② 指令数据。指令数据一般为变频器的参数号或参数值，由于通信命令还需要控制变频器运行，因此，通信命令中的 MemoBus 通信寄存器不但包括存储变频器参数的参数寄存器，而且还包括后述的控制寄存器与状态寄存器。

③ 通信错误代码。当通信出错时，变频器将返回通信错误代码到主站，通信错误代码的意义见表 9-10。

表 9-10　变频器通信错误代码一览表

错误代码	内容	故障原因
01	指令代码错误	主站发送了除 03、08、10 外的通信命令
02	通信寄存器号错误	指令了不存在的通信寄存器号或起始地址错误
03	参数数量设定错误	读出或写入的参数数量或写入数据总长错误
21	参数值不正确	参数超过了允许范围或格式不正确
22	写入不允许	试图在变频器运行时写入参数或写入只读参数
23	直流母线欠电压	试图在直流母线欠电压时写入参数
24	参数处理中	试图在变频器处理数据时写入参数

④ 冗余校验数据。安川变频器的通信数据校验采用的是 16 位循环冗余校验方式（Cyclic Redundancy Check，CRC-16），校验数据需要通过规定的算法生成。

实践指导

一、CIMR 变频器的通信

CIMR-7/1000 变频器的通信控制方法如下。

1. 通信自诊断

变频器可通过通信自诊断功能测试通信接口的工作情况，自诊断的方法如下。

① 设定变频器参数 H1-05 = 67（DI 输入 S7 作为通信测试输入控制信号）。

② 切断变频器电源，并将 S7 直接置为 ON、将 RS485 接口的 R+/S+及 R−/S−短接、将终端电阻置 ON。

③ 接通变频器电源，如操作单元显示“Pass”代表通信功能正常；如果显示“CE”证明变频器通信功能不良。

2. 通信测试

变频器与主站之间的通信检查可以通过通信测试指令进行，假设变频器的从站地址为 01，通信测试指令格式如下。

从站地址：01。

功能代码：08。

测试代号：0000。

测试数据：A537。

计算得到冗余检验数据：DA8D。

当主站发送了以上数据后，如果通信正常，则变频器返回一组完全一致的数据到主站，如果通信出错，将返回以下执行结果。

变频器从站地址：01。

功能代码：89。

出错代码：01。

计算得到冗余检验数据：8650。

3. 通信终止与重试

通信命令出现如下情况时，变频器将直接拒绝通信命令，不返回执行结果数据。

① 地址出错，通信命令中的从站地址与变频器参数 H5-01 设定的不一致。

② 通信数据中间的间隔位数超过了 24 位。

③ 数据长度不正确。

④ 存在溢出、帧错误、奇偶校验错误、和校验错误。

如在通信指令中将从站地址设定为 0 时，通信命令将被发送到所有的从站，但变频器不返回执行结果数据。

通信时应在主站上设定通信检测时间，如果在规定的时间内，主站未收到来自变频器的执行结果返回数据，应再次向变频器发送通信指令，进行通信重试操作。

二、变频器通信实例

【例 9-1】通过主站读出从站地址为 02 的变频器的状态寄存器 0020、故障寄存器 0021、数据写入寄存器 0022 与频率给定寄存器 0023 的内容。

通信命令如下。
变频器从站地址：02。
功能代码：03（参数读出）。
起始通信寄存器地址：0020。
需要阅读的参数个数：0004。
计算得到冗余检验数据：45F0。
主站发送了以上数据后，如果通信正常，则变频器返回以下执行结果数据到主站。
变频器从站地址：02。
功能代码：03（参数读出）。
数据总长度：0008（8 字节，每一参数为 2 字节）。
读出数据 1：0065（变频器状态寄存器 0020 的值）。
读出数据 2：0000（变频器故障寄存器 0021 的值）。
读出数据 3：0000（变频器数据写入寄存器 0022 的值）。
读出数据 4：01F4（变频器频率给定寄存器 0023 的值）。
计算得到冗余检验数据：AF82。
如果通信出错，将返回以下执行结果。
变频器从站地址：02。
功能代码：83。
出错代码：03。
计算得到冗余检验数据：F131。

拓展学习

一、CIMR 变频器的网络控制

CIMR-7/1000 变频器的网络控制一般可通过网络主站的参数写入/读出命令实现。利用主站的参数写入命令，可向变频器的控制寄存器写入启/停、转向和速度给定等参数，控制变频器的运行；利用主站的参数读出命令，可选择状态寄存器的地址与内容，在返回数据中得到变频器的状态信息，对变频器的运行状态检测实施监控。

1. 运行控制

CIMR-7/1000 变频器可以通过控制寄存器控制变频器的运行，每一寄存器的长度为 2 字节，其地址与内容见表 9-11。

表 9-11 变频器控制寄存器一览表

寄存器地址	内 容	代表的意义
0001	运行控制信号	bit 0：启动/停止信号（1：启动；0：停止）；bit 1：转向信号（1：反转；0：正转）；bit 2：外部故障信号（1：故障；0：无效）；bit 3：外部复位信号（1：复位；0：无效）；bit 4～15：DI 信号 S1～S12
0002	频率给定	输入数据的单位决定于参数 O1-03 的设定
0003	V/f 增益	V/f 增益
0004	转矩给定	转矩给定值

续表

寄存器地址	内　　容	代表的意义
0005	转矩补偿	转矩补偿值
0006	PID 给定	PID 给定
0007/0008	直接写入 AO 输出 1/2	G7：1400 对应 10V；A1000：4000 对应 10V
0009	直接写入 DO 状态	bit 0：输出 M1-M2；bit 1～bit 4：DO 输出 P1～P4；bit 6：MA-MC 输出；bit 7：MB-MC 输出；其余位无效
000A	直接写入 PO 输出	变频器脉冲输出端状态

2. 状态监控

CIMR-7/1000 变频器可通过内部状态寄存器监控工作状态，每一寄存器的长度为 2 字节，其地址与内容见表 9-12。

表 9-12　　变频器状态寄存器一览表

寄存器地址	内　　容	代表的意义
0020	工作状态	bit 0：实际运行状态（1：运行；0：停止）；bit 1：实际转向（1：反转；0：正转）；bit 2：变频器准备好（1：准备好；0：未准备好）；bit 3：变频器故障（1：故障；0：正常）；bit 4：参数设定错误（1：参数出错；0：正确）；bit 5：DO 输出 M1-M2 的状态；bit 6～bit 9：DO 输出 P1～P4 的状态；bit10～bit15：不使用
0021	故障指示	bit 0：过电流（OC）或对地短路（GF）；bit 1：直流母线过电压（OV）；bit 2：变频器过载（OL2）；bit 3：变频器过热（OH1、OH2）；bit 4：制动晶体管过热（rr、rH）；bit 5：熔断器熔断（PUF）；bit 6：PID 反馈断开（FbL）；bit 7：外部故障（EF、EFO）；bit 8：硬件故障（CPF）；bit 9：电机过载（OL1）或转矩过大（OL3）、转矩不足（OL4）；bit 10：编码器断线（PGO）或速度超过（OS）、速度误差过大（DEV）；bit 11：直流母线电压过低（UV）；bit 12：直流母线电压过低（UV1）或控制电源故障（UV2）、浪涌电路故障（UV3）、外部停电；bit 13：输入/输出缺相（SPO、SPI）；bit 14：MemoBus 通信出错（CE）；bit 15：操作单元连接不良（OPR）
0022	参数写入	bit 0：参数写入中；bit 3：参数范围超过；bit 4：数据格式错误
0023	频率给定	变频器的当前频率给定值（U1-01）
0024	输出频率	变频器当前输出频率（U1-02）
0025	输出电压	变频器当前的输出电压（U1-06）
0026	输出电流	变频器当前的输出电流（U1-03）
0027	输出功率	变频器当前的输出功率（U1-08）
0028	转矩给定	变频器当前的转矩给定（U1-09，仅 G7）
002B	DI 信号状态	bit 0～bit12 依次为 S1～S12 的当前输出状态
002C	运行信息	bit 0：运行中；bit 1：速度为零；bit 2：频率一致；bit 3：速度一致；bit 4：频率一致 1；bit 5：频率一致 2；bit 6：变频器准备好；bit 7：欠电压检测中；bit 8：输出关闭；bit 9：频率给定输入状态，0：通信输入；1：其他；bit 10：运行指令输入状态，0：通信输入；1：其他；bit 11：转矩超过检测执行中；bit 12：反馈断开检测执行中；bit 13：重新启动执行中；bit 14：变频器故障；bit 15：通信超时

续表

寄存器地址	内　容	代表的意义
0031	直流母线电压	现行直流母线电压值
0032	转矩检测	现行转矩值
0038	PID 反馈	PID 反馈量
0039	PID 误差	PID 误差量
003A	PID 调节器输出	PID 调节器输出量
003B	软件系列	CPU 软件系列
003C	软件版本	软件版本号
003D	通信出错	bit 0：和校验错误；bit 1：数据长度不正确；bit 3：奇偶校验出错；bit 4：数据溢出；bit 5：数据帧出错；bit 6：通信超时；其余位无效
003E	电机转速	以 r/min 显示的电机转速
003F	控制方式/输出频率	F7/G7：控制方式；V1000：输出频率
0900	参数写入保护 1	0：参数可以直接写入到 EEPROM
0901	参数写入保护 2	0：参数可以写入到 RAM

二、变频器网络控制实例

【例 9-2】编写通过主站向从站地址为 01 的变频器发送正转指令、并且传送 60Hz 频率给定的通信命令。

变频器的运行控制命令与频率给定指令应分别写入到变频器的控制寄存器 0001 与 0002 中，通信命令如下。

变频器从站地址：01。

功能代码：10（参数写入）。

起始通信寄存器地址：0001（控制寄存器 0001）。

写入的参数个数：0002。

数据总长度：0004（4 字节，每一参数为 2 字节）。

写入数据 1：0001（控制寄存器 0001 的 bit 0 = 1、bit 1 = 0；正转启动）。

写入数据 2：0258（给定频率的单位为 0.1Hz，60Hz 的十进制值应为 600，对应的十六进制值为 258H）。

计算得到冗余检验数据：6339。

主站发送了以上数据后，如果通信正常，则变频器返回以下执行结果数据到主站。

变频器从站地址：01。

功能代码：10（参数写入）。

起始通信寄存器地址：0001（控制寄存器 0001）。

写入的参数个数：0002。

计算得到冗余检验数据：1008。

如果通信出错，将返回以下执行结果。

变频器从站地址：01。

功能代码：90。

出错代码：02。

计算得到冗余检验数据：CDC1。

Chapter 10

项目10

变频器的调试与维修

变频器是一种使用简单、调试容易、维修方便的通用调速装置，其调试与故障诊断一般可以通过配套的操作显示单元进行。变频调速系统的安装调试主要包括变频器的基本参数设定、快速调试、在线调整及与功能相关的参数设定、调整等内容。

安装调试既是实现变频器功能的需要与设备维修的基本技能，也是保证变频调速系统具有良好的动、静态性能的前提，它同样直接关系到调速系统长期运行的稳定性与可靠性。本项目将对此进行专门学习。

任务1 掌握 CIMR-7 变频器的操作技能

能力目标

1. 熟悉 CIMR-G7 变频器操作单元。
2. 能够进行变频器参数的设定操作。
3. 能够通过操作单元监控变频器状态。

工作内容

1. 根据项目 7 任务 3 的原理图，选择变频器参数的初始化方式，并进行参数初始化操作。
2. 通过变频器的状态监控功能，检查 DI/DO 信号状态。
3. 利用操作单元完成项目 6～9 所需要的数控车床参数设定。
4. 将设定完成的参数作为初始化用户参数保存到变频器，并验证用户参数初始化功能。

实践指导

一、操作单元说明

变频器通常都配套有用于变频器运行控制、状态监控与参数设定的简易操作显示单元。CIMR-G7 变频器的操作单元如图 10-1 所示。操作单元可分为“状态指示灯”、“操作显示区”与“操作按键”3 个区域，其作用分别如下。

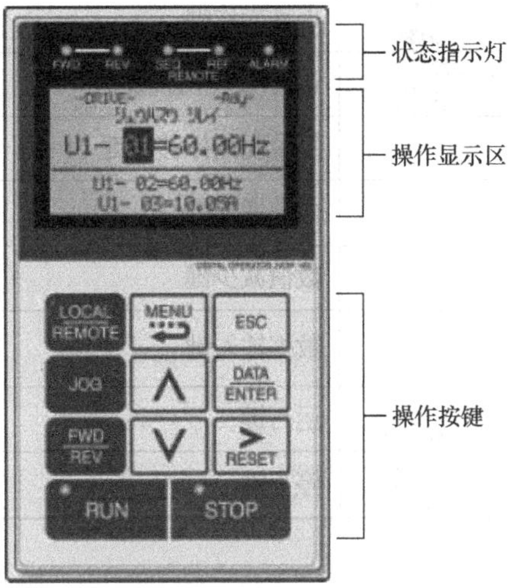

图10-1 CIMR-G7操作单元

1. 状态指示灯

该区域安装有 5 个指示灯，用于指示变频器当前的运行状态。指示灯的名称与含义如下。

FWD：正转指示灯，变频器正转运行时亮。

REV：反转指示灯，变频器反转运行时亮。

SEQ：外部控制（亦称顺序控制）指示灯，变频器用 DI 信号控制运行时亮。

REF：AI 输入指示灯，如 AI 输入频率给定有效，则指示灯亮。

ALM：报警指示灯，变频器发生报警时亮。

2. 操作显示区

操作单元的显示区域为 5 行液晶显示。显示器的第 1 行左上角为变频器操作模式指示，意义如下。

DRIVE：运行模式。变频器的正常工作模式（也称驱动模式），该模式可显示变频器的基本状态、报警与报警历史记录（U1、U2、U3 组参数）等。

QUICK：快速设置模式。该模式可对变频器运行所需的基本参数进行简单、快速显示与设定，以满足变频器运行与控制的最低要求。

ADV：高级设置模式（Advance）。该模式可对变频器全部参数进行设定与调整。

VERIFY：校验模式。该模式可显示用户设定的、与出厂默认设定存在区别的参数。

A.TUNE：自动调整模式（Auto tuning，亦称自学习模式）。该模式可利用变频器的自动测试与调整功能，测量计算矢量控制所需要的电机参数并进行调节器参数的自动设定。

显示器第 1 行右上角为变频器的工作状态指示，如“变频器准备好（Rdy）”等；第 2 行是对当前显示数据（参数组）的简要说明，如“状态监视（Monitor）”、“频率给定（Reference Source）”等；第 3~5 行为变频器的参数显示，一般可显示连续 3 个参数，当前选定的参数以大字符显示在第 3 行上；随后的 2 个参数显示在第 4、5 行。

3. 操作按键区

操作按键区域共有 11 个按键，按键的名称、作用见表 10-1。按键【RUN】、【STOP】带有指示灯，指示灯有“亮”、“暗”与“闪烁”3 种状态，其显示如图 10-2 所示。

表 10-1 操作单元按键的名称与作用

符 号	名 称	作 用
	外部/操作单元操作模式切换	进行变频器“操作单元操作”与“外部操作”之间的切换

续表

符　号	名　称	作　用
MENU	操作模式切换键	可以进行变频器全部（5 种）操作模式之间的切换
ESC	返回键	返回到前一操作与显示状态
JOG	点动操作键	利用操作单元进行变频器的点动操作
FWD/REV	正转/反转切换键	利用操作单元运行时，进行电机的转向切换
>/RESET	复位与光标移动键	对变频器进行故障复位或调整参数设定
∧	数值增加键	改变参数号、参数值等
∨	数值减少键	改变参数号、参数值等
DATA/ENTER	数据输入键	输入数据或切换显示页面
RUN	运行键	在操作单元运行模式，利用此键启动变频器，运行时指示灯亮
STOP	停止键	在操作单元运行模式，利用此键停止变频器，停止时指示灯亮

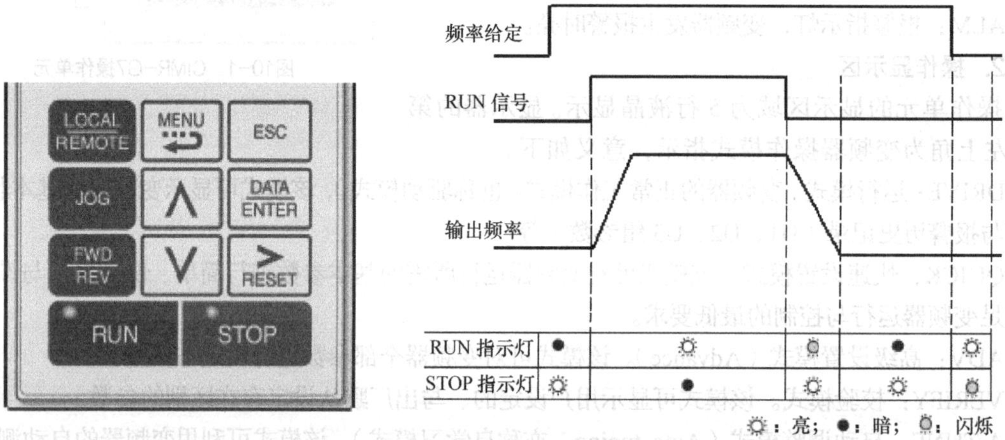

图10-2　RUN、STOP按键的指示灯状态

二、变频器基本操作

通过操作单元上的操作模式切换键【MENU】，可进行变频器 DRIVE（运行模式）、QUICK（快速设置模式）、ADV（高级设置模式）、VERIFY（校验模式）、A.TUNE（自动调整模式）模式的转换（见图 10-3）。

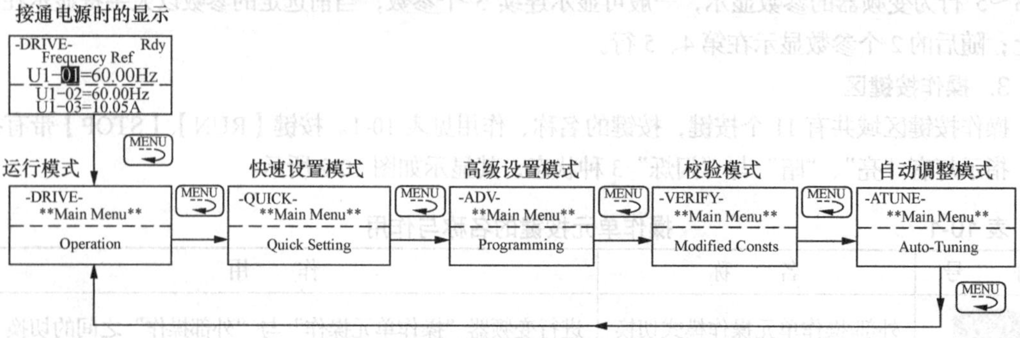

图10-3　操作模式转换

操作模式选定后，通过按【DATA/ENTER】键，便可进入对应操作模式的设定与显示页面，并进行相应的操作。

1. 运行模式

DRIVE 模式为变频器开机自动选择的模式，其第一页（出厂默认）显示的是频率给定值（参数 U1-01），显示页也可在 DRIVE 的主菜单下，通过按【DATA/ENTER】键获得。

在频率给定的显示页面上，按数值增加键【▲】或减少键【▼】可改变光标指示位置的数值，如图 10-4 中的"01"所示。

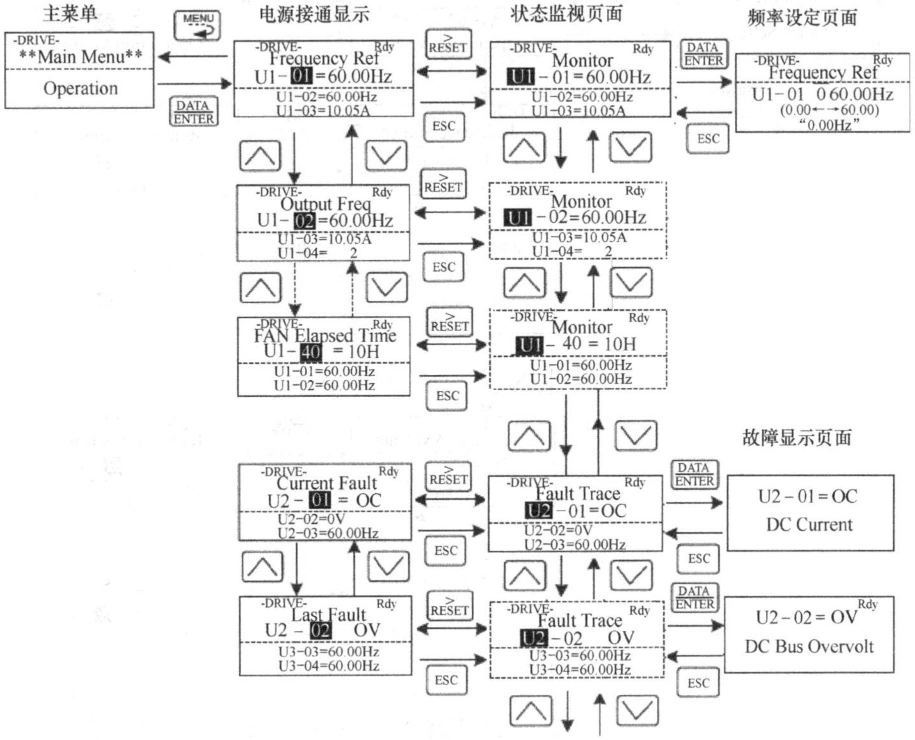

图10-4 运行模式的操作

按【ESC】键或【RESET】键，可转入变频器的状态监视（Monitor）显示页，光标指示移动到监视参数的组别显示位"U1"上，按数值增加键【▲】或减少键【▼】可以改变监视参数组，继续显示 U2、U3 组状态监视参数。在状态监视（Monitor）显示页，按【DATA/ENTER】键可进入下一级操作菜单，进行诸如频率设定、故障显示等。

2. 快速设置模式

在 QUICK（快速设置）模式下，可对变频器运行所需的基本参数进行快速显示与设定，这是一种进行部分参数设定的操作模式。在 QUICK（快速设置）主菜单显示时，通过按【DATA/ENTER】键可以进入"参数快速设置"页面。

在"参数快速设置"页面，用按数值增加键【▲】或减少键【▼】可改变参数号选定参数，然后通过【DATA/ENTER】键将光标调整到对应的参数值上，再通过数值增/减键改变参数值。修改完成后按【DATA/ENTER】键输入保存（详见后述的参数设定操作）。QUICK 模式的操作步骤如图 10-5 所示。

3. 高级设置模式

ADV（高级）设置模式可以设定变频器的全部参数，其操作方法与"快速设置模式"相同。在

ADV（高级）设置模式主菜单显示时，通过按【DATA/ENTER】键可进入参数设定页，进行参数的显示与设定操作（详见后述的参数设定操作）。ADV（高级）设置模式的操作步骤如图 10-6 所示。

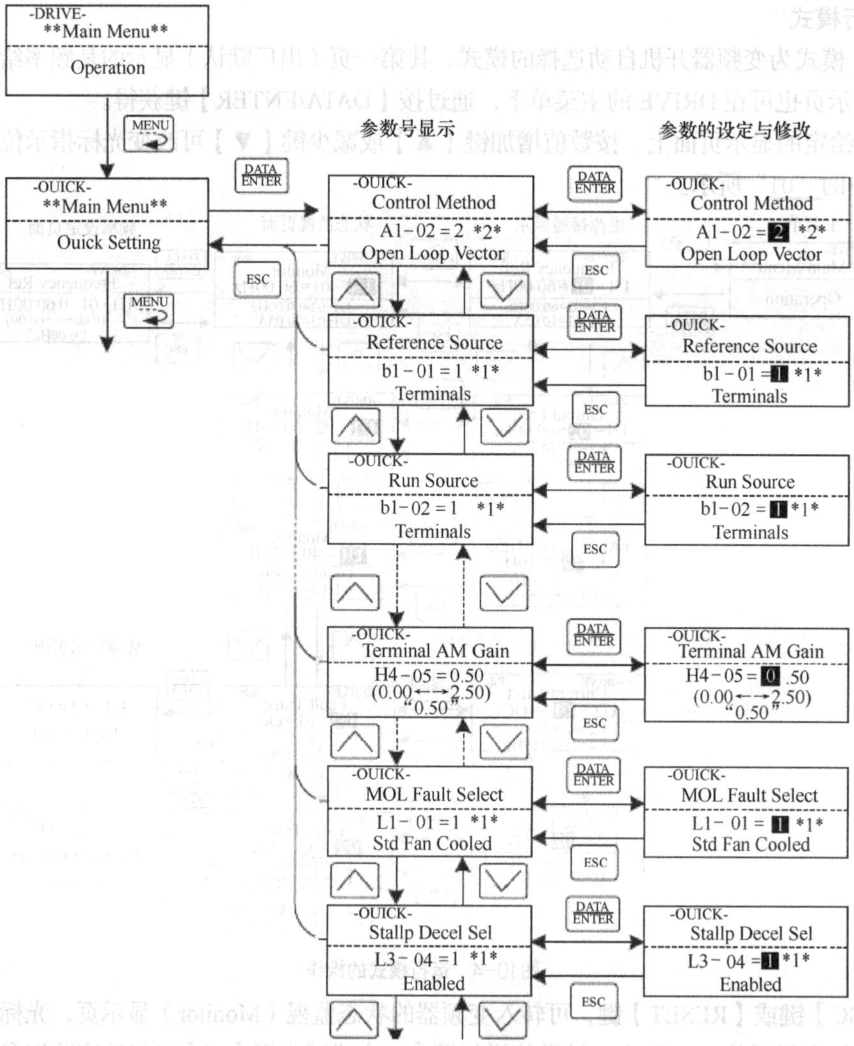

图10-5 快速设置模式的操作

4. 校验模式

VERIFY（校验）模式可显示变频器中已经被用户所设定的、与变频器出厂默认设定不一致的参数（A1 组参数除外），以便用户确认、校验与修改。VERIFY（校验）模式实质也是一种参数设定模式，但它只对变频器中那些与出厂默认设定不一致的参数进行显示与设定，如果两者完全一致，则显示“none”。

在 VERIFY（校验）模式主菜单显示时，通过按【DATA/ENTER】键可以进入“校验参数”显示页，在该页同样可进行参数的设定，其操作方法与快速设置相同（详见后述的参数设定操作）。VERIFY（校验）模式的操作步骤如图 10-7 所示。

5. 自动调整（自学习）模式

变频器采用矢量控制时需要设定励磁电流、定子/转子电阻、电感等详细的电机参数，以便建立电机模型，但实际使用时要设定这些参数通常较困难。为此，需要用变频器的自动调整（自学习）功能，通过变频器对电机的自动测量完成以上参数的设定。

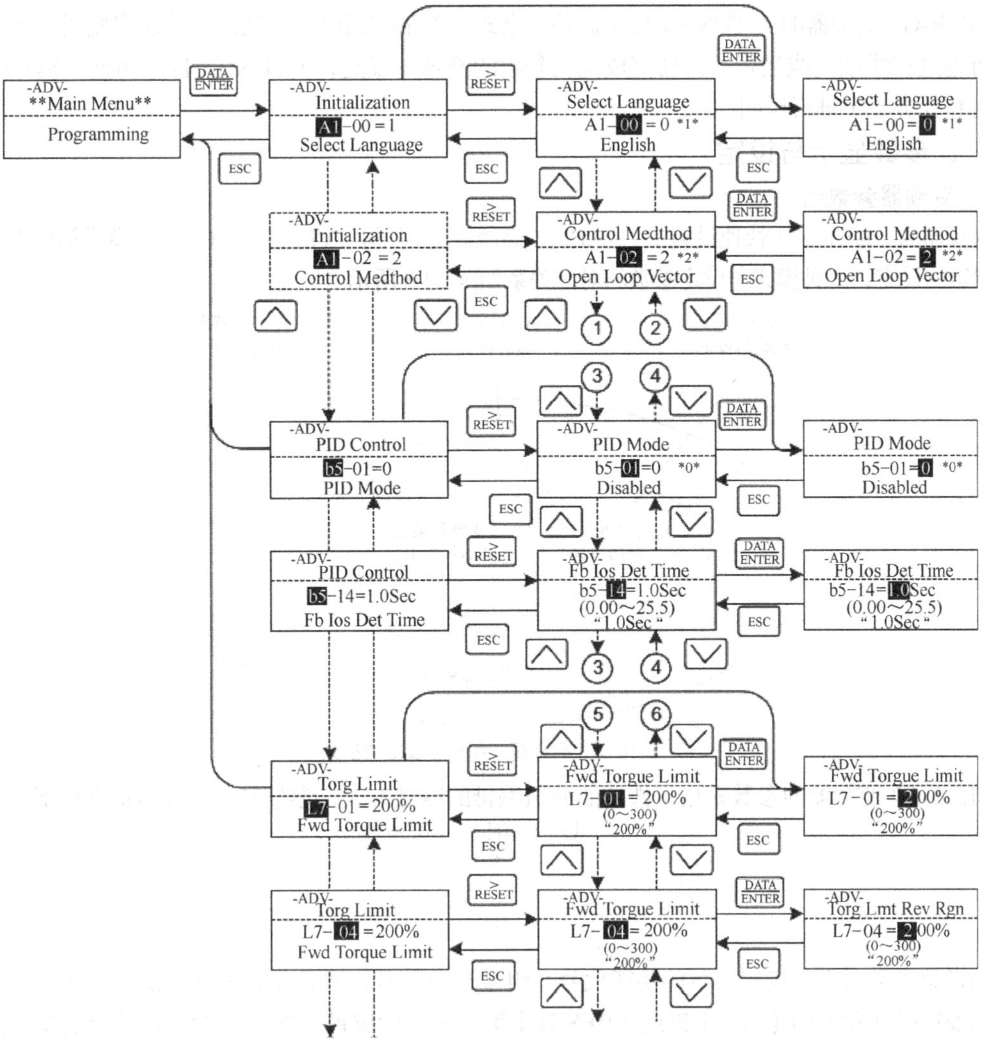

图10-6 高级设置模式的操作

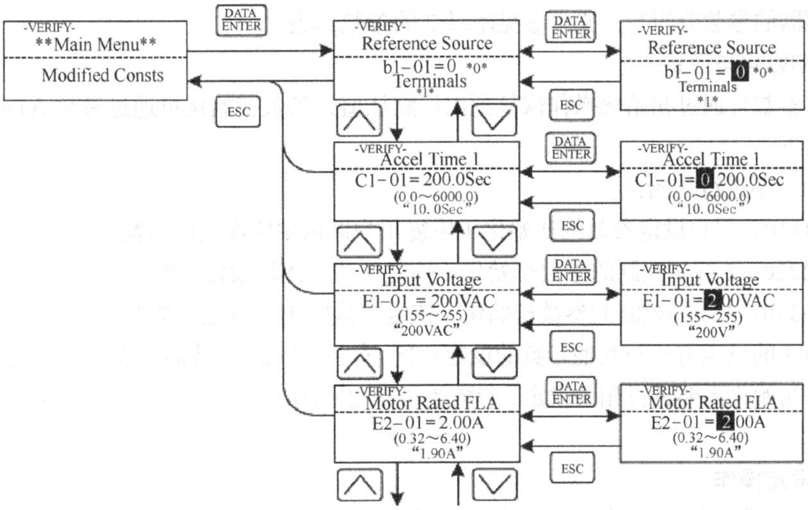

图10-7 校验模式的操作

CIMR-G7 变频器的 A.TUNE（自动调整）模式为矢量控制电机参数的自动设定模式，在该模式下，可通过在线或离线运行，自动完成电机参数的测试与设定，A.TUNE（自动调整）模式的详细内容将在任务 2 中进行说明。

三、参数显示与设定

1. 变频器参数组

变频器的“QUICK（快速设置）”、“ADV（高级设置）”与“VERIFY（校验）”模式都可以进行变频器参数的设定，三种模式与设定参数的对应关系如图 10-8 所示。

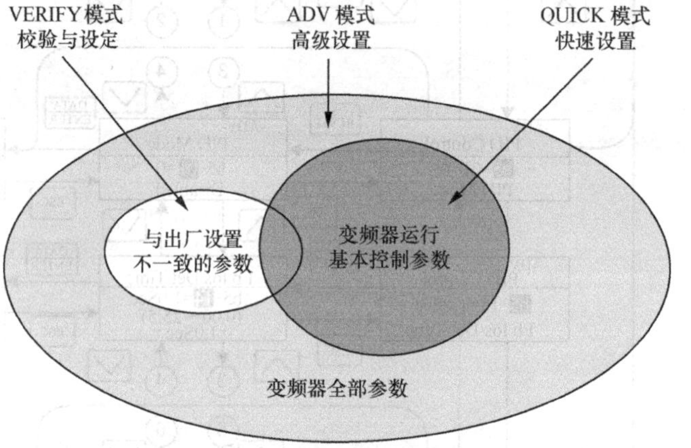

图10-8 各种模式与能够设定的参数

CIMR-G7 变频器的参数采用了按功能分组编排的编号方式，参数号的组成与意义如下。

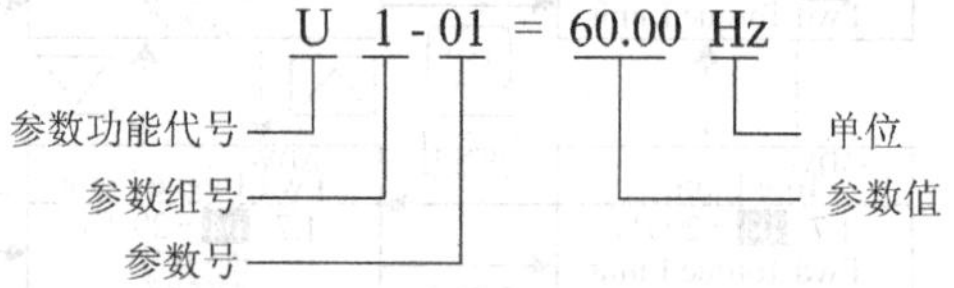

在设定参数时需先选定参数的功能代号、组号与参数号，然后才能进行参数的修改。选择参数号时需要按操作单元的【ESC】键或【RESET】键调整光标位置；然后按数值增/减键改变数据值；确认后按【DATA/ENTER】键输入。

安川变频器的参数分组与意义可参见附录 2 的参数总表。

2. 参数初始化与保护

变频器的参数可通过初始化操作恢复到出厂默认值，参数初始化可通过参数 A1-03 的不同设定实施，设定如下。

A1-03 = 0：不进行初始化。

A1-03 = 1110：用户设定参数的初始化（恢复用户调试中所设定的参数）。

A1-03 = 2220：2 线制控制的参数初始化（恢复 2 线制出厂设定参数）。

A1-03 = 3330：3 线制控制的参数初始化（恢复 3 线制出厂设定参数）。

参数 A1-03 的设定方法与其他参数的设定相同，有关 2 线制、3 线制的说明可参见项目 7 任务 2。变频器参数的初始化需要进行相关设定，参数还可利用密码或 DI 信号进行保护，有关内容可参见拓展学习部分。

3. 参数设定操作

以参数 C1-01 设定为 20.00 的操作为例，其操作步骤如图 10-9 所示，其他参数的设定方法相同。

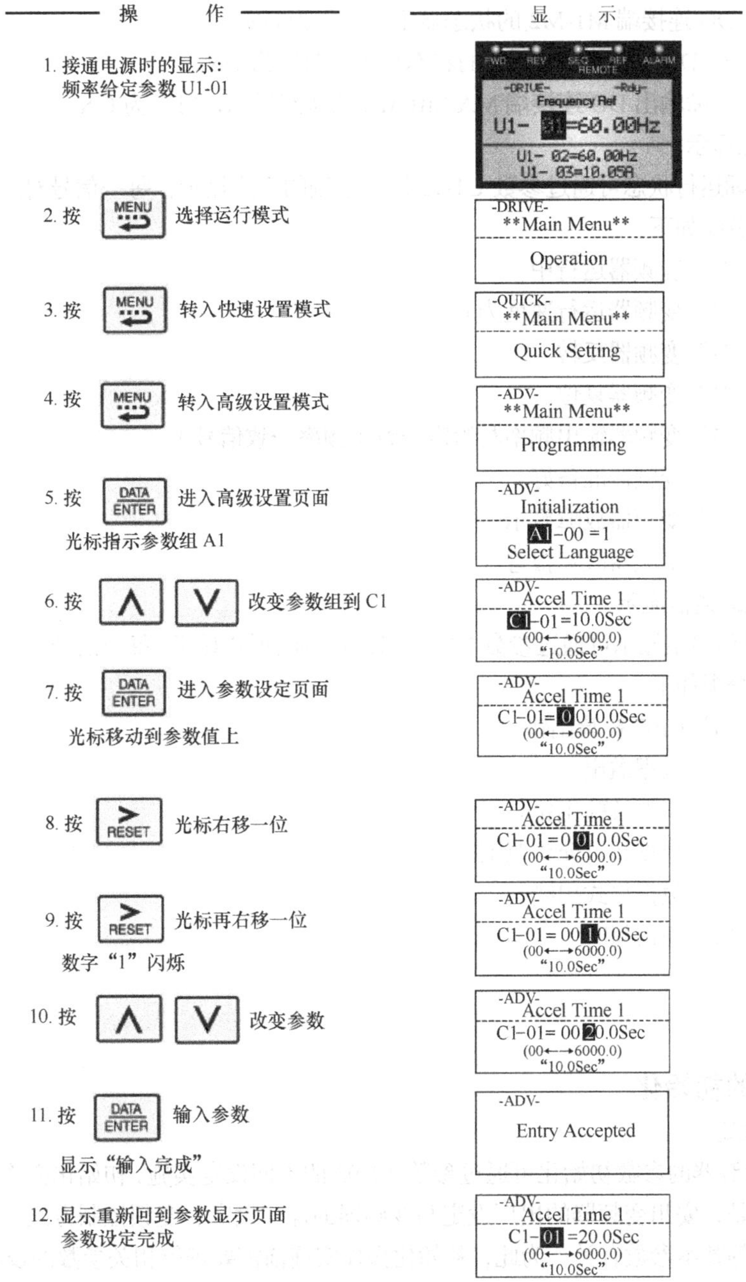

图10-9 变频器参数设定的操作步骤

四、状态显示与监控

变频器的实际工作状态可通过 U1～U6 组参数进行监控，监控参数只能在操作单元显示但不能进行设定与改变，参数的具体意义可参见附录 2 的参数总表，部分以特殊形式显示的常用参数说明如下。

1. DI/DO 信号显示

变频器的 DI/DO 信号状态可通过参数 U1-10/U1-11 以二进制的形式显示，每一信号对应参数的一个二进制位，显示位的分配如下。

U1-10 bit 0～bit 7：依次为 DI 连接端 S1～S8 的状态，"1"代表输入"ON"。

U1-11 bit 0：DO 连接端 M1-M2 的状态显示，“1”为 ON。

U1-11 bit 1～4：DO 连接端 P1～P4 的状态显示，“1”为 ON。

U1-11 bit 7：故障输出 DO 连接端 MA/MB/MC 的状态显示，“1”为 ON。

2. 运行状态显示

变频器的实际运行状态可通过参数 U1-12 以二进制的形式显示，每一信号对应参数的一个二进制位，显示位的分配如下。

U1-12 bit 0：“1”变频器运行中。

U1-12 bit 1：“1”变频器运行速度为 0。

U1-12 bit 2：“1”变频器反转。

U1-12 bit 3：“1”变频器复位。

U1-12 bit 4：“1”变频器输出频率与给定一致（频率一致信号）。

U1-12 bit 5：“1”变频器准备好。

U1-12 bit 6：“1”变频器故障警示。

U1-12 bit 7：“1”变频器故障报警。

3. MemoBus 通信显示

MemoBus 通信出错显示可通过参数 U1-39 以二进制的形式显示，每一信号对应参数的一个二进制位，显示位的分配如下。

U1-39 bit 0：“1”CRC 校验出错。

U1-39 bit 1：“1”数据溢出。

U1-39 bit 3：“1”奇偶校验出错。

U1-39 bit 4：“1”数据超过允许范围。

U1-39 bit 5：“1”数据格式出错。

U1-39 bit 6：“1”通信超时。

拓展学习

一、参数的初始化

1. 初始化设定

CIMR-G7 变频器的参数初始化可通过参数 A1-03 的不同设定实施，初始化操作可将参数恢复到出厂设定上。但是，安川变频器的出厂设定与变频器的操作设定、变频控制方式、运行控制信号、容量、载波频率等基本参数有关，为此，初始化操作实施前需要进行相关参数的设定。

CIMR-G7 变频器的初始化设定参数见表 10-2。

表 10-2 CIMR-G7 初始化设定参数表

参数号	参数名称	设定范围	默认设定	设定值与意义
A1-00	操作单元显示语言	0～6	1	0：英语；1：日语；2：德语；3：法语；4：意大利语；5：西班牙语；6：葡萄牙语
A1-01	参数保护级	0～2	2	0：监控方式，只显示 U 组参数及设定参数 A1-01/04；1：用户显示，只显示/设定用户参数 A2 中定义的参数；2：高级设置，可显示/设定变频器的全部参数

续表

参数号	参数名称	设定范围	默认设定	设定值与意义
A1-02	变频器控制方式	0～4	2	0：开环 V/f 控制；1：闭环 V/f 控制；2：开环矢量控制 1；3：闭环矢量控制；4：开环矢量控制 2
A1-03	变频器初始化	0～3330	0	0：不进行初始化；1110：用户设定参数初始化；2220：标准 2 线制控制初始化；3330：标准 3 线制控制初始化
A1-04	参数保护密码	0～9999	0000	用户参数保护密码输入，当本参数输入与 A1-05 不一致时，参数 A1-01～A1-03、A2-01～A2-32 参数的写入被禁止
A1-05	保护密码预置	0～9999	0000	预置的保护密码
E1-03	V/f 曲线选择	0～F	F	变频器的 V/f 输出曲线
E3-01	第 2 电机的控制方式	0～4	0	0：开环 V/f 控制；1：闭环 V/f 控制；2：开环矢量控制 1；3：闭环矢量控制；4：开环矢量控制 2
o2-04	变频器容量	0～FF		设定变频器代码
C6-01	负载类型	0/1	0	0：重载工作（恒转矩控制）；1：轻载工作（风机类负载）

2. 初始化步骤

CIMR-G7 变频器的初始化操作可按以下步骤进行。

① 设定 A1-00，选择操作单元显示语言。

② 将 A1-01 的参数保护等级设定为“2”（可设定与显示全部参数）。

③ 根据需要选择变频控制方式（A1-02）、V/f 控制曲线（E1-03）、变频器容量（o2-04）、负载类型（C6-01）。

④ 根据控制电路的要求，设定初始化参数 A1-03 为 1110、2220 或 3330。A1-03 一旦被设定，变频器将根据以上基本设定，将其他所有参数均恢复至初始值。

如果变频器的调试完成，为了便于用户设定参数的恢复，可设定变频器参数 o2-02 = 1，将全部参数作为用户设定初始化参数存储。用户设定初始化参数可直接用 A1-03 = 1110 的初始化操作一次性恢复。如果需要清除用户设定初始化参数，则可将变频器参数 o2-02 设定为“2”，重新装载出厂设定值。

3. 2 线制与 3 线制初始化

2 线制与 3 线制是变频器启动/停止/转向等运行控制信号的连接形式。2 线制控制的运行控制信号为保持型正转/反转输入；3 线制则为启动/停止和转向信号，信号的连接要求可参见项目 7 任务 2。

安川变频器出厂默认的是 2 线制控制方式，如设定参数 A1-03 = 3330 进行 3 线制控制初始化，变频器将自动选择 DI 连接端 S5 作为转向信号（功能代号 0），而 S1、S2 则成为启动与停止控制信号。如需要，也可将连接端 S3～S12 定义为 3 线制转向输入信号（功能代号 0），转向信号一经定义，S1、S2 便自动成为启动/停止输入。

2 线制与 3 线制初始化可通过参数 A1-03 进行选择，初始化将影响表 10-3 所示的 DI 信号默认功能。

表 10-3　　2 线制与 3 线制的 DI 默认功能

输入端	2 线制初始化		3 线制初始化	
	信号名称	功能代号	信号名称	功能代号
S1	正转控制	自动选择	启动输入	自动选择
S2	反转控制	自动选择	停止输入	自动选择
S3	外部故障输入	24	外部故障输入	24
S4	故障复位	14	故障复位	14
S5	多级变速速度选择 1	3	转向（3 线制选择）	0
S6	多级变速速度选择 2	4	多级变速速度选择 1	3
S7	JOG 方式选择	6	多级变速速度选择 2	4
S8	输出停止	8	JOG 方式选择	6
S9	多级变速速度选择 3	5	多级变速速度选择 3	5
S10	多级变速速度选择 4	32	多级变速速度选择 4	32
S11	加减速时间切换	7	加减速时间切换	7
S12	急停输入	15	急停输入	15

二、参数的保护与复制

1. 参数的保护

CIMR-G7 变频器参数可通过设定密码或设定用户参数的方式进行简易保护，前者可禁止全部参数的显示，后者可以选择部分参数进行显示；参数的写入操作还可用 DI 信号禁止。

（1）参数的密码保护

变频器参数只有在 A1-04 上输入与 A1-05 设定值相同的保护密码后才能显示。变频器出厂默认的 A1-05 密码设定为“0000”，改变参数 A1-05 的设定可重新设定密码。

参数 A1-05 通常不能显示，但为了方便使用，可在显示参数 A1-04 时，同时按下【MENU】键与【RESET】键显示密码设定。

密码也可以通过变频器的初始化操作清除，初始化后密码将恢复到出厂设定值“0000”。

（2）用户参数的设定

通过设定用户参数，设计人员可任意选择 A2-01～A2-32 参数向使用者开放，其他参数的显示与修改将被禁止。

用户参数的设定步骤如下。

① 设定 A1-01 的参数保护等级为“2”（可设定与显示全部参数）。

② 设定 A2-33＝0，生效用户参数设定功能。

③ 在参数 A2-01～A2-32 中依次输入需要向使用者开放的参数号。

（3）参数写入的禁止

变频器参数可通过 DI 信号进行写入保护。用户写入保护的 DI 信号功能应定义为“1B”。参数写入禁止 DI 信号一经定义，修改参数必须将 DI 信号置 ON；如 DI 信号为 OFF，则只能显示变频器参数。

2. 参数的复制

对于批量生产的设备，可利用操作单元将一个变频器的参数全部复制到另一个变频器上，然后通过变频器复位直接生效。

参数的复制必须在高级设置模式下进行，复制分为读出、写入与校验 3 步。在需要复制的变频器上，需要将参数 o3-02 设定为“1”，否则变频器将显示“PRE READ IMPOSSIBLE（参数读出不允许）”报警；然后通过参数读出操作将参数保存到操作单元上。保存有参数的操作单元可以直接安装到需要写入参数的变频器上，然后在该变频器上执行参数写入操作将操作单元参数装载到变频器上；装载完成后还可以通过校验操作检查正确性。

（1）参数读出（READ）

参数读出（READ）的操作步骤如图 10-10 所示，读出操作可将变频器全部参数保存到操作单元存储器上。

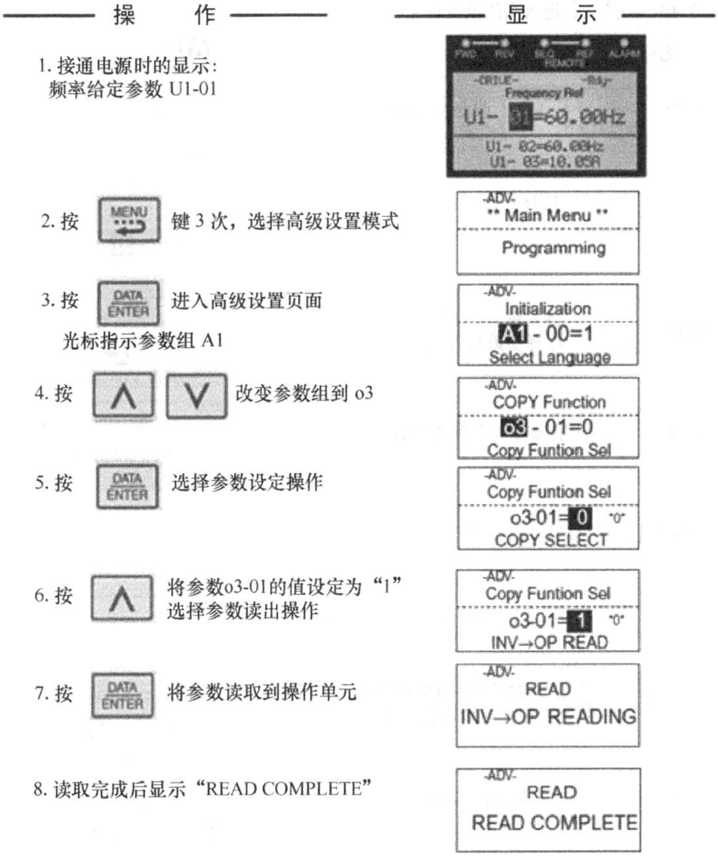

图10-10　参数的读出操作

（2）参数的写入（COPY）

存储有参数的操作单元可直接安装到需要写入参数的变频器上，然后通过图 10-11 所示的操作将参数从操作单元装载到变频器上。

进行复制的两个变频器的型号、容量、所采用的变频控制方式、变频器设定范围等必须完全一致，否则在复制过程中将显示相应的报警。

（3）参数的比较（VERIFY）

参数写入完成后，一般应通过参数比较操作验证操作单元与变频器参数的一致性，如果两者不同，操作单元可以显示“VYE VERIFY ERROR（比较错误）”报警。参数比较操作的步骤 1～5 与图

10-11 的参数写入操作同；步骤 6～8 如图 10-12 所示。

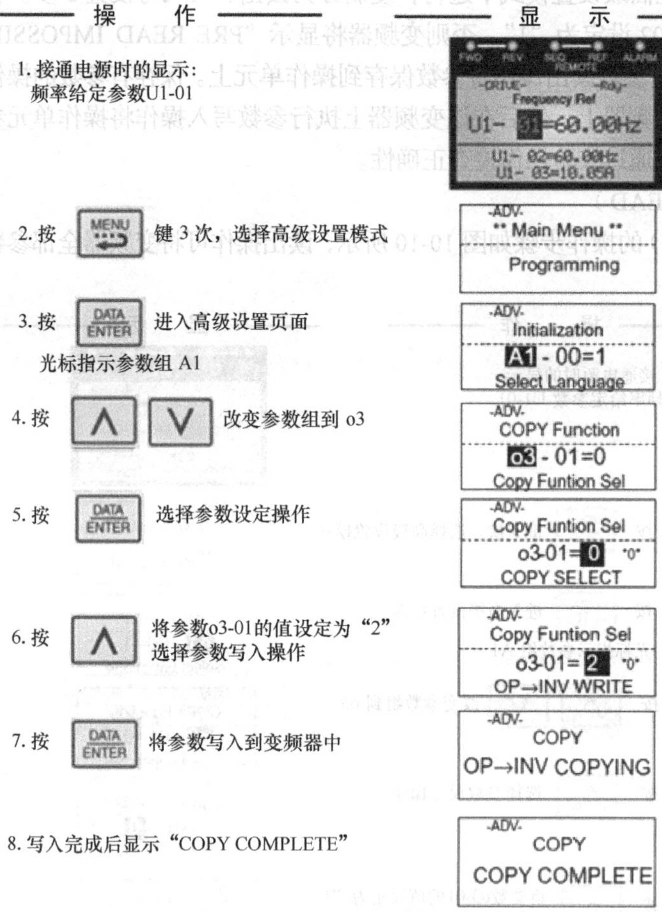

图10-11 参数的写入操作

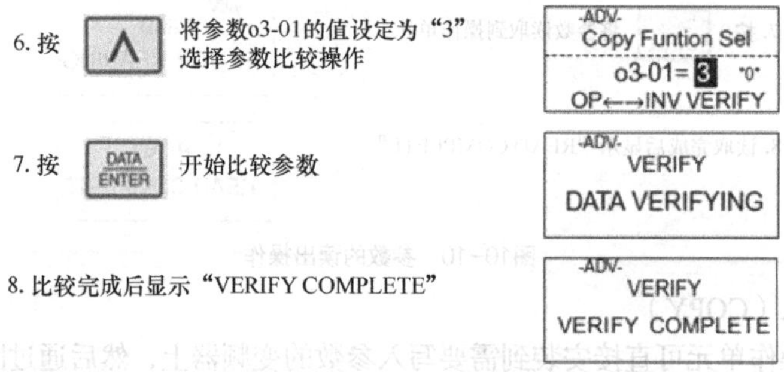

图10-12 参数的比较操作

三、操作单元的功能设定

变频器操作单元上的部分按键功能及操作单元在不同情况下的显示内容可通过操作单元的功能说明予以改变。

1. 操作键功能设定

CIMR-G7 变频器的操作键功能设定参数见表 10-4。

表 10-4 变频器操作键功能设定参数一览表

参数号	参数名称	设定范围	默认设定	设定值与意义
o2-01	LOCAL/REMOTE 切换键设定	0/1	1	LOCAL/REMOTE 切换键设定，0：无效；1：有效
o2-02	STOP 键功能设定	0/1	1	STOP 键功能设定，0：无效；1：有效（作为急停输入）
o2-05	ENTER 键功能设定	0/1	0	0：利用操作单元设定运行频率时，需要 ENTER 键确认；1：直接改变运行频率
o2-06	操作单元脱开时的动作	0/1	0	0：继续运行；1：关闭输出，显示 OPE 报警

2. 状态显示设定

变频器的运行状态、内部参数、DI/DO 信号等均可以通过操作单元进行显示与监控。CIMR-G7 变频器的状态显示内容需通过表 10-5 所示的参数进行定义与选择。

表 10-5 变频器状态显示参数一览表

参数号	参数名称	设定范围	默认设定	设定值与意义
o1-01	运行模式的基本显示	4～45	6	变频器在运行模式下的显示内容，设定值为 U1 组参数号
o1-02	电源接通时的初始显示	1～4	1	1：频率给定；2：实际输出频率；3：实际输出电流；4：参数 o1-01 所选择的内容
o1-03	频率显示的内容	0～99999	0	0：以 0.01Hz 为单位的频率值；1：以 0.01%为单位的频率值（100%对应 E1-04 设定的最高频率）；2～38：转速显示，设定电机极数，显示值将根据设定极数与电机额定频率计算后确定；40～9999：转速显示，设定参数 E1-04 最高频率值所对应的转速值（单位 r/min，无小数位），显示值将根据设定值与实际频率计算后确定；10000～39999：转速显示，设定参数 E1-04 最高频率值所对应的转速，最高位用来定义显示值的小数位数（0～3 位），如 12000 代表转速值为 200.0 r/min。显示值将根据设定值与实际频率计算后确定
o1-04	*V/f* 曲线的频率单位	0/1	0	*V/f* 曲线定义参数 E1-04/06/09 的单位设定，0：Hz；1：r/min
o1-05	LCD 亮度调节	0～5	3	操作单元背景光调节，设定值越大亮度越高

四、变频器的 AO/PO 监控

变频器的部分工作状态不仅可通过操作单元显示进行监控，而且还可通过模拟量输出 AO 或脉冲输出 PO 以模拟电压或脉冲的形式输出，在仪表上进行显示。

1. AO 输出监控

变频器的 AO 信号可直接连接外部显示仪表监控部分工作状态，CIMR-G7 变频器的 AO 信号内容可以通过表 10-6 所示的参数予以选择，输出值还可以进行输出范围、增益、偏移等调节，对显示仪表的偏差与量程进行校正。

表 10-6　　变频器 AO 功能定义参数一览表

参数号	参数名称	设定值与意义
H4-01	AO 输出通道 FM 的输出内容	设定 U1 组参数的参数号，但不能定义为“10”等不可以用模拟量形式显示的数据（如 DI 状态显示参数 U1-10 等）
H4-02	AO 输出通道 FM 的输出增益	FM 的模拟量输出增益
H4-03	AO 输出通道 FM 的输出偏移	FM 的模拟量输出偏移
H4-07	AO 输出通道 FM 的输出范围	0：0～10V；1：−10～10V
H4-04	AO 输出通道 AM 的输出内容	设定 U1 组参数的参数号，但不能定义为“10”等不可以用模拟量形式显示的数据（如 DI 状态显示参数 U1-10 等）
H4-05	AO 输出通道 AM 的输出增益	AM 端的模拟量输出增益
H4-06	AO 输出通道 AM 的输出偏移	AM 端的模拟量输出偏移
H4-08	AO 输出通道 AM 的输出范围	0：0～10V；1：−10～10V

2. PO 输出监视

变频器的 PO 信号可连接脉冲输入型显示仪表或作为 PLC 等外部设备的状态输入，CIMR-G7 变频器的 PO 信号内容可以通过表 10-7 所示的参数予以选择。

表 10-7　　脉冲输出监视参数一览表

参数号	参数名称	设定值与意义
H6-06	PO 输出通道 MP 的输出内容	设定 U1 组参数的参数号，只能选择 1、2、5、20、24、36 等与速度、PID 调节相关的参数
H6-07	最大值所对应的 PO 输出频率	设定值为监控参数在 100%时的 PO 信号频率，默认设定为 1440

使用 PO 进行状态监视时应注意以下两点。

① PO 的驱动能力较小，要求负载的阻抗为：DC5V 输出，大于 1.5kΩ；DC8V 输出，大于 3.5kΩ；DC10V 输出，大于 10kΩ。

② 当通过负载由外部电源驱动、MP 端电流从外部流入时，其最大输入电流不能大于 16mA。

任务2　掌握 CIMR-7 变频器的调试技能

能力目标

1. 能够进行 CIMR-G7 变频器的试运行。
2. 能够完成 CIMR-G7 变频器的快速调试。
3. 能够对 CIMR-G7 变频器实施自动调整。

工作内容

1. 根据实验条件，对 CIMR-G7 变频器进行试运行。

2. 根据实验条件，对 CIMR-G7 变频器进行快速调试。
3. 根据实验条件，对 CIMR-G7 变频器实施自动调整操作。
4. 完成项目 7 任务 3 数控车床主轴的变频调速系统调试。

实践指导

一、变频器点动试运行

为了避免变频器在出厂、仓储与运输过程中所发生的故障影响正常使用，正常使用前通常都需要进行试运行检查。

CIMR-G7 变频器的试运行检查可在不使用所有 DI/DO 信号的情况下，利用出厂默认的参数直接通过操作单元的点动操作控制电机运行，其步骤如下。

1. 安装与连接检查

① 确认变频器型号、规格与电机型号、规格正确，并确认主电源电压正确（AC200V 输入时变频器的电压应为 200～240V，AC400V 输入时应为 380～480V）。

② 正确连接变频器的主电源。为了简化线路，试运行的变频器可直接通过独立的断路器进行主电源的通/断控制；必须保证主电源正确连接到变频器的电源输入端 L1（R）、L2（S）、L3（T）上。

③ 检查控制电源。CIMR-G7 中小功率的变频器无独立的控制电源输入端，控制电源在变频器内部直接与输入电源连接，但对于 55kW 以上的大功率变频器，应在连接端 r（11）、s（12）上独立输入控制电源或将其连接到主电源上。

控制电源独立输入的变频器可以选择 AC200V 与 AC400V 两种控制电压，应根据设计要求，按图 10-13 的要求根据控制电源的电压正确选择连接端 $l_2$200 或 $l_2$400，并在变频器上设定相应的短接端。

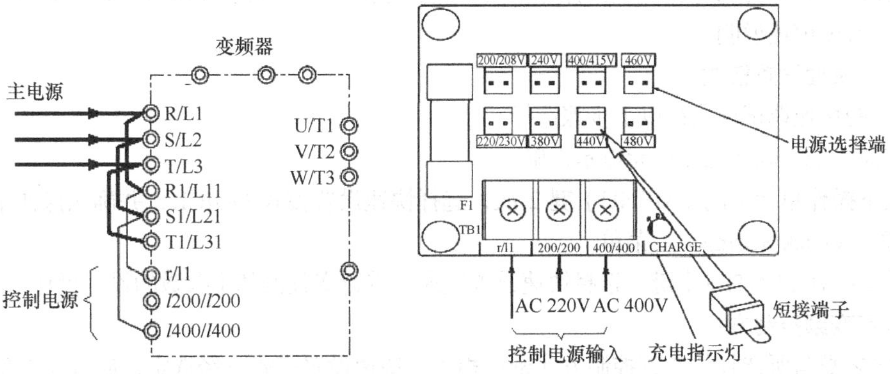

（a）输入连接 （b）电压设定

图10-13 控制电源的连接与设定

④ 确认电机安装与连接。试运行的电机应可靠固定，电机旋转轴需要进行必要的防护，对于安装在设备上的电机，应将负载分离；电机的电枢应与变频器的输出 U/V/W 一一对应。

2. 开机状态确认

在确认变频器主电源、控制电源正确后，接通变频器电源，其操作单元的显示应为图 10-14 所示的页面。

如开机后显示报警，则应首先排除故障，然后才能进入快速调试模式。

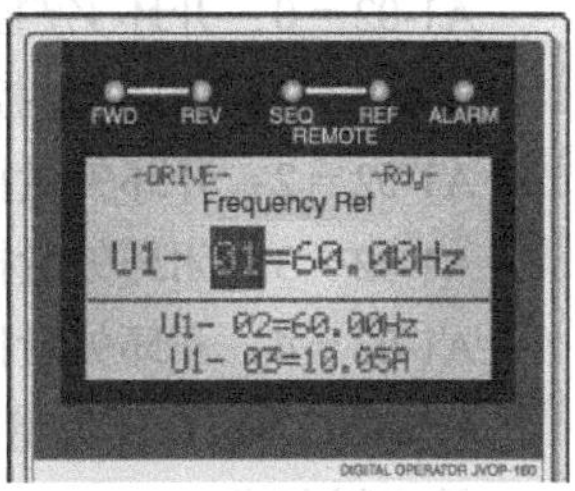

图10-14 开机显示页面

3. 点动试运行

变频器的点动试运行可以直接使用出厂默认的参数，按以下步骤进行。

① 接通电源、确认操作单元显示正确。

② 按下操作单元上的【LOCAL/REMOTE】键，选择操作单元运行方式LOCAL。

③ 按【JOG】键，选择点动试运行操作模式。

④ 按【RUN】键可启动变频器的点动试运行，按【STOP】键可以停止变频器运行，按【FWD/REV】键可改变转向。

点动时变频器将按照参数d1-17设定的频率（默认为6Hz），控制电机低速旋转；如果需要，也可以通过改变参数d1-17改变频率，进行其他速度的运行试验。点动运行不能正常进行时应检查参数b1-01/b1-02的设定。

二、变频器的快速调试

变频器是一种可以适合不同要求的通用调速装置，随着应用范围的不断拓展，其功能日益增强，参数越来越多，如果要进行所有参数的设定，必然会花费相当的时间。因此，在绝大多数应用场合，一般都是通过变频器的快速设置功能，先完成运行必需的基本参数设定，然后再根据系统的特殊功能要求，进行相关的功能调试，以加快调试过程。

1. 快速调试的步骤

CIMR-G7变频器的快速设置（QUICK）是一种简单、便捷、实用的调试功能，一般而言，变频器通过快速设置便可简单地完成基本参数的设定，并进行正常运行。

CIMR-G7变频器的快速调试可按照图10-15所示的步骤进行。

2. 进行开机基本检查

变频器快速调试时的基本检查同样包括安装连接检查、开机显示确认等，其方法与点动运行试验相同，可参见前述说明。

3. 选择快速设置模式

变频器的快速调试模式按以下步骤选择。

① 接通电源、确认操作单元显示正确。

② 按下操作单元上的【MENU】键2次，选择快速设置模式QUICK，并确认操作单元的显示为快速设置（Quick Setting）主菜单。

③ 按【DATA/ENTER】键，选择快速设置模式，进行变频器基本参数的设定操作。

4. 确定变频控制方式

变频器参数与所选择的变频控制方式密切相关，快速设置模式一经选定，应首先在参数A1-02上选定变频控制方式，A1-02的设定方法如下。

A1-02 = 0：开环 *V/f* 控制（最常用）。

A1-02 = 1：闭环 *V/f* 控制。

A1-02 = 2：开环矢量控制方式1（常用）。

A1-02 = 3：闭环矢量控制方式。

A1-02 = 4：开环矢量控制方式2。

CIMR-G7的开环矢量控制方式2具有简单伺服控制、转矩限制与控制功能，这时一种高性能开环矢量控制方式。

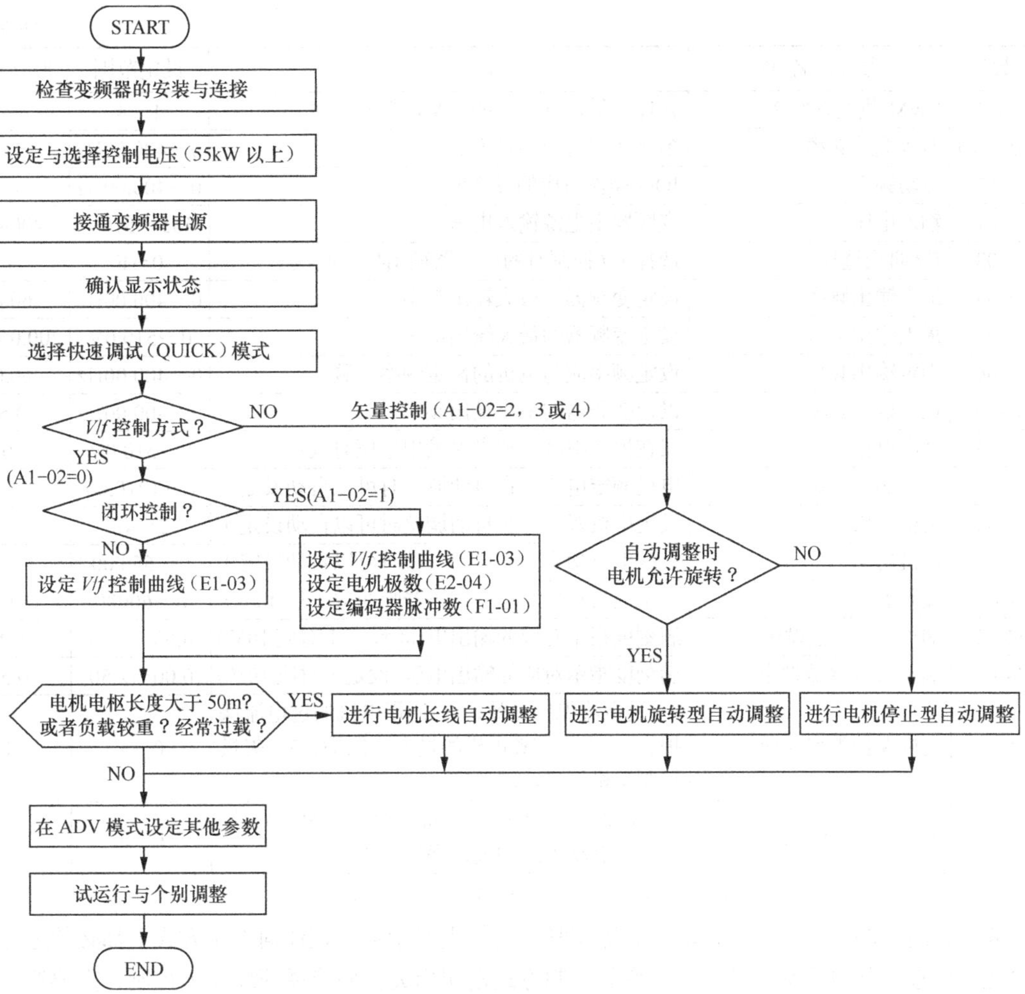

图10-15 CIMR- G7快速调试的步骤

5. 设定基本参数

CIMR-G7 变频器快速设置需要设定的基本参数见表 10-8。

表 10-8 CIMR- G7 快速设置的基本参数表

参数号	参 数 名 称	说 明	设定范围	默认设定
A1-02	控制方式选择	0：开环 V/f 控制；1：闭环 V/f 控制；2：开环矢量控制 1；3：闭环矢量控制；4：开环矢量控制 2	0～4	2
b1-01	频率给定指令来源	0：操作单元设定；1：模拟量输入；2：网络通信输入；3：内置选件模块输入；4：脉冲输入（RP/AC）	0～4	1
b1-02	启动/停止/转向命令来源	0：操作单元按键；1：开关量输入端；2：网络通信输入；3：内置选件模块输入	0～3	1
b1-03	变频器的停止方式选择	0：减速停止；1：自由停车；2：全范围直流制动；3：规定时间的自由停车	0～3	0
C1-01/02	加速/减速时间	从 0 加速到最大频率/从最大频率减速到 0 的时间	0～6000.0s	10.0
C6-02	PWM 载波频率 1	正常的 PWM 载波频率	1～F	

续表

参数号	参 数 名 称	说 明	设定范围	默认设定
C6-11	PWM 载波频率 2	开环矢量控制 2 时的 PWM 载波频率	1～4	4
d1-01～04	多级变速频率	多级变速对应的频率值	0～400.00Hz	0.00
d1-17	点动频率	JOG 操作对应的频率值	0～400.00Hz	6.00
E1-01	输入电压	变频器主电源输入电压	155～510V	200/400
E1-03	*V/f* 曲线选择	选择 *V/f* 控制时的变频器输出特性曲线	0～F	F
E1-04	最大输出频率	设定变频器的最大输出频率	0～400.00Hz	60.00
E1-05	最大输出电压	设定变频器的最大输出电压	0～510.0V	200.0/400.0
E1-06	额定输出频率	设定频率应与电机的额定频率一致	0～400.00Hz	60.00
E1-09	最小输出频率	设定变频器的最小输出频率	0～400.00Hz	0.50
E1-13	基准电压	仅在恒功率区需要微调输出电压时设定	0～510.0V	0
E2-01	电机额定电流	电机额定电流（在自动调整时可以自动设定）	0～1210.00	
E2-04	电机极数	设定电机极数（在自动调整时可以自动设定）	2～48	4
E2-11	电机功率	设定电机功率（在自动调整时可以自动设定）	0～650.00	
F1-01	编码器脉冲数	设定电机每转对应的编码器脉冲数（仅闭环）	0～60000	600
H4-02	端子 FM 增益设定	满刻度指示对应的输出电压(设定 1 对应 10V)	0.00～2.50	1.00
H4-05	端子 AM 增益设定	满刻度指示对应的输出电压(设定 1 对应 10V)	0.00～2.50	0.50
L1-01	电机保护类型选择	0：过电流保护无效；1：通用电机的过电流保护；2：专用变频电机的过电流保护；3：矢量控制电机的过电流保护	0～3	1
L3-04	失速防止功能选择	0：无效；1：有效；2：最短时间减速；3：使用外置制动电阻的失速保护方式	0～3	1

注：C6-02、E2-01、E2-11 的默认设定与变频器的电压等级、容量及电机型号等有关。

表中带阴影的参数是直接影响变频器正常运行的重要参数，在任何控制方式下都必须进行正确的设定与检查，其他基本参数设定与变频控制方式密切相关。如选择开环 *V/f* 控制，需要选择变频器的 *V/f* 曲线（参数 E1-03）。如选择闭环 *V/f* 控制，需要设定参数 E1-03（*V/f* 曲线）、E2-04（电机极数）、F1-01（编码器脉冲数）等参数；当电机与编码器间安装有减速装置，还需要通过 ADV 设置模式设定减速比参数 F1-12/F1-13。当变频器选择矢量控制方式时，则必须通过自动调整（自学习）操作获得电机模型所需要的电机参数。

在完成快速设置与自动调整操作的基础上，可根据实际需要，在高级设置（ADV）模式下再进行参数的进一步设定。

三、变频器的自动调整

为了使得变频器内部的电机模型与参数更为准确，一般在快速调试完成后，需要实施电机的“自动调整（自学习）”操作，自动设定变频器的电机参数、调节器参数等，以提高系统性能。自动调整对 *V/f* 控制同样有效。

1. 功能说明

CIMR-G7 变频器的自动调整可以选择以下 3 种模式。

（1）旋转型自动调整

旋转型自动调整是一种动态自动调整功能。旋转型自动调整可对电机进行静态（停止状态）与动态（旋转状态）测试，并设定全部电机参数。旋转型自动调整需要的时间在 2min 以上，调整过程中电机将自动旋转。

（2）停止型自动调整

停止型自动调整是一种静态自动调整功能。停止型自动调整只对电机进行静态测试以设定部分电机参数，电机的基本参数需要手动设定。停止型自动调整需要的时间为 1min 左右，调整过程中需要进行电机励磁，但输出频率保持 0，电机不会旋转。

（3）长线自动调整

长线自动调整是一种对电机定子与电枢连接线电阻的自动测定功能，当电机与变频器之间的连接线大于 50m 时，原则上需要进行本操作。长线自动调整的时间在 20s 左右，调整过程中同样需要对电机励磁，但输出频率保持 0，电机不会旋转。

2. 参数设定

实施自动调整必须事先设定表 10-9 所示的电机基本参数，变频器在实施自动调整操作后，将自动完成 E2 组（第 1 电机）或 E4 组（第 2 电机）电机参数的设定。

表 10-9　　自动调整需要设定的参数表

参数号	参数名称	说　明	设定范围	默认设定
T1-00	多电机控制时的电机选择	1：第 1 电机；2：第 2 电机	1/1	1
T1-01	自动调整方式选择	0：旋转型自动调整；1：停止型自动调整；2：长线自动调整	0/1/2/3	0：矢量控制；2：V/f 控制
T1-02	电机额定功率	按照电机铭牌设定，单位 kW	0～650.00	—
T1-03	电机额定电压	按照电机铭牌设定，单位 V	0～510.0	—
T1-04	电机额定电流	按照电机铭牌设定，单位 A	0～1210.00	—
T1-05	电机额定频率	按照电机铭牌设定，单位 Hz	0～400.0	60.0
T1-06	电机极数	按照电机铭牌设定	2～48	4
T1-07	电机额定转速	按照电机铭牌设定，单位 r/min	0～24000	1750

3. 自动调整操作

CIMR-G7 变频器的自动调整可利用操作单元直接进行，操作步骤如下（见图 10-16）。

① 按【MENU】键，选择自动调整（A.TUNE）模式。

② 在参数 T1-01 中选定自动调整方式。

③ 正确设定表 10-9 所示的自动调整参数。

④ 参数设定完成后，用数值增/减键显示图 10-16 所示的自动调整页面。

⑤ 按【RUN】键启动自动调整操作。

自动调整操作启动后，操作单元将自动显示调整过程（包括输出频率、电流等）；自动调整正常结束将显示“Tune Successful”（自动调整成功）。自动调整过程中，可按【STOP】键强制中断；此时操作单元将显示“Tune Aborted”（自动调整中断）。

4. 调整后的运行

停止型自动调整只能对电机进行静态测试，自动完成后，如不进行规定的运行可能会因参数 E2-02、E2-03 的设定不合理，导致电机的振动、过电流与输出转矩不足，特别对于升降负载控制，甚至出现自落等严重问题，因此，必须在电机转入运行模式（DRIVE）的首次运行中进行以下检查与操作。

① 在高级设置（ADV）模式或校验（VERIFY）模式下，检查与确认变频器参数 E2-02（额定转差）、E2-03（电机空载电流）的设定。

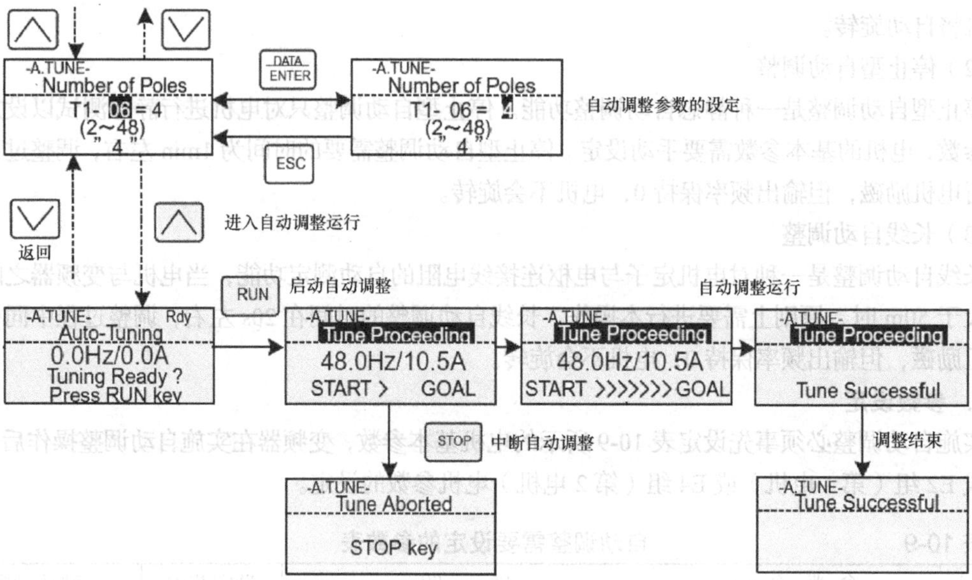

图10-16 自动调整操作与显示

② 选择运行（DRIVE）模式、松开制动器，并将电机的负载控制在额定值的 30%以内。

③ 在大于 30%额定频率（参数 E1-06 设定）的频率上使电机稳定运行 1s 以上。

检查变频器参数 E2-02、E2-03，如参数值与初始设定值不同，表明自动调整已经成功完成，确认后便可以进入正常运行。

拓展学习

一、自动调整要点

1. 使用注意点

变频器的自动调整是提高控制精度、改善控制性能的便捷、有效手段，为了保证自动调整的正确实施，需注意如下问题。

① 旋转型自动调整只能在电机与负载分离状态下进行，否则不但得不到正确的电机参数，而且还可能造成变频器与电机的损坏，使用时必须特别注意。因此，对于负载与电机分离存在困难的设备，只能进行停止型自动调整操作。

② 自动调整不能进行负载惯量的自动测试。

③ 存在重力作用的升降负载，如在电机与负载连接的情况下实施停止型自动调整，必须保证自动调整过程中设备的制动器始终处于制动状态，以防自落；而进行旋转型自动调整时，则应在确保安全的情况下先松开电机制动器，然后实施旋转型自动调整操作。

④ 当系统对电机高速（额定转速的 90%以上）的速度与转矩控制精度有要求时，自动调整时应保证变频器的输入电压在电机额定电压的 1.1 倍以上、变频器的额定输出电流大于电机额定电流（留有充分余量）。

⑤ 矢量控制的变频器容量应按照电机额定电流进行选择。通用感应电机的矢量控制，其变频器额定输出功率应等于电机功率或大于电机功率 1 个规格；专用电机（如交流主轴电机）的输出转矩要求较高，矢量控制时为保证电机的额定电流要求，变频器的额定输出功率可比电机功率大 2~3 个规格。

⑥ 当变频器用于特殊高转差电机、高速电机（如电主轴）控制时，可能存在自动调整功能不能使用或使得性能变差的情况。

2. 参数设定注意点

自动调整参数设定应注意以下几点。

① 自动调整时，如电机额定电压高于变频器输入电压，为防止变频器输出饱和，应通过如下方式降低输出电压后进行试运行。

（a）在参数 T1-03（电机额定电压）中设定变频器电源输入电压值。

（b）将参数 T1-05（电机额定频率）设定为

T1-05 =电机额定频率×T1-03 设定/电机额定电压

在自动调整完成后，再通过修改变频器最大输出电压（参数 E1-05），使之与电机额定电压相符。

② 自动调整时的变频器最大输出频率（参数 E1-04）一般应为电机额定频率，当系统要求的最高输出频率大于电机额定频率时，可以在自动调整完成后，修改参数 E1-04，将其设定到所需的值。

3. 自动调整报警

如自动调整过程出现报警，操作单元将显示报警信息。自动调整报警信息与产生原因、处理方法见表 10-10。

表 10-10 自动调整的报警与处理

操作单元显示	含　义	故障可能的原因	报 警 处 理
Data Invalid	数据错误	电机参数错误；电机空载电流不正确；变频器输出电流异常	检查、确认电机参数；检查变频器与电机的容量匹配；检查电机是否空载运行
Minor Fault	自动调整出现轻故障	电机数据、连接或负载有轻微不正确	检查、确认电机参数；检查变频器与电机的连接；检查电机负载
STOP key	自动调整强制中断	在自动调整过程中按下了【STOP】键	重新启动自动调整
Resistance	定子电阻不正确	自动调整测量结果不正确，或自动调整没有完成	检查、确认电机参数；检查变频器与电机的连接；检查电机是否空载运行
No-Load Current	电机未连接（无负载电流）		
Rated Slip	转差异常		
Accelerate	加速过程出现故障	电机不能在规定时间内完成加速过程	加速时间设定错误（C1-01）；转矩限制设定错误（L7-01/02）；负载过重（未分离负载）
Motor Speed	电机速度不正确	加速转矩过大（仅开环矢量控制方式）	延长加速时间（C1-01）；分离负载
I-det.Circuit	电流异常	输出电流超过了额定值； 电流检测连接错误或故障； 电机缺相	检查电机连接；检查电流检测回路
Leak Inductance	电感量错误	自动调整测量结果不正确，或自动调整没有完成	检查电机连接线
V/f Over Setting	*V/f* 比设定过大	转矩输出已经超过，或空载电流过大	检查电机连接分离负载
Saturation	电机铁心饱和系数错误	自动调整测量结果不正确，或自动调整没有完成	检查、确认电机参数；检查变频器与电机的连接；检查电机负载
Rated FLA Alm	额定电流设定不正确	电机额定电流参数设定错误	检查、确认电机参数

二、自动调整实例

本例介绍了一种通过快速调试与自动调整，利用通用变频器实现交流主轴电机控制的实用方法，在机床改造时采用这一方法不仅可降低改造成本、加快进度，而且可以大大提升变频主轴的性能。实践证明，利用安川矢量控制的变频器来控制某些交流主轴电机不仅可行，且主轴电机的调速性能可得到充分发挥。

【例 10-1】某改造机床的交流主轴电机的主要参数如下，试用安川 CIMR-G7 变频器对其进行控制。

电机型号：三菱 SJ-7.5A 交流主轴电机。

额定电压：三相 AC200V。

额定电流：37A。

连续输出功率/转速：5.5kW/1500r/min，5.5kW/4500r/min，3kW/8000r/min；

30min 输出功率/转速：7.5kW/1500r/min，7.5kW/4500r/min，4kW/8000r/min；

主轴调速范围：20～8000 r/min。

1. 变频器选择

由于交流主轴电机参数与通用感应电机性能差异较大，选择变频器必须以满足电机额定电流为准则（同功率的交流主轴电机额定电流大于普通感应电机），因此，本机床上可使用的变频器为 CIMR-G7A2011（AC200V/11kW）或 CIMR-G7A4018（AC400V/18.5kW）。以 CIMR-G7A2011 为例，变频器的规格如下。

型号：YASKAWA CIMR-G7A2011（AC200 输入）。

控制电机功率：11kW。

额定输出电流：49A。

输出电压：200V。

最高输出频率：400Hz。

2. 调试准备

变频器调试前需要进行如下操作。

① 分离主轴电机与主轴（脱开电机与主轴之间的同步皮带或齿轮）。

② 正确设定变频器，如给定类型、DI 输入类型选择开关等。

③ 正确连接变频器主电源、交流主轴电机电枢等连接线（自动调整不需要连接 AI 与 DI 信号）。

④ 接通变频器电源。

3. 确定参数

根据要求，本例需要设定的主要参数如下。

A1-02 = 2：控制方式选择开环矢量控制。

b1-01 = 1：选择频率给定指令为 AI 输入。

b1-02 = 1：选择运行控制方式为 DI 信号控制。

b1-03 = 0：选择变频器停止方式为减速停止。

C1-01/02 = 2：设定加速时间为 2s。

E1-01 = 220：变频器输入电压为 3 相 AC220V，高于电机额定电压 10%。

E1-04 = 267：对于额定转速为 1500r/min 的电机，为了达到 8000r/min 的最高转速，最高输出频率应为 267Hz。

E1-05 = 200：变频器最大输出电压与电机额定电压一致。

E1-06 = 50：变频器额定频率与电机额定频率一致。

E1-09 = 0：最低输出频率为 0Hz。

E2-01 = 37：变频器额定输出电流与电机额定电流一致。

E2-04 = 4：电机极数为 4 极。

E2-11 = 7.5：电机额定功率与电机实际值一致。

L1-01 = 3：选择矢量控制电机的过电流保护特性。

L3-01 = 1：生效变频器的失速防止功能。

4. 参数设定

选择“快速设置（QUICK）”模式，按如下步骤设定变频器参数。

① 在开机显示页面按【MENU】键 2 次，选择快速调试模式，确认为快速调试主菜单显示。

② 按【DATA/ENTER】键，显示参数号 A1-02。

③ 按【DATA/ENTER】键，将光标移动到 A1-02 的参数值上。

④ 利用数值增/减键更改参数值，使得 A1-02 = 2。

⑤ 按【ESC】键，回到参数号显示。

⑥ 利用数值增/减键改变参数号。

重复以上操作，直到全部参数修改完成。

5. 自动调整

变频器参数设定完成后，用【ESC】键退至快速调试主菜单显示，通过如下操作实施自动调整。

① 按【MENU】键 3 次，将变频器切换到自动调整模式，变频器显示自动调整（Auto Tuning）主菜单。

② 按【DATA/ENTER】键，显示参数号 T1-01，根据电机参数，设定如下调整参数。

T1-01 = 0：选择旋转型自动调整。

T1-02 = 7.5：电机额定输出功率。

T1-03 = 200：电机额定输出电压。

T1-04 = 37：电机额定电流。

T1-05 = 50：电机额定频率。

T1-06 = 4：电机极数。

T1-07 = 1500：电机额定转速。

设定完成后，变频器将显示自动调整启动页面。

③ 按【RUN】键，启动自动调整。

在自动调整过程中，电机将不断改变转速，直到全部参数检测与设定完成，自动调整完成后，变频器显示“Tune Successful”。

变频器完成矢量控制参数的自动测试与设定后，便可对本例所示的专用交流主轴电机实施正常的变频控制。实践证明，利用这样的控制方案，其调速范围、调速精度、输出转矩等性能都大大优于通用感应电机。

任务3 掌握 CIMR-1000 变频器的操作技能

能力目标

1. 熟悉 CIMR-A1000 变频器操作单元。

2. 能够进行变频器参数的设定操作。
3. 能够通过操作单元监控变频器状态。

工作内容

根据实验条件，参照项目7任务3，设计一套配套CIMR-A1000的电气原理图，并完成以下练习。
1. 选择变频器参数的初始化方式，并进行参数初始化操作。
2. 通过变频器的状态监控功能，检查DI/DO信号状态。
3. 利用操作单元完成项目6～9所需要的数控车床参数设定。

实践指导

一、操作单元说明

CIMR-1000系列变频器的操作单元与CIMR-7系列有所不同，CIMR-A1000采用的是图10-17（a）所示的、带多行液晶显示的操作单元，其功能比CIMR-F7/G7更强。操作单元分为"状态指示灯"、"操作显示区"与"操作按键"3个区域，各区域的作用如下。

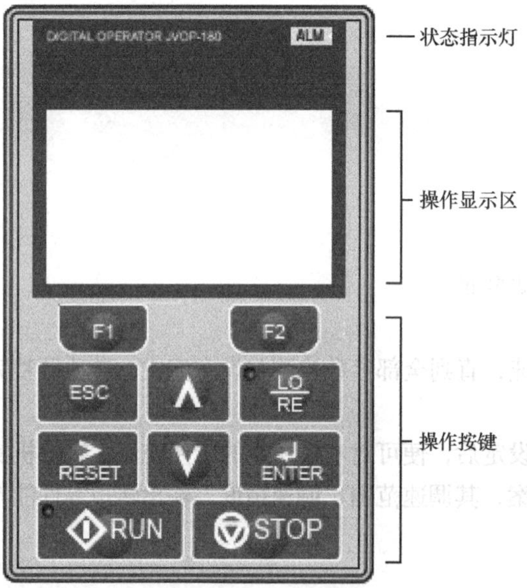

（a）操作单元

（b）操作显示区

图10-17 CIMR-A1000操作单元

1. 状态指示灯

状态指示区安装有1个报警指示灯ALM，用于指示变频器报警。ALM灯亮，表明变频器存在报警；ALM灯暗，表明变频器正常工作；ALM灯闪烁，表明变频器存在报警、操作错误或自动调整出现故障。

2. 操作显示区

操作单元的显示区为图10-17（b）所示的6行液晶显示，显示内容如下。

① 第1行。状态显示行。第1行左侧第1区为变频器操作模式指示，显示内容如下。

MODE：操作模式选择状态。

MONITR：状态监控状态。

VERIFY：校验状态。

PRMSET：参数设定状态。

A.TUNE：自动调整状态。

SETUP：调试状态。

第 1 行中间区为变频器的 Drive Works EZ 功能生效时，显示“DWEZ”。

第 1 行中偏右位置为变频器工作状态指示，显示内容如下。

DRV：变频器运行（Drive，运行模式[1]）。

PRG：变频器设定（Programming，设定模式[2]）。

第 1 行右侧为变频器运行指示，显示“Rdy”为变频器准备好或运行状态。

② 第 2 行。数据说明行。第 2 行显示是对显示行数据的简要说明，如 FREF（Frequency Ref，频率给定）、Monitor Menu（监控菜单）等。当显示频率给定 FREF 时，还可以在括号内显示如下的当前频率给定输入方式。

（OPR）：可通过操作单元选择。

（AI）：来自模拟量输入 AI。

（COM）：来自通信命令。

（OP）：由操作单元设定。

（RP）：来自脉冲输入 PI。

③ 第 3～5 行。数据显示行。正常可显示 3 个连续数据，当前选定的数据以大字符显示在第 3 行上；随后的 2 个数据显示在第 4、5 行。

第 4、5 行显示数据的右侧显示的是变频器的控制命令来源，即 LO/RE（Local/ Remote）指示，显示内容如下。

RSEQ：运行控制命令（正反转和启停）来自变频器的 DI 输入（Remote，外部控制模式）。

LSEQ：运行控制命令（正反转和启停）来自操作单元（Local，操作单元控制模式）。

RREF：频率给定来自 AI 输入（Remote，外部控制模式）。

LREF：频率给定来自操作单元（Local，操作单元控制模式）。

④ 第 6 行。功能键 F1、F2 功能提示和转向显示。

显示行的中间为转向显示，FWD 为正转，REV 为反转。

显示行左侧、F1 键上方为功能键 F1 的功能提示，显示内容如下。

JOG：JOG 操作选择。

HELP：帮助信息。

←：光标左移。

HOME：直接返回到频率给定显示。

ESC：退出，返回到上一级操作、显示状态。

显示行右侧、F2 键上方为功能键 F2 的功能提示，显示内容如下。

---

[1] 部分资料中直译为“驱动模式”，为避免概念混淆，本书称为“运行模式”。

[2] 部分资料中直译为“编程模式”，为避免概念混淆，本书称为“设定模式”。

FWD/REV：转向选择。

DATA：数据显示。

→：光标右移。

RESET：变频器复位。

3. 操作按键区

操作按键区共有 8 个固定键和两个功能键，按键的名称与作用见表 10-11。

表 10-11　　操作单元按键的名称与作用

符　号	名　称	作　用
	回退键	光标前移（左移）或返回到上一级操作、显示状态；按下并保持，直接返回到频率给定显示
	变频器复位与光标移动键	对变频器故障进行复位或光标右移
	数值增加键	改变光标指示位置的数值（增加）
	数值减少键	改变光标指示位置的数值（减少）
	操作模式转换键	切换操作单元操作/外部操作模式，带指示灯。指示灯亮为操作单元操作模式；暗为外部操作模式
	输入键	输入数据或改变显示页面
	运行键	选择操作单元操作模式时，可启动变频器运行，带指示灯，指示灯的说明见下
	停止键	停止变频器运行，按键对外部操作模式同样有效
	功能键 1	按键功能可变，功能在显示区指示
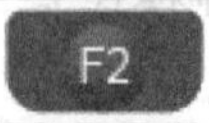	功能键 2	按键功能可变，功能在显示区指示

4. RUN 指示灯

操作按键【RUN】的指示灯有“亮”、“闪烁”、“快速闪烁”、“暗”4 种状态。其中，“闪烁”为周期 1s 的交替亮/暗；“快速闪烁”是 0.5s 的周期 0.25s 交替亮/暗和 0.5s 暗的组合，两者的状态区别如图 10-18 所示。

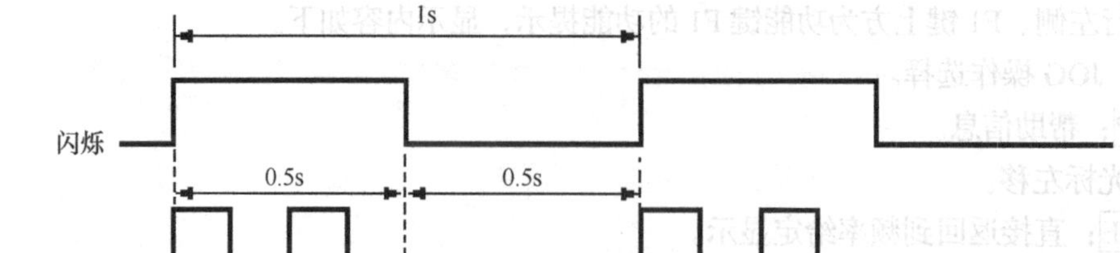

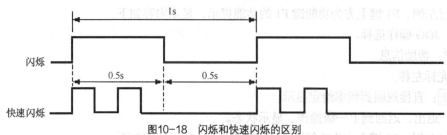

图10-18　闪烁和快速闪烁的区别

【RUN】指示灯亮为变频器正常运行（包括频率上升阶段）状态；指示灯暗为变频器运行停止状态；指示灯闪烁为电机减速停止或运行时的频率给定为 0 的情况，指示灯的状态如图 10-19 所示。

【RUN】指示灯快速闪烁则属于以下情况。

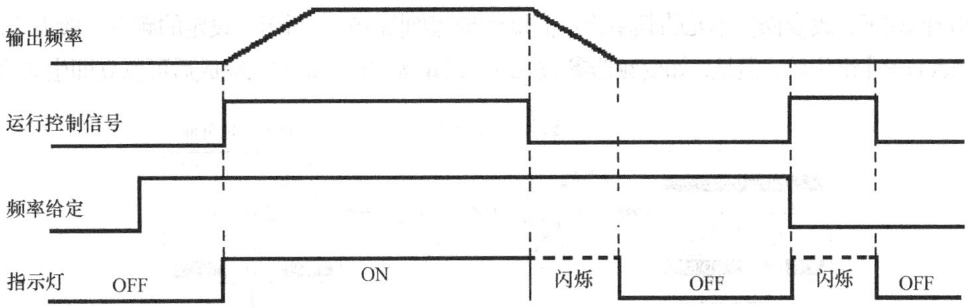

图10-19　RUN指示灯状态

① 变频器选择操作单元操作模式时，从 DI 端输入了运行控制信号，变频器强制切换到外部控制模式。

② 在变频器未选择运行模式时，从 DI 端输入了运行控制信号。

③ 输入急停 DI 信号，变频器紧急停止。

④ 在外部控制模式下，按下了操作单元上的【STOP】键。

⑤ 驱动器未设定电源启动直接运行（参数 b1-17 = 0），在开机时运行控制信号已生效。

二、变频器基本操作

CIMR-A1000 变频器总体上可分为运行（Drive）和设定（Programming）两种操作模式，两者的转换可以直接通过操作单元的数值增/减键【▲】/【▼】[1]进行。

1. 运行模式

当 CIMR-A1000 变频器选择运行模式时，可进行图 10-20 所示的显示切换。

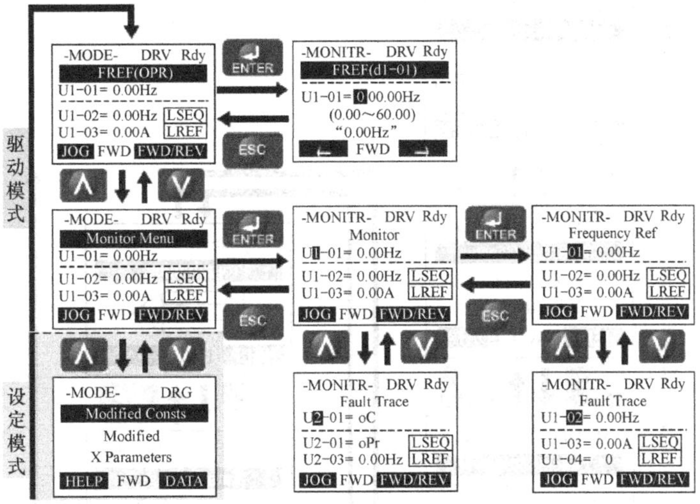
图10-20　运行模式的切换

CIMR-A1000 变频器的运行模式具有控制变频器的运行和停止、修改操作单元操作时的频率给定值、监控变频器状态、显示变频器报警和报警历史记录等功能。

变频器的运行启动、停止可直接利用操作单元上的【RUN】、【STOP】键进行。变频器的状态监控、报警和报警历史记录，可直接用操作单元的按键，通过显示状态监控参数（U1～U6 组）进行。

[1] 为了便于编辑，在文字说明中，数值增/减键将以符号【▲】/【▼】代替。

在运行模式下，改变操作单元的频率给定值操作步骤如图 10-21 所示。设定的频率一般需要通过按数据输入【ENTER】键生效，但是，如变频器参数 o2-05 设定为“1”，则输入完成后可以立即生效输入频率。

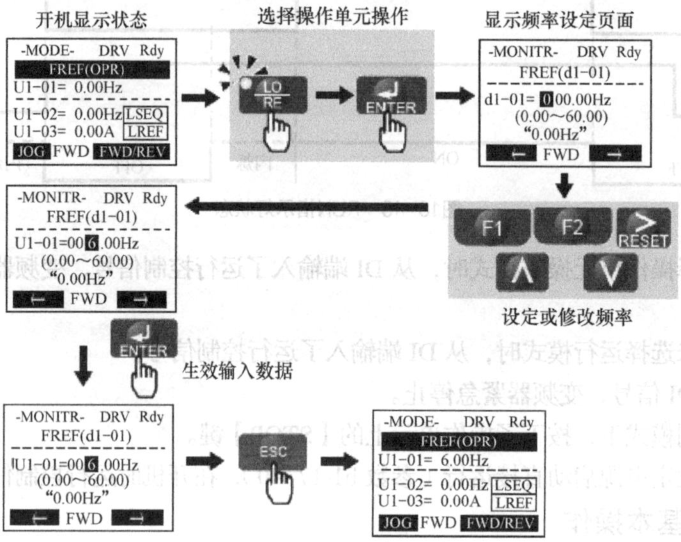

图10-21 频率给定的修改

2. 设定模式

CIMR-A1000 变频器的设定模式可进行参数校验（Modified Consts）、快速设置（Quick Setting）、参数设定（Programming）、自动调整（Auto-Tuning）等操作，操作方式的切换如图 10-22 所示。

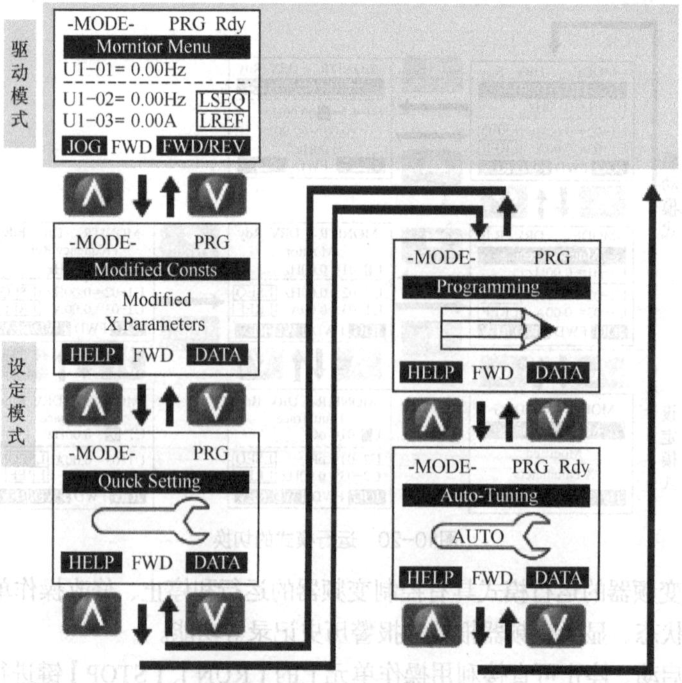

图10-22 设定模式的切换

CIMR-A1000 变频器参数校验（Modified Consts）、快速设置（Quick Setting）、参数设定（Programming）、自动调整（Auto-Tuning）操作模式的含义分别与 CIMR-F7/G7 的校验（VERIFY）、快速设置（QUICK）、

高级设置（ADV）、自动调整（A.TUNE）相同，有关内容可以参见本项目任务 1 的说明。

三、参数设定与保护

CIMR-A1000 变频器的参数设定可以通过参数校验（Modified Consts）、快速设置（Quick Setting）、参数设定（Programming）3 种模式进行，但参数的设定范围有所不同。参数校验（Modified Consts）可以显示和设定变频器与出厂默认值不一致的参数；快速设置（Quick Setting）可以显示和设定保证变频器最低运行要求的基本参数；参数设定（Programming）模式则可以显示和设定变频器的全部参数。

在设定参数时需先选定参数的功能代号、组号与参数号，然后才能进行参数的修改。参数设定时，需要用光标键调整位置，然后用数值增/减键【▲】/【▼】改变参数号、参数值；确认后用【ENTER】键输入。

与 CIMR-F7/G7 一样，CIMR-A1000 变频器的参数也可采用手动设定或参数复制两种方法进行输入。参数复制同样需要分为读出、写入与校验三步，操作可通过改变参数 o3-01 的设定值进行，其操作方法可参见 CIMR-7 变频器。参数的手动设定方法如下。

1. 参数设定

变频器参数的手动设定操作如图 10-23 所示，图为将变频器参数 C1-02 设定为 20.00s 的操作过程，其他参数的设定方法相同。

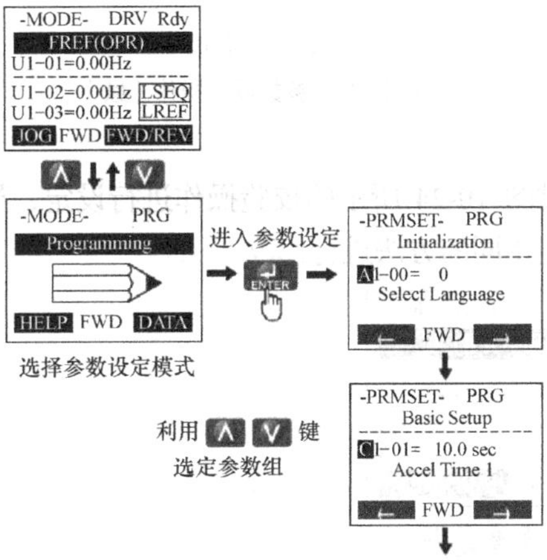

（a）选定参数组

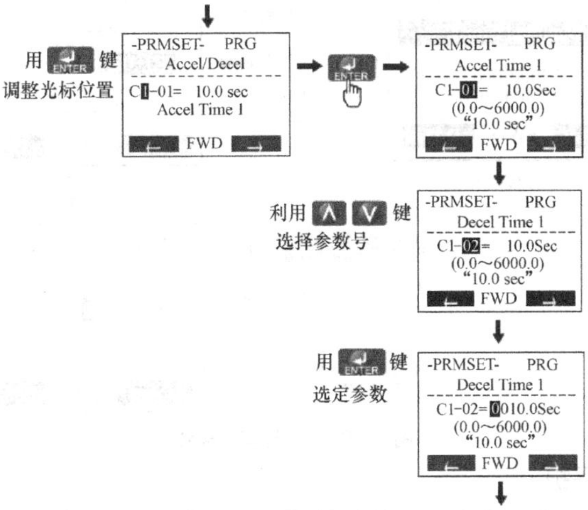

（b）选定参数

图10-23　参数设定操作

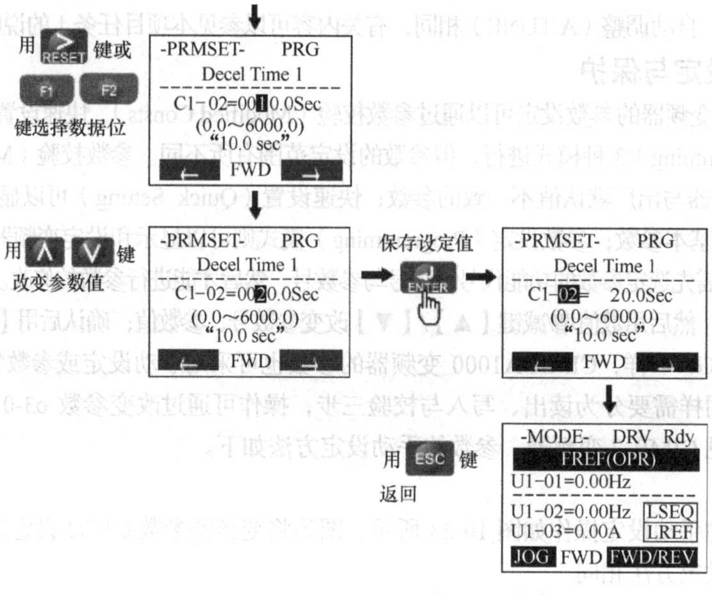

（c）参数修改

图10-23 参数设定操作（续）

2. 校验操作

变频器的参数也可以通过图 10-24 所示的校验操作进行设定，校验模式将自动显示被用户修改的参数，参数值可以通过上述相同的方法进行修改。

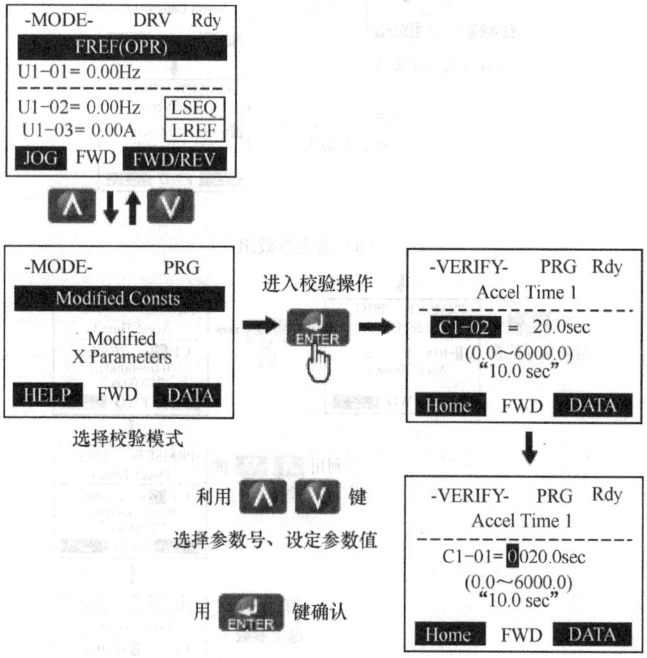

图10-24 校验模式操作

3. 操作环境与参数保护

CIMR-A1000 变频器的操作语言、参数保护级、保护密码等的设定方法和 CIMR-F7/G7 变频器基本相同，主要参数见表 10-12。

表 10-12 操作环境设定参数表

参数号	参数名称	默认设定	设定值与意义
A1-00	操作语言	1	0：英语；1：日语；2：德语；3：法语；4：意大利语；5：西班牙语；6：葡萄牙语；7：中文
A1-01	参数保护级	2	0：监控方式，只能显示 U 组参数及设定参数 A1-01/04； 1：用户参数，只能显示/设定用户参数 A2 中规定的参数； 2：高级设置，可显示/设定变频器的全部参数
A1-04	参数保护密码	0000	参数保护密码，输入与 A1-05 不一致时，参数写入被禁止
A1-05	保护密码预置	0000	预置的保护密码

正确输入密码是变频器参数修改的前提条件，变频器出厂默认的密码为 0000，如需要可通过修改参数 A1-05，重新设定密码。A1-05 参数通常不能显示，但为了防止密码遗忘，CIMR-A1000 变频器可在参数 A1-04 显示时，通过同时按【▲】和【STOP】键，显示 A1-05 的密码。

此外，变频器的参数也可利用 DI 信号进行写入保护，其功能代号为“1B”，写入保护信号一旦被定义，只有在该信号 ON 时，才可进行参数的写入操作，但参数显示仍允许。

利用变频器的初始化操作，可以清除用户参数保护密码、参数保护信号设定，将变频器重新恢复到出厂设定状态。

任务4 掌握 CIMR-1000 变频器的调试技能

能力目标

1. 能够进行 CIMR-A1000 变频器的试运行。
2. 能够完成 CIMR-A1000 变频器的快速调试。
3. 能够对 CIMR-A1000 变频器实施自动调整。

工作内容

1. 根据实验条件，对 CIMR-A1000 变频器进行试运行。
2. 根据实验条件，对 CIMR-A1000 变频器进行快速调试。
3. 根据实验条件，对 CIMR-A1000 变频器实施自动调整操作。
4. 根据实验条件，完成项目 7 任务 3 配套 CIMR-A1000 变频器的数控车床主轴变频调速系统调试。

实践指导

一、快速调试操作

1. 快速调试步骤

为了简化用户使用，CIMR-A1000 系列变频器可利用快速设置模式（Quick Setting），较快地完成变频器基本参数的设定，使之满足一般的应用要求。CIMR-A1000 变频器的快速调试方法与 CIMR-G7 基本相同，其操作步骤如图 10-25 所示。

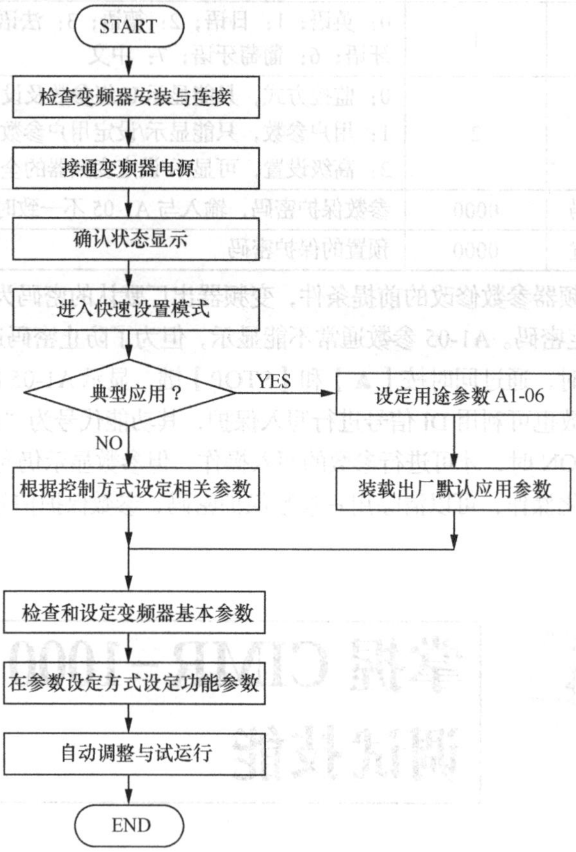

图10-25　CIMR-A1000快速调试步骤

变频器的安装、电气控制检查包括输入电压确认、主电源和电机电枢连接检查、负载情况、闭环控制系统的编码器和模块的安装与连接等常规检查内容，其要求与 CIMR-F7/G7 类似，可参见本项目任务 2。

2. 快速设置操作

CIMR-A1000 变频器的快速调试时的参数设定可通过变频器的快速设置模式进行，其操作步骤如图 10-26 所示。在快速设置模式下，变频器可自动显示运行所必需的基本参数，完成基本参数设定后，就可以满足一般的控制要求。

3. 应用选择

变频器的快速设置参数与变频器的用途和控制方式有关，CIMR-1000 系列变频器可以选择普通应用和典型应用两种用途。

作为普通应用，变频器可以选择 *V/f* 控制、矢量控制和同步电机控制（PM 电机控制）3 类。当变频器选择 *V/f* 控制方式时，需要设定变频器的 E1 组 *V/f* 控制参数；当选择矢量控制方式时，需要设定 E2 组电机参数，并且进行自动调整运行；当变频器用于 PM 电机控制时，则需要设定 E5 组 PM 电机参数等。

典型应用选择是 CIMR-1000 系列变频器的新增功能，它可直接通过变频器参数 A1-06 的设定，自动装载用于典型负载的出厂默认参数，部分参数还将作为用户参数保存到参数组 A2 中。

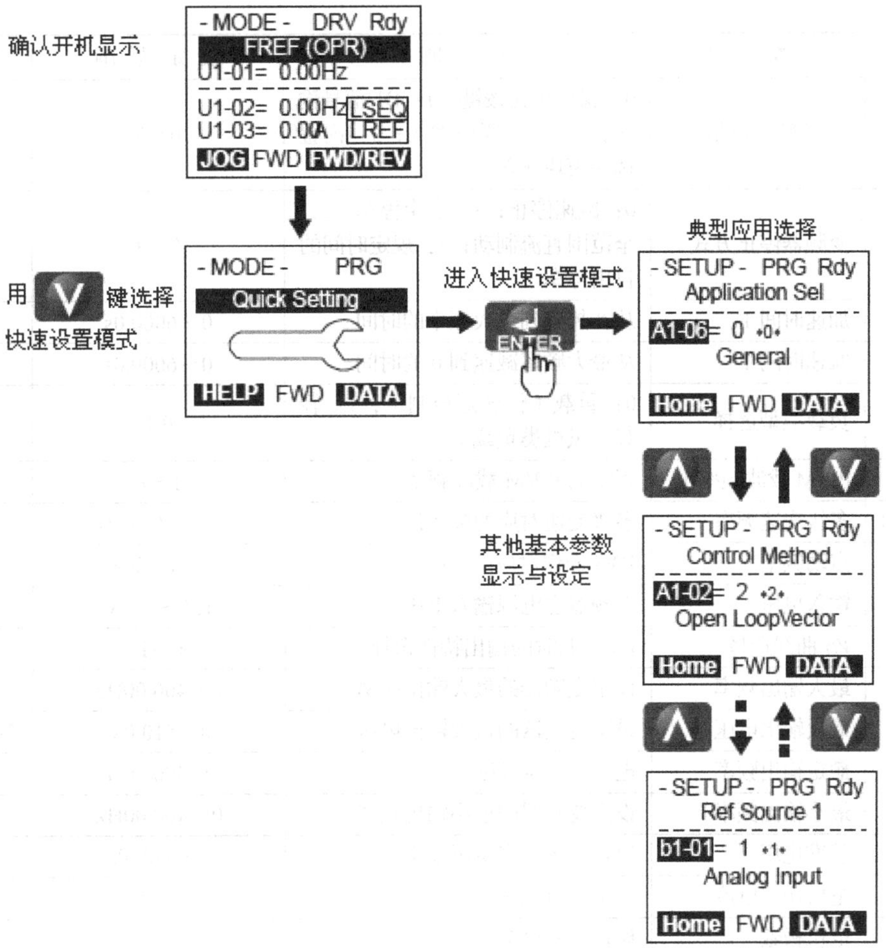

图10-26　CIMR-A1000快速设置操作

二、基本参数设定

1. 基本参数

CIMR-A1000 变频器在快速调试时需要设定的基本参数见表 10-13，表中带阴影的参数必须予以设定或检查。

表 10-13　　CIMR-A1000 快速调试基本设定参数表

参数号	参数名称	说明	设定范围	默认设定
A1-02	控制方式选择	0：开环 *V/f* 控制；1：闭环 *V/f* 控制；2：开环矢量控制 1；3：闭环矢量控制；4：开环矢量控制 2	0～4	2
A1-03	变频器初始化	0：不进行初始化；1110：用户设定参数初始化；2220：标准 2 线制控制初始化；3330：标准 3 线制控制初始化；5550：装载端子排备份参数	0/1110/2220/3330/5550	2220
b1-01	频率给定方式	0：操作单元设定；1：模拟量输入；2：网络通信输入；3：内置选件模块输入；4：脉冲输入（RP/AC）	0～4	1

续表

参数号	参数名称	说明	设定范围	默认设定
b1-02	启停/转向控制	0：操作单元按键；1：DI 信号输入；2：网络通信输入；3：内置选件模块输入	0～3	1
b1-03	变频器停止方式	0：减速停止；1：自由停车；2：全范围直流制动；3：规定时间的自由停车	0～3	0
C1-01	加速时间 1	从 0 加速到最大频率的时间	0～6000.0s	10.0
C1-02	减速时间 1	从最大频率减速到 0 的时间	0～6000.0s	10.0
C6-01	负载类型选择	0：重载（恒转矩控制）；1：轻载（风机类负载）	0/1	0
C6-02	PWM 载波频率 1	正常的 PWM 载波频率	1～F	
d1-01～04	多级变速频率	多级变速对应的频率值	0～400.00Hz	0.00
d1-17	点动频率	JOG 操作对应的频率值	0～400.00Hz	6.00
E1-01	输入电压	变频器主电源输入电压	155～510V	200/400
E1-03	*V/f* 曲线选择	*V/f* 控制时的输出特性选择	0～F	F
E1-04	最大输出频率	设定变频器的最大输出频率	0～400.00Hz	60.00
E1-05	最大输出电压	设定变频器的最大输出电压	0～510.0V	200.0/400.0
E1-06	额定输出频率	电机的额定频率	0～400.00Hz	60.00
E1-09	最小输出频率	设定变频器的最小输出频率	0～400.00Hz	0.50
E1-13	基准电压	恒功率区输出电压设定	0～510.0V	0
E2-01	电机额定电流	电机额定电流	0～1210.00	
E2-04	电机极数	设定电机极数	2～48	4
E2-11	电机功率	设定电机功率	0～650.00	
E5-**	PM 电机参数	仅 PM 电机控制时需要	—	—
F1-01	编码器脉冲数	电机每转对应的脉冲数（闭环）	0～60000	600
H4-02	端子 FM 增益设定	端子 FM 输出电压（1 对应 10V）	0.00～2.50	1.00
H4-05	端子 AM 增益设定	端子 AM 输出电压（1 对应 10V）	0.00～2.50	0.50
L1-01	电机保护选择	0：过电流保护无效；1：通用电机的过电流保护；2：专用变频电机的过电流保护；3：矢量控制电机的过电流保护	0～3	1
L3-04	减速时的失速防止功能选择	0：无效；1：有效；2：最短时间减速；3：使用外置电阻的失速保护方式	0～3	1
o2-04	变频器容量选择	设定变频器代码	0～3F	

注：C6-02、E2-01、E2-11、o2-04 的默认设定与变频器的电压等级、容量及电机型号等有关。

在普通应用方式下，变频器可根据需要选择开环或闭环 *V/f* 控制、矢量控制方式；由于同步电机（PM 电机）控制的情况相对较少，在此不再进行说明。

变频器选择不同控制方式时，需要设定的基本参数有所不同，说明如下。

2. V/f控制方式

CIMR-A1000变频器可以选择开环和闭环两种V/f控制方式，参数A1-02 设定为“0”时，开环V/f控制生效；参数A1-02 设定为“1”时，闭环V/f控制生效。

V/f控制方式必须设定与检查表10-13 中的E1组基本参数，选择闭环V/f控制时，还必须设定E2-04（电机极数）、F1-01（编码器脉冲数）等参数。如变频器与电机之间的电枢线连接长度超过50m，则应进行长线自动调整，以提高变频器的速度控制精度。

速度预测型搜索功能与节能运行控制是CIMR-1000系列变频器的新增功能，如变频器选择了瞬时断电的速度预测型搜索功能（b3-24 = 1）或节能运行控制功能（b8-01 = 1），则需要进行变频器的节能控制自动调整操作。

V/f控制方式的快速设定与调试步骤如图10-27所示。有关自动调整的功能、要求以及操作步骤详见后述。

V/f控制基本参数设定完成，并根据要求执行了自动调整后，便可以进行试运行。试运行的第一步应在电机与负载分离的情况下，首先检查电机的转向和运行情况，确认变频器的DI/DO信号，保证系统的动作全部正常。在此基础上，可连接负载进行试运行，对变频器参数进行进一步的调整和优化。

3. 矢量控制方式

当CIMR-A1000变频器用于高精度速度控制、高启动转矩控制或需要进行速度限制的控制场合，控制方式参数A1-02 应设定为“2”或“3”，选择矢量控制方式。

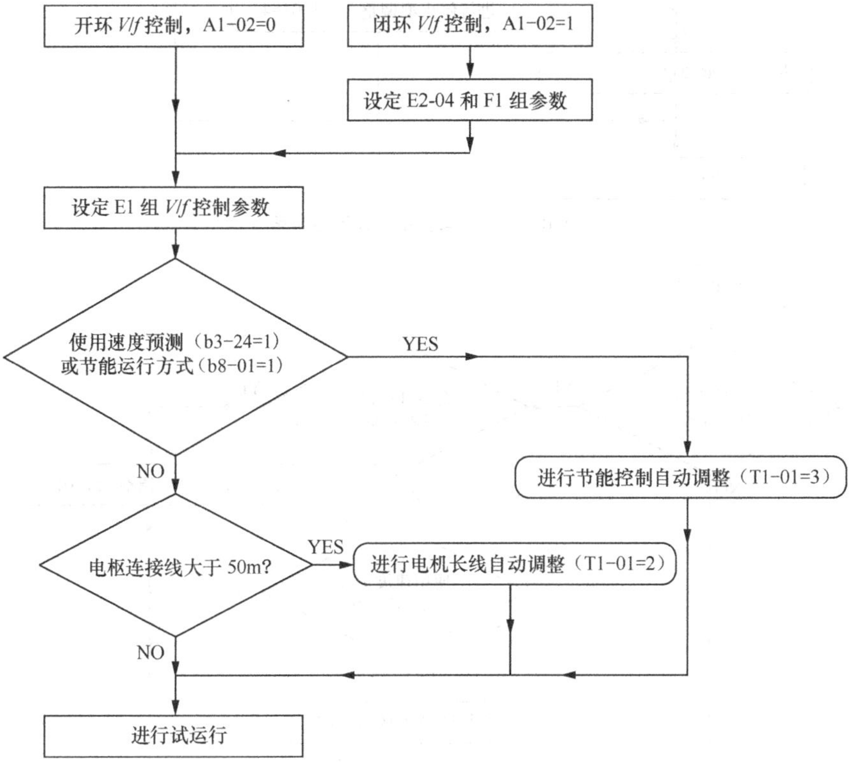

图10-27 V/f控制的设定与调试

变频器的矢量控制必须知道电机的详细参数才能建立控制模型，为此，必须进行电机参数E2-01～E2-12的设定，如电机生产厂家未提供详细的电机参数，则应通过自动调整操作进行电机参数的自动测试与设定。

矢量控制方式的设定与调整步骤如图 10-28 所示。有关自动调整的功能、要求以及操作步骤详见后述。

矢量控制的自动调整完成后，可以进入试运行。试运行的第一步同样应在电机与负载分离的情况下，首先检查电机的转向和运行情况，确认变频器的 DI/DO 信号，保证系统的动作全部正常，在此基础上，可连接负载，对变频器参数进行进一步的调整和优化。对于闭环矢量控制，还可以根据不同的要求，按照图 10-29 进行进一步的自动调整，有关内容可以参见后述。

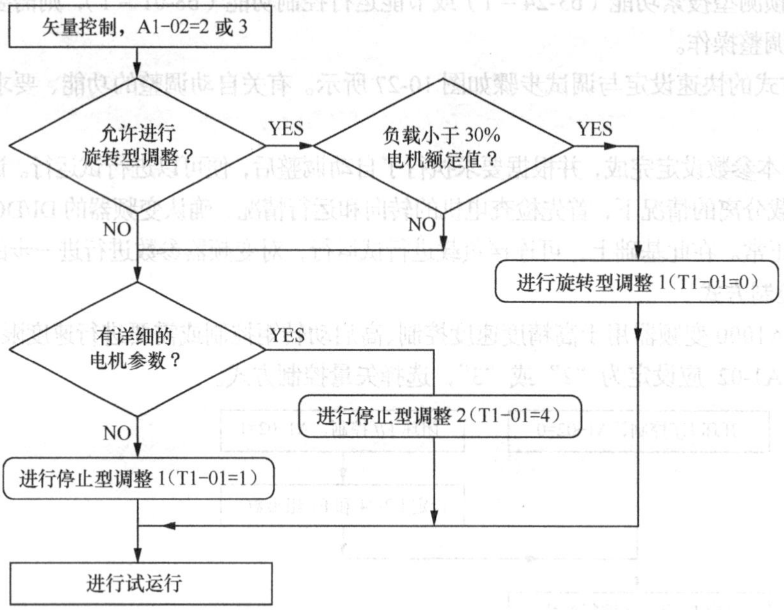

图10-28　矢量控制的设定与调整

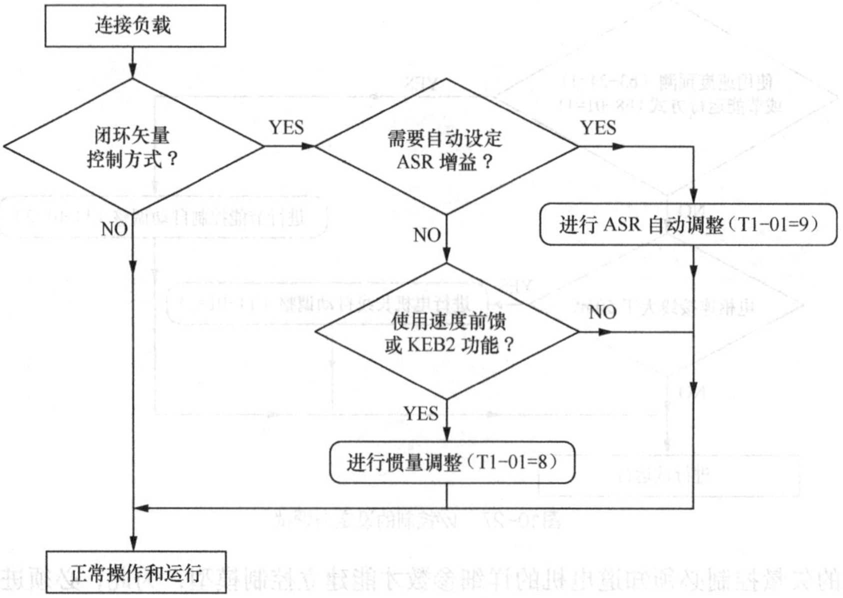

图10-29　矢量控制的带负载试运行

三、典型应用参数设定

CIMR-1000 系列变频器新增了典型应用选择功能，当变频器用于水泵、风机等典型负载控制时，只需要在参数 A1-06 选择典型应用，便可自动装载用于典型负载的出厂默认参数，部分参数还将作为用户参数保存到参数组 A2 中。参数 A1-06 的设定方法如下。

A1-06 = 0：普通应用。

A1-06 = 1：水泵控制。

A1-06 = 2：传送带控制。

A1-06 = 3：普通风机控制。

A1-06 = 4：特殊风机控制。

A1-06 = 5：空气压缩机控制。

1. 出厂默认参数

对于不同的典型应用，CIMR-A1000 自动装载的默认参数见表 10-14。

表 10-14 典型应用默认参数表

参 数 号	参 数 名 称	不同典型应用（A1-06）的默认参数				
		1	2	3	4	5
A1-02	控制方式选择。0：*V/f* 控制	0	0	0	0	0
b1-04	反转禁止选择。1：禁止	1	×	1	1	1
b1-17	电源启动时的运行。1：允许	×	×	×	1	×
C1-01	0 到最大频率的加速时间（s）	1.0	3.0	×	×	5.0
C1-02	最大频率到 0 的减速时间（s）	1.0	3.0	×	×	5.0
C6-01	负载选择。0：HD；1：ND	1	0	1	1	0
C6-02	载波频率选择	×	×	×	3	×
E1-03	*V/f* 曲线选择	F	×	F	×	F
E1-07	输出特性的中间频率（Hz）	30.0	×	30.0	×	×
E1-08	输出特性的中间电压（V）	50.0	×	50.0	×	×
H2-03	DO 输出 P2 功能选择	×	×	×	39	×
L2-01	瞬时停电功能。1：有效	1	×	1	2	1
L3-04	减速时失速防止。1：有效	1	1	1	×	1
L8-03	过热预警选择。4：继续运行	×	×	×	4	×
L8-38	载波频率降低。2：全范围	×	×	×	2	×

注：“×”不改变设定值。

2. 用户参数

当典型应用选定后，对于不同的应用，表 10-15 所示的参数将作为用户参数保存到 A2 组参数中，在变频器运行时，这些参数可进行修改与自动保存。

表 10-15 典型应用的用户参数表

参 数 号	参 数 名 称	典型应用（A1-06 设定）				
		1	2	3	4	5
A1-02	控制方式选择	×	●	×	×	×
b1-01	频率给定指令来源	●	●	●	●	●

续表

参数号	参数名称	典型应用（A1-06 设定）				
		1	2	3	4	5
b1-02	启动/停止/转向控制指令来源	●	●	●	●	●
b1-03	变频器停止方式	×	×	×	●	×
b1-04	反转禁止功能选择	●	×	●	●	●
b3-01	速度搜索方式选择	×	×	●	×	×
C1-01	0 到最大频率的加速时间	●	●	●	●	●
C1-02	最大频率到 0 的减速时间	●	●	●	●	●
C6-02	载波频率选择	×	×	×	●	×
d2-01	输出频率上限	×	×	×	●	×
d2-02	输出频率下限	×	×	×	●	×
E1-03	*V/f* 曲线选择	●	×	●	●	●
E1-04	最大输出频率	×	×	×	●	×
E1-07	输出特性曲线的中间频率	●	×	●	×	●
E1-08	输出特性曲线的中间电压	●	×	●	×	●
E2-01	电机额定电流	●	●	●	●	●
H1-05	DI 输入 S5 功能定义	●	×	●	×	×
H1-06	DI 输入 S6 功能定义	●	×	●	×	×
H1-07	DI 输入 S7 功能定义	●	×	●	×	×
H3-11	AI 输入 A2 增益	×	×	×	●	×
H3-12	AI 输入 A2 偏移	×	×	×	●	×
L2-01	瞬时停电功能选择	×	×	×	●	×
L3-04	减速时失速防止	×	●	×	×	×
L5-01	故障重试次数	●	×	●	×	×
o4-12	电量监视初始化选择	×	×	×	●	×

注："×"不作为用户参数；"●"作为用户参数保存。

拓展学习

一、自动调整方式

1. 自动调整方式

变频器通过自动调整能够获得较为准确的电机参数，建立矢量控制所需要的控制模型或消除 *V/f* 控制时的连接线电阻影响。CIMR-A1000 系列变频器的自动调整方式可以通过参数 T1-01 的设定予以选择，各自动调整方式的含义与使用条件见表 10-16。

表 10-16　　自动调整方式的含义与使用条件

T1-01 设定	自动调整方式	控制方式		使用条件
		V/f	矢量	
0	旋转型调整	×	●	① 电机和负载可以分离，电机允许自由旋转；或：② 电机和负载不能分离，但负载小于电机额定输出的 30%
1	停止型调整 1	×	●	① 电机和负载不能分离，负载小于电机额定输出的 30%；② 无详细的电机参数，不能设定额定转差率
2	长线自动调整	●	●	① 采用 V/f 控制时，不能采用其他方式进行自动调整；或：② 变频器和电机容量不一致；或：③ 变频器与电机间的连接线大于 50m
3	节能型调整	●	×	① 电机允许自由旋转；且：② 使用速度预测或节能控制功能的 V/f 控制方式
4	停止型调整 2	×	●	① 电机和负载不能分离，负载大于电机额定输出的 30%；② 有详细的电机参数，能进行空载电流和额定转差率设定
8	惯量测试调整	×	●	① 仅用于闭环矢量控制方式，且：② 在完成其他自动调整功能后的试运行阶段实施
9	ASR 增益调整	×	●	① 仅用于闭环矢量控制方式，且：② 在完成其他自动调整功能后的带负载试运行阶段实施

注：“×”不能使用；“●”可以使用。

CIMR-A1000 系列变频器的矢量控制旋转型自动调整（T1-01= 0）、停止型自动调整 1（T1-01= 1）和长线自动调整（T1-01=2）的作用、意义及使用要点与 CIMR-F7/G7 基本相同，可以参见本项目任务 2 的相关说明。

停止型自动调整 2（T1-01=4）和节能运行自动调整（T1-01=3）是 CIMR-1000 系列变频器新增的自动调整功能。停止型自动调整 2 用于已知电机详细参数，可以直接输入电机空载电流、额定转差率的情况，其他功能与停止型自动调整 1 相同。

节能运行自动调整是一种适用于 V/f 控制方式的旋转型自动调整功能，它用于使用节能控制（参数 b8-01=1）和速度预测（参数 b3-24 = 1）功能的变频器。当使用节能控制功能时，变频器可根据负载的大小自动调节输出电压，以便将变频器损耗降至最低；如使用速度预测功能，变频器同样需要有输出电压自动调节过程，以上两种功能均需要通过节能运行自动调整测试设定与变频器电压控制相关的参数。

惯量测试调整（T1-01= 8）和 ASR 增益自动调整（T1-01= 9）也是 CIMR-1000 系列变频器新增的自动调整功能，它们只用于闭环矢量控制的变频器，且需要在完成其他自动调整操作后的在带负载试运行阶段实施。通过惯量测试调整操作，变频器可自动测试电机转子和负载惯量，并进行调节器参数的优化和设定，功能可以用于速度前馈、动能支持（Kinetic Energy Backup，KEB）等特殊控制需要。ASR（Automatic Speed Regulator，自动速度调节器）增益自动调整的作用与惯量测试调整类似，其主要功能是用于闭环矢量控制变频器的速度调节器参数优化和设定。

2. 调整参数设定

为了保证自动调整的正常进行，实施自动调整前应设定表 10-17 所示的电机基本参数。不同的调整方式需要设定的参数有所不同，操作时应根据变频器的提示进行输入。

表 10-17 自动调整前应设定的参数

参数号	参数名称	自动调整方式（T1-01 设定）				
		0	1	2	3	4
T1-00	电机 1/2 选择	●	●	●	●	●
T1-02	电机额定功率（kW）	●	●	●	●	●
T1-03	电机额定电压（V）	●	●	×	●	●
T1-04	电机额定电流（A）	●	●	●	●	●
T1-05	电机额定频率（Hz）	●	●	×	●	●
T1-06	电机极数	●	●	×	●	●
T1-07	电机额定转速（r/min）	●	●	×	●	●
T1-08	编码器脉冲数（p/r）	☆	☆	×	×	☆
T1-09	电机空载电流（A）	×	●	×	×	●
T1-10	额定转差率（Hz）	×	×	×	×	●
T1-11	电机损耗（W）	×	×	×	●	×

注：“×”不需要设定；“●”需要设定；“☆”仅闭环矢量控制需要设定。

对于闭环矢量控制变频器试运行阶段的惯量自动调整（T1-01= 8）和 ASR 增益自动调整（T1-01= 9），则需要输入表 10-18 所示的电机基本参数。

表 10-18 试运行自动调整前应设定的参数

参数号	参数名称	自动调整方式（T1-01 设定）	
		8	9
T3-01	测试信号频率（Hz）	●	●
T3-02	测试信号幅值（rad）	●	●
T3-03	电机惯量（kgm^2）	●	●
T3-04	系统响应频率（Hz）	×	●

注：“×”不需要设定；“●”需要设定。

3. 自动设定参数

通过自动调整，CIMR-A1000 变频器可完成 E2 组电机参数的自动测试和设定。如变频器选择了电机切换控制功能，第 2 电机同样可实施自动调整操作，这时，需设定参数 T1-00 = 2 选定第 2 电机，自动调整得到的结果将被保存到 E4 组第 2 电机参数中。

CIMR-A1000 变频器通过自动调整操作设定的电机参数见表 10-19。

表 10-19 自动调整设定的参数表

参数号	参数名称	单位	设定值与意义
E2-01～E2-11	第 1 电机参数	—	第 1 电机参数，意义同 F7/G7
E2-12	第 1 电机铁心饱和系数 3	—	电机铁芯饱和系数 3
E4-01	第 2 电机额定电流	A	电机额定电流
E4-02	第 2 电机额定转差	Hz	电机额定转差
E4-03	第 2 电机空载电流	A	电机空载时的变频器输出电流值

续表

参数号	参数名称	单位	设定值与意义
E4-04	第 2 电机极数	—	电机极数
E4-05	第 2 电机定子电阻	Ω	电机定子电阻
E4-06	第 2 电机电感	%	以额定电压百分率设定的电感压降分量
E4-07	第 2 电机铁心饱和系数 1	—	电机铁芯饱和系数 1
E4-08	第 2 电机铁心饱和系数 2	—	电机铁芯饱和系数 2
E4-09	第 2 电机机械损耗	%	以电机额定功率百分率设定的损耗功率
E4-10	第 2 电机铁心损耗	W	用于输出转矩补偿的电机铁芯损耗
E4-11	第 2 电机容量	kW	电机额定功率
E4-14	第 2 电机转差补偿增益	—	电机转差补偿增益
E4-15	第 2 电机转矩补偿增益	—	电机转矩补偿增益

4. 自动调整注意点

CIMR-A1000 变频器的自动调整功能在 CIMR-F7/G7 变频器的基础上得到了加强。当变频器用于矢量控制时，如负载在电机额定输出的 30%以内，旋转型自动调整可在带负载的情况下进行；此外，还增加了重载停止型自动调整（停止型自动调整 2）、惯量自动测试、ASR 增益调整等功能。

如果变频器用于同步电机（PM 电机）控制（参数 A1-02 = 5），其自动调整需要设定的参数与自动调整操作与感应电机（IM 电机）有所不同，相关内容可以参见安川 CIMR-A1000 系列变频器使用手册。

CIMR-A1000 变频器自动调整的其他注意事项与 CIMR-F7/G7 变频器相同，可参见本项目任务 2 的说明。

二、自动调整操作

变频器的自动调整可以通过变频器操作单元进行，以矢量控制（A1-02＝2）为例，其操作步骤如下。

1. 参数设定

自动调整模式选择和参数设定操作如图 10-30 所示。

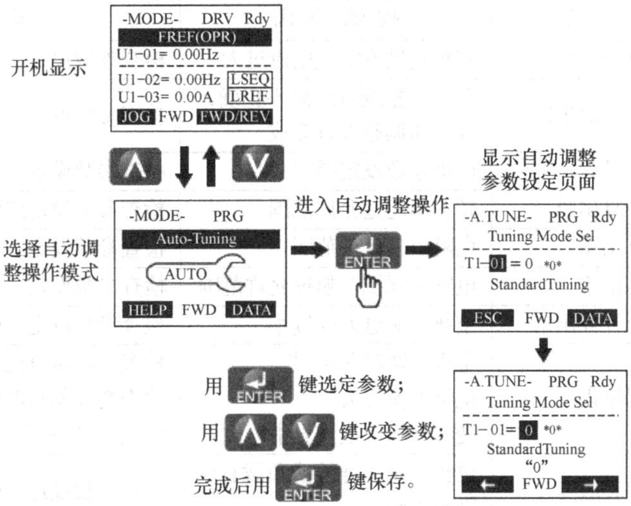

图10-30 自动调整选择和参数设定操作

如果变频器需要进行电机切换控制，并在 DI 信号上定义了电机选择信号（功能代号 16），自动调整参数将首先显示电机选择参数 T1-00，以便确定自动设定的电机参数组 E2 或 E4；否则，将直接显示自动调整方式选择参数 T1-01。

根据变频器的显示提示，完成全部调整参数的设定，调整参数的设定方法和其他模式的参数设定操作相同。

2. 自动调整操作

执行自动调整操作前务必检查：对于存在重力作用的系统，如升降负载控制等，当电机无法与负载分离时，进行停止型自动调整需要保证制动器始终处于制动状态；而对于负载上安装有制动器，但需进行旋转型自动调整的情况，则应先松开制动器，然后进行旋转型自动调整操作。

自动调整运行的操作步骤如图 10-31 所示，自动调整一般需要数分钟时间，自动调整正常完成后显示 END 状态。自动调整的中断通过操作单元上的【STOP】键进行，调整中断后，操作单元显示“Er-03”报警。

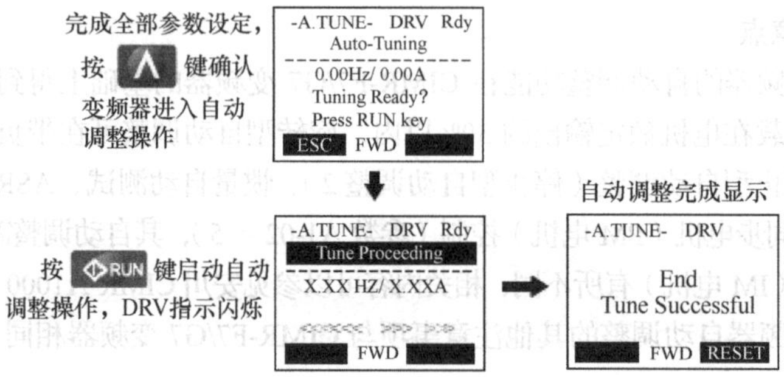

图10−31 自动调整运行操作

3. 自动调整报警

如果自动调整过程出现报警，操作单元将显示报警信息。自动调整报警信息与原因、处理方法见表 10-20。

表 10-20 自动调整报警与处理

报警显示	含 义	故 障 原 因	报 警 处 理
End1	*V/f* 比计算出错	转矩超过或空载电流过大	检查参数设定、电机连接和电机、负载
End2	铁心饱和系数出错	自动调整测量结果不正确，或自动调整没有完成	检查参数设定、电机连接和电机、负载
End3	额定电流错误	电机参数设定错误	检查参数设定
End4	转差率计算出错	转差率超过允许范围	检查参数设定或使用停止型调整 2
End5	电阻计算出错	电阻超过允许范围	检查参数设定、电机连接
End6	电感计算出错	电感（漏抗）超过允许范围	检查参数设定、电机连接
End7	空载电流计算出错	空载电流过大或过小	检查参数设定、电机连接
Er-01	电机数据错误	电机参数输入错误 电机电流过大 变频器输出电流异常	检查、确认电机参数 检查变频器与电机的容量匹配 检查电机是否空载或 30%以下运行
Er-02	自动调整轻故障	电机数据、连接或负载有轻微不正确	检查参数设定、电机连接和负载
Er-03	自动调整强制中断	自动调整时按了【STOP】键	重新启动自动调整

续表

报警显示	含　义	故障原因	报警处理
Er-04	定子电阻不正确	参数设定错误、自动调整测量结果不正确或自动调整没有完成	检查参数设定、电机连接和负载
Er-05	空载电流异常		
Er-08	转差异常		
Er-09	加速故障	电机不能在规定时间内完成加速过程	加速时间设定错误（C1-01）；转矩限制设定错误（L7-01/02）；负载过重
Er-10	转向出错	编码器参数或连接出错	检查参数 F1-05 和编码器连接
Er-11	转速异常	加速转矩过大	延长加速时间（C1-01）；减轻负载
Er-12	电流异常	输出电流超过、电流检测连接错误或故障、电机缺相	检查电机连接； 检查电流检测回路
Er-13	电感出错	无法在规定时间内完成电感测试	检查电机连接，检查参数 T1-04 设定
Er-14	速度出错 2	调整时电机转速超过范围	减小参数 C5-01 设定，重新调整
Er-15	转矩出错	输出转矩超过极限	增加参数 L7-01、L7-04 设定；减小 T3-01、T3-02 设定，重新调整
Er-16	惯量出错	惯量超过允许范围	检查参数 T3-03 设定；减小 T3-01、T3-02 设定，重新调整
Er-17	反转禁止	惯量测试时反转被禁止	检查参数 b1-04 设定，取消反转禁止
Er-18	感应电压出错	感应电压超过允许范围	检查 T2 组参数设定，重新调整
Er-19	PM 电机出错	仅 PM 电机控制时发生，见安川手册	
Er-20	定子电阻出错	定子电阻超过允许范围	检查 T2 组参数设定，重新调整
Er-21	Z 相校正出错	编码器出错	检查编码器设定和连接

三、试运行操作

在变频器基本参数设定与自动调整完成后，可以根据需要继续进行其他参数的设定。参数设定完成后便可以对其进行试运行操作，试运行前必须确保急停线路能够可靠动作，电机可以安全旋转；为了防止试运行过程中发生问题，试运行原则上应通过变频器操作单元进行。

1. 空载试运行

变频器的空载试运行一般可利用操作单元的控制，通过变频器的点动（JOG）运行进行，其操作步骤如图 10-32 所示。

变频器出厂默认的点动运行频率为 6Hz，如果需要，可以直接通过操作单元调整点动运行频率值（参数 d1-17），改变电机转速，进行中速、高速的运行试验。

2. 带负载运行与参数保存

当变频器空载运行正常后，可以进行负载运行试验。出于安全的考虑，变频器的带负载运行宜从低速开始逐步升速，运行过程中应随时观测变频器与电机的状态，并用操作单元监视变频器的输出电流（参数 U1-03），如输出电流过大或机械部件出现异常振动与声音，则应对系统进行进一步的调整。

变频器调整结束后，应在校验模式下检查与记录变频器设定的特殊参数（包括自动调整中设定的参数），然后通过 CIMR-F7/G7 同样的操作，将参数读出并存储到操作单元上，以便更换变频器时的重新恢复。

如需要，还可以通过设定参数 o2-03 = 1，将系统特殊的参数保存到“用户参数”记忆区域，这一存储区的参数可通过参数 A1-03 = 1110 的初始化进行恢复。

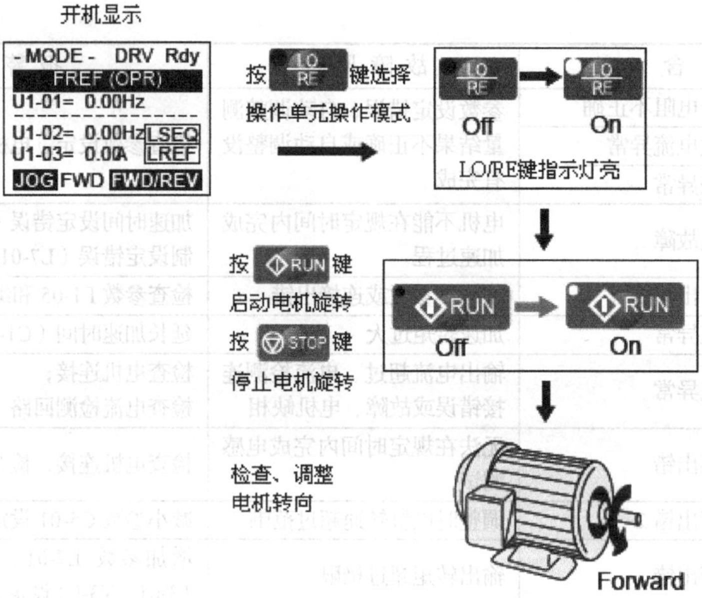

图10-32 空载点动运行试验

参数保存结束，调试人员可根据需要在 A1-01、A1-04/A1-05 上设定密码或通过外部控制信号，对参数的显示与修改进行保护，有关内容可参见 CIMR-F7/G7 变频器的说明。

任务5 掌握变频器的维修技能

能力目标

1. 能够根据报警显示诊断与排除故障。
2. 能够根据警示信息诊断与排除故障。
3. 能够对 CIMR-7/1000 变频器故障进行一般分析。

工作内容

根据变频器运行过程中出现的故障，分析原因并进行相关处理。

实践指导

CIMR-7/1000 变频器的报警分为“故障”、“警示”、“操作错误”3 类，其中操作错误又包括参

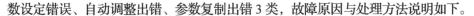

数设定错误、自动调整出错、参数复制出错 3 类，故障原因与处理方法说明如下。

一、变频器故障及处理

“故障”是变频器报警中最严重的报警，故障一旦发生，变频器将立即关闭输出，电机进入自由停车状态，同时，故障输出触点将动作。变频器的“故障”发生后将被自动记忆，故障排除后需要通过以下方法之一，清除变频器的故障，才能恢复正常运行。

① 利用操作单元上的【RESET】键，复位变频器。

② 断开变频器电源并重新启动变频器。

③ 通过外部复位 DI 信号（功能代号 14），复位变频器。

变频器故障报警的显示以及故障原因见表 10-21，部分故障报警可以通过参数设定转换为警示信息。

表 10-21 变频器故障报警一览表

显　示	故障名称	故障原因	
OC	过电流	变频器输出电流大于 200%额定输出电流	1. 输出短路或局部短路 2. 负载过大或变频器容量选择不合适 3. 加减速时间过短 4. 对电机电枢进行了断开/接通操作
GF	接地	接地电流大于 50%额定电流	输出短路或局部短路
COF	电流检测异常	电流检测回路故障	电流检测回路不良或电机在旋转中
OV	过压	直流母线电压超过了 DC410V（200V 级）或 820V（400V 级）	1. 加减速时间过短或制动过于频繁 2. 电源电压过高
UV1	主回路欠压	直流母线电压低于 L2-05 设定值 DC190V（200V 级）或 380V（400V 级）	1. 输入缺相或瞬时断电 2. 主回路连接不良 3. 电源波动过大或输入电压过低
UV2	控制电压过低	内部控制回路电压过低	连接不良
UV3	浪涌抑制器不良	浪涌抑制回路动作出错	内部器件故障或连接不良
PF	直流母线不良	直流母线电压波动过大	1. 输入缺相或瞬时断电 2. 主回路连接不良 3. 电源波动过大或输入电压过低
LF	输出缺相	输出缺相	1. 输出连接不良或电机不良 2. 变频器容量选择太大
LF2	输出不平衡	输出电流三相不平衡	输出连接或电机不良
OH	变频器过热	散热片温度超过 L8-02 设定	1. 环境温度过高或长期过载 2. 冷却风机不良或电器柜通风不良
OH1	散热片过热		
OH3	电机过热	电机温度超过了 L1-03 设定	1. 负载过重或加减速过于频繁 2. *V/f* 曲线错误或额定电流设定错误 3. 电机绕组存在局部短路
OH4	电机过热	电机温度超过了 L1-04 设定	
RH	制动电阻过热	制动电阻温度超过了 L8-01 设定	加减速时间过小或加减速过于频繁
RR	制动晶体管故障	内部制动晶体管故障	连接不良或制动晶体管故障
OL1	电机过载	变频器过载保护动作	1. 负载过重或加减速过于频繁 2. *V/f* 曲线错误或加减速时间过短 3. 额定电流设定错误 4. 电机绕组存在局部短路

续表

显　示	故障名称	故障原因	
OL2	变频器过载	变频器输出电流过大	1. 变频器容量过小或 V/f 曲线选择不当 2. 加减速时间过短或过于频繁
OL3	输出转矩过大	输出电流大于 L6-02 设定，且持续时间超过 L6-03	1. 参数 L6-02/L6-03 设定不当 2. 负载过重
OL4	输出转矩过大	输出电流大于 L6-05 设定，且持续时间超过 L6-06	1. 参数 L6-05/L6-06 设定不当 2. 负载过重
OL5	机械老化	机械老化设定时间到	使用时间到达
OL7	高转差制动报警	在参数 N3-04 设定的时间内输出频率无变化	1. 负载惯性过大 2. 加减速时间设定不当
UL3	输出转矩过低	输出电流小于 L6-02 设定，且持续时间超过 L6-03	1. 参数 L6-02/L6-03 设定不当 2. 机械连接不良
UL4	输出转矩过低	输出电流小于 L6-05 设定，且持续时间超过 L6-06	1. 参数 L6-05/L6-06 设定不当 2. 机械连接不良
UL5	机械老化	机械老化设定时间到	使用时间到达
OS	速度过大	速度大于 F1-08 设定，且持续时间超过 F1-09	1. 参数 F1-08/F1-09 设定错误 2. 速度调节器参数设定不合适 3. 速度给定过大 4. 闭环系统编码器不良
PGO	编码器断线	未检测到编码器速度脉冲	1. 编码器连接错误 2. 编码器与电机的机械连接不良 3. 编码器电源不正确
STO	PM 电机报警	检测到 PM 电机错误	1. 电机代码错误 2. PM 电机参数设定错误
DEV	速度误差过大	速度误差大于 F1-10 设定，且持续时间超过 F1-11	1. 负载惯性过大或负载过重 2. 加减速时间设定不当 3. 参数 F1-10/F1-11 设定错误 4. 制动器不良或传动系统不良
CF	矢量控制故障	速度预测或转矩限制出错	1. 电机参数设定错误或电机不良 2. 在电机自落状态下进行了启动
FBL	PID 反馈断开	PID 反馈小于 b5-13 设定，且持续时间超过 b5-14	1. PID 反馈连接不良 2. 参数 b5-13/b5-14 设定不良
FBH	PID 反馈超过	PID 反馈小于 b5-36 设定，且持续时间超过 b5-37	1. PID 反馈不良 2. 参数 b5-36/b5-37 设定不良
EFO	网络故障输入	来自网络通信的外部故障	网络控制故障或通信扩展模块不良
EF3～12	外部故障输入	接收 DI 输入的外部故障信号	外部故障
SVE	伺服锁定故障	伺服锁定位置误差过大	1. 转矩极限设定过小或负载过重 2. 编码器连接不良 3. 位置误差设定过小
OPR	操作单元断开	操作单元连接错误	1. 操作单元未安装或安装不良 2. 操作单元不良

续表

显　示	故障名称	故障原因	
CE	Memo Bus 出错	通信数据不能正确接收	1. 通信连接不良 2. 通信错误
BUS	通信指令出错	运行指令不正确	
SER	速度搜索出错	速度搜索次数超过了 b3-19	电机参数设定不合理
ERR	EEPROM 写入错	EEPROM 不良	EEPROM 不良
DWFL	Drive Work EZ 出错	Drive Work EZ 运行出错	Drive Work EZ 运行出错
E-15	通信选件指令出错	来自通信选件的运行指令不正确	1. 通信指令错误或通信连接不良 2. 通信格式错误
E-10	通信选件出错	通信接口检测异常	通信选件安装、连接不良
CPF00	变频器通信故障	CPU 与操作单元通信 5s 内未建立	1. 操作单元连接不良 2. CPU 或 RAM 不良
CPF01	操作单元连接故障	与操作单元的通信断开	操作单元连接不良
CPF02	输出关闭电路故障	无法封锁逆变管基极	变频器内部连接或器件不良
CPF03	EEPROM 故障	EEPROM 不良	EEPROM 安装不良或损坏
CPF04	A/D 转换器故障	内部 A/D 转换出错	A/D 转换安装不良或损坏
CPF05	A/D 转换器故障	外部 A/D 转换出错	A/D 转换安装不良或损坏
CPF06	扩展选件故障	扩展选件不良	安装不良或器件损坏
CPF07	ASIC-RAM 故障	ASIC 内部 RAM 不良	安装不良或器件损坏
CPF08	时间监控出错	软件不良或干扰	控制软件出错或接地干扰过大
CPF09	CPU 通信故障	CPU 或 ASIC 不良	安装不良或器件损坏
CPF10	ASIC 软件出错	ASIC 不良	安装不良或器件损坏
CPF20	通信扩展模块故障	扩展选件不良	安装不良或器件损坏
CPF21	通信模块故障	通信模块自诊断出错	安装不良或器件损坏
CPF22	通信模块规格错误	通信模块自诊断出错	安装不良或器件损坏
CPF23	通信检查出错	通信诊断出错	安装不良或器件损坏
OFA	通信扩展模块故障	扩展选件不良	安装不良或器件损坏

二、变频器警示及处理

变频器警示信息是指变频器出现了有可能导致故障的错误。出现警示信息时变频器仍然可以继续运行；故障触点输出不动作；操作单元闪烁警示信息；故障原因消除后可以自动恢复正常工作状态。CIMR-7/1000 变频器的警示信息见表 10-22，部分警示可以通过参数设定转换为故障报警。

表 10-22　　变频器警示信息一览表

显　示	故障名称	故障原因	
EF	正反转同时指令	正反转 DI 信号同时 ON	—
UV	主电压过低	无运行指令时，出现以下情况 1. 直流母线电压小于 L2-05 设定 2. 过电流抑制回路工作 3. 控制电压已到下限	1. 输入缺相 2. 瞬时断电 3. 主回路连接不良 4. 电源波动过大或输入电压过低
OH	变频器过热	散热片温度到达 L8-02 设定范围	1. 环境温度过高或长期过载 2. 冷却风机不良或电器柜通风不良

续表

显　示	故 障 名 称	故 障 原 因	
OH2	过热预警	外部过热预警信号输入	—
OH3	电机过热	电机温度（PTC 检测）到达上限	1. 负载过重或加减速过于频繁 2. *V/f* 曲线错误或额定电流设定错误 3. 电机绕组存在局部短路
OL3	输出转矩过大	输出电流大于 L6-02 设定，且持续时间超过 L6-03	1. 参数 L6-02/L6-03 设定不当 2. 负载过重
OL4	输出转矩过大	输出电流大于 L6-05 设定，且持续时间超过 L6-06	1. 参数 L6-05/L6-06 设定不当 2. 负载过重
UL3	输出转矩过低	输出电流小于 L6-02 设定，且持续时间超过 L6-03	1. 参数 L6-02/L6-03 设定不当 2. 机械连接不良
UL4	输出转矩过低	输出电流小于 L6-05 设定，且持续时间超过 L6-06	1. 参数 L6-05/L6-06 设定不当 2. 机械连接不良
OS	速度超过	速度大于 F1-08 设定，且持续时间超过 F1-09	1. 参数 F1-08/F1-09 设定错误 2. 速度调节器参数设定不合适 3. 速度给定过大 4. 闭环系统编码器不良
PGO	编码器断线	未检测到编码器速度脉冲	1. 编码器连接错误 2. 编码器与电机的机械连接不良 3. 编码器电源不正确
DEV	速度误差过大	速度误差大于 F1-10 设定，且持续时间超过 F1-11	1. 负载惯性过大或负载过重 2. 加减速时间设定不当 3. 参数 F1-10/F1-11 设定错误 4. 制动器不良或传动系统不良
EF0	通信故障输入	接收到来自通信输入的故障	外部故障
EF3～12	外部故障输入	接收到 DI 输入外部故障信号	外部故障
FBL	PID 反馈断开	PID 反馈小于 b5-13 设定，且持续时间超过 b5-14	1. PID 反馈连接不良 2. 参数 b5-13/b5-14 设定不良
FBH	PID 反馈超过	PID 反馈小于 b5-36 设定，且持续时间超过 b5-37	1. PID 反馈不良 2. 参数 b5-36/b5-37 设定不良
CE	Memo Bus 出错	通信数据不能正确接收	1. 通信连接不良 2. 通信错误
BUS	通信指令出错	运行指令不正确	
CALL	通信等待中	通信数据不能正确接收	
RUNC	复位错误	在运行时进行复位操作	操作错误
RUN	切换错误	在运行时进行切换操作	操作错误
UCA	过电流预警	输出电流已经到达预警值	长时间过载
PASS	通信测试正常	通信测试正常完成	状态输出
BB	基极封锁	基极封锁中	状态输出
DNE	驱动禁止	驱动未使能	状态输出
HBB	安全触点	安全触点未使能	状态输出
HBBF	安全触点	安全触点未使能	状态输出

续表

显 示	故障名称	故障原因	
SE	通信检测错误	通信测试出错	变频器通信接口或软件不良
OL5 UL5	机械老化	机械老化设定时间到	使用时间到达
E-15	通信选件出错	来自通信选件的运行指令不正确	1. 通信指令错误或通信连接不良； 2. 通信格式错误

三、操作错误及处理

变频器操作错误信息是指变频器参数设定、自动调整操作、参数复制操作等过程中出现了错误，出现操作错误的变频器不能进行启动；但故障触点输出不动作。CIMR-7/1000 变频器的操作错误信息见表 10-23。

表 10-23 变频器操作错误信息一览表

显 示	故障名称	故障原因	
OPE01	变频器容量不正确	变频器容量设定错误	参数错误
OPE02	参数超过允许范围	输入值超过允许范围	按【ENTER】键，从 U1-34 中读出出错的参数号
OPE03	DI 信号功能定义错误	定义了不允许的输入信号	1. 不同输入端定义了相同功能 2. UP/DOWN 没有成对定义 3. UP/DOWN 与 IC/ID 被同时定义 4. 外部速度搜索 1 与 2 被同时定义 5. PID 控制时定义了 UP/DOWN 信号 6. 1C/1D 没有成对定义 7. 同时定义了常开与常闭型输入信号
OPE05	频率给定选择错误	选择了不存在的输入	参数 b1-01 设定错误
OPE06	控制方式选择错误	选择了不允许的方式	参数 A1-02 设定错误
OPE07	AI 或 PI 功能错误	AI 或 PI 功能定义错误	参数 H3、H6、b1-01 的设定不正确
OPE08	功能选择错误	选择了不允许的功能	按【ENTER】键，从 U1-34 中读出出错的参数号
OPE09	PID 设定错误	设定了错误的 PID 参数	参数 b5-01，b5-15，b1-03 设定错误
OPE10	*V/f* 参数设定错误	*V/f* 曲线定义错误	参数设定未满足如下条件 1. E1-04≥E1-06≥E1-07≥E1-09 2. E3-02≥E3-04≥E3-05≥E3-07
OPE11	参数设定错误	设定了不允许的参数	参数设定出现了以下情况 1. C6-05＞6；C6-04＞C6-03 2. C6-03～C6-05 设定错误 3. C6-02 =2～F 时 C6-01 = 0 4. C6-02 =7～F 时 C6-01 = 1 5. PWM 载波频率设定错误
OPE13	脉冲输出定义错误	参数不正确	检查脉冲输出相关参数
ERR	EEPROM 写入错误	进行 EEPROM 写入时参数出现不一致	1. 变频器规格不一致 2. 其他参数设定有误

拓展学习

一、不能正常工作的故障诊断

当变频器发生不能正常工作的故障时，可根据不同情况，按照如下步骤进行检查。

1. 参数不能设定

变频器参数不能被设定的可能原因如下。

① 变频器在运行中，部分参数的写入不允许。

② DI 写入保护生效或密码设定错误。

2. 变频器不能正常运行

当变频器无报警但是不能正常启动与旋转时，需要进行主回路、输入控制信号、变频器参数与机械传动部件等方面的综合检查。

（1）主回路检查

主回路检查包括如下内容。

① 检查电源电压是否已经正常加入到变频器。

② 检查电机电枢线是否已经正确连接。

③ 检查直流母线连接是否脱落等。

（2）控制信号检查

控制信号检查包括如下内容。

① 检查变频器的源、汇点输入选择设定是否正确。

② 检查转向信号输入是否为“1”。

③ 检查频率给定是否已经输入。

④ 检查变频器的运行控制命令是否已经为“1”。

⑤ 检查频率给定是否为“0”，极性是否连接正确。

⑥ 检查变频器输出关闭信号是否已经输入。

⑦ 检查变频器复位信号是否已经输入。

⑧ 检查编码器是否连接正确（闭环控制运行时）等。

（3）参数检查

参数检查包括如下内容。

① 检查运行命令选择参数 b1-02 的设定是否正确。

② 检查最小输出频率参数 E1-09 设定是否过大。

③ 检查模拟量输入功能定义参数 H3-09/H3-05 的设定是否正确。

④ 检查转向禁止参数 b1-04 的设定是否正确等。

（4）机械传动部件检查

机械传动部件检查包括如下内容。

① 检查负载是否太重。

② 检查机械制动装置是否已经松开。

③ 检查机械传动部件是否可以灵活转动。

④ 检查机械连接件是否脱落等。

3. 电机严重发热

电机发热与以下因素有关。

① 电机负载过重或散热不良。

② 电机额定电压、额定电流参数设定错误。

③ 电机类型选择不合理。

④ 负载类型选择不合理。

⑤ 转矩提升设定过大。

⑥ 电机未进行自动调整。

⑦ 电机内部局部短路。

⑧ 电机额定频率、额定电压设定错误等。

二、运行不良的故障诊断

1. 电机噪声过大

电机运行时的噪声与以下因素有关。

① PWM 载波频率设定不合适。

② 速度调节器、转矩调节器参数设定不合理。

③ 电机类型选择不正确等。

2. 速度偏差过大或不能调速

如果在电机启动后出现速度偏差过大或速度不能改变的情况，可以按照如下步骤进行相关检查。

① 检查频率给定输入或设定是否正确。

② 检查变频器操作模式选择是否正确（如是否工作于 JOG 模式、多级变速模式等）。

③ 检查开关量输入控制信号是否正确（如是否将转向信号、停止信号定义成了 JOG 模式、多级变速模式的输入信号等）。

④ 检查上限频率、下限频率、额定电压的设定是否正确。

⑤ 检查模拟量输入增益、偏移设定参数是否正确。

⑥ 检查负载是否过重。

⑦ 检查频率跳变区域的设定是否合适，变频器是否已经工作在跳变区。

⑧ 检查制动电阻与直流母线的连接是否正确等。

3. 加减速不稳定

当电机出现加减速不稳定时，可能的原因如下。

① 加减速时间设定不合理。

② 在 V/f 控制时，转矩提升设定不合理。

③ 负载过重等。

4. 转速不稳定

当电机出现转速不稳定时（如果采用矢量控制，变频器的输出频率在 2Hz 之内的波动属于正常现象），可能的原因如下。

① 负载变化过于频繁。

② 频率给定输入波动或受到干扰。

③ 给定滤波时间常数设定不合适。

④ 接地系统与屏蔽线连接不良或给定输入未使用屏蔽线。

⑤ 矢量控制时电机极数、容量设定错误。

⑥ 变频器到电机的电枢连接线过长或连接不良。

⑦ 矢量控制时未进行电机的自动调整。

⑧ V/f 控制方式的电机额定电压设定错误等。

参考文献

[1] 龚仲华. 交流伺服驱动器从原理到完全应用[M]. 北京：人民邮电出版社，2010.

[2] 龚仲华. 变频器从原理到完全应用[M]. 北京：人民邮电出版社，2009.

[3] 安川 Servopack Sigma Ⅱ使用说明书. 安川公司技术资料.

[4] 安川 Servopack Sigma Ⅴ使用说明书. 安川公司技术资料.

[5] 安川 Varispeed G7 使用说明书. 安川公司技术资料.

[6] 安川 Varispeed F7 使用说明书. 安川公司技术资料.

[7] 安川 Varispeed V1000 技术手册. 安川公司技术资料.

[8] 安川 Varispeed A1000 技术手册. 安川公司技术资料.